装备科技译著出版基金

无人机系统导论(第2版)

Introduction to Unmanned Aircraft Systems
Second Edition

[美] Douglas M. Marshall R. Kurt Barnhart 主编
Eric Shappee Michael Most

刘树光 张文倩 王 柯 何雅静 译
樊 涛 严惊涛 王 欢 邵明军

国防工业出版社

·北京·

著作权合同登记　图字:军-2018-003号

图书在版编目(CIP)数据

无人机系统导论:第2版/(美)道格拉斯·M. 马歇尔(Douglas M. Marshall)等主编;刘树光等译. —北京:国防工业出版社,2022.12
书名原文:Introduction to Unmanned Aircraft Systems:Second Edition
ISBN 978-7-118-12737-9

Ⅰ.①无… Ⅱ.①道… ②刘… Ⅲ.①无人驾驶飞机-研究 Ⅳ.①V279

中国版本图书馆 CIP 数据核字(2022)第 254866 号

Introduction to Unmanned Aircraft Systems:Second Edition by Douglas M. Marshall, R. Kurt Barnhart, Eric Shappee and Michael Most
ISBN 978-1-4822-6393-0
Copyright© 2016 Taylor & Francis Group, LLC.
All Rights Reserved. Authorized translation from the English language edition published by CRC Press, a member of the Taylor & Francis Group, LLC.
National Defense Industry Press is authorized to publish and distribute exclusively the Chinese(Simplified Characters)language edition. This edition is authorized for sale in the People's Republic of China only(excluding Hong Kong, Macao SAR and Taiwan). No part of this publication may be reproduced or distributed in any form or by any means, or stored in a database or retrieval system, without the prior written permission of the publisher.
Copies of this book sold without a Taylor & Francis sticker on the cover are unauthorized and illegal.

本书原版由 Taylor & Francis 出版集团旗下 CRC 出版公司出版,并经授权翻译出版。
版权所有,侵权必究。
本书中文简体字翻译版授权由国防工业出版社独家出版并仅限在中华人民共和国境内(不包括香港、澳门特别行政区及台湾地区)销售。未经出版者书面许可,不得以任何方式复制或抄袭本书的任何内容。
本书封面贴有 Taylor & Francis 公司防伪标签,无标签者不得销售。

※

国防工业出版社出版发行
(北京市海淀区紫竹院南路23号　邮政编码100048)
北京龙世杰印刷有限公司印刷
新华书店经售

＊

开本 710×1000　1/16　插页 1　印张 23½　字数 412 千字
2022 年 12 月第 1 版第 1 次印刷　印数 1—1500 册　定价 149.00 元

(本书如有印装错误,我社负责调换)

国防书店:(010)88540777　　书店传真:(010)88540776
发行业务:(010)88540717　　发行传真:(010)88540762

译 者 序

当前，无人机作为信息化特征显著的新型作战装备，已经成为局部战争和军事行动不可或缺的重要作战力量，在火力打击、侦察监视、干扰欺骗、战场评估等作战任务中得到了成功应用。随着无人机系统在军事领域的广泛应用，全面、系统地掌握无人机系统的基本理论、设计使用、空域监管等问题成为无人机操作使用面临的新挑战。为适应无人机多样化任务的操作使用需求，本书从非工程、民用、操作使用的角度，首先概述了无人机的发展简史，分析了无人机系统的各个组成分系统，以美国航空监管系统为例，剖析了无人机航空监管体系；其次，阐述了无人机系统中人的因素、安全评估、出口控制和国际武器贸易条例、政策与公众认知等问题；再次，重点阐述了无人机系统及其机身和动力装置、电气系统、通信系统、指挥与控制等分系统的设计和集成，介绍了无人机的感知与规避问题；最后，展望了无人机系统的未来市场及技术发展和应用趋势。本书创造性地将航空监管体系、人机分工、安全评估、感知与规避、政策与公众认知等问题的基础理论与分系统设计工程紧密结合，进行了体系性阐述，是截至目前最为系统、最为全面、最为完整概述无人机系统基本理论与使用管理的一本专著。相信本书的出版可以推动无人机系统设计、使用和监管技术的发展，促进无人机系统在军事领域的进一步应用，具有重要的工程实际及军事应用价值。

本书主编 Douglas M. Marshall、R. Kurt Barnhart、Erig Shappee 和 Michael Most 均为美国无人机系统研究和工程领域的知名专家，长期从事无人机系统的研究、管理与决策工作。本书第 1 版是在总结过去实践经验基础上取得的研究成果，于 2012 年在 CRC Press 出版，其广度和深度明显不足；第 2 版相对于第 1 版不仅在内容的广度和深度方面进行了扩展，而且增加了系统技术、指挥与控制、政策与公众认知方面的内容，并对全部章节内容进行了重新撰写，更适合作为高等院校和科研院所人员有关无人机系统专业领域的导论专著。本书体系完整、层次分明，注重学术性和系统性，突出理论联系实际，可供无人机系统相关专业本科生、研究生参考，也适于高等院校和科研院所从事无人机相关领域研究的工程技术人员学习和借鉴。

本书由空军工程大学刘树光、张文倩、王柯、何雅静、樊涛、严惊涛、王欢、邵明军翻译,刘树光、严惊涛、王欢、邵明军完成了第1章~第5章的翻译,张文倩完成了第6章~第9章的翻译,王柯完成了第10章和第11章的翻译,樊涛完成了第12章~第14章的翻译,何雅静完成了第15章~第17章的翻译,刘树光负责全书的统稿工作,程艳伟老师完成了全书公式、部分图表的输入、绘制和校对。感谢国防工业出版社牛旭东编辑在本书出版过程中的辛勤劳动。本书的出版得到了国防重点科研项目(KJ20201A03×××、210003×××)、国防技术基础项目(221KJ42×××)、国家社会科学基金(20BGL307)等项目的支持,并获得中央军委装备发展部装备科技译著出版基金资助,在此一并表示感谢。

由于译者水平有限,译文难免会有不妥和错误之处,恳请各位专家和读者批评指正。

刘树光

2022年5月于西安浐河畔

原著序言

我们很高兴地向广大读者推出《无人机系统导论(第2版)》。众所周知,无人机系统产业是一个伴随科技进步高速变化和不断发展的行业。在此背景下,本书旨在确认和综述无人机系统操作使用的基础性问题,从而为广大读者指明无人机系统的基本发展方向,并为进一步的深入研究打下坚实基础。本书第1版是在总结过去探索不成功经验基础上取得的研究成果,但是在广度和深度方面仍显不足;第2版将在内容的广度和深度方面进行扩展,更适合作为大学无人机系统专业学生的导论教材。本书各章均由美国各大高校无人机系统领域的顶级专家独立撰写。因此,读者在阅读本书过程中可能会注意到各章的写作风格有所差异。我们之所以没有对各个撰稿人的写作风格进行统一,是为了完全保留撰写者的真实意图,从而提高撰写内容的信息量。本书从非工程、民用、操作使用的角度进行了撰写,目的是适应无人机系统在未来多样化任务需求中的操作和使用。

本书的出版离不开所有编辑和撰稿人的密切合作,诚挚感谢他们为本书出版所付出的时间和精力。

最后,欢迎各位专家和读者对本书的不足之处给予批评指正,以便促进本书的不断改进和完善。

Douglas M. Marshall   R. Kurt Barnhart
Eric Shappee   Michael Most

原著作者简介

Douglas M. Marshall(道格拉斯·马歇尔),法学博士,美国真北咨询有限责任公司的所有者,该公司是一家成立于2007年专门为无人飞行器提供支持和服务的组织。曾任新墨西哥州立大学物理科学实验室无人机系统规章与标准制定系主任、北达科他大学航空系教授,全职从事无人机系统相关工作超过9年,参与两本航空相关书籍的编辑工作,是《无人机系统导论(第2版)》的联合作者和编辑,发表了大量关于航空法律、法规和远程驾驶飞机的文章。曾任职航空无线电技术委员会SC-203、美国材料与试验协会F-38和美国汽车工程师协会委员会G-10等委员,以及国际无人平台系统协会咨询委员会、北极监测和评估项目无人机系统专家组、小型无人机系统航空规则制定委员会和服务于当前无人机系统航空规则制定委员会的第91工作小组成员。目前负责主持美国材料试验协会F38.02.01人员操作标准的专题小组工作,并在科罗拉多州博尔德市的无人机系统民用应用会议指导委员会和其他致力于无人机系统发展的委员会任职,曾在世界各地的会议上就国际航空法规和空域问题发表演讲。

R. Kurt Barnhart(R. 库尔特·巴恩哈特),博士,堪萨斯州立大学萨利纳分校教授,现任研究副院长,同时担任应用航空研究中心执行主任,该研究中心建立并监督无人机系统项目办公室的工作。目前担任堪萨斯州立大学航空系主任、堪萨斯州立大学研究生部成员。持有仪表、多引擎、水上飞机和滑翔机飞行级别的商业飞行员执照,仪表和多引擎飞行教练资质,同时还持有飞机机身和动力装置的检验授权,曾任美国联邦航空管理局指定的飞机维修技术检验员。拥有温森斯大学的航空维修技术学士学位,普渡大学的航空管理学士学位,安柏瑞德航空大学的工商管理硕士学位,以及印第安纳州立大学的教育管理博士学位。前期的研究方向是航空心理学和人因工程,近年来专注于将无人机系统整合到国家空域系统的领域。从业经验包括在劳斯莱斯发动机公司担任研发人员,先后参与RQ-4无人侦察机、塞斯纳Citation X、V-22鱼鹰、萨博2000、C-130等型号的项目开发,曾担任美国跨空航空公司的飞机系统指导员。此前,Barnhart博士是印第安纳州立大学航空航天技术系的副教授和代理系主任,负责飞行和高级行政管理课程的教学,重点是航空管理、航空运输安全和飞机事故调查,授课课程包括《航空风险分析》《"奖状"2号基础教育》《"空中国王"200号飞行》《航空导航》《航空运输》《仪表基础教育》等。

Erig Shappee(埃里格·沙佩),堪萨斯州立大学萨利纳分校航空专业飞行员项目教授,累计教授多门航空课程,包括《航空学概论》《系统安全》《安全管理》和《航空事故调查》等。持有仪表、多引擎和滑翔机飞行级别的商业飞行员执照,是一名有金章认证的飞行教练。在羚羊谷学院(兰开斯特,加利福尼亚州)获得了双副学士学位,在安柏瑞德航空大学获得了航空学学士学位、航空科学与安全硕士学位。其在航空领域的重要关注点是安全,为堪萨斯州立大学和其他航空组织开发了若干个风险评估工具。此外,他还是国际航空安全调查员协会的成员,曾就读于美国国家运输安全委员会学院。自1986年以来一直活跃在航空领域,于1995年开始从事教学工作,在航空职业生涯中开展无人机系统的研究工作,包括"捕食者"和"航空探测器"等。

Michael Most(迈克尔·莫斯),博士,堪萨斯州立大学无人机系统项目的学术带头人,曾任南伊利诺伊大学航空技术系副教授和系主任。在航空、飞机设计和利用地理信息系统研究航空相关的环境外部性期刊上发表了大量文章,并在类似主题上发表了数篇同行评议论文。持有美国联邦航空管理局私人飞行员和A&P技术员资格认证,获得美国材料与试验协会国家航空和运输技术中心航空电子技术认证以及环境资源和政策博士学位,主要研究方向为遥感和地理信息系统。

目 录

第1章 无人机系统发展概述 ... 1

- 1.1 起源 ... 1
- 1.2 有效控制的需求 ... 2
- 1.3 无线电收发设备与自动驾驶仪 ... 3
- 1.4 航空鱼雷：首架现代无人机（1918年3月6日）... 4
- 1.5 无人靶机 ... 5
- 1.6 第二次世界大战期间美国海军的攻击型无人机 ... 8
- 1.7 第二次世界大战期间德国的V-1"蜂鸣"飞弹 ... 9
- 1.8 第二次世界大战期间德国的"槲寄生"轰炸机 ... 11
- 1.9 早期的无人侦察机 ... 11
- 1.10 雷达诱饵：20世纪50年代至70年代 ... 12
- 1.11 远程侦察无人机系统：20世纪60年代至70年代 ... 12
- 1.12 首架无人直升机系统：20世纪60年代至70年代 ... 13
- 1.13 寻求自主操作 ... 14
- 1.14 双尾撑推进器无人机的诞生 ... 14
- 1.15 沙漠风暴：1991年 ... 15
- 1.16 克服对飞行员的偏见 ... 17
- 1.17 业余爱好者制造的无人机 ... 17
- 1.18 无人机系统是否会取代有人机 ... 18
- 思考题 ... 18

第2章 无人机系统应用 ... 19

- 2.1 引言 ... 19
- 2.2 基础技术 ... 19
  - 2.2.1 控制方法 ... 19

2.2.2　任务载荷 ································· 22
2.3　应用 ·· 23
　　2.3.1　遥感 ····································· 24
　　2.3.2　工业探伤 ································ 28
　　2.3.3　航空摄像与摄影 ·························· 32
　　2.3.4　情报、监视、侦察和应急响应 ············ 34
　　2.3.5　大气信息采集 ···························· 36
　　2.3.6　要求物品、材料和目标物理关联的相关应用 ··· 37
2.4　附加考虑因素 ································ 39
　　2.4.1　任务规划 ································ 39
　　2.4.2　数据处理和分析 ·························· 40
2.5　本章结论 ···································· 40
思考题 ··· 40
参考文献 ··· 40

第3章　无人机系统中的"系统" ················· 43

3.1　无人机系统组成 ······························ 43
3.2　无人机系统/遥控驾驶飞行器 ·················· 43
　　3.2.1　固定翼 ··································· 44
　　3.2.2　垂直起降 ································· 45
3.3　指挥与控制单元 ······························ 45
　　3.3.1　自动驾驶仪 ······························ 45
　　3.3.2　地面控制站 ······························ 47
3.4　通信数据链 ··································· 49
　　3.4.1　视距数据链 ······························ 49
　　3.4.2　超视距数据链 ···························· 50
3.5　任务载荷 ···································· 50
　　3.5.1　光电照相机 ······························ 51
　　3.5.2　红外照相机 ······························ 52
　　3.5.3　光谱传感器 ······························ 52
　　3.5.4　激光 ····································· 53
3.6　发射与回收 ··································· 53

3.7 人的因素 ··· 55
思考题 ··· 55

第4章 无人机系统传感器:理论与实践 ················· 57

4.1 引言 ··· 57
    4.1.1 原位传感 ·································· 57
    4.1.2 遥感 ······································ 57
    4.1.3 平台选择 ·································· 60
4.2 遥感 ··· 62
    4.2.1 概述 ······································ 62
    4.2.2 传感器类型 ································ 64
    4.2.3 通用传感器 ································ 65
    4.2.4 一般应用 ·································· 68
4.3 本章结论 ··· 77
本章术语 ··· 77
思考题 ··· 78
参考文献 ··· 79

第5章 美国航空监管体系 ····························· 84

5.1 美国航空监管体系 ································· 84
    5.1.1 引言 ······································ 84
    5.1.2 美国航空条例历史 ·························· 84
    5.1.3 美国联邦航空管理局 ························ 85
    5.1.4 执法和制裁 ································ 86
5.2 国际航空条例 ····································· 87
5.3 标准和条例 ······································· 90
5.4 规则制定的过程 ··································· 92
5.5 有关无人机的现行规定 ····························· 94
5.6 美国联邦航空管理局对无人机系统的执法权 ··········· 99
5.7 前进之路:无人机系统管理规定的未来 ··············· 102
5.8 本章结论 ··· 105
思考题 ··· 105

第 6 章 无人机系统中人的因素 ………………… 106

- 6.1 引言 ………………… 106
- 6.2 规模大带来的问题 ………………… 106
- 6.3 警惕后见之明偏差 ………………… 106
- 6.4 人的感受与 RPA 操作 ………………… 107
- 6.5 注意力 ………………… 108
- 6.6 选择性注意 ………………… 109
- 6.7 集中性注意 ………………… 109
- 6.8 分割性注意 ………………… 110
- 6.9 持久性注意 ………………… 110
- 6.10 人为误差 ………………… 111
- 6.11 威胁和误差管理 ………………… 112
- 6.12 机组资源管理 ………………… 114
- 6.13 态势感知 ………………… 115
- 6.14 警戒 ………………… 116
- 6.15 判断 ………………… 116
- 6.16 风险分析 ………………… 117
- 6.17 行动 ………………… 117
- 6.18 人机交互 ………………… 118
- 6.19 兼容性 ………………… 118
- 6.20 兼容性类型 ………………… 118
- 推荐阅读资料 ………………… 119
- 参考文献 ………………… 120

第 7 章 无人机系统安全评估 ………………… 121

- 7.1 引言 ………………… 121
- 7.2 危险分析 ………………… 121
  - 7.2.1 目的 ………………… 121
  - 7.2.2 预先危险列表 ………………… 122
  - 7.2.3 预先危险分析 ………………… 123
  - 7.2.4 操作危险评估与分析 ………………… 123

  7.2.5 变更分析 ··· 125
7.3 风险评估 ··· 125
  7.3.1 目的 ··· 125
  7.3.2 开发 ··· 125
  7.3.3 使用 ··· 127
7.4 安全性分析 ··· 128
  7.4.1 风险评估 ··· 128
  7.4.2 飞行测试卡 ··· 128
  7.4.3 适航性认证 ··· 130
7.5 事故调查中考虑的因素 ··· 130
  7.5.1 软件和硬件 ··· 130
  7.5.2 人的因素 ··· 131
  7.5.3 建议 ··· 131
7.6 本章结论 ··· 132
思考题 ·· 133
附录 ·· 133
参考文献 ·· 134

第8章 出口管制及国际武器贸易条例 ······························· 135

8.1 引言 ··· 135
8.2 出口管制理解方面的术语 ······································· 137
8.3 出口管制的原因 ·· 139
8.4 什么是出口管制 ·· 139
8.5 出口管制源自哪里 ·· 142
8.6 出口管理条例 ··· 142
  8.6.1 贸易管制列表 ··· 143
  8.6.2 导弹技术控制管理附录 ····································· 148
8.7 《国际武器贸易条例》 ·· 149
8.8 实际中的出口管制问题是如何产生的 ··························· 151
8.9 出口管制产品和信息应如何保护("专有技术") ················ 152
8.10 什么是出口管制违例 ··· 154
8.11 美国如何履行工作 ··· 156

思考题 ··· 157

第9章 无人机系统设计 ··· 158

9.1 引言：基于任务的设计 ·· 158
9.2 设计过程 ··· 160
9.3 无人机子系统 ·· 160
9.3.1 设计工具 ··· 160
9.3.2 机身 ··· 161
9.3.3 推进系统 ··· 163
9.3.4 飞行控制系统 ·· 164
9.3.5 控制站 ·· 165
9.3.6 任务载荷 ··· 166
9.3.7 通信、指挥与控制 ······································ 166
9.4 无人机系统设计、构造和操作标准 ·························· 168
9.5 无人机系统设计验证与任务确定 ····························· 169
思考题 ··· 169
参考文献 ·· 170

第10章 无人机系统机身和动力装置设计 ·························· 172

10.1 引言 ··· 172
10.2 有关无人机系统设计的一些经验 ···························· 173
10.2.1 形式取决于功能：开启设计过程的最佳之处 ······· 174
10.2.2 设计过程中的经济影响 ································ 174
10.2.3 影响无人机系统设计的外在因素 ···················· 175
10.2.4 与无人机系统飞行动力学和物理学相关的一些
基础知识 ·· 176
10.3 机身设计 ··· 181
10.3.1 固定翼设计 ·· 181
10.3.2 旋翼或水平螺旋桨设计 ································ 190
10.4 动力装置设计 ·· 194
10.4.1 四冲程发动机 ··· 194
10.4.2 二冲程动力装置 ·· 195

    10.4.3　电动机 ··· 197
    10.4.4　燃气涡轮 ··· 198
    10.4.5　汪克尔转子动力装置 ································ 202
    10.4.6　重油发动机 ··· 203
    10.4.7　无人机上的螺旋桨 ·································· 204
  10.5　发射与回收系统 ·· 205
  10.6　本章结论 ·· 210
  思考题 ·· 210
  参考文献 ··· 212

第 11 章　无人机系统分系统连接：电气系统 ················ 213
  11.1　引言 ·· 213
  11.2　无人机系统电气系统：总体特征 ························ 214
  11.3　小型无人机系统的电气系统 ······························ 218
    11.3.1　全电小型无人机系统 ·································· 218
    11.3.2　非电动小型无人机系统 ······························· 226
  11.4　大型无人机系统的电气系统 ······························ 229
  11.5　本章结论 ·· 232
  思考题 ·· 232
  参考文献 ··· 233

第 12 章　无人机通信系统 ·· 234
  12.1　引言 ·· 234
  12.2　自由空间中电磁波的传播 ································· 236
  12.3　基本通信系统及其组成 ···································· 238
    12.3.1　调制 ··· 238
    12.3.2　发射机 ·· 239
    12.3.3　信道 ··· 240
    12.3.4　接收器 ·· 243
    12.3.5　解调 ··· 245
  12.4　系统设计 ·· 245
    12.4.1　确定带宽要求 ·· 246

12.4.2 链路设计 ·········· 248
12.5 设计原理概要 ·········· 253
12.6 源于电磁干扰、抑制、多通道的相关问题 ·········· 254
12.6.1 电磁干扰 ·········· 254
12.6.2 抑制 ·········· 255
12.6.3 多通道 ·········· 255
思考题 ·········· 255
参考文献 ·········· 257

第13章 无人机系统指挥与控制 ·········· 258

13.1 引言 ·········· 258
13.2 小型无人机系统的导航系统 ·········· 259
13.2.1 视距内通信 ·········· 260
13.2.2 小型无人机系统自动驾驶仪 ·········· 261
13.2.3 惯性测量单元/惯性导航稳定系统 ·········· 270
13.3 大型无人机的导航系统 ·········· 270
13.3.1 超视距通信 ·········· 271
13.3.2 备选的导航 ·········· 272
13.3.3 自动起降系统 ·········· 272
13.4 其他指挥与控制问题 ·········· 272
13.4.1 开源系统 ·········· 273
13.4.2 指挥与控制中的人为因素 ·········· 274
13.5 本章结论 ·········· 276
思考题 ·········· 276
参考文献 ·········· 277

第14章 无人机分系统集成 ·········· 279

14.1 设计过程 ·········· 280
14.1.1 概念设计和行业研究 ·········· 281
14.1.2 初步设计评估 ·········· 283
14.1.3 关键设计评估 ·········· 285
14.1.4 装配 ·········· 287

14.1.5　系统测试 ………………………………………………… 287
　　　14.1.6　飞行测试 ………………………………………………… 291
　14.2　本章结论 …………………………………………………………… 293
　思考题 ……………………………………………………………………… 293
　参考文献 …………………………………………………………………… 293

第15章　感知与规避 ……………………………………………………… 295

　15.1　引言 ………………………………………………………………… 295
　　　15.1.1　作为转换技术的无人机系统 ……………………………… 295
　　　15.1.2　作为驱动器的无人机系统集成标准 ……………………… 296
　15.2　管理基础 …………………………………………………………… 297
　15.3　感知与规避系统的功能 …………………………………………… 297
　　　15.3.1　自主分离 …………………………………………………… 297
　　　15.3.2　空中防撞 …………………………………………………… 297
　　　15.3.3　感知与规避：子功能 ……………………………………… 298
　15.4　一个感知与规避系统的过程和功能 ……………………………… 300
　　　15.4.1　"观察"任务 ……………………………………………… 300
　　　15.4.2　"判断"任务 ……………………………………………… 301
　　　15.4.3　"决策"任务 ……………………………………………… 301
　　　15.4.4　"行动"任务 ……………………………………………… 302
　15.5　飞行员的作用 ……………………………………………………… 303
　　　15.5.1　环内的飞行员 ……………………………………………… 304
　　　15.5.2　环上的飞行员 ……………………………………………… 304
　　　15.5.3　独立的飞行员 ……………………………………………… 304
　15.6　空中交通管制的作用 ……………………………………………… 305
　15.7　感知与规避系统组成 ……………………………………………… 305
　　　15.7.1　传感器 ……………………………………………………… 305
　　　15.7.2　规避算法 …………………………………………………… 307
　　　15.7.3　显示 ………………………………………………………… 307
　15.8　无人机系统操作中带有"清晰"的规定承诺 …………………… 309
　15.9　本章结论 …………………………………………………………… 310
　致谢 ……………………………………………………………………… 310

思考题 310
　　参考文献 310

第16章　政策与公众认知 312

　16.1　引言 312
　16.2　隐私 313
　16.3　法规 314
　16.4　公用飞行器 316
　16.5　公众认知与教育 316
　16.6　历史应用和研究情况 318
　16.7　策略和程序 323
　16.8　无人机系统在公共安全应用方面的局限性 324
　16.9　本章结论 324
　　思考题 325

第17章　无人机系统的未来 326

　17.1　引言 326
　17.2　预期市场增长 326
　17.3　无人机系统市场的未来 328
　　17.3.1　私用/商用无人机系统市场 329
　　17.3.2　公用无人机系统市场 329
　　17.3.3　未来市场准入预期 330
　17.4　就业机会潜力 331
　17.5　技术方面的新趋势 332
　　17.5.1　小型化 332
　　17.5.2　动力解决方案 333
　　17.5.3　材料改进 334
　　17.5.4　创新制造 336
　　17.5.5　计算和人工智能 336
　17.6　未来应用 336
　　17.6.1　气象卫星 337
　　17.6.2　空中运输 337

17.6.3	无人作战飞机	338
17.6.4	通用性和可扩展性	338
17.6.5	集群无人机系统	339

17.7　5年后及更远的未来 ·· 339
思考题 ·· 339
推荐阅读资料 ·· 340
参考文献 ·· 340

后记:各章观点总结 ·· 341

参考文献 ·· 355

第1章 无人机系统发展概述

Charles Jarnot

1.1 起　　源

挣脱地球引力飞天翱翔是人类自古以来就有的梦想。在有人机出现之前，对无人机(UAV)的探索和发展可以说是真正推动这一梦想实现所迈出的第一步。与鸟儿一起翱翔，以全知视角俯瞰世界的渴望一直是推动人类历史前进最强大的动力之一。无论是在神话中，还是在文艺复兴的早期作品中，前瞻性的伟人都描述了自己对未来的展望，并以他们自己的方式，开始为后代描绘未来发展的路线图，以探索和指明通往更大成功的宏伟道路。事实上，从几个世纪前，中国的风筝飞上蓝天，到第一个热气球的产生，这些技术都被无人飞行器利用起来，为日后有人机的发展铺平了道路。随着有人机的发展，人们逐渐意识到无人机并没有过时。相反地，在有人机相关系统发展的推动下，加上电子系统技术的进步，使自动化集成成为可能，而自动化集成技术反过来又提升了有人机和无人机的性能。

当今，无人机已经成为一种在空中飞行的自主或遥控飞行器。实际上，从飞机制造商、民航政府和军队的角度来看，近年来，无人飞行器的名称已经发生了深刻变化。只用于描述没有飞行员在机上操纵的飞行器的名称就有一大串，航空鱼雷、遥控飞机、无人驾驶飞行器、远程控制飞行器、远程遥控飞行器、遥控驾驶飞行器、自主飞行器、无人机等名称仅仅只是其中的一小部分。

随着本章的深入，细心的读者会发现，所有的飞行器，无论是有人驾驶的还是无人驾驶的，都遵循着基本相同的发展进程，如通过机翼或旋翼产生的气动力，来平衡机体的重力，使其能够飞行。这一进程涉及飞行器控制的发展，使飞行员在俯仰和倾斜状态下操纵飞机也能产生安全的空气动力控制。当人们不再满足于滑翔时，飞行器的发展意味着需要产生合适的推进系统，即要质量小、功率大，足以推动飞行器在空中飞行。飞机飞行距离的增加，促使研制合适的导航系统，而飞行和导航自动系统也减少了飞行员在飞行中的工作负荷。这些问题都十分重要，因为每个问题都依赖于对现有不成熟技术的针对性改进，以创新所需的新技术。空气动力学、结构学、推进系统、飞行控制系统、稳定系统、导航系统等科学技术的进步，以及所有这些技术在飞行自动系统中的集成，使有人机和无人机系统几乎同步发展。当前，随着计算机应用技术和潜在能源系统的不断进步，仍然可以继续对有人机和无人机进行技术改进。

在早期的航空工业中，飞行无人驾驶航空器有一个明显的优势，那就是消除了这些试验装置对飞行员生命造成的威胁[1]。因此，尽管发生了几起事故，但由于飞行器上没有飞行员，所以没有造成人员伤亡，这也算是一种进步。尽管这种方式将人从飞行环节中移出来了，但是由于缺乏令人满意的方法来控制飞行器，因此限制了早期无人机的使用。经过不懈努力，业界很快想出了一个办法，那就是首先让"试飞员"来驾驶试飞这些具有开创意义的飞行器。无人滑翔机的进一步发展则经历了惨痛的教训，甚至先驱者奥托·李林塔尔（Otto Lilienthal）在1896年驾驶一架试验滑翔机时也不幸丧生。

现代无人机与历史上无人机的使用模式一脉相承，所执行的任务类型也就是我们当前所归纳的3D任务，即危险（Dangerous）、恶劣（Dirty）、枯燥（Dull）的任务。危险（Dangerous）任务是指飞行器在执行任务期间可能会被击落或者飞行员的生命可能会因某些操作而受到巨大威胁。恶劣任务是指执行任务的环境可能是受到化学、生物或放射性污染的地方，人一旦涉足其中便会深受其害。枯燥任务是指所执行的任务需要长时间在空中飞行，飞行员容易感到疲劳、紧张，致使有人机难以完成该任务。

1.2　有效控制的需求

莱特兄弟成功飞行第一架飞机，更多的是技术上的成功，即解决了控制一架重于空气的飞行器并对其进行操作的难题。许多航空先驱要么利用重量转移控制飞行器，要么利用气动设计稳定飞行器，希望在试验过程中能找到解决方案。塞缪尔·P. 兰利（Samuel P. Langley）博士是一位受到政府财政大量支持的早期飞机设计师，他与来自俄亥俄州的自行车修理师莱特兄弟竞争，也在为如何控制飞行中的飞机而绞尽脑汁。兰利博士尝试制造一架更精密、动力更强的飞机，然而，由于控制不当导致飞机机头冲进波托马克河，不止一次，而是两次，结果均以

---

[1]　19世纪90年代前后，德国航空先驱者奥托·李林塔尔使用无人操控滑翔机作为试验平台，对主升力翼设计和轻型航空结构开发进行测试。莱特兄弟（Wright Brothers）也是如此，他们首先将滑翔机当作飞机来飞行，解开了升力和阻力的数学运算关系，并研究出了飞机控制的相关细节，同时保证了地面上操控员的安全。

失败告终。在莱特兄弟向缺乏经验的航空界传授控制飞行的秘密后,即用弯曲翼方法来实现滚转控制,用可移动的水平"方向舵"来实现俯仰控制,飞机技术的进步突飞猛进。进一步,第一次世界大战(以下简称"一战")的悲剧及由此而生的军事需求,刺激了实用性飞机技术的迅速发展。飞机设计的所有方面,如相对先进的动力装置、机身结构、升力机翼配置和操纵面布置等,都开始进一步发展并成熟,成为我们当今所见到的"飞机"模样。正是在"以战止战"的严峻考验中,航空工业才出现,伴随着技术进步浪潮而来的是实现有效飞行控制的必要性,这一点至关重要却鲜为人知。

1.3　无线电收发设备与自动驾驶仪

就像许多颠覆性的技术进步一样,看似不相关的发明以新的方式组合在一起,便成为新思想的催化剂,无人机就是这种情况。早在 1903 年莱特兄弟第一次飞行之前,著名的电气发明家尼古拉·特斯拉(Nicola Tesla)就在 19 世纪 90 年代末提出了采用远程遥控飞机作为飞行制导炸弹的想法。这个想法似乎是他在 1898 年制造出世界上第一个水下制导鱼雷时产生的。当时将这种制导鱼雷的控制技术称为"远程自动化"。早在 1893 年发明无线电之前,特斯拉就演示了全光谱火花间隙发射装置的首次实际应用。特斯拉不断研究发展频率分离技术,他是被很多人公认的现代无线电的真正发明者。

当电气天才特斯拉忙于为纽约市设计第一个电气化建筑时,另一个发明家埃尔默·斯佩里(Elmer Sperry),即当今以他的名字命名的著名飞行控制公司——美国斯佩里公司的创始人,正在研制第一台实用的陀螺仪控制系统。斯佩里的工作和特斯拉一样,最初都是在为海军研究水下鱼雷。他研制出了一种三轴机械陀螺仪系统,该系统从陀螺仪获得输入信号,然后将其转换成简单的磁信号,这些信号反过来又被用于影响制动器。水上航行速度缓慢,重量对船舶来说不是一个关键问题,这使得斯佩里能够完成世界上第一台实用的机械自动驾驶仪的设计。接下来,斯佩里把他的注意力转向了新兴的飞机工业,将之看作为发明应用的潜在市场,他的发明不是用来操纵无人机,而是作为一个安全装置用于控制不稳定的有人驾驶飞机,并帮助飞行员在恶劣天气下仍能找到方向。在机身设计师格伦·柯蒂斯(Glenn Curtiss)的帮助下,斯佩里开始尝试将他的控制系统应用于早期的飞机上。一个是飞行设计师,一个是自动化技术发明家,他们的组合天衣无缝。陀螺仪与飞行器结合这一思路在一战前取得了突飞进展。一战期间,在寻求对抗德国战列舰的新武器需求牵引下,结合无线电收发设备、飞机和机械自动驾驶仪这几项技术,最终推动了世界上首架实用无人驾驶飞机——航空鱼雷的横空出世。

1.4 航空鱼雷：首架现代无人机(1918年3月6日)

1916年末,随着战争在欧洲迅速蔓延,美国海军(一支仍然保持中立国家的军队)开始资助斯佩里开发无人操纵的航空鱼雷。埃尔默·斯佩里组建了一个团队,应对当时最艰巨的航空航天任务。根据海军合同,斯佩里将制造出一种小型的轻量级飞机,这种飞机可以在没有飞行员的情况下自行发射,并在无人驾驶下飞到1000码(1码=9.144×10^{-1}m)外的目标处,在足够近的地方引爆弹头,从而有效打击军舰。此时,仅仅是飞机发明后的第13个年头,能够造出一种大型机身来装载对抗装甲舰的大型弹头,以及制造出电池供电的合适的无线电收发装置、重型的电动执行机构、大型的机械三轴陀螺稳定装置,本身就已经很了不起了,而要将所有的这些装备技术融为一体产生有效功能,更是令人叹为观止。

斯佩里任命他的儿子劳伦斯·斯佩里(Lawrence Sperry)领导在纽约长岛进行的飞行测试。随着美国在1917年年中加入一战,这些不同的技术开始被整合在一起进行测试。该项目之所以能够长时间经受住一系列的挫折、打击以及各种各样的失败,最终制造出Curtis N-9航空鱼雷,离不开美国海军提供的大量资金。他们经历了所有可能发生的错误。起飞弹射装置故障,发动机失灵,一架接一架的飞机在抛锚、翻转和侧风中坠毁。斯佩里团队坚持不懈,终于在1918年3月6日成功发射无人操作的Curtis原型机,该机稳定飞行了1000码的航程,并在预定的时间和地点俯冲向目标,然后返回并着陆。于是,世界上第一个真正的无人驾驶系统,即"无人机"诞生了。

为了不被海军超越,陆军投资了一种概念上类似于航空鱼雷的航空炸弹。这项工作仍然充分利用了斯佩里的机械陀螺稳定器技术,并与海军的项目几乎同时开展。为此,查尔斯·凯特灵(Charles Kettering)设计了一种轻型双翼飞机,该飞机结合了有人机中不强调的空气动力学静态稳定特征,如增大主机翼的上反角以增加飞机的侧倾稳定性,但代价是机体变得更加复杂,同时牺牲了部分机动性。福特汽车公司也被指定为该飞机设计一种新的轻型V-4发动机,动力为41马力(1马力=0.735kW),重量为151lb(1lb=0.454kg)。这架轻型双翼飞机的起落架跨度很宽,有效防止了飞机着陆时侧翻。为了进一步降低成本,突出无人机的一次性使用特点,机身在传统布料的基础上加入了纸板和纸箱皮。该无人机还采用了一种带有不可调节全节流阀调整的弹射系统。

凯特灵航空炸弹,又名"凯特灵虫子"无人机(图1.1),测试时在10000ft(1英尺=30.48cm)的高空飞行了100mile,其展现的飞行距离和高度性能令人惊叹。为了证明机身部件的有效性,还建立了一架带有有人座舱的同款模型,便于试飞员驾驶飞行。不同于从未服役并投入批量生产的海军航空鱼雷,凯特灵航空炸弹是第一种批量生产的无人机。虽然它们出现得较晚,未能在第一次世界大战中看到,但在战后的 12~18 个月里这架飞机一直在进行测试。这种航空炸弹得到了时任上校的亨利·阿诺德(Henry Arnold)的支持,阿诺德后来晋升为五星上将,负责领导第二次世界大战(以下简称"二战")中所有的美国空军。1918 年 10 月,在时任作战部长牛顿·贝克(Newton Baker)观摩航空炸弹的测试飞行后,该项目获得了显著关注。战后,在佛罗里达州的卡尔斯特罗姆试验场,大约 12 架"凯特灵虫子"无人机与其他几种航空鱼雷一起继续进行测试飞行。

图 1.1　美军的"自由鹰"(凯特灵虫子)航空炸弹无人机

1.5　无人靶机

令人惊讶的是,一战后,世界上大多数的无人机研究并没有朝着战时航空鱼雷和航空炸弹这样的武器平台方向发展。研究工作反而主要集中于无人靶机方面。在两次世界大战之间(1919—1939),各国都认识到有人机对地面和海上作战结果的影响,于是,世界各国的军队都将更多的投资用于防空武器研制。这反过来又创造了对防御目标的军事需求,于是,无人靶机应运而生。无人靶机在空战理论测试中也发挥了关键作用。英国皇家空军与皇家海军就飞机击沉舰船的能力进行了辩论。20 世纪 20 年代早期,美国陆军航空兵上将比利·米切尔(Billy Mitchell)击沉了一艘优秀的德国战舰,随后又击沉了一艘老式的目标战舰,这令美国海军十分沮丧。对这些成功案例的观点是,一艘配备高射炮的载人舰艇能够轻而易举地击落攻击机。为检验这一观点的有效性,英国使用无人目标靶机飞越武装战舰,检验无人靶机能否被击落。然而,出乎意料的是,1933 年,一架无人靶机在配备最新防空火炮的皇家海军战舰上方飞行了 40 多次,却没有被击落。无人机技术在形成空战理论方面发挥了关键作用,也用数据最终促使美国、英国和日本决定投资建造航空母舰,而航空母舰在即将到来的二战中扮演了重要的角色。

在美国,无人靶机的研制受到"斯佩里信使"飞机发展的影响,该飞机是一种轻型双翼飞机,包括有人和无人两种版本,既可作为军事运输平台,也可用作鱼雷轰炸机。美国陆军大约订购了20架这样的信使飞机,并在1920年将这类飞机称为信使航空鱼雷。然而,由于斯佩里飞机公司创始人埃尔默·斯佩里的儿子劳伦斯·斯佩里在一次飞行事故中不幸丧生,导致斯佩里飞机公司退出了无人驾驶飞机设计项目,因而有关信使航空鱼雷的研究便在20世纪20年代初逐渐减少了。

由于美国陆军对信使航空鱼雷项目失去了兴趣,他们便将注意力转向了无人靶机。到了1933年,出生于英国的演员、狂热的航模爱好者莱吉纳德·丹尼(Reginald Denny),利用从航模师沃尔特·赖特(Walter Righter)那里获得的一架飞机,改装出了一架仅有10ft长、由单缸8马力发动机驱动的无线电控制飞机。丹尼之所以能够改造出这样一架飞机,源于他在一战期间担任英国陆军航空队的观察员/炮手经历,在这期间他意识到可以为美国陆军制造一种使用无线电控制的无人靶机,用于训练炮手准确射击空中目标的能力。这种无人靶机后来称为"丹尼飞行器"。丹尼凭借这架改造飞机获得了一份军队合同,并在加利福尼亚州南部的一家工厂生产了该无人靶机及其后不同型号的靶机。军队将这种飞行器命名为OQ-1型无线电飞机,随后的版本继续使用OQ(代表靶机的子类)这一名称。美国海军购买了这种飞机,并将之命名为丹尼1号靶机(Target Drone Danny-1,TDD-1)。加利福尼亚州南部的这家工厂生产了约15000架这种靶机及其改进型,它们在整个二战期间服役,成为最流行的靶机。这家工厂最终在1952年被诺斯罗普公司收购。

20世纪30年代末,随着海军研究实验室N2C-2无人靶机的开发(图1.2),美国海军又重返无人机领域。这种2500lb径向发动机双翼飞机可以用于识别海军防空系统的缺陷,就像20世纪20年代英国皇家空军和皇家海军的经历一样,通过无人机多次飞过装备精良的战舰来检验无人靶机能否被击落,美国海军"犹他"号战列舰也未能击落任何对其进行模拟攻击的N2C-2无人机。因此,美国海军在描述这类无人机时,又增加了一个新标题——无机载实时操作员的飞机(No Live Operator Onboard,NOLO)①。

同样,在一战与二战之间的那几年,英国皇家海军试图开发一种无人航空鱼

---

① 20世纪30年代后期,海军无人靶机计划开发了一项通过有人机空中控制无人机的技术。该技术在二战期间成功运用,在越南战争中被重新发现并运用,而在伊拉克战争中发挥了更大的作用。

图1.2 Curtiss N2C-2 无人靶机

雷和一种无人靶机,它们都能使用相同的飞机机身。人们曾多次尝试将这些飞机从船上发射出去,但收效甚微。经过不懈努力,英国皇家飞机制造厂最终取得了一定程度的成功,推出了一种配有天猫座引擎的长距离火炮,即"喉"式无人机。该计划之后,英国皇家空军将一架现有的有人机进行自动化改造,产生了英国第一架实用的无人靶机,也就是将费尔雷·侦察兵(Fairey Scout)111F 有人机改装成带有陀螺仪稳定器的无线电控制飞机,即我们现在所说的"女王"号无人机。在制造的5架飞机中,前4架无人机均在首飞中坠毁。然而,事实证明,第5架无人机更加成功,并在随后的射击试验中取得了成功。

接下来的升级版是将费尔雷飞行控制系统与性能优良、高度稳定的德哈维兰(de Havilland)DH-60"吉卜赛蛾"飞机相结合。称为"蜂后"(Queen Bee)的这架升级版无人机,被证实比早期的"女王"号无人机更加可靠,英国皇家空军订购了420架该型无人靶机。也正因为此,指派无人机进行相关飞行操作时便用字母Q来表示(Queen的首字母)。美军也采用了这一约定。虽然未经研究证实,但有人认为无人机"drone"一词源于"蜂王"(Queen)这个名称意为"嗡嗡声"(在英语中,queen有雌蜂的意思,drone一词指雄蜂、无人机)。在一战和二战之间,几乎所有拥有航空工业的国家都开始了某种形式的无人机研究,而这些研究恰恰主要集中在无人靶机上[1]。

---

[1] 然而,德国是个例外。保罗·施密特(Paul Schmidt)在1935年设计了一种喷气式发动机作为低成本、简单化、高性能的推进装置。他发现德国空军将军埃哈德·米尔奇(Erhard Milch)认可他的工作,并建议将这种新型的喷气式发动机作为无人机的推进装置,这种飞机后来以"菲施勒 Fi 103"飞弹的形式出现,盟军称为"蜂鸣"飞弹。

1.6　第二次世界大战期间美国海军的攻击型无人机

20世纪30年代美国海军的N2C-2靶机由有人机飞行员在空中近距离操控,正是利用这种经验,美国海军开发了一种当今重新归类为攻击型无人机的大型航空鱼雷。最初,攻击型无人机采用的是TDN-1模型,该模型在1940年初生产了200架。这架飞机的翼展为48ft,由双六缸O-435型莱康明发动机提供动力,每台发动机为220马力,采用高位翼布局(图1.3)。这架飞机原本打算在高危环境下作为炸弹或鱼雷载体使用,以降低机组人员的风险。这种无人机的开创性进步在于首次使用了感知传感器,即在机头安装一个原始的75磅RCA电视摄像机,为远程飞行员提供更好的防区外终端引导。尽管第一台电视摄像机的可靠性和分辨率相对较低,但这确实是新技术集成的一个非凡壮举。TDN-1模型后来被一种更先进的称为海军/州际TDR-1的攻击型无人机所取代,美国海军制造了大约140架这样的攻击机。他们组建了一支空军特遣部队(SATFOR),并将其派往太平洋战区。在1944年的布干维尔岛战役中,该空军特遣部队用这种攻击机有限对抗了日本,取得了值得肯定的成功。在作战中,一架海军"复仇者"鱼雷轰炸机作为导航飞机飞行。"复仇者"无人机装配了无线电发射器来进行无线电操纵,安装的电视接收器使操作者能够在25mile外引导无人机抵达目标。因此,约有50架飞机用于对付不同的目标,获得了大约33%的成功率。

图1.3　海军飞机制造厂生产的TDN-1攻击型无人机

美国海军和陆军航空队随后将老旧的四发动机轰炸机改装成无人机,部署在欧洲战区,摧毁高度防御、高优先级的目标,如法国西拉库尔(Siracourt)的V-1型"蜂鸣"飞弹掩体和围绕赫里戈兰(Heligoland)戒备森严的U形潜艇。这就是所谓的阿弗洛狄特行动,涉及拆除海军 PB4Y-2 武装民船(海军版本的综合 B-24 轰炸机)和 B-17 轰炸机的原有设备,并在里面装上烈性炸药。还安装了斯佩里设计的用于稳定的三轴自动驾驶仪、以及用于遥控的无线电操控链路和驾驶舱内的 RCA 电视摄像机。操作的概念是让机上飞行员在起飞时控制它。一旦建立了远程控制的巡航飞行,这些飞行员将设置好飞越英国友军的"飞弹"上的炸药和降落伞,同时由附近有人驾驶轰炸机上的操作员控制"飞弹",将其引导至目标。这种飞弹在 1944 年 8 月开始投入使用,但是结果并不理想。在第一次任务中,当飞行员离开飞机后,飞弹失去了控制。随后的飞行也因飞机失控或能见度不够导致飞机无法精确抵达目标而类似地终止。1944 年 8 月 12 日,一架由两名飞行员控制的飞机提前引爆,炸死了海军中尉威尔福特·威利(Wilford J. Wiley)和约瑟夫·P. 肯尼迪(Joseph P. Kennedy),后者是约翰·肯尼迪总统的哥哥和美国驻英国前大使约瑟夫·肯尼迪(Joseph Kennedy)的儿子。持续的设备故障和/或与天气有关的操作事故,加上欧洲盟军的快速推进,该计划被迫取消。回顾总结,一般认为,这是人类首次将无人机用作进攻性武器。

1.7　第二次世界大战期间德国的 V-1"蜂鸣"飞弹

二战时,最有影响力的无人机是纳粹德国的 V-1"蜂鸣"飞弹("复仇者"-1 炸弹)。基于发明家保罗·施密特在 20 世纪 30 年代早期开发的实用型喷气式发动机,这款飞弹集成了先进的、轻量级的、可靠的三轴陀螺稳定自动驾驶仪,以及用于精确发射点数据的无线电信号基线系统和抗战斗损伤的坚固钢机身。V-1 飞弹是第一款成功并批量生产的巡航导弹型无人机,其构型影响了战后许多后续无人机的设计(图 1.4)。

V-1 飞弹由"菲泽勒"飞机公司(Fieseler Aircraft Company)大量制造,数量超过了 25000 架。数量如此之多,使 V-1 飞弹成为历史上,除现代手动发射平台外,数量最多的攻击无人机。这种无人机具有灵活的地面和空中发射能力。它利用了强大的气动弹射系统,这也是许多当代无人机上常用的一种系统。喷气式发动机是一种简单的、轻量级的大推力装置,其工作原理是 50 次/s 的循环压缩/爆震。爆震后单向阀门关闭,气体只能从排气管排出,这些循环导致了飞行中发动机发出标志性的"蜂鸣"声。尽管按照传统的喷射发动机标准,这种喷气式发动机的燃烧效率不高,但它具有生产成本低、产生推力大、性能稳定,以及作战受损后仍可操作的优点。V-1"蜂鸣"飞弹也是世界上第一架喷气式无人机,重约 5000lb,弹头重达 1800lb。

图1.4 德国"菲泽勒"FI 103(V-1)"蜂鸣"飞弹

操作上,V-1飞弹主要从地面发射轨道系统发射,少数从"亨克尔"111轰炸机上进行空中发射,这也使得V-1飞弹成为世界上第一架空中发射的无人机。当时,向盟军城市和军事目标发射了大约10000架V-1飞弹,造成约7000人死亡。

尽管V-1飞弹的制导系统能够使其保持航向和高度稳定,但该制导系统不具备飞行中实时导航能力。准确的天气预报(主要是风向和风速)是操作者朝着正确方向发射无人机的必备条件。在飞行中的某个预设时间,装置将关闭燃料阀,从而终止动力飞行。此时飞弹弹头将会朝下,弹头在与地面接触时引爆。因此,准确确定飞弹的降落位置十分必要,以便在发射前做出适当的修正进而确保打击精度。尽管V-1飞弹的目标命中率仅为25%,但是鉴于它的成本相对较低,而且当时的报道称该飞弹对英国公众士气造成了毁灭性打击,因此,被认为是一种有效的武器化无人机。V-1飞弹被大量生产,并为自主飞行器开创了许多"第一次",还影响了未来无人机的设计,并在冷战期间为许多更精密的无人机项目获得资金提供了历史背景①。美国海军基于V-1飞弹制造了一种用于攻击日本的逆向工程复制品,并从水下潜艇向空中发射这种改进版的"飞弹",因而该"飞弹"又获得了另一个头衔,即世界上第一枚由海军发射的喷气式无人巡航导弹。

---

① V-1导弹的作战能力及其在无人情况下携带大型武器跨越国际边界的能力,很可能就是国际民航组织会在1944年《芝加哥公约》最初的章程中,纳入以下声明的原因:"未经缔约国特别授权,不得在没有飞行员的情况下,在缔约国领土上空飞行任何没有驾驶员的航空器,如得到授权则必须遵守授权条款进行相关飞行。各缔约国承诺,在对民用航空器开放的空域内,对无人机的飞行受到如上法律制约,避免对民用航空器带来的危险。"《国际民用航空公约》第八条,芝加哥,1944年。

1.8 第二次世界大战期间德国的"槲寄生"轰炸机

有人机与无人机组队并不是二战期间同盟国的独有做法。除了V-1"蜂鸣"飞弹外,德国人还制造了大量驮在有人机背部上的无人机,这种无人机称为"槲寄生"轰炸机。V-1飞弹的主要缺陷是其无法精确地飞向预期目标,而"槲寄生"轰炸机就是德国人为解决这一问题的有益尝试。具体做法是将双发动机的JU-88无人轰炸机改良之后,通过支撑杆安装到有人驾驶战斗机的背部上。有人驾驶战斗机飞行员引导轰炸机到达目标区域,然后释放它,之后机载稳定系统便会引导载满炸药的轰炸机滑翔至打击目标。尽管制造了约250架这样的"槲寄生"子母机,但成功率还是微乎其微,主要原因是操作上的挑战太大,而不是技术上的问题。

德国的"槲寄生"设计概念与其说是无人机,不如说是制导炸弹,此外德国还设计了几种滑翔制导炸弹,但获得成功的较少。导弹和无人机之间的界限并不是泾渭分明的。二战中,德国的V-1攻击型无人机、装有炸药的无线电遥控轰炸机和背负式"槲寄生"制导炸弹都可以看作是飞机构型,因此将它们归入无人机的范畴。从未来巡航导弹的角度来看,这种差别就不那么明显了,相比于飞机,巡航导弹与弹道导弹的关系更为密切。

1.9 早期的无人侦察机

正如我们所看到的,从1918年第一架无人机成功飞行开始,一直到二战,无人机主要用于靶机和武器投放任务。在随后的冷战年代,无人机的发展明显转向了侦察和诱饵任务,这种趋势一直延续到今天,在军事、执法和环境监测领域,近90%的无人机用于某种形式的数据采集。二战中,无人机没有被用于侦察任务的主要原因,更多地与图像处理技术和导航要求有关,而不是飞机平台本身。20世纪40年代的相机需要相对精确的导航才能获得目标位置的图像,而当时的导航技术还达不到这种要求,用无人机进行侦察不如用训练有素的飞行员带着地图进行侦察那么有效。战后,随着雷达测绘、更好的无线电导航、罗兰导航系统网络覆盖以及惯性导航系统的出现,这种情况发生了变化,上面这些技术使无人机能够以足够的精度自主飞行往返于目标区域。

首批被评估的高性能侦察型无人机中,就包括美国无线电飞机公司(后被诺格公司收购)制造的YQ-1B高空靶机,经过改装,YQ-1B可以携带摄像机,这就是后来的GAM-67反雷达导弹的前身。这种涡轮喷气发动机飞机主要从

B-47轰炸机上进行空中发射,当时打算将它用于对敌防空压制(SEAD)任务。随后也被提议在这种飞机上安装照相机,但是该项目在仅仅制造了大约20架之后就被终止了,终止原因是射程短、成本高。

1.10 雷达诱饵:20世纪50年代至70年代

20世纪60年代和70年代初的越南战争中,北越军队使用了苏联制造的地空导弹,美军对对抗该类导弹的武器需求很高。这类导弹广泛依靠雷达感知美军飞机,美军干扰这些雷达的结果喜忧参半。由于地面系统可以获得更大的功率,使地基雷达能够克服干扰发射器的影响,因此即使在最好的情况下,用机载系统干扰地基雷达也是有难度的。一种更有效的解决办法是诱骗雷达,使雷达相信自己锁定了一架真正的飞机,诱导其把昂贵的导弹浪费在一个假目标上。美国空军通过开发一系列无人机来诱骗敌方的地空导弹防空炮,着手解决了这一问题。

例如,为了欺骗雷达操作员,使其误以为诱饵无人机是一架美国的B-52轰炸机,这种飞机不需要在外形上与真正的B-52轰炸机制造得很相似,只需要很小的雷达反射器就能产生模拟真实轰炸机的雷达回波信号。加之,又有无线电收发装置能够发出模仿真实轰炸机的电子信号,更加增强了这种错觉。因此,无人驾驶的空军诱饵无人机虽然尺寸较小,但能达到预期效果。最频繁使用的雷达诱饵无人机是美国麦道公司的ADM-20"鹌鹑"诱饵无人机,它可以装载在B-52轰炸机的弹舱里,在轰炸航路上进行空中发射。"鹌鹑"诱饵无人机重约1000lb,射程为400mile,能模仿B-52轰炸机的速度和机动性。随着雷达分辨率的提高,诱饵无人机的效率越来越低,到20世纪70年代,大多数诱饵无人机已经退役。

1.11 远程侦察无人机系统:20世纪60年代至70年代

美国空军率先开发了第一架大规模生产的远程高速无人机,本来计划用于执行侦察任务,但随着系统的逐渐演变,能够支持一系列从压制敌方防空部署到武器投射的广泛任务。雷恩147型(Ryan Model 147),后改名为AQM-34的"萤火虫"系列无人机,是有史以来服役时间最长的无人机。该款飞机由瑞安航空公司在20世纪50年代后期首创,由早期的无人靶机改造而成,通过涡轮喷气式发动机驱动,采用低阻力机翼和机身结构,可飞到50000ft以上的高度,并可以600kn/h(高次声速)的速度飞行。

这款被操控者称为"萤火虫"的无人机,有着长时间的服役生涯,可以在高空和低空大范围内进行飞行,执行电子信号情报收集、摄像机侦察和各种诱饵雷达信号传输任务。许多无人机在频繁侵犯他国领空时被击落,但这些"萤火虫"无人机却成功地完成了任务,充分证明了它们的能力。这款飞机在20世纪60年代初至2003年的服役期间,经历了多次改进。很多独特的、开创性的技术用于"萤火虫"无人机,包括曾被挂载在改装的DC-130飞机机翼上进行空中发射,以及从H-2"乔利绿巨人"直升机上用降落伞挂钩在半空中对其进行回收。AQM-34在其服役生涯后期被重新命名,执行对美国具有重大意义的高度优先任务,例如在20世纪60年代古巴导弹危机期间执行侦察任务,此外,它也执行过相对平常的任务,如作为战斗机的空空导弹靶机(图1.5)。

图1.5　AQM"萤火虫"无人机

1.12　首架无人直升机系统:20世纪60年代至70年代

美国海军的无人反潜直升机QH-50 DASH于20世纪60年代早期开始服役,并开创了无人机应用的多个先河。这种飞行器与众不同,具有独特的堆积结构,是一种反向旋转的旋翼式飞机,也是第一架无人直升机和第一架垂直起降的舰载型无人机。无人反潜直升机的需求是扩大反潜自动导向鱼雷的投放范围。20世纪60年代早期,一艘典型的驱逐舰可以探测到20mile范围内的潜艇,但仅能对5mile内的目标潜艇实施打击。而这款小型的紧凑型无人机只需要飞入目标潜艇的最大探测范围区内投下自动导向鱼雷,便可攻击目标潜艇。要完成这一系列动作,需要一名飞行员在舰尾遥控QH-50 DASH的起飞和降落,并通过带有陀螺稳定器的自动驾驶仪将直升机指引到船载雷达探测到的位置。从

1960年到20世纪70年代中期,总共制造并投入使用了700多架这样的无人反潜直升机,直到防空火炮武器出现,这类直升机才结束了其鱼雷挂载生涯。法国、日本等国家都运用过这款反潜直升机。

1.13 寻求自主操作

从第一架无人机开始,设计师们就努力使无人机减少对地面人工控制的依赖,尽可能使其独立自主地完成飞行操作。军事需求需要最大防区外打击距离、超长续航时间和来自机载传感器的大量数据流。对数据的需求迫使无人机减少飞行控制传输带宽,这进一步刺激了对自主飞行或自主操作的需求。敌方干扰可能会延迟传感器传输,但中断飞行控制信息就可能导致空难了。察觉到英国有能力干扰无人机信号传输,二战中德国的 V-1 飞弹故意采用了一种简陋的全自主飞行控制与导航系统,该系统基于机械陀螺仪、计时器和一些通过切断燃料来启动俯冲终止的原始预编程程序。直到小型化、轻量级的数字计算机、惯性导航技术,以及 GPS 全球定位系统出现,无人机自主操作才获得了与有人驾驶飞行器同等级的飞行自主性。

20 世纪 70 年代发展起来的轻量级计算机技术,导致了个人电脑的全球爆炸式增长,以及从手表到厨房电器等日常生活用品的数字化,这对于无人机自主性的发挥具有举足轻重的意义。随着计算能力和高速缓冲存储器检索技术的进步,无人机在应对风和暴风雨环境变化,以及影响任务载荷设备新变化方面,就会更具灵活性。当前,地图数据已经可以直接存储在无人机上,这项技术不仅提高了导航性能,而且使传感器成像变得更加精确。

1.14 双尾撑推进器无人机的诞生

美国海军陆战队在20世纪60年代后期的"比基尼岛"无人机研制中取得了突破性进展。正是在这款无人机构型的基础上发展出了后来最流行的多款无人机,包括当今的 RQ-7"影子"无人机也沿用了其机身构型,当前"影子"无人机的装备数量仅次于手抛式的"大乌鸦"无人机。海军陆战队的"比基尼岛"无人机通过将相机装在机头部分,使相机获得了几乎无障碍的宽阔视野。这也促使推进式发动机布局进一步简化为双尾撑结构。也有人尝试使用三角式推进器动力装置,运用这种设计思路制造的最出名的无人机是"天鹰座"无人机。但是,由于这种气动布局的升降舵力臂通常是固定的,因此给其机身重量与平衡性带来了巨大挑战,而双尾撑推进器构型可以灵活伸展,能很好地解决上述难题。

20世纪70年代后期,以色列充分利用海军陆战队"比基尼岛"无人机的构造,设计出了一款小型战术战场监视无人机——"侦察兵"无人机,由以色列航空航天工业公司建造。"侦察兵"无人机还配备了两个助手,分别是以色列航空航天工业公司制造的UAV-A诱饵无人机和瑞安航空公司生产的"观察"无人机。诱饵无人机能够干扰敌方的地空导弹防空炮雷达,引诱这些雷达提前启动甚至诱骗地空导弹防空炮向它们发射导弹,从而混淆视听对抗敌方的地空导弹防空炮。"观察"无人机的作用则是收集敌方地空导弹防空炮的防空雷达信号。最终,在这两个助手的配合下,"侦察兵"无人机便能够侦察到敌方地空导弹防空炮的火力分布信息以及攻击后的杀伤力评估信息。此外,"侦察兵"无人机还会向机动地面指挥官提供近距离的战场图像,这对于无人机还是首例。与以前所有的侦察无人机系统平台相比,这种方式大大不同,原因是它们能将收集到的图像信息生成胶片,甚至还能电子传输到采集中心进行分析,因而,更具操作性和战略性。小型化计算机的进步使地面机动领导者能够获得实时的鸟瞰视景,进而直接影响小规模士兵甚至单个坦克运动的决策过程。

1982年6月,在以色列和叙利亚军队的贝卡谷地冲突中,以色列军队在战场态势感知方面获得了显著优势。该冲突是以色列对占据黎巴嫩南部的真主党武装发动的地面进攻,以色列称为"加利利和平行动"(即第五次中东战争)。在本次战争中,叙利亚联合真主党武装占领了贝卡谷地的大部分地区,它们的地面部队规模庞大,且拥有大量的新型苏联坦克和重型火炮。叙利亚部队还装备了苏联制造的精密的地空导弹防空炮。以色列组合使用喷气式动力的诱饵无人机和"观察"信号收集无人机系统,来探测和识别叙利亚地空导弹防空炮的工作频率,然后使用"侦察兵"无人机配合有人机迅速摧毁大部分的地空导弹防空威胁,使以色列地面部队能够与空中支援紧密配合采取行动。"侦察兵"无人机使用其双尾撑推进器配置,沿着贝卡谷地的沙丘飞行,并识别叙利亚的坦克行动,向机动的以色列小分队指挥官提供近乎实时的数据支援。这种天眼侦察优势使得较小的部队单元能够以较快的速度移动,为"眼镜蛇"攻击直升机提供精准的目标数据,并保证了炮火的高效发射。由于"侦察兵"无人机的体积过于小,以至于叙利亚使用苏联设计的雷达无法发现和跟踪它,而且经过证实,快速飞行的叙利亚喷气式战斗机也难以观察到它。1982年贝卡谷地之战的经验教训,引发了一场世界范围内研发近距离战斗无人机的竞赛。

1.15　沙漠风暴:1991年

1982年,短暂的以色列-叙利亚贝卡谷地战役中首次使用了近距离作战无人机,这种无人机在1991年的沙漠风暴中首次大规模使用。美国及其盟国在沙漠盾牌行动和沙漠风暴行动中不断地使用无人机。其中,最频繁使用的系统是人们现在所熟知的"指针"无人机和"先锋"无人机,这两型无人机具有双尾撑推进器配置(图1.6)。"先锋"无人机是以色列和美国联合研制的一款无人机,使用了27马力的"雪地车"发动机,通过地面遥控操纵杆飞行,航程约100mile,需要2000ft的高度保持视距传输数据链路。全自主飞行在技术上是可行的,但其使用者还是选择让飞行员远程操纵无人机,以期能够根据期望目标实现更敏捷的战场机动。GPS全球定位系统和计算机能力尚未充分整合,致使地面操作人员在短时间内无法按照指定航点飞行。此外,通过卫星链路提供的图像也没有实现在小区域内充分开发,因此,无法完全实现数据传输。在"沙漠风暴"期间,美军无人机出动了约500架次。"指针"无人机和"先锋"无人机为火炮提供方位指示,甚至还指引"爱荷华"号战列舰上的重型16inch(1inch=25.4mm)炮的发射方向。有这么一个案例:一群伊拉克士兵试图向在沙漠上空低空飞行的"指针"无人机投降。

图1.6 美国AAI公司生产的RQ2"先锋"无人机

一方面,在经历了"沙漠风暴"之后,世界上大多数军队得出结论,认为无人机系统平台确实在定位敌人方位和指引人工火力方面发挥了作用。另一方面,大多数军事分析家也同时得出结论认为,脆弱的数据链路阻碍着无人机得到全面使用,使其无法代替很多有人机的任务和角色。这种观点的得出在某种程度上是基于"指针"无人机和"先锋"无人机视距数据链的局限性,以及有人机飞行员及其领导层根深蒂固的文化抵触。一个国家国防预算的很大一部分用于购买军用飞机、培训以及雇佣大量的飞行员、导航员和其他机组人员。大多数国家的空军都会选择拥有多年战术飞机操纵经验的人担任他们的高层领导。美国前总统艾森豪威尔曾告诫美国要远离"军事-工业联合企业"的危害,而用更经济的无人机取代有人机的想法无异于是自动向"军事-工业联合企业"靠拢。

1.16 克服对飞行员的偏见

从20世纪90年代到美国"911"恐怖袭击,无人机技术逐渐进步和发展,这得益于小型、紧凑、低成本计算机的增长推动和GPS(全球定位系统)的精确化和小型化发展。然而,有人驾驶的飞机平台和那些认为无人机系统技术会取代他们生计的飞行员,是阻碍无人机被广泛接受的障碍。"911"事件发生时,美国陆军只有30架无人机,2010年这个数字超过了2000架。现在仍有新闻报道无人机在伊拉克和阿富汗境内正在执行长时间而枯燥的监视任务,可以说,无人机低成本、低风险和实用性强的特点,最终使反对无人机的声音屈服了。如果一个人面对美国空军"捕食者"无人机投下的致命导弹还敢站在原地不动,那么,造成伤亡的"负责"问题就不存在了。

1.17 业余爱好者制造的无人机

正如本章前面提到的,尼古拉·特斯拉率先开发了一种从远端成功控制无人机的方法。因此,从军事角度的视角不难发现,这种装置将会对武装冲突的性质产生重大影响。同样显而易见的是,好奇心强的业余爱好者也会有兴趣去研究如何利用这种技术来控制模型飞机。在这之前,模型飞机是通过线路控制或作为自由飞行模型进行飞行的。20世纪30年代,英国研制了"蜂后"遥控驾驶无人机。莱吉纳德·丹尼是一名英国演员,也是一名狂热的航模爱好者,他和许多狂热者一样,想把自己的业余爱好变成事业,希望利用对飞机建模的这种热情,把新方法融入无线电操控中,开发出无人靶机并将其出售卖给政府。与现代无线电控制系统相比,当时的控制系统又大又重,而且非常粗糙。比例控制(即提供与驾驶舱中飞行员操作相匹配的增量飞行控制位移)对早期的无线电操控飞行员来说,如同天方夜谭。但是,随着狂热拓荒者坚持不懈的努力,快速低成本计算机技术的发展,以及微机电系统、GPS导航芯片、微型电源模块和先进无线电系统的发明,创造出了将模型玩具快速转化为切实可行工具的有利环境,比例控制的梦想成为现实。可以这样说,业余爱好者无线电遥控飞机的快速升级和微型自动稳定与导航系统的迅猛发展,正在引发一场仅次于计算机和移动电话技术的商业革命。这场革命发生得如此之快,以至于像美国联邦航空管理局这样的监管机构都难以控制其在许多工业领域的扩展。可以说,一方面,军工联合体在奋力推动无人机的发展;另一方面,业余爱好者又在强烈推动无人机的商业运用。

1.18 无人机系统是否会取代有人机

无人机的控制范围达到了两个极端,一个是不依赖于任何外部信号的完全自主飞行控制系统,另一个是采用固定数据链路的远程驾驶系统,当然,这个范围还包括两个极端之间的各种变化系统。理论上,一架全自主的飞行器可以在不受敌方信号干扰的情况下飞行,并能执行各种复杂任务。缺点是敌人可以通过计算机对全自主飞行控制系统进行模拟,从而查找出系统漏洞并对系统进行攻击,这就跟玩游戏时通过人机对战找到机器漏洞是一个道理。一旦识别出程序缺陷,战胜自主系统就十分容易了。此外,一方面,由于缺乏责任链条,全自主系统将不大可能被许可使用致命武器;另一方面,一架依赖外部信号的飞行器,不管加密得多好都有可能受到干扰,甚至更糟糕的是,敌人还能够通过欺骗编码信息控制它。即使真正的人工智能被开发出来,使无人机能够按照人类意图自主行动,但是,考虑到责任因素,也不会允许无人机完全取代有人机。这在民用客机中更是如此,客运飞机上至少要有一名"机长"对飞机的飞行行为负责,并有权对乘客发出指令。

思 考 题

1. 乔治·凯利爵士、奥托·李林塔尔、塞缪尔·皮尔庞特·兰利和莱特兄弟在设计有人机时,都应用了无人机。他们这样做的理由是什么?这么做有什么好处?
2. 一些人认为,莱特兄弟最大的成就是计算出了如何控制飞机横轴运动的方法。"凯特灵虫子"无人机没有使用翼弯曲或副翼设计来控制飞机的横轴运动。这种做法对早期无人机的发展有何促进或阻碍作用?
3. 在过去,用合适的机械系统代替有人机上的操作员,被认为是个极具挑战性的难题,即使在当今,某种程度上仍然还是一个难题。那么,在当时特斯拉和斯佩里是如何尝试为自动化系统设计铺平道路的?
4. 你认为二战期间最有效的无人机是什么?为什么?
5. 在海湾战争之前,由于自动导航系统的精度不够,几乎阻碍了所有的军用无人机成为有效的战略武器。那么,是什么技术进步改变了这种情况?
6. 很多人都可以说出无人机系统得以成功发展的众多原因。那么,哪些技术在商用无人机系统的发展过程中发挥了重要作用?哪些技术的进步将为无人机的性能进步带来下一次飞跃?

第 2 章 无人机系统应用

Mark Blanks

2.1 引　言

无人驾驶技术与机器人技术一样,也是一项革命性技术,其应用几乎涵盖各行各业。随着无人系统新应用的日益发现,大量任务的工作效率或安全性将大幅提高。本章将概述处于不同成熟阶段的无人机系统的一些常见应用。此外,还将区分探讨应用程序和操作注意事项等基本问题。

无人机的应用范围很广,从简单的视频采集到精确的科学测量,都有无人机身影。无人机操作员执行特定的任务时所需的知识量差异很大,从掌握很少的必备知识到大量的科学专业培训情况参差不齐,这种对专业知识的需求程度表明了无人机只是用作为某些特定应用获取所需信息的工具。很少有人会在无人机飞行训练场地之外平白无故地运行无人机。因此,在实际飞行无人机之前,考虑飞行任务的目的和采集所需的数据尤为重要。

本章所讨论的无人机应用都有其各自的挑战和特点。各个应用的最佳实践范例数不胜数,篇幅原因,本章仅列举了工业和项目任务领域的一些典型范例供大家学习参考。

2.2　基础技术

在讨论无人机的多种不同用途之前,介绍一些诸如飞行器的控制和稳定方法以及传感器设计等基本信息,可能会对读者特别是对那些不常接触相关技术的读者有所裨益。所以本章在前几节介绍了一些关于平台控制和传感器技术的基础知识,而后是对本章主体部分的叙写,即对无人机相关应用的探讨。

2.2.1　控制方法

在开始讨论之前,我们必须了解控制无人机的多种方法以及如何运用无人机开展不同的任务。无人机的控制方法很多,如完全人工控制、稳定控制或"遥控"、自动控制(无须直接的路径控制)。飞行任务中无人机的自动化水平取决于若干因素,如无人机重复飞行次数、无人机与其他物体的靠近程度以及任务的动态特性等。

2.2.1.1 人工控制

在人工控制状态下,操作员可以直接、独立地控制无人机的飞行轨迹。通常操作员需手持控制台,通过输入控制指令来对无人机的俯仰、滚转、偏航和油门进行微调(图2.1),控制台根据输入指令大小对飞机进行指数控制,输入的指令小,调控的幅度则小而精细,输入的指令大,则调控的幅度也大。此外,操作员还可以直接控制无人机的其他子系统,如襟翼系统、起落装置和制动系统。

图2.1 用于人工控制飞行器的机外飞行员控制台示例
(由堪萨斯州立大学萨利纳分校提供)

熟练的操作员通过人工操作方式来准确控制无人机的飞行轨迹,并使控制输入达到预期结果。就要求操作员必须接受大量的培训并具备丰富实操经验,才能够安全有效地完成飞行任务。人工控制无人机存在一定的难度,在那些能够进行完全人工控制的操作员中,许多人都是出于热爱而穷其一生来练习这种技能。

2.2.1.2 稳定控制

在稳定控制状态下,操作员可以直接、辅助地控制飞行器的飞行轨迹。通常,这种类型的控制需要操作员手持控制台输入指令,指令传送到飞行器上的自动驾驶仪后,自动驾驶仪能够将接收到的指令转换为目标结果输出,继而控制飞行轨迹。稳定控制状态下,操作员能够直接控制飞行器的姿态,不需要过多的精细控制就可以确保固定翼无人机回到机翼水平状态或垂直起降无人机回到悬停状态。一些垂直起降无人机装有磁力计,即便是距离操作员越来越远,无人机对操作员的朝向始终是一致的,因此,不管无人机的前进方位(前后左右)如何,其朝向操作员的那一面始终保持不变。稳定控制方式大幅降低了操作员安全有效控制无人机所需的技能水平,同时仍然能实现对飞行轨迹的动态控制。多数垂直起降无人机系统都能够进行稳定控制,由于稳定控制的操作便捷,也使得垂直起降无人机的市场需求大幅增加。但是,稳定控制要求操作员必须能够十分清楚地看到飞行器,以确定飞行器相对于被观测物体的精确方位,如航空测绘,这种需要飞行器对目标区域进行反复精确定位才能实现的应用,仅仅依靠操作员在地面上的视角是很难完成任务的。

2.2.1.3 自动控制

在自动控制状态下,操作员可以间接、辅助地控制无人机的飞行轨迹。通常这种类型的控制是通过图形软件界面来实现的,图形软件界面显示的内容是空中或卫星图像以及叠加在这些图像上的无人机位置的俯视图(图2.2)。操作员通常可以通过软件的规划工具提前规划任务,也可以在无人机飞行过程中上传指令改变其飞行轨迹。在三维空间中,自动驾驶仪通过控制无人机操纵面和油门输入量,将无人机定位在期望的飞行路径上,操作员则通过观察无人机的飞行姿态来确保无人机在预定轨迹上飞行。

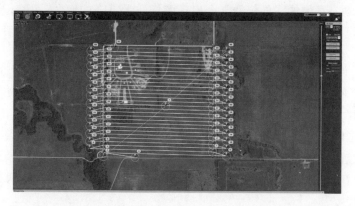

图2.2 任务规划器软件就是一个用于自动化任务的图形界面软件
(由堪萨斯州立大学萨利纳分校提供)

自动控制方式对操纵员直接操控无人机的技能要求很低;然而,各类无人机的软件界面存在很大的差异,有些界面可能是针对特定无人机定制的界面,仅提供基本功能,因此只需要操作员输入关键指令即可;其他界面则需要操作员针对任务中可能出现的每一变量输入指令,并且可能需要操作员花很长时间才能学会具体操作。无论界面如何,自动控制可以极大地提高效率,减少特定任务所需的工作量,尤其是在执行重复飞行的任务时,如轨道航行和测绘任务。

2.2.2 任务载荷

任务载荷虽非本章重点,但了解不同应用的任务载荷类型,对于全面理解各项任务的执行方式非常重要,所以本章对其进行了简要介绍。结合本章的内容背景,将任务载荷分成三类:静止成像仪、全动态影像和其他任务载荷。通常来讲,只需采用其中一种任务载荷就能实现相关应用最佳功能,不过也有些应用会将多种任务载荷类型组合起来使用。每种载荷类型都有优、缺点,在执行任务之前应根据任务所需要收集的信息,为相关应用选择合适的任务载荷是一项必须进行的重大决策,须仔细权衡。

2.2.2.1 静止成像仪

静止成像仪种类繁多,小到大众消费者即买即用的相机,大到专业的光谱成像仪,都属于静止成像仪的范畴。一般情况下,静止成像仪获取的是某个单一时间点对应的静态图像,这意味着,它可能无法通过载荷捕捉到动态环境的运动变化,而现实场景则可能在拍摄图像之前或之后发生改变。然而,静止成像仪却能够提供最高分辨率的图像,且每个图像的拍摄间隔较短,甚至每秒可以拍摄多次。通常将采集速度超过 15~20 帧/s 的静止成像仪图像称为全动态影像,但是捕获全动态影像的成像仪经常会出现图像质量下降的问题,而静止成像仪的高分辨率等特性,填补了全动态影像不适用的场景。因此,本章将两者区分开来进行讨论。例如,大多数遥感应用都采用静止成像仪进行运作。

静止成像仪能够捕获与图像相关的数据,从而有助于后续的数据处理,这些可以用来描述其他数据的图像数据称为"元数据"。静止成像仪能够收集的元数据包括日期和时间、全球定位系统位置、相机方位、焦距、快门速度、光圈设置、国际标准化组织等级、相机类型、镜头类型等。有些应用需要对采集后的图像进行处理,如果没有某些元数据参数,这些处理便无法进行。因此,操作人员在获取数据时要确保收集了所有必需的元数据,这一点对他们来说至关重要。

2.2.2.2 全动态影像

全动态影像任务载荷是指能够采集连续图像的成像仪,并能够对采集的图像进行实时回放或在图像采集后按照当时捕捉"现实世界"的运动速度进行回放(图2.3)。例如,大多数电影都是以 24 帧/s 的速度拍摄的。全动态影像在变化的环境中有较好的表现,能够实时捕捉各种应用场景中的物体和/或人的动态运动,并对场景进行记录,例如电影摄影和与执法相关的应用。然而,大多数全动态影像成像仪为了能够快速捕捉图像,致使分辨率大幅低于静止成像仪。即便是 1080p 的"高清"视频,用全动态影像成像仪来拍摄也只有 200 万左右的像素,而同等情况下用静止成像仪拍摄的静止图像,其像素每幅几乎超过 3000 万,这意味着 1080p 高清视频的分辨率只有高质量静止图像的 1/15。

图 2.3　索尼 Nex-7 相机可用于静态图像和全动态影像采集
（由堪萨斯州立大学萨利纳分校提供）

全动态影像与静止图像类似,也有自身的元数据标签。某些软件通过使用元数据,可以最大限度地"利用"影像。一般情况下,元数据以图形方式显示相机的位置、相机拍摄对象的位置,或者自动调整图像以消除扭曲或其他伪影。因此,在执行飞行任务之前操作员必须清楚对元数据的要求,才能保证为相关软件捕获所需要的元数据信息。

2.2.2.3　其他任务载荷

除了成像仪之外,不同的应用还可能会用到许多其他类型的任务载荷,如空气采样装置、通信中继设备、雷达等。2.3 节会对这些特定类型任务载荷的应用进行详细描述。但是,不论是哪种应用,最重要的是确保用正确的方法收集到合适的数据信息。在飞行操作之前,操作员必须了解需要收集的信息、获取信息的方法,以及满足任务需求的传感器参数(尽管操作员可能不是传感器方面的技术专家,但他们至少要知道成功完成任务所必须满足的参数)。

2.3　应　　用

从这一节开始,我们将专门讨论无人机在搭载传感器获取数据方面的应用。接下来的各个小节分别讨论遥感的概念、测量和测绘应用,以及成像的各种应用场景,包括结构和基础设施检查、新闻信息采集、电影摄制、商业推广、执法、应急管理、搜索和救援以及侦察等,此外,还会涉及非可视化应用。最后将对成功获取遥感数据的关键因素进行讨论。

2.3.1 遥感

遥感被定义为"远距离收集物体或区域相关数据的科学,如利用雷达或红外摄影观察地球或天体就涉及了遥感的概念"(Dictionary.com 2015)。这个定义从目的上看十分广泛,涵盖了许多常见的无人机系统应用场景。虽然本章无法将无人机系统所有遥感应用逐一列举出来,但几个重要的例子都有谈及。这些例子的共同之处在于它们都涉及对地球进行远程观测并对地球的某些特征进行测量。其中,测量范围包括植物健康测量、特定地区的地形测量等。为了能够达到精确测量的目的,大部分遥感应用仔细控制数据的收集方式,正是这种要求使得遥感成了最具挑战性的应用之一。

2.3.1.1 摄影测量应用

"运用照片特别是航空照片进行可靠测量的科学"称为摄影测量学(Merriam-Webster.com 2015)。摄影测量学已经有几十年的历史,学科中许多早期方法都是在二战期间开发的,摄影测量学原理与人眼看到三维图像的原理一样的,都是利用二维图像来进行三维测量,通过收集不同视角的重叠影像,利用数学方法就能非常准确地确定物体的形状。摄影测量原理是大多数无人机应用的核心,这里将讨论其中3个,即航空测绘、航空摄影测量和体积计算。

1)航空测绘

航空测绘是根据航空图像构建地图的过程。航拍照片会因相机镜头瑕疵、视角和成像区域的地形等问题而产生固有形变,未经校正不能作为地图使用。然而,通过正射校正过程消除形变的航空地图,是可以用来进行距离测量和比例测算的。航空测绘是许多无人机系统应用必需的基础方法,如航空测量、精准农业和自然资源管理等都需要用到航空测绘,这些应用通常由多种传感器生成的基本航空地图开始,然后进行分析,以解释地图数据对特定应用的意义(图2.4)。

利用无人机绘制航空地图,首先是收集目标地理区域的航空图像,将连续的航空图像简单地连接起来就可以形成一个基本的二维"马赛克"区域。但是,由于摄像机和拍摄视角问题造成的图像失真,会导致这种"马赛克"不准确。为了绘制精确的航空地图,需要运用摄影测量技术来校正单个图像中的变形,并弄清楚目标区域地形的三维形状。无人机系统航空测绘常用的摄影测量方法是基于"运动恢复结构"的原则,即利用单一物体的多个视角图像来确定其形状,该原

图 2.4 由点云生成的玉米地三维模型
（由堪萨斯州立大学萨利纳分校提供）

则应用于航空绘图意味着使收集的每张图像在正向方向上与另一张图像重叠，并使连续的图像条带与其他条带至少重叠 2/3（即 66%），以便于捕捉每个单点的多个视角图像。

航空图像采集完成后，利用先进软件进行运动恢复结构计算，从而生成目标区域的三维模型。该软件通常会采用如下步骤。

（1）识别每个图像中的关键点（或特征）。
（2）匹配不同图像中类似的关键点。
（3）将在多个图像中找到的关键点汇集成"云"（"点云"）。
（4）使用地面控制点或摄像机全球定位系统定位来测量点云。
（5）已知大体比例和模型形状后，通过寻找其他关键点来增加点云密度。
（6）连接云中的点，创建一个实体表面，或"网格"。
（7）向网格上叠加图像纹理，创建一个立体的、有纹理的三维模型。
（8）生成的三维模型可以以多种格式导出，包括三维格式和二维格式。

根据具体应用需要，由"运动恢复结构"过程得到的模型通常会导入其他配套软件中作进一步的处理或分析。例如，利用近红外或多光谱成像的精准农业应用可能会使用额外的软件来计算植被指数、评估作物健康状况。不管是何种应用，航空测绘都依赖于航空图像的准确收集，如收集的图像模糊或图像重叠不充分，将会导致生成的地图存在重大错误甚至数据漏洞等低质量问题。

2）航空摄影测量

航空摄影测量与航空测绘经常被人们混淆，有时两个术语可以互换使用。然而，"测量"与测绘是有区别的，前者指的是对物理特征的测量。具体来说，

Esri(2015)将测量定义为"测量地球的物理或几何特征。测量通常是按照研究的数据类型或使用的工具或方法来进行分类的,如大地测量、地质测量、地形测量、水文测量、土地测量、地球物理测量、土壤测量、矿山测量和工程测量。"许多航空摄影测量开始于绘制目标区域的航空地图,除了简单的航空图像外,还要进行特征测量。

地形图是航空测绘图中一个很好的例子,实际上也是一种测量类型。在前面我们已经讲过,利用无人机系统数据绘制地形(高程)图的第一步就是收集图像,随后再将这些图像处理成三维模型。最后,将这个三维模型导入到地理信息系统软件中,绘制出高程变化的等高线。等高线既可以叠加在图像之上,也可以形成等高线地形图,后者通常用阴影表示高程或地势起伏。地形图有助于人们能够快速识别地图上任何一点的高程。

3) 体积计算

测量实物或空间的体积对许多行业来说至关重要,尤其是那些必须了解库存材料数量或移除材料数量的行业。航空摄影测量应用中导出的三维模型可用于测量模型中物体下方或上方的体积。这对采矿业尤为有用,因为采矿业必须精确知道从矿井中开采出资源的数量,以便于执行作业标准和进行生产评估。又如一个火力发电厂必须精确地知道现场的储煤量才能控制好每天的燃煤量,以保证在规定的天数内每天都有煤炭可用。传统的地形图测量方法的确可以测量煤炭的储量,但无人机可以在相对较短的时间内飞越煤堆和矿井,并建立相应的三维模型来估算储量。这种创建体积计算的过程与前面讨论的相同,不过三维模型中的误差却对体积测量影响很大,即便很小的误差也会导致计算出来的体积差异很大。

2.3.1.2 精准施肥应用

2013 年 3 月,国际无人平台系统协会(AUVSI)的一份报告中称:农业有望成为无人机系统最大的应用市场(AUVSI 2013)。农业作为世界上最大的产业,几乎遍布每个国家,而且在全球有着数百万人从事农业生产活动,随着全球人口持续增长,全球粮食产量也在逐渐增加。为此,运用新的办法来提高农业生产效率、降低成本非常重要,其中许多农业经营正在转向一种叫作"精准农业"的新技术[1]。精准农业是一套农业管理系统,它是利用信息和技术来提高农业的产量。无人机系统在精准农业中的应用非常广泛,包括:

---

[1] 根据 Oliver(2010,4)的说法,"精准农业"这一术语最早是在 1990 年也就是 25 年前开始使用的,"……是蒙大拿州大瀑布市(Great Falls, Montana)举行的一个研讨会的名称。"从艺术、科学和农业生产演变的历史背景来看,农业是几千年来维持文明的基础,而精准农业则是最近才发展起来的。

(1) 作物健康评估。每种作物在 100% 健康的情况下都能有一定的产量，但有时自然和人为因素会影响作物的健康和产能。为确保达到最高产量，农民须细心管理作物的健康情况，给作物提供充足的营养和水分，同时也要规避害虫和杂草对作物的不利影响。无人机系统可以通过遥感植物的光合作用来协助评估作物的健康状况，这种确定光合作用强弱方法称为计算植被指数，即植物"绿色"或健康相对指数。用于评估作物健康的植被指数有很多种，但最常见的是归一化差异植被指数（NDVI）（图 2.5），NDVI 是通过比较植物反射的可见光和近红外光之间的差异来进行计算的。在光合作用一定的情况下，植物吸收可见光和近红外光的速率不同，因此 NDVI 可以反映植物的相对健康状况。农民或农学家通过查看农地的 NDVI 图即可快速确定这块地的哪些区域产量较高哪些区域产量偏低。这种信息作用很大，可以为农业管理决策提供依据。

图 2.5　对玉米田进行归一化差异植被指数分析的示例
（由堪萨斯州立大学萨利纳分校提供）

(2) 植株数目。大多数农业生产都会在每英亩（1 英亩 = 4046.86m^2）土地上播种一定数量的种子，以达到这块土地的养分和土壤所能支持的最大产量（如每英亩种植 25000 株作物）。然而，这些种子要想长成健康的作物会受到很多因素的制约。在生长季节初期了解实际生长的作物数量，可以帮助农民决策是否要在某些地区重新播种，或者帮助农民制定合理的土地产量期望值。在作物生长早期也就是植株枝繁叶茂相互交错之前，通过无人机收集作物图像信息，可以准确得出农作物的数量。这个过程涉及创建一个能够观测到单个作物的高分辨率航空地图，然后使用软件算法来计算出单个植物的数量。

(3) 作物损失评估。诸如冰雹或干旱等自然灾害可能会导致大量农作物严重受损。为了避免这种巨大损失,许多农民会给自己的农作物购买保险,当出现作物严重受损时,保险公司会根据受损田地的实际产量和正常情况下该田地的固有产量比值来补偿农民的产量损失。对于农民提出的索赔,尤其是100%的损失索赔,保险公司可以通过无人机系统来核实农作物大面积受损的程度,以便给出合理的赔偿。

2.3.1.3 自然资源管理

保护世界自然资源对全球的可持续发展至关重要。在美国,管理国家自然资源的机构有(美国内政部)土地管理局、地质勘探局和鱼类及野生动植物管理局等。在所有机构中,上述3所机构必须持续监测自然资源的健康状况并做出管理决策,以确保自然资源能够蓬勃发展。多年来,美国地质勘探局和土地管理局一直利用多余的军用无人机对各种自然资源进行评估,其中评估的范围很广,如大坝拆除的影响、鸟类数量的统计等。无人机系统在自然资源管理方面的应用十分广泛,包括航空测量、野生动物监测等一系列应用,其中还用到了大量不同的技术。以下列举一些相关的应用案例。

(1)拆除埃尔瓦河大坝的影响。2012年夏天,美国地质勘探局联合美国垦务局和美国国家公园管理局对拆除华盛顿州埃尔瓦河大坝的影响进行了评估。在大坝拆除前后,美国航空环境公司的一架"大乌鸦"无人机在现场飞行收集图像数据,随后内政部根据图像数据生成的三维模型对整个流域的沉积物分布进行了评估,同时还评估了大坝拆除对野生动物和环境可能产生的影响(USGS 2012)。

(2)普查地面筑巢鹈鹕的种群数量。2014年夏天,美国鱼类及野生动植物管理局和地质勘探局,利用无人机收集在北达科他州中南部筑巢的鹈鹕种群数据,以测试无人机在这方面的应用是否可行。其实,之前已经采用过有人机来做这方面的工作,但有人机采集的图像分辨率往往较低,而且有人机低空飞行时会有潜在危险。测试表明,小型无人机在不干扰动物的情况下能够准确地收集鸟类数量信息,并为评估一段时间内鸟类种群数量发展趋势提供数据支持(USGS 2014)。

2.3.2 工业探伤

工业探伤对于无人系统来说是一个相对较新的应用,并逐渐成为小型无人机最普遍的应用之一。无人机工业探伤适用于工业领域的众多行业,这些行业进行工业探伤有着共同的目的:检查设备、基础设施或硬件,寻找其中的缺陷。无人机可以检查的项目范围很广,包括从公路桥梁到废气燃烧烟道等一系列的设备设施,并且每种应用都有其相应的挑战。

2.3.2.1 民生基础设施

民生基础设施是由道路、桥梁、隧道、下水道等基础设施和建筑结构组成,有了这些基础设施,才使我们的日常生活成为可能。但是,随着时间的推移这些基础设施可能会受车辆交通、天气或其他因素的影响,最终导致结构老化,变得不安全甚至无法使用。因此,在基础设施完好性丧失之前对其进行日常检查从而识别缺陷至关重要。

用于基础设施检查的技术种类很多,具体要根据受检结构类型而定。无人机系统应用主要是进行远程感知缺陷,自身无法与受检物体进行接触,这就要求无人机系统必须依靠视觉、红外或其他能感知缺陷的成像器,来检测结构部件的裂纹或弯曲等缺陷。无人机用于民生基础设施检查的例子如下。

(1)桥梁检查。小型垂直起降无人机可以对桥梁的下方、侧面结构进行检查,从而查找出结构件中的裂缝、过度风化、硬件松动及其他缺陷等问题。大多数桥梁检查都使用全动态影像或全动态影像与静态图像相结合的方法进行。无人机系统在桥梁检查方面具有优势,它们能够减少因人员吊起或悬空检查时造成的安全风险。此外,与目前可用的其他机器相比,无人机进行桥梁检查通常能够更快速、更经济。

(2)路况监控。无人机系统能够有效识别已铺路面和未铺路面的路况恶化情况(Zhang 2011)。如果路面出现裂缝、凹陷或坑洼等情况,则会致使路面进一步恶化,给司机出行带来危险。未铺设路面也会恶化,而往往比铺设好的路面更富于变化,也能导致出现危险情况。固定翼无人机和垂直起降无人机都可以使用视觉传感器或激光雷达传感器来绘制路况图。通常情况下,对短距离路段进行仔细检查会采用垂直起降无人机,对于不要求分辨率高的长距离路段检查会采用固定翼无人机。在有车流量的道路上飞行无人机存在安全隐患这是道路检查的一个难题。美国现行的航空条例规定:在道路检查过程中禁止车辆行驶。这就意味着需要封路,因此也就造成无人机在这方面的部分应用受到了限制。

(3)堤坝检查。随着全球大部分地区堤坝系统的老化,监测堤坝结构退化的需求也在日益增加。无人机系统在绘制堤坝侵蚀图(USACE 2015)和检查坝面裂缝方面起着重要作用。探测堤坝侵蚀对地形建模的精度要求极高,而有人机的飞行高度比大多数无人机要高,因此,很难通过有人机获取数据。此外,相较于让人沿着坝面向下进行大坝检查,采用垂直起降无人机飞近大坝表面检查裂纹风险更低。

2.3.2.2 电力工业

电力工业在为家庭和企业提供宝贵资源的同时也会受到许多自然和人为不

利因素的影响。检查和监测电力基础设施本身就是件很危险的事情,由于不利因素以及电力本身的危险性,导致电力行业成为商业无人机领域许多早期创业公司关注的焦点,因为他们试图降低电力工业基础设施的维护成本和作业风险。无人机在电力工业中的众多应用包括以下几方面。

(1) 详细的结构检查。小型无人机能够拍摄到输电杆、变压器和绝缘体等电力结构的硬件部分的高质量特写图像。松散的硬件、老化的绝缘体和设备结构损耗都可以通过小型无人机所搭载的全动态影像任务载荷或静态图像任务载荷检测到,无须线路工人爬上电杆,也无须额外使用斗式卡车,无人机系统便可凭借自身的特殊能力获得"自上而下"的输电线路传输组件视图。这意味着,与传统的检查方法相比,无人机可以更快地完成详细的检查,并且减少了人员受伤风险。

(2) 远距离输电线路检查。它包括小型燃气无人机在内的许多无人机都具有超长的续航能力。由于具备长时间的续航能力,无人机成为飞越远距离输电线路并快速发现任何结构或线路重大损坏的理想选择。许多无人机一次可以飞行 8h 以上,一次飞行可以检查数百英里的线路。但目前美国的监管条例禁止大多数超视距运行的操作,这一点限制了对该应用的充分利用。由于无线电链路受地形阻隔,从距离地面控制站很远的低空飞行无人机上传输视频或图像也是一项挑战。

(3) 探测并管理输电线路周边场地侵占现象。电力公司必须对输电线路周边场地的进行连续监测,防止场地受到植被或人为建筑的侵占。输电线周边范围的任何物体如果落在传输线附近或电线杆上,都有可能对输电线造成损害。私人土地所有者经常会在输电线路旁边建造房屋等建筑结构,有可能妨碍电力公司维护线路。无人机系统可以快速地沿某条线路飞行,绘制出一张包含任何土地侵占情况的地图,从而协助电力公司管理这条线路。当然,这张地图也可以作为线路周边土地侵占记录,在电力公司与土地所有者协商产生争议时作为凭证出示。

(4) 电晕检查。电晕放电现象的出现会浪费输电网的大量电能,并且被认为会引发毁灭性的火灾。当电弧电源组件周围的空气有明显的电离作用时就会产生电晕放电现象,而对紫外线光谱敏感的特殊相机能够探测电晕现象,如果电晕探测相机拍摄到的视觉图像上出现闪光,通常代表该段线路产生了电晕放电现象。传感器技术的最新发展已经缩小了电晕探测相机的尺寸,使之可以被安装在小型无人机上用于日常检查。

2.3.2.3 风力涡轮机检查

随着对"清洁能源"需求的增长,风力涡轮机在美国大陆越来越常见。风力涡轮机可以延展到离地面400ft的高度,因此,维护这些复杂的机械设备是一个巨大挑战。它们通常直接暴露在雷击、尘埃粒子和鸟类撞击等恶劣的环境之中,随着时间的推移,这些冲击力量会腐蚀或损坏涡轮叶片,为了让涡轮机能够连续运转,对叶片、轮毂和风力涡轮机塔架进行常规检查是十分必要的。

实践证明,小型无人机使用全动态影像和静态影像任务载荷来检测叶片被侵蚀和损害程度非常有效。之前是让检查员系着绳子从风力涡轮机的顶端绕绳下降对涡轮机进行自上而下的检查,现在无人机操作员可以站在地面上操纵垂直起降无人机,使之沿着静止的涡轮叶片飞行寻找缺陷。通常情况下,受损的叶片在空中旋转时会发出"口哨"的声音,这是涡轮需要立即接受检查的一个强烈信号。遗憾的是,目前还没有技术能够做到远程识别出叶片表面之下的缺陷,如叶片涂层剥落,这种类型的缺陷仍然需要人工检查员亲自接触才能检查出来。

2.3.2.4 塔架/天线检查

与电力基础设施和风力涡轮机的检查一样,无人机也可以用于快速检查无线电、手机和其他类型的塔架是否有损坏或硬件松动的情况(图2.6)。不论何时,一旦人爬到高处,即使有适当的保护措施,也会有坠落的风险。垂直起降无人机能够让检查员站在地上就能完成诸如此类的检查,从而降低风险、提高了效率。然而,高功率发射机可能会导致无人机和地面控制站之间的通信链路故障,在检查塔台之前,无人机操作员必须了解发射机的潜在影响,并采取适当措施,才确保对无人机进行有效控制。

图2.6 受益于无人机检查方法的基础设施之一:无线电塔架
(由堪萨斯州立大学萨利纳分校提供)

2.3.2.5 油气检测

石油和天然气工业是世界上最大的工业之一,全球每年消耗的石油量超过300亿桶(CIA 2013)。这一工业的运转需要巨大规模的基础设施来支持,但石油泄漏问题不受人控制且将会对环境造成巨大的破坏,因此,对这一大型基础设施进行妥善维护至关重要。无人机系统在石油和天然气工业中有多种应用。

(1) 管道巡检。与检查输电线路类似,无人机可以对管道进行巡检,以识别管道的泄漏或损坏的情况。虽然目前仍主要使用低空飞行载人机对管道进行巡检,但是使用无人机对管道进行巡检的呼声越来越大。低空飞行的无人机可以通过探测泄漏的石油或天然气对周围植被的影响来感知管道的泄漏或损坏的情况。埋地燃气管道泄漏的首要标志通常是管道周边植被发生可见褐变,地上管道泄漏的石油同样会对植被产生类似的有害影响。因此,通常使用全动态影像任务载荷或静态图像任务载荷进行管道检查,并将收集到影像简单地回传给操作员或制成航拍地图。

(2) 废气燃烧烟道检查。废气燃烧烟道是用来燃烧石油开采或提炼过程中积累的过量气体。这些烟道通常安装在高高的塔架上,从而降低明火靠近地面燃烧的风险。过去在检查废气燃烧烟道是否退化和损坏时,需要关闭烟道并停止整个提取或提炼过程,同时由人爬上塔架目视检查硬件情况。无人机则可以在无须关闭烟道和生产过程的情况下对烟道进行检查,并且还不会给人的生命安全带来风险。因此,用无人机作为传感器搭载平台检查废气燃烧烟道提高了操作的效率和安全性。

(3) 油气勘探。对全球石油储量进行勘探定位是一项持续性的工作,需要多种类型的数据支持。无人机系统为地质学家和地球物理学家的勘探工作提供了新的工具。有些特征可以表明地下油气储层的存在,而机载平台上的传感器可以感知到这些特征。无人机系统可以使用航空测绘和摄影测量技术来识别相关特征,并表明应该对哪些区域作进一步分析。当对某一地区进行地震测试以便绘制该地区的地下地质情况分布图时,无人机系统可以通过地面地震传感器进行远程数据收集。

2.3.3 航空摄像与摄影

在本章中,"航空摄像"应用是指主要采用全动态影像任务载荷来为某些场景录制电影的操作(图2.7),航空摄影是指从空中的角度获取场景的静态图像。比起航空测绘和遥感等术语,航空摄像与摄影通常会出现在科研程度不是很高的应用中。

图2.7 现在可以使用低成本、操作相对简易的无人机拍摄鸟瞰图
（由堪萨斯州立大学萨利纳分校提供）

2.3.3.1 电影摄制

2014下半年,电影制作行业依据2012年《美国联邦航空管理局现代化和改革法案》第333条规定,在联邦航空管理局的豁免程序下成为小型无人机首个商业应用,因而登上了头条新闻。电影制作人长期以来一直使用载人直升机和飞机进行空中拍摄,从而为某个电影场景捕捉独特视角。无人机可以让空中拍摄的高度比以往任何时候都要低,甚至还可以携带摄像机在某栋建筑物中飞进飞出,它们不需要考虑起重机和起重机悬臂的复杂问题,也省掉了直升机低空飞行的风险,直接就可以拍摄到稳定的"电影质量"视频。大多数电影制作人都选择使用大型多旋翼无人机,将专业摄像机安装在稳定的万向架上,然后再搭载到无人机上进行。无人机操作者通常以稳定控制模式操作飞行器进行航拍,而摄像机操作者通过实时视频反馈信息控制摄像机来获得所需的镜头。

2.3.3.2 房地产

在竞争日益激烈的房地产行业,房地产经纪人一直在寻找新的方式来展示房产。小型无人机的出现能够使普通房地产经纪人获得住宅和商业地产的高质量航拍图像,从而让潜在的买家可以很容易地看到待售地产的布局情况。在几乎所有主要的城市和农村房地产市场上,通过飞行低成本小型无人机来获取空中视角的房地产经纪人数量激增。城市房地产行业的环境对无人机系统操作来说颇具挑战性,无人机操作员必须保护那些可能没有意识到飞机正在他们头顶上飞行的人的安全。此外,如果飞行器脱离操作员的视线飞到了城市建筑物后方,后果将不堪设想,所以房地产经纪人在操作无人机时必须谨慎,尤其是在城市地区,要确保他们的操作遵循联邦航空管理局的政策法规。

2.3.3.3 营销

从汽车销售到房产买卖再到音乐会宣传,无人机系统几乎被应用到所有产品的营销上。广告和营销行业很快认识到,空中视角可以成为说服消费者购买其产品的有力工具,如无人机航空摄像以及无人机拉条幅广告等营销方面的应用。2014年6月,一家初创公司在拉斯维加斯大道上用一架多旋翼飞机悬挂了一面3ft×12ft的横幅为新公司做广告(Velotta 2014)。目前,利用载人飞机完成的拖拽条幅广告的工作有可能在将来的某一天几乎完全由无人机来完成。

2.3.3.4 新闻报道

全球的主要新闻媒体都对使用无人机系统提供事件现场实时视频报道感兴趣,如公众示威、交通状况等。大城市的新闻电视台通常都有载人直升机协助报道实时事件,但无人机也可以完成这些工作,并且可以提供更低的视角,价格也实惠,几乎每个新闻台都能负担得起。就其本质而言,新闻电台报道的大多数事件通常都有很多人在现场,这就给无人机在人群中的飞行操作带来了困难,而且联邦航空管理局尚未制定在众多人群上空操作无人机的协议。要知道,即便是一架小型无人机从空中坠入人群也会对地面人员造成重大伤害,因此目前大多数这类操作是不允许的。

2.3.4 情报、监视、侦察和应急响应

情报、监视和侦察(ISR)任务在历史上是指定位和监视敌人以协助未来或正在进行的军事行动。然而,除了观察敌人之外,这一术语也同样适用于民用领域和商业市场领域的应用。这时,情报、监视与侦察任务则用来收集某物或某人的有关信息。

2.3.4.1 执法

无人机的军事应用起源于收集敌方战斗人员情报,这与无人系统在执法方面的应用有着天然的联系。小型无人机能够以隐蔽的方式随时收集所需实时视频,因此被许多人视作"无人机"在执法领域的主要应用。然而,除了秘密监视之外,无人机还有许多其他用途可以协助执法。其中包括如下两个应用。

(1)事故和犯罪现场重建。航空摄影测量中用到的摄影测量步骤同样可以用于事故和犯罪现场,以创建准确的三维模型,供后续分析。确定汽车事故背后的起因是一项极具挑战性的工作,无人机图像的空中视角和/或现场三维模型可以帮助调查人员确定事故发生的最初地点和可能责任人。此外,目前已经有人做了初步工作,将无人机数据生成的三维模型用于重建犯罪现场,由此逐个排除

对犯罪过程的各种假设(Miller 2013)。

（2）战术作战支援。对执法人员来说,进行战术作战行动既有压力又有危险(图2.8)。例如,出现枪击分子在购物中心活跃或出现有人劫持人质的情况,警方需对现场情况做出迅速而准确的评估。这时,无人机系统就可以作为另一种工具来获取从地面角度无法识别的动态场景,以此增强警方对这种事件的态势感知,从而可能拯救生命。战术作战支援应用通常需要无人机提供现场实时的全动态影像,然后将其传递给需要快速决策的现场工作人员,为任务提供支持。

图2.8 获取航空视角可以提供战略优势
（由堪萨斯州立大学萨利纳分校提供）

2.3.4.2 搜索救援

在救人方面,没有比搜索救援应用潜力更大的无人机应用了。根据情况的不同,几分钟就可以挽救一个生命或者失去一个生命。尤其是小型无人机,可以快速启动,并且搜索覆盖面积比步行救援人员的要大,可以通过热红外传感器感知受害者的体温与周围环境的差异,迅速对受害者进行定位。在搜索和救援任务中,有人机也能快速覆盖搜索地面,但从当地机场接受派遣起飞到现场这一过程往往需要耗费大量的时间。而小型无人机可由救援人员在现场直接调配部署,从而节省宝贵的时间,抓紧这些时间就能抢救更多的生命。

2013年5月,加拿大皇家骑警队利用一架小型无人机成功营救了一名在车祸中受伤并困于寒冷环境中的司机,这个案例生动地展示了无人机的救生能力。在这个例子中,尽管搜救人员可以通过手机与司机联系,并通过司机的手机获得了GPS定位,但他们却还是无法找到他。最终他们发射了一架小型多旋翼无人机,这架无人机在几分钟内就识别到了司机身体散发的热信号,发现他在一棵树的底下一动不动,但还活着(RCMP 2013)。

2.3.4.3 通信中继

发生重大灾难后,急救人员面临的主要挑战之一是与其他救援人员和潜在受害者进行沟通。通常情况下,手机信号塔有可能因呼叫量过大导致线路繁忙,也有可能已经受到摧毁导致无线电无法传向远方进行连贯通信。例如,2005年卡特里娜飓风过后,许多急救人员和受害者家属无法取得联系,或者是急救人员和家属无法与受害者取得联系(AP 2005)。在这种情况下,使用无人机系统作为移动电话或无线网络的通信中继器是确保通信连续畅通的一个潜在应用。在该应用中,无人机会搭载一种任务载荷,能够作为移动手机或无线网络的中继器,停留在受影响地区上空的某个长期轨道上。多年以来美国军方一直使用无人机作为通信中继器,不过主要是在中东地区的战场上使用这种设备,并取得了显著成效(Carr 2009)。然而,在受灾区操作无人机会给空中交通管制带来一些挑战,因为可能会有许多救援飞机也会在同一空域飞行,所以,在飞行无人机前需要与航空管理局进行大量协调。

2.3.4.4 信号情报

信号情报通常被军方缩写为SIGINT(Signals Intelligence),是指通过电子和通信信号收集情报。在军事背景下,SIGINT用于帮助确定敌人的位置及其潜在意图。在某些情况下,只需要发现信号源的位置就能够定位到目标人物。在其他情况下,可能需要截取能够对其内容进行解析的信号。除军事行动外,SIGINT在民事应用领域也有很大的潜力,其中最突出的就是搜索和救援应用。失踪人员可能无法与救援人员取得直接联系,但是救援人员可以用SIGINT来识别求救者的电子设备发出的信号,并且通过三角定位快速确定求救者的具体位置。在非军事领域内使用SIGINT时必须谨慎,以确保不侵犯他人的合理隐私权。

2.3.5 大气信息采集

无人机的大部分应用都涉及成像或与地面物体接触,只有小部分应用不会涉及这两方面,大气采样就是其中之一。大气采样是指收集或检测空气中的微粒或气体用于识别大气特征。多年来,大气采样工作都是利用有人机和气球来开展的,现在无人机为大气采样提供了一种新方法,它不仅可以更有效地对空气进行采样,还可以在之前采样难度较大的地区如海拔极低或极高地区进行大气采样。此外,无人机还可以提供不同海拔的温度、风速、湿度和其他变量的信息,从而帮助我们了解天气模式并对天气进行预测。

2.3.5.1 气象学

2010年,美国国家航空航天局首次在热带气旋上空飞行无人机(NASA 2010)为研究预测热带风暴路径及强度提供了新的方法,这是展示如何运用无人机帮助人们进一步了解天气(包括危险天气状况)的一个极佳案例。美国国家航空航天局利用"全球鹰"无人机收集的图像信息,其分辨率远高于卫星传感器所收集图像信息的分辨率,其他气象应用也可以通过捕捉温度、风速和臭氧含量等数据变量,从而更好地帮助人们了解天气模式可能发生的变化。与有人机和气球相比,无人机的主要优势在于它能够快速发射,长时间运行,并能精确控制传感器的位置。面对像龙卷风这样恶劣的天气现象,一般的飞机飞入其中将会十分危险,但是无人机就可以克服这种问题。例如,科罗拉多大学博尔德分校的无人机研究与工程中心就针对无人机在帮助人类理解龙卷风的发展和预测方面的应用进行了重要研究(Elston 2011)。

2.3.5.2 危险品检测

另一种大气采样是检测空气中的危险物质。检测空气中的有毒物质对于识别可能对人类或环境有害事件方面至关重要。泄漏的气体可能是容易散发到空气中的最常见危险物质,这些气体可能无色无味却又十分危险,因此寻找这些气体的泄漏点十分困难。无人机是这种应用的理想选择,由于无人机上没有人,它可以在已知的危险区域飞行从而识别和量化物质,并可能会检测到泄漏点。利用这种方法可以发现化工厂、石油管道或其他来源的气体泄漏,而且早期研究表明:多旋翼无人机的转子运动会增加传感器上空的气体流量,这样来看,多旋翼无人机甚至可以增强现有的传感器效能(Gerhardt 等 2014)。

2.3.5.3 放射性物质检测

无人机探测核辐射的方法与探测其他危险物质的方法大致相同。在无人机上安装可以感应放射性粒子的传感器,然后让无人机飞过疑似有放射性物质的区域,这样就能观察到放射性粒子的数量和位置,从而帮助负责人处理这些物质(Pöllänen 等 2009)。将无人机应用于该领域的主要优势是它降低了人类可能暴露在辐射环境中的风险,2011年3月11日,一场海啸导致日本福岛核电站熔毁,即使在灾难发生数年后,该地区的辐射性仍然很强,人类无法进入其中,但借助机器人和无人机已经能够成功评估该地区的损害程度以及放射性物质水平(Siminski 2014)。此外,在放射源被引爆之前还可以利用无人机对放射源进行定位,从而查明并阻止潜在的核恐怖主义活动。

2.3.6 要求物品、材料和目标物理关联的相关应用

本章前面讨论的所有应用都涉及对某些事物进行遥感,如收集空气中气体

和微粒的样本,或者截取某种类型的信号。其实,还有一些正在开发中的无人机应用需要无人机与对象进行某种类型的物理关联。物理关联对无人机来说非常具有挑战性,因为无人机通常是在不受约束的三维环境中正常运行的,物理关联会限制其运行方式。以下列举一些与无人机物理关联的应用案例。

2.3.6.1 航空化学品应用

航空化学品应用俗称"作物喷粉",主要应用于农业领域,长期以来一直依托有人机进行。在以农业为主的地区,如美国中西部,低空运输由大量携带喷头的有人机组成,这些有人机在离地面极近的地方高速飞行,并向大片的农业作物喷洒化肥、杀虫剂和除草剂。由于这些有人机的飞行高度贴近地面,并且速度很快,极易造成飞行操作困难而引发危险。最近的发展,特别是在日本,已经表明无人机可以有效地用于空中喷洒化学品。事实上,雅马哈推出的 RMAX 农业无人机承担了日本大部分水稻作物的化学品喷洒工作,一位雅马哈的商业策划员指出,"水稻是日本的头号农作物,在日本 40% 的水稻种植田都是利用 RMAX 无人机来喷洒农业化学品的,其中用到了 2500 架以上的 RMAX 无人机来完成此项工作"(UC Davis 2013)。这些类型的无人机要比美国联邦航空管理局颁布的现行法案中所指的"小型无人机"型号大得多。想要认证更大类型的无人机,可能要按照目前适用于有人机的类似法规来进行类型认证,在美国如果没有额外的法规,大型无人机系统纳入国家空域很可能是不行的。

2.3.6.2 水样采集

由于近年来的干旱和含水层水量的减少,水质和水资源可利用量正日益成为公众关注的重要问题。无人机系统已经被多所大学应用于改善水资源的管理,内布拉斯加大学林肯分校正在进行的研究,主要聚焦于从不同水体中收集水样来确定水质或识别有害藻花(UNL 2015)。该校发明了一种多旋翼无人机系统,这种系统可以通过管道从湖泊或溪流抽水到采集瓶中,从而帮助快速收集样本。此外,堪萨斯州立大学的研究人员已经成功证明,小型无人机可以用于识别有害藻花并展现其特征(Van der Merwe and Price 2015),这是对可能存在藻花的水样进行实际采样的前项步骤。随着这项技术逐渐走出大学的研究环境,未来人类很有可能通过无人机遥感和物理采样来大大改善水质管理水平。

2.3.6.3 货物/包裹送递

2013 年 12 月,互联网商业巨头亚马逊宣布将在未来五年内开始使用小型无人机递送包裹(60 Minutes 2013),这项声明引发了媒体对无人机递送包裹可行性的讨论。但在很早之前就已经有人想到无人机的这种用途了,2011 年末,一架由卡曼航空集团(美国顶尖直升机制造公司)研制的 KMAXK-2000 无人直升机在激战环境下向在阿富汗执行军事任务的美国海军陆战队递送了物资包裹,使其成为第一架递送货物的无人直升机(NAVAIR 2012),该无人直升机在阿富汗的行动证明,通过无人机递送包裹和货物是可行的。亚马逊公司的商业模式决定了它需要许多小型无人机飞越人口密集的城市地区来运送包裹,要做到这一点,必须克服许多监管和技术方面的挑战,但对小型无人机递送包裹的测试已经在全球范围内展开了。

2.4　附加考虑因素

本章最后一节是一些简短、中肯的评论。主要涉及任务规划、数据处理与分析以及成功完成其他任务的关键因素这几个方面。

2.4.1　任务规划

上述多种无人机应用在执行方式上差别很大,如无人机的控制方法、所用任务载荷类型以及所收集的信息类型等方面。有些应用,像风力涡轮机检查,必须在手动或稳定控制的情况下进行,而其他应用则完全可以自动化进行。任务载荷也可能不同,从简单的商用相机到特定规格的放射性微粒采样监测仪都有。无论是哪种应用,在用无人机执行任务之前,必须考虑以下事项。

(1)要收集什么类型的数据?

在采取任何进一步措施之前,必须仔细界定任务所需收集数据的类型。这也许很简单,如在寻找失踪人员时,只需考虑基本全动态影像能否确定失踪人员的位置;但也许很复杂,如在调查鹈鹕种群数量时,需要考虑航空图像的地面采样距离以便能够从获取的图像中区分出海鸥和鹈鹕。如果执行飞行任务时不了解最终的数据要求,则常常会导致任务无法完成。

(2)需要什么类型的传感器或任务载荷?

一旦知道了数据类型,就可以确定在飞行器上装载何种传感器或任务载荷。现实中,理想数据通常与合理的任务载荷(合理指的是在无人机的负载能力范围内或符合任务的预算参数)之间存在差距,这时,必须做出妥协才确定任务的可行性。

(3)必须使用什么类型的无人机?

如果可能,应在确定任务载荷之后再选择无人机类型。由于对数据的相关要求,使得无人机选择的只能是垂直起降无人机或固定翼无人机,如果在知道传感器和数据参数之前选择无人机,可能会导致最终产品无法使用。

(4)飞行环境是否满足实现预期结果的环境条件?

在采取行动前,必须仔细考虑自然环境、空域系统和飞行管制背景等因素可能会妨碍任务取得预期的结果。

2.4.2 数据处理和分析

许多应用需要无人机系统收集的数据来获得有用的信息并进行分析或解释。简单的数据处理形式可能只是定位数据来源的地理位置，而复杂的数据处理需要获得具体的产品信息，如体积测量。随着无人系统新应用的出现，支持这些新应用的数据处理和分析方法也将继续成为无人机行业的一个重要发展领域。在某些情况下，新的数据分析方法将推动那些前所未有的新应用出现。

2.5 本章结论

本章所介绍的应用只是众多无人机系统应用中的一小部分，而且新的无人机应用每天也都处在被研发状态之中。这些新应用表现出了无人机系统具有影响全球几乎所有行业的潜力，其中许多应用将演变成司空见惯的事，当然也有些应用从长远来看会逐渐没落。先进的机载系统、改进的传感器和有利的管理条例这些因素的快速发展，也许只会增加无人机系统在日常生活中的应用价值。

思 考 题

1. 描述本章所讨论的3种无人机基本控制方法，并讨论任务、应用以及需要获取的数据类型是怎样决定最终所用的控制方法的。
2. 描述本章中讨论的各种传感器，并列出这些传感器的各种应用。
3. 详细讨论本章所涉及的各个应用。你认为每种应用最适合的无人机类型及任务载荷是什么？请给出理由。三维任务的运用操作将在本书的其他章节进行讨论。举例说明被认为三维操作的应用。举例说明需要与物质、材料或物体进行物理关联的应用。
4. 列出并详细描述在运用无人机执行任务前所必须考虑的因素。并说明为什么这些因素很重要。回顾本章所讨论的应用类型，你认为哪种应用最有可能依赖大量的数据处理？哪种应用可能对数据的依赖性最弱？

参 考 文 献

[1] 60Minutes. 2013. Amazon's Jeff Bezos Looks to the Future. CBS News. December1. AccessedApril26, 2015. http://www.cbsnews.com/news/amazons-jeff-bezos-looks-to-the-future/.

[2] AP(Associated Press). 2005. Katrina outages reveal phone system quirks. NBCNews.com. Lastmod-ified August31,2005. http://www.nbcnews.com/id/9120503/ns/technology_and_science-tech_and_gadgets/t/katrina-outages-reveal-phone-system-quirks/#.VT1D6842ybE.

[3] AUVSI(Association for Unmanned Vehicle Systems International). 2013. The Economic Impact of Unmanned Aircraft Systems Integration in the United States. Arlington, VA.

[4] Carr, D. F. 2009. Communications Relay Grows with Expansion of UAV Missions. Defense Systems. April13 http://defensesystems. com/articles/2009/07/29/c4isr - 1 - uav - relay. aspx.

[5] CIA(Central Intelligence Agency). 2013. The World Factbook 2013 - 2014. Washington, DC: Central Intelligence Agency. https://www. cia. gov/library/publications/the - world - factbook/.

[6] Dictionary. com. 2015. Remote Sensing. Dictionary. com Unabridged. Random House, Inc. Accessed April 26. http://dictionary. reference. com/browse/remote%20sensing.

[7] Elston, J. S. 2011. Semi - Autonomous Small Unmanned Aircraft Systems for Sampling Tornadic Supercell Thunderstorms. PhD dissertation. University of Colorado. http://tornadochaser. colorado. edu/data/publications/2011 - [elston] - dissertation. pdf.

[8] Esri. 2015. Surveying—GIS Dictionary. Esri GIS Dictionary. Accessed April 26. http://support. esri. com/en/knowledgebase/GISDictionary/term/surveying.

[9] Gerhardt, Nathan, Reece Clothier, Graham Wild. 2014. Investigating the Practicality of Hazardous Material Detection Using Unmanned Aerial Systems. Metrology for Aerospace(MetroAeroSpace) ,2014 IEEE: 133 - 137. doi:10. 1109/MetroAeroSpace. 2014. 6865908.

[10] Merriam - Webster. com. 2015. Photogrammetry. Merriam - Webster, Inc. Accessed April 26. http://www. merriam - webster. com/dictionary/photogrammetry.

[11] Miller, B. 2013. The Future of Drones in America: Law Enforcement and Privacy Considerations. Before the Committee on the Judiciary. United States Senate. (Written testimony of Benjamin Miller, Unmanned Aircraft Program Manager, Mesa County Sheriff's Office and Representative of the Airborne Law Enforcement Association).

[12] NASA(National Aeronautics and Space Administration). 2010. NASA's Global Hawk Drone Aircraft Flies Over Frank on the GRIP Hurricane Mission. Last modified September 1, 2010. AccessedApril 26, 2015. http://www. nasa. gov/mission_pages/hurricanes/missions/grip/news/frank - flyover. html.

[13] NAVAIR(Naval Air Systems Command). 2012. Marines Find First Deployed Cargo Unmanned Aerial System " Reliable. " NAVAIR News. July 23. Accessed April 26, 2015. http://www. navair. navy. mil/index. cfm? fuseaction = home. NAVAIRNewsStory&id = 5073.

[14] Oliver, M. A. 2010. An Overview of Geostatistics in Precision Agriculture. In Geostatistical Applications for Precision Agriculture, ed. M. A. Oliver, 1 - 34. New York: Springer.

[15] Pöllänen, Roy, HarriToivonen, Kari Peräjävi, TeroKarhunen, TarjaIIander, Jukka Lehtinen, Kimmo Rintala, Tuure Katajainen, Jarkko Niemelä, Marko Juusela. 2009. Radiation surveillance using an unmanned aerial vehicle. Applied Radiation and Isotopes 67, iss. 2:340 - 344. doi:10. 1016/j. apradiso. 2008. 10. 008.

[16] RCMP(Royal Canadian Mounted Police). 2013. Single Vehicle Rollover - Saskatoon RCMP Search for Injured Driver with Unmanned Aerial Vehicle. RCMP in Saskatchewan, May 9. http://www. rcmp - grc. gc. ca/sk/news - nouvelle/video - gallery/video - pages/search - rescue - eng. htm.

[17] Siminski, J. 2014. Fukushima Plant's Radiation Levels Monitored with an UAV. The Aviationist. January 29. http://theaviationist. com/2014/01/29/fukushima - japan - uav/.

[18] UC Davis(University of California, Davis). 2013. Remote - Controlled Helicopter Tested for Use in Vineyard Applications. June 5. http://news. ucdavis. edu/search/news_detail. lasso? id = 10623.

[19] UNL(University of Nebraska – Lincoln). 2015. Water – Slurping Drones Have Broad Potential. Accessed April 26. http://research.unl.edu/annualreport/2014/water – slurping – drones – have – broad – potential/.

[20] USACE(US Army Corps of Engineers). 2015. Unmanned Aerial Vehicle. US Army Corps of Engineers Jacksonville District. Accessed April 26. http://www.saj.usace.army.mil/Missions/UnmannedAerialVehicle.aspx.

[21] USGS(United States Geological Survey). 2012. Monitoring River Impacts During Removal of Elwha and Glines Dams. National Unmanned Aircraft Systems (UAS) Project Office. Last modified March 18, 2015. Accessed April 26, 2015. http://rmgsc.cr.usgs.gov/UAS/WA_BORRiver Sediment Monitoring.shtml.

[22] USGS(United Geological Survey). 2014. Census of Ground – nesting Pelicans. National Unmanned Aircraft Systems (UAS) Project Office. Last modified March 13, 2015. Accessed April 26, 2015. http://rmgsc.cr.usgs.gov/UAS/ND_ChaseLakeNWRPelicans.shtml.

[23] Van der Merwe, Deon, Kevin P. Price. 2015. Harmful Algal Bloom Characterization at Ultra – High Spatial and Temporal Resolution Using Small Unmanned Aircraft Systems. Toxins, 7, no. 4: 1065 – 1078.

[24] Velotta, R. N. 2014. DroneCast introduces advertising by Octocopter. Las Vegas Review – Journal, July 9. http://www.reviewjournal.com/news/las – vegas/dronecast – introduces – advertising – octocopter.

[25] Zhang, C. 2011. Monitoring the condition of unpaved roads with remote sensing and other technology. Final Report for US DOT DTPH56 – 06 – BAA – 002. South Dakota State University.

第3章 无人机系统中的"系统"

Joshua Brungardt, Richard Kurt Barnhart

3.1 无人机系统组成

本章我们将简要讨论无人机系统(UAS)的组成要素。大多数民用无人机系统由无人驾驶飞行器或遥控飞行器、人的因素、任务载荷、控制单元和数据链通信体系组成。军用无人机系统可能还包括武器系统平台等其他组成部分。常见无人机系统及组成要素如图3.1所示。

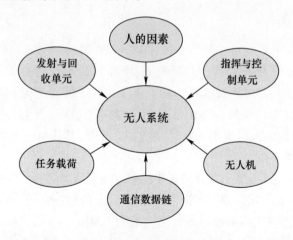

图3.1 无人机系统及组成要素

3.2 无人机系统/遥控驾驶飞行器

"无人机"这一术语指的是没有人在飞机内部进行直接干预而能够运行的飞行器。近年来,某些部门,特别是一些军事部门,一直在致力于将"无人机(UA)"一词改为"遥控驾驶飞行器(RPA)"或"遥控驾驶平台(RPV)"。鉴于人的远程遥控对无人机系统运行起着至关重要的作用,将其命名为"无人机"实在不太恰当。美国国防部将无人机系统分为五类,如表 3.1 所列。一般来说,联邦航空管理局一直习惯性将小型无人机系统(55lb 以下)与其他大型无人机系统区分开来。但在未来,联邦航空管理局可能会根据无人机对公共安全的潜在影响风险对其进行分类。小型无人机系统是首个被纳入国家空域系统中的无人机系统,目前这个过程正在进行中。

表 3.1 美国国防部对无人机系统的分类

类别	最大起飞重量/lb	正常飞行高度/英尺	空速/kn
第一类	<20	<1200(离地高度(AGL))	<100
第二类	21~55	<3500(AGL)	<250
第三类	<1320	<18000(平均海平面(MSL))	无限制
第四类	>1320		
第五类		>18000(MSL)	

注:若某型无人机只有一项特征符合更高类别的要求,它都会被归类到更高类别中

3.2.1 固定翼

固定翼无人机系统可以执行多种任务,包括情报搜集、监视和侦察,即 ISR。一些军用固定翼无人机系统已经能够执行 ISR 和武器投射的联合任务,如通用原子公司的"捕食者"系列无人机。捕食者无人机™最初是为 ISR 而设计的,代号为 RQ-1。在军用飞机分类体系中,R 代表侦察,Q 代表无人驾驶航空系统。然而最近几年,该无人机也用于发射"地狱火"导弹,其代号已改为 MQ-1,其中 M 代表多用途战斗机。

固定翼无人机系统平台的优势在于能够进行长航时飞行,从而实现飞行时间和飞行航程最大化。诺斯罗普·格鲁曼公司(以下简称"诺格公司")的 RQ-4"全球鹰"无人机™已多次完成超过 30h、航程超过 8200n mile 的飞行任务。此外,固定翼无人机系统平台具备在肉眼之外高度飞行的能力。与垂直起降无人机(VTOL)相比,固定翼无人机能够在携带大量任务载荷的情况下保持更长续航时间。

固定翼无人机系统平台的缺点是发射与回收时需要非常复杂的后勤系统来支撑(即"高后勤需求")。一些固定翼无人机需要跑道进行起降,而另一些则需要利用弹射器达到起飞速度,并用专门用途的网或拦阻索进行回收。一些小型固定翼无人机平台(如航空环境公司的"大乌鸦"无人机™)通过手动方法进行发射,并通过在预定着陆点上空让无人机熄火或配置降落伞的办法进行回收。近年来出现了一种新的趋势,即使用简单的聚苯乙烯泡沫或 3D 打印的部件制作小型、简易的固定翼无人机。这些无人机通常具有相对较高的负载能力和较

强的耐用性,并因易于调度的特点而深受广大用户喜爱。

3.2.2 垂直起降

和其他无人机系统一样,垂直起降无人机系统平台的应用也十分广泛。直升机、能够悬停的固定翼无人机甚至是倾转旋翼无人机都可以当作垂直起降平台。诺格公司的 MQ-8"火力侦察兵"无人机™、美国贝尔直升机公司的"鹰眼"倾转旋翼无人机™都是垂直起降无人机。其他著名的垂直起降无人机包括美国 Aerovel 公司的 Flexrotor 弹性旋翼垂直起降无人机、大疆的"悟"系列无人机、加拿大 Aeryon Labs 公司的 SkyRanger 小型垂直起降无人机,以及总部位于德国的 Aibotix 公司生产的 AibotX6 新一代垂直起降无人机。这些无人机系统平台的优势是发射与回收对后勤保障的要求较低。这意味着,大多数飞机无须跑道或公路就能进行起降,而且也不需要弹射器或拦阻网等辅助设备进行发射和回收。与固定翼平台不同,垂直起降无人机系统可以在固定位置进行监控,并且只需要很小的操作空间。垂直起降无人机的另一个优点是可以近距离观察物体,例如执行检查或低空测绘任务。

较小的电动直升机,即刚好是无线电控制模型那般大小,因具有迅速调配的优势,现已成为搜索救援、抢险救灾或打击犯罪的理想之选。简单的直升机系统可存放在急救人员所乘交通工具中,并随急救人员一同到达救援现场,然后可在几分钟内发射。由于未装配燃油发动机,负载的电动机噪声比较小,在飞行时不会产生过多噪声,因此该直升机系统隐蔽性较强。但其缺点是续航时间太短,迄今为止电池技术还不能支撑超过 30~60min 的长时间飞行。

3.3 指挥与控制单元

3.3.1 自动驾驶仪

无人机系统自动化是指在没有操作员干预的情况下,无人系统能够按照一组预编程指令执行任务。完全自主的无人机系统无须操作员干预便能完成从起飞到着陆的全任务过程。不同无人机系统的自主程度有所差异,从没有自主性的无人机到完全自主的无人机都有。在没有自主性的情况下,无人机完全依靠操作员(外部飞行员)的遥控指令来实现运转。这时无人机自动驾驶仪系统可以使其保持平稳飞行,不过一旦让操作员退出控制,无人机最终就会坠毁。将在下一章中对这些概念进行详细介绍。

在完全自主情况下,无人机自动驾驶仪控制着从起飞到着陆的全过程,无须外部飞行员干预。无人机自动驾驶仪可以引导无人机根据预先确定的航点沿着指定航迹飞行。但在紧急情况下（如需要改变飞行路线或避免危险），外部飞行员可以直接越过自动驾驶仪来控制无人机。

近年来，许多商用自动驾驶仪系统已经应用于小型无人机。这些小型自动驾驶仪系统可以装配到现有无线电控制（业余）飞行器或定制的小型无人机系统平台上。最近几年，用于小型无人机的商用自动驾驶仪系统（该系统通常称为 COTS 组件，COTS 是 commercial – off – the – shelf 的首字母缩略词，意为商用化的产品和技术，COTS 广泛应用于不同技术领域，在这里自动驾驶仪系统是市场上已有的各类产品与技术集成的测控系统）变得更小、更轻了。它们不仅具备许多大型无人机系统自动驾驶仪的优势，而且价格也相对低廉。例如，云帽技术公司（美国自主驾驶无人机系统领导者）的"皮科罗"系列自动驾驶仪（图3.2）可以进行多机协同控制、全自主起降、支持垂直起降无人机和固定翼无人机使用，并具有航路点导航功能。现在越来越多应用开始使用开源自动驾驶仪，这种技术功能强大，实用性强，十分有利于许多小型无人机系统的操作。只要稍微在互联网上搜索一下，就会发现大量已有或新兴的开源可编程自动控制器的例子，这些控制器适用于各种无人驾驶工具，而不仅限于飞行器。

图 3.2　皮科罗™SL 自动驾驶仪装置
（版权归美国云帽技术公司所有，该公司是联合技术公司旗下的一支航空航天系统公司）

无人机自动驾驶仪系统采用冗余技术编程。如果地面控制站和飞行器之间的通信中断，自动驾驶仪系统就会执行"失联"程序，目前大多数无人机自动驾驶仪都具备这种安全特征。自动驾驶仪系统可以按照不同的方式执行"失联"程序。大部分"失联"程序都涉及创建一个"失联"文件，该文件中包含一个任务飞行配置(规定了飞行高度、路径和速度),而任务飞行配置在无人机发射前就会加载到系统的存储器中。一旦无人机发射升空,只要与地面控制站保持无线电连接,自动驾驶仪就能完成飞行任务。飞行期间如有必要还可以对任务或"失联"文件做出修改,不过前提是无人机与地面控制站一直保持连接。如果飞行过程中无人机与地面控制站联络中断,自动驾驶仪将执行预先设定的"失联"程序。

"失联"程序还具有以下功能。

(1)前往信号强度稳定的航路点,以重新获得连接。

(2)返回第一个航路点,并盘旋或悬停一段时间(时长预定)以试图重新获取信号,如果未能在预定时间内再次获得信号连接,则返回着陆航路点着陆。

(3)在预定的时间内保持当前航向,在此期间可尝试进行其他辅助通信。

(4)爬升,以重新获得连接。

按照大多数商业技术的默认设定,如果在预定的时间内没有重新建立连接,无人机必须立即返航并着陆。

3.3.2 地面控制站

地面控制站(GCS)是建在陆地或海面上的控制中心,其作用是为人们提供场地和设备来控制空中或太空中的无人驾驶飞行器(图3.3)。如图3.4所示,地面控制站的大小各不相同,小到手持式发射器,大到设备齐全、带有多个工作台的工作室。

图3.3 通用原子公司 MQ-1"捕食者"地面控制站
(版权归通用原子公司所有)

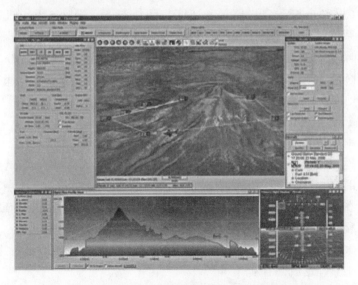

图 3.4(a) "皮科罗"自动驾驶仪™地面控制站指挥中心
(版权归美国云帽技术公司所有,该公司是联合技术公司旗下的一支航空航天系统公司)

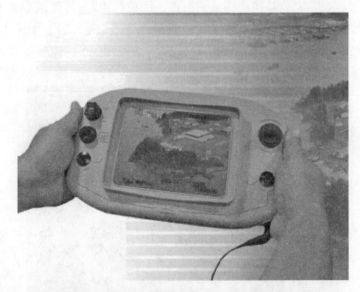

图 3.4(b) 航空环境公司手持式地面控制站
(版权归航空环境公司所有)

大型军用无人机需要可以多人独立操作的地面控制站。未来无人机操作的首要目标之一就是单个机组人员能够在一个地面控制站操作多架无人机,然而,目前要将该理念安全融入国家空域系统还存在许多挑战。

对于大型军用无人机来说,其地面控制站通常至少包括一个飞行员席位和一个传感器席位。飞行员席位是飞行员操控无人机及其系统的席位,传感器席位则是为传感器任务载荷和无线电通信而设置的。随着无人机系统的复杂程度增加,其他操作和相应席位也会随之增加。对于不太复杂的小型无人机系统,这些席位可以合并为一个,由一名操作员操作即可。

3.4 通信数据链

数据链这一术语通常用来描述无人机系统的指挥和控制信息如何在地面控制站与自动驾驶仪之间传输。一些任务载荷系统通常有单独的数据链。根据射频传输方式,可将无人机系统的通信分为两类:视距数据链(LOS)和超视距数据链(BLOS)。后者与超视线通信(BVLOS)不同,超视线仅指在肉眼之外能够探测到的最大飞行距离,比超视距要短得多。

3.4.1 视距数据链

视距数据链是指直接通过无线电波操作无人机。在美国,民用视距数据链运行通常使用的无线电频率是915MHz、2.45GHz和5.8GHz。这些频率是没有许可证也可使用的工业、科研和医学(ISM)频率,根据联邦通信委员会条例第18条规定进行管理。诸如310~390MHz、405~425MHz和1350~1390MHz等其他频率都是需要许可证才能使用的离散视距数据链频率。这种电波通信可以传播若干英里,具体距离取决于发射器和接收器的功率强度以及两者之间的障碍。使用定向跟踪天线还可以增强信号强度,其中的原理就是定向天线根据无人机的方位不断调整自身的指向,确保信号始终对准无人机。一些大型无人机系统还装配定向接收天线,进一步提高了信号强度。

工业、科研和医学频段运用广泛,所以容易造成频率拥堵,导致无人机因信号干扰与地面控制站失去通信联系。为使干扰最小化,研究人员开发出了快速跳频技术。跳频是一种基本的信号调制技术,可以让信号在整个频谱范围跳变。在无线电传播过程中,正是这种反复切换的频率信号,最大限度地减少非法拦截或频率拥堵对信号的影响。运用这项技术时,信号发射机与接收机是同步工作的,接收机的频率也始终与发射机的频率保持一致。在跳频过程中,一小串数据在窄频带上传输一段时间后,发射器调换到另一个频率并再次传输,如此不断循环往复。跳跃频率从每秒几次到每秒几千次不等。联邦通信委员会已经允许在2.45GHz(无须许可证即可使用)上使用跳频技术。

3.4.2 超视距数据链

超视距数据链（BLOS）运行是指通过卫星通信或通信中继（通常是另一架飞机）来运行无人机。民用运营商可以通过铱星卫星系统——由美国铱星有限责任公司所有并运营的一个系统——进行超视距数据链运行。大多数小型无人机系统的任务是在视距范围内进行的，所以它们不需要或者没有能力操作超视距数据链。军用超视距数据链通信通过卫星在 12~18GHz 范围内的加密 Ku 波段进行。市场上的一些无人机几乎可以连续使用 Ku 波段来运行，即在信号发射阶段通常先使用视距数据链通信，然后转用超视距数据链，回收时又转回视距数据链。超视距数据链运行的一个缺点是向飞行器发送命令时，飞行器的响应会存在几秒钟的延迟。造成这种延迟的原因是信号传输过程中必须使用多种中继/系统。随着过去几年的技术进步，现在已经可以通过超视距数据链对无人机进行发射和回收。

3.5 任务载荷

除了用于研发的无人机外，大多数无人机都是在高空完成任务，而且根据任务需要搭载不同的任务载荷。任务载荷一般与侦察监视、武器投射、通信、空中感知、货物投送等任务相关。无人机系统常常是围绕即将搭载的任务载荷而设计的。正如前文所述，一些无人机有多个任务载荷。任务载荷的尺寸和重量是设计无人机时需要考虑的重要因素。大多数商用小型无人机平台要求任务载荷要小而轻便（重量通常小于 5lb）。部分小型无人机系统的制造商则要求无人机构造能够适应可互换任务载荷——能够迅速拆卸和替换的任务载荷。

就侦察监视和空中感知任务而言，任务载荷即为传感器，其形式会根据具体任务不同而有所差异，包括光电照相机、红外照相机、光谱传感器、合成孔径雷达和激光测距仪/指示器等。光学传感器组件（照相机）的安装方式有两种：一种是永久安装在无人机系统上，这时传感器操作员看到的视角是固定不变的；另一种是安装在一个称为万向节或转塔的安装系统上（图 3.5）。万向节或转塔给了传感器一个预定的活动范围，而且这个范围通常是三维的。万向节或转塔可通过自动驾驶仪系统或单独的接收器来接收信号。部分万向节配备振动隔离装置，以降低飞机振动对照相机的影响，因此降低了对电子像装置的要求，从而产出清晰的图像和视频。采用弹性/橡胶安装装置和电子陀螺稳定系统，可以起到振动隔离作用。

图3.5(a) "多光谱瞄准系统-B"(MTS-B)传感器吊舱
（版权归美国雷声公司所有）

图3.5(b) 通用原子公司 MQ-9"收割者"无人机（原名"捕食者"无人机）
（版权归通用原子公司所有）

3.5.1 光电照相机

光电照相机之所以叫这个名字，是因为它们使用电子设备对图像进行旋转、缩放和聚焦。在可见光波段工作，产出的图像可以是全动态影像、静态图像，也可以是两者的结合。大多数小型无人机系统的光电照相机使用的是窄视场或者

51

中等视场的镜头。大型无人机系统的照相机可配备宽视场或超宽视场的传感器镜头。光电传感器可执行多种任务,并可与不同类型的传感器组合使用以创建合成图像。光电照相机通常在白天使用,以获取最佳质量的视频。

3.5.2 红外照相机

红外照相机在电磁光谱的红外波段范围内(700nm~1mm)工作。红外照相机(IR)也称为前视红外照相机(FLIR),利用红外波或热辐射成像。无人机系统的红外照相机分为两类:冷却式相机和非冷却式相机。

冷却式相机常常比非冷却式相机更贵、更重。现代冷却式相机采用低温冷却剂,可将传感器温度降到制冷温度(零下150℃)。中波红外波段具有更高的热对比度,红外相机是据此原理而设计的。此外,红外相机还可在长波红外波段工作。冷却式红外照相机的探测器通常位于真空密封箱内,并且需要额外功率进行冷却。一般来说,冷却式相机比非冷却式相机产出的图像质量更高。

非冷却式相机传感器的工作温度和环境温度一样或略低于环境温度。这种相机检测到红外辐射时会受热,并通过感知受热时电阻、电压或电流的变化来工作。非冷却式传感器的工作范围是波长为7~14μm的长波红外波段,而地温目标放射的大部分红外能量都处于这个波段。

本节对任务载荷进行了简要概述,详细内容将在第4章进行介绍。

3.5.3 光谱传感器

在测量植物生长状况时,有一类任务载荷能发挥很大作用。目前,已经成功研制出多光谱和高光谱成像载荷,并且还有的正处于研发中。正常情况下,人的肉眼只能感知可见光(可见光波长为400~799nm,这与电磁波谱上的波长有关),但这些任务载荷却能够感知到可见光之外的波长。在与植物有关的应用中,最常用的波长为蓝/绿/红波段(450~690nm)、红外波段(IR,700nm~1mm)。红外波段又可分为近红外(NIR,800nm~2.5μm)、短波红外(SWIR,9~1.7μm)、中波红外(MWIR,3~8μm)、长波红外(LWIR,8~15μm)和远红外(FIR,15~1000μm)。此外,紫外线(UV,100~400nm)也能在这类应用中发挥作用,当然还有许多其他波段可以用于研究。从事农业和植物应用的科学家,经常研究植物吸收或反射光波能量值,并加以分析得到所需信息,从而确定植物的健康状态。科学家常用的工具之一是归一化差异植被指数,即NDVI,其计算公式为NDVI=(近红外波段测值-红色波段测值)/(近红外波段测值+红色波段测值)。确定NDVI后,科学家就可以判断是否需要给作物施加农药化肥等化学产品,并对整体植物健康做出评估,如植物的干旱/病害情况等。

3.5.4 激光

激光测距仪利用激光束来确定到目标的距离,激光指示器则使用激光束指示目标。当激光指示器向目标发送不可见的编码脉冲后,目标会将脉冲反射回来,接收器则接收反射脉冲。然而,使用激光指示器指示预定目标也存在一定的问题。当大气环境不明朗时,如出现下雨、云层、扬尘或烟雾等情况,激光指示的目标可能不准确。此外,激光还可能被特殊涂层吸收,或反射不正确导致接收器接收不到,再或者目标根本不反射激光,例如瞄准玻璃时就会出现这种情况。

3.6　发射与回收

无人机系统的发射与回收单元通常是无人机使用过程中劳动力最密集的环节之一。一些无人机系统的发射与回收单元程序非常复杂,而另一些则几乎没有。大型无人机系统有专门的程序和工作人员负责准备、发射和回收工作。这些较大的无人机系统需要长达 10000ft 的跑道和相关配套设备,如地面拖车、燃料输送卡车和地面动力装置(简称 GPU)。小型垂直起降无人机发射与回收单元的程序和设备往往最简易,大部分只需要一个合适的起降区域。也有的无人机的发射与回收单元非常小,通常采用手抛式发射,并用机载降落伞回收,如航空环境公司制造的"大乌鸦"(图 3.6)。

图 3.6　士兵手抛发射"大乌鸦"RQ-11 无人机
（版权归航空环境公司所有）

目前，无人机有许多发射和回收方式，最常见的方法是利用弹射系统使无人机在极短的距离内达到飞行速度。英西图(Insitu)公司(波音旗下的公司)制造的"扫描鹰"无人机™采用弹射器弹射起飞，并利用该公司命名的"天钩"™拦阻索进行回收(图3.7)。在这个系统中，无人机机翼末端装有一个挂钩，机身和拦阻索都装有一个十分精确的配对全球定位系统，从而使无人机能够飞入悬索进行回收。

图3.7(a) 英西图"扫描鹰"无人机™弹射器发射装置

图3.7(b) 英西图"扫描鹰"无人机及"天钩"拦阻索回收设备™
（版权归波音公司旗下的英西图所有）

澳大利亚无人飞行器开发制造商 Aerosonde 公司(该公司最初被美国 AAI 公司收购,后来美国 AAI 公司被德事隆收购,所以现在 Aerosonde 隶属于德事隆公司)制造的"Aerosonde Mark 4.7"无人机可根据不同的机型选择不同的发射与回收单元。该无人机既可以通过汽车顶部发射器发射,在发射前开动汽车使无人机达到飞行速度(图 3.8),也可以通过弹射系统发射。在回收阶段,它既可以在草地或坚硬表面"机腹着陆",也可以通过移动的网绳进行回收。

图 3.8　美国 AAI 公司的 Aerosonde 小型无人机汽车顶部发射装置
(版权归德事隆公司旗下的 AAI Aerosonde 公司所有)

3.7　人的因素

人是无人机系统中最重要的因素。目前,无人机的运转离不开人的参与。无人机操作人员由飞行员、传感器操作员和地勤辅助人员组成。如前所述,可根据系统的复杂性合并部分操作席位。将来随着技术水平的提高,人的参与程度可能会逐步降低。与以前的商业客机一样,自动化技术使得人为干预减少。无人机飞行操作员只负责无人机的安全运行。这部分内容将在第 11 章中进行详细介绍。

思　考　题

1. 为什么一些军事部门不使用"无人驾驶"这个术语?

2. 垂直起降无人机的优缺点是什么?
3. 固定翼无人机的优缺点是什么?
4. 查找资料并介绍常用的开源无人机自动驾驶仪技术,说明各自的优缺点。
5. 说明超视距和超视线两个术语的区别。在哪种情况下超视线可能比较重要？哪种情况下超视距可能比较重要？

第4章 无人机系统传感器:理论与实践

Gabriel B. Ladd

4.1 引　　言

在这个以计算机为中心系统的时代,我们的工作受到数据概念的驱动。在我们的各项工作和日常生活中,表征事物的数据信息发挥了举足轻重的作用。正是为了收集这些数据,我们发明了无人飞行器并将其送上了天空。

即使飞行器在空中晃动和颠簸,它们也能利用各式各样的传感器收集信息,并且这些信息涉及的主题十分广泛。收集数据的方法可分为两大类:原位传感和遥感。采用这两种方法,可以收集到大量关于我们这个世界以及正在发生的事情的信息,它们能够帮助我们更好地认知周围环境。

4.1.1 原位传感

短语"in situ"来源于拉丁语,表示"原位"。《韦氏词典》将其定义为,"处于自然的或原始的位置"(Staff 2015b)。如果使用无人机系统进行原位传感,无人机则需要到达指定测量位置。这样做通常有两个目的:一是使飞行器对某种环境参数做出响应;二是在特定位置测量某种环境属性。如果是前者,则可以通过机载系统来测试飞行器对控制指令的响应,或者在诸如风暴等恶劣环境中测试飞行器的响应,前提是它能够在该环境中运行。在这两种情况下,关键任务是测量飞行器的性能及其对环境的反应。原位传感的另一种主要形式是,测量飞行器运行的环境属性或介质属性,包括温度、气体成分和类型等。原位的两种测量形式通常可以共同使用,以实现飞行的总体目标。例如,飞行器动力学可以与气体分析相结合,从而便于研究人员在分析中考虑飞行器的运动轨迹。

4.1.2 遥感

遥感是一种远距离感知目标或特定现象的过程。通常以发射或反射粒子/波的形式,来探测和测量目标/现象对物理环境的影响。从定义上讲,遥感是独立于平台和应用的。遥感通常可分为三类：地面遥感、航空遥感和航天遥感。本章并未涵盖所有的遥感，只对"无人机系统航空遥感"这一分支进行概述。

作为一门学科，航空遥感具有多种传感器类型，从大型多阵列传感器到单传感器接收系统。一般而言，遥感传感器可以分为四类：支架类、推扫式类、扫描类和接收器系统类。这些传感器可以在大部分电磁频谱范围内工作。根据定义，很容易认为无人机航空遥感与有人机遥感基本相同，只是无人机遥感受限于较小的平台。然而，并非所有的无人机都是小型无人机，一方面，在无人机机身足够大的情况下，没有必要区分无人机遥感和有人机遥感有何不同。另一方面，有人可能会说，如果把世界上所有的业余无人机和玩具无人机都包括在内，那么大多数无人机都是小型无人机。图 4.1 展示了不同无人机平台。

与航空遥感最相关的发射或反射粒子/波是太阳光，即电磁光谱可见光。为了便于讨论，我们仅在众所周知的领域内进行研究，所以将光的本质是粒子还是波这一争论留给物理学家。

为了说明光在遥感中的工作原理，想想你在阳光明媚的日子里去室外拍照会发生什么。或许你会用到手机、相机，甚至是老式胶片照相机；无论如何，你都是在捕捉和记录阳光。以光电相机或数码摄像机（消费者市场的命名）为例，光线通过镜头照射到传感器上。在使用胶片照相机的情况下，光线照射到一张通常被称为胶片的感光材料上。通常情况下，这种材料是一种带有光敏涂层的薄塑料片（Wolf & Dewitt 2000）。回到我们的例子，你把相机对准目标，实际上也是把接收光线的镜头对准了他，从而可以收集到反射的太阳光。遥感和原位测量方法的关键区别是：遥感可以通过捕捉远处物体的反射光来探测和识别该物体。

在室外给人拍摄数码照片时，光敏传感器可以测量到进入相机的光线。这些传感器对光线做出反应，这种反应经测量后会存储起来，成为图像的基本组成部分。你在手机或计算机屏幕上看到的数字图像，是由图像传感器基于阵列反应构建的。如果反应不够，图像会太暗；反应过度，图像则会被冲淡。传感器的反应可以通过多种方式进行调整，调整方法可以分为两大类：物理调整法和软件调整法。物理调整法，即大多数人认为的传统摄影方法，如调节相机光圈、焦距和感光度。软件调整法，包括在暗室冲洗胶片时所做的工作，但现在的数字图像处理技术可以做得更多。应该注意的是，无人机系统遥感几乎完全采用数字成像，因此这里不再对基于胶片的遥感做进一步探讨。

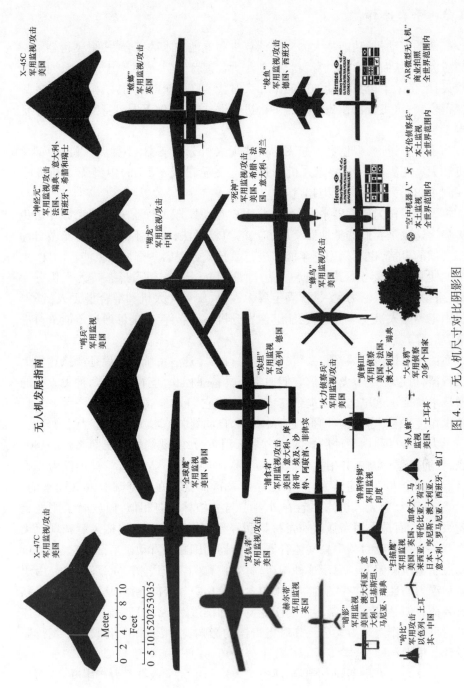

图 4.1 · 无人机尺寸对比阴影图

(来源：http://www.dronesurvivalguide.org/DSG.pdf)

4.1.3 平台选择

高效的电动机、功能强大的微型计算机和电池技术的结合,使得飞行器消费者数量激增,从而开启了机身实验的新纪元。基于这些技术产生的一系列独特机身设计,带来了机身实验的第四个伟大时代。在这个时期,传统机身之间的界限变得模糊,将飞行器作为传感器平台进行评估时,了解不同机身配置的基本优缺点至关重要。

为了便于讨论,根据最大起飞质量将无人机分为三类:小型无人机、中型无人机和大型无人机。小型无人机的最大起飞质量低于55lb,中型无人机介于55~到400lb,大型无人机则超过400lb。

将飞行器作为传感器平台,意味着用户必须发挥飞行器配置的优势并避免其劣势。这也是我们选择地面交通方式的习惯做法,我们不指望跑车能做自卸卡车会做的事情,也不指望赛车能够进行数日或数周的冬季长途跋涉。同样,无人机的使用也应该考虑其优缺点。为了便于讨论,根据机身形态将无人机分为五类:系留无人机、浮力无人机、固定翼无人机、旋翼无人机和混合型无人机(能够像固定翼无人机一样飞行,也能够像直升机一样悬停,并能够通过节能滑行进行垂直起降)。

系留无人机包括风筝和系留气球等飞行器。这些系统虽然说是严格意义上的飞行器,可以在空中飞行,但它们通常不具备遥控和自动驾驶这两种无人机的典型技术特征。这里之所以提到它们,是因为它们是非常好的传感平台。并且从技术角度来看,它们也可通过远程操作和自动驾驶技术实现一定程度的自主。

浮力无人机利用某种形式的浮力来抵消重力,实现绕地球表面飞行。1800年底,费迪南德·冯·齐柏林伯爵(Count Ferdinand von Zeppelin)首创浮力无人飞行器。如今人们普遍认为,后来的浮力飞行器就是在此基础上发展而来的。现代飞艇(升级版无人机),尽管在外观上与齐柏林飞艇相似,但放弃了刚性金属超级结构,而是采用高强度外壳材料和轻型支撑材料。齐柏林飞艇和现代飞艇都有一个提供升力的中央气体容器,在容器周围配备发动机来推动它,并通过尾翼控制偏航和俯仰。由于这种构造,将它们称为"轻于空气"的飞行器。由于气体和浮力的性质,这些飞行器必须包含大量比空气轻的气体,从而提升机身和有效载荷。但是,这也限制了它们所能携带的推进燃料,并且它们无法在高风速时进行可控操作。风力大小及其对飞行器的影响,在很大程度上取决于飞行器的设计。根据经验,这类飞行器往往十分轻巧,并且飞行速度较低。

与全浮力无人机不同,小型半浮力无人机并不完全依靠浮力产生升力,而是通过气流产生升力,并利用浮力抵消大部分重量。这意味着它们通常使用更小、更具流线型的气体容器,而不是像现代飞艇和齐柏林飞艇那样的大型气体容器。虽然,这种结构会降低飞行器受到强风的影响,但它们仍是轻型的,高度依赖浮力来产生升力,这往往导致它们比传统飞行器飞得更慢,对风更敏感。因此,浮力无人机通常在较低的风速下起飞和着陆,并且需要较大的起飞和着陆区域。但是,它们可以在各种高度范围内进行长时间飞行。

固定翼无人机是一种通过固定在机身上的机翼诱导气流产生升力的飞行器。当发动机推动飞行器时,空气在机翼表面流动。由于通过水平运动产生升力,则意味着起飞和着陆需要一定的空间。固定翼无人机通过发动机驱动螺旋桨或喷气涡轮机来加速空气,促使飞行器移动。也有一部分固定翼无人机采用火箭推进装置,但通常非常昂贵,一般用于极端环境下的机身测试。

固定翼无人机的特性和工作环境主要取决于由它们的机翼和发动机设计。展弦比,即翼展与其面积之比,决定了固定翼飞机的性能(Anderson 2001)。一般来说,长而薄的机翼会产生更有效的升力,但是随着机翼变长,滚转就变得困难。短而厚的机翼效率较低,但更容易滚转。这就是为什么一些为节省燃料而设计的喷气式客机的机翼长而薄,而主要考虑机动性的战斗机的机翼短而厚。机翼长而薄的飞机有更大的续航能力,航程更长,而且在空气动力学方面更稳定,因此往往能够成为更好的摄像平台。机翼短而厚的无人机更具机动性,但稳定性和续航能力更差,航程更短。随着自动驾驶仪技术的出现,不稳定系统的控制变得容易起来。自动驾驶仪能够使短翼无人机保持水平运行,比人类遥控操作更精确。这种稳定性以及更好的机动性,促使一些固定翼飞机能够在更小、更具挑战性的空间起飞和降落,因此使它们成为更可行的航空成像平台。

旋翼机,或称旋翼无人机,使用旋转机翼作为主要升力来源。它们采用的螺旋桨类似于固定翼和浮力无人机中用来产生动力的装置,主要区别在于旋翼无人机的螺旋桨能够产生足以提升整个无人机重量的升力,并在飞行中对无人机进行控制。由于旋转叶片能够产生升力,所以无人机能够垂直起降。旋翼机一般有单旋翼和多旋翼两种。单旋翼,也就是我们熟知的直升机,由一个主旋翼来提升和控制飞行器。单旋翼升力系统的特点在于:复杂的机械联动装置能够循环或集中调整叶片间距。这使得旋翼机在改变总升力的同时,能够控制飞行器的俯仰和滚转。为了抵消单个升力旋翼产生的扭矩,利用一个能够与升力旋翼速度相匹配的尾旋翼,从而使飞行器能够根据指令偏航。

多旋翼系统主要使用电动机。通常,它们使用 3~8 个独立的升降电动机,直接连接到螺旋桨上。由于多旋翼的升力、俯仰、滚转和偏航是由多种电动机协同控制的,因此其机械装置要比单旋翼简单得多。无论是单旋翼还是多旋翼结构,旋翼机的主要优势是能够垂直起降。与浮力无人机不同,旋翼机比空气重,因此它们比浮力飞机和固定翼无人机更能适应周围的风速。作为传感器平台，旋翼机具有在狭小空间内工作的优势。其主要缺点在于声音嘈杂、旋翼清洗困难、续航时间和航程较短。尽管存在这些缺点，但简单易用、机械装置简单、能在狭小空间内操作的优点，使得电动多旋翼无人机成为最受消费者欢迎的无人机平台之一。

在这个由计算机辅助飞行的时代，尤其是在中小型无人机领域，混合型无人机的机身试验蓬勃发展。为了将旋翼无人机垂直起降的优点与固定翼无人机的续航能力相结合，产生了一系列非常有趣的混合型飞机设计。根据该理念所做的最初尝试，促使了"倾转旋翼机"的诞生。这种机型利用复杂而沉重的机械装置使发动机倾斜，在某些情况下，甚至将整个固定翼倾斜到可以垂直飞行的位置。最新的研究有效地使用了两个独立的推进系统：一个由 4 个或更多升力旋翼组成的多旋翼系统，以及一个向前飞行的独立推进系统。无论是哪一种推进系统，这种混合型无人机的设计都是为了在垂直起降性能与续航性能之间取得一种平衡。因此，它们的有效载荷和续航能力往往不如具有相同展弦比的固定翼飞机，并且在起飞和着陆阶段比多旋翼飞机更容易受到风力影响。

前面简要讨论的所有机型，都有各自的优缺点。如果要用无人机搭载传感器来收集特定数据，则必须权衡这些优缺点。因此，在设计无人机系统时，主要任务在于为机身匹配最佳的传感器来收集数据，并为传感器提供所需机翼，这也是飞行所要考虑的首要问题。

4.2 遥　　感

4.2.1 概述

遥感技术可分为两大类：主动式和被动式。主动式传感器向目标发射某种形式的电磁辐射，并测量反射信号。被动式传感器不发射电磁辐射，而是测量目标反射或自身辐射的电磁辐射。在遥感技术中，特别是无人机遥感领域，外部电磁辐射几乎来自于太阳。

主动式传感器会提供电磁源。大多数人接触到的主动传感器是数码摄像机。大部分数码摄像机都有一个内置闪光灯，它在拍照前闪光。闪光灯发出的电磁辐射离开相机，进入相机前的空间，反射到你面前的任何东西，覆盖了你试图捕捉的场景，最后又反射回相机。这样做的目的是使得足够的光线能够反射回相机，以便生成目标图像。要做到这一点，主动式传感器通常需要选择性地利用电磁频谱中的一些波段。

电磁频谱被分解为多个波段。电磁频谱波段指的是具有某种共性的电磁波聚在一起形成的能量片段,并由特定的振动波长范围来定义。在遥感中,最常见的波段如表4.1所列。从表4.1可以看出,不同的光谱有不同的辐射源和表面属性,且表面属性可以通过波长来测量。这些表面属性看起来可能有点抽象,为了便于理解,可以从基础物理学的角度思考它的含义。想象一下你拍的任何一张数码照片,照片中的物体颜色就体现了表面属性。正如之前提到的,我们每天所看到的颜色实际上是物体反射白光的颜色。白色是所有颜色的反射率,黑色是所有颜色的吸收率。因此,黑色物体在太阳下比白色物体更容易变热。

表4.1 电磁频谱和测量内容

频谱	波长/nm	辐射源	测量属性
可见光(VIS)	400~700	太阳光	表面反射
近红外(NIR)	700~1100	太阳光	表面反射
短波红外(SWIR)	1100~2500	太阳光	表面反射
中波红外(MWIR)	2500~5000	太阳光,热辐射	表面反射,发射温度
长波红外(LWIR)即热红外	8000~14000	热辐射	发射温度

注:详情参见Schowengerdt(2007)中的表1.3

成像传感器可以对特定波长的入射电磁辐射作出响应。这种响应是可以测量和校准的,其中校准过程称为辐射校准。当对特定波段的电磁频谱传感器进行校准时,传感器的响应就可以直接与被目标反射的一段非常小,甚至是单一波长联系起来。电磁频谱中确定物体光谱反射率的功能非常强大,但在实际应用中可能并不需要此功能。也就是说,无须确定具体的波长,只要知道传感器的电磁灵敏度范围,就足以确定物体的光谱反射率。

遥感最强大的功能之一是空间连续性,这种技术可以探测到某地和其周围相当长一段距离内正在发生的事情。如果没有连续测量提供的视角,就无法对空间上连续的数据进行各种分析。回到拍照片的例子,即使相机没有经过辐射校准,也可以分辨出照片上的人戴着一顶红色针织冬帽,穿着一件风衣。已知这两件物品是衣物后,可以根据质地来猜测它们的性质。通过观察材料纹理的变化,以及从图像的空间连续性中获得的整体背景,我们就能得到答案。因此,图像可以提供大量的信息,甚至在某些情况下胜过千言万语。一个关于解决问题的基本假设:假设照片中的人距离足够近,可以让传感器记录下纹理的细节。如果图像分辨率太低,或者这个人离传感器太远,你也许能分辨出他们戴着某种红色的帽子,但是你可能看不出足够的材质信息。

空间数据的另一个重要优势是能够完整或近乎完整地采样。这在作物监测应用中展现得淋漓尽致。在进行玉米的产量预测时,农学家会选择田间的几个小地方,观察10~100个单独的玉米穗,但这只是田间生长的一小部分玉米穗。如果你用遥感技术绘制一张地图,则会收集到地里几乎全部植株的数据信息。麻烦的是,你收集到了目标区域中每株植物的信息,就必须使用某种方法来排除非目标植株的信息。这也意味着分析师必须使用不同的分析方式。这种方式不是对数据进行抽样分析然后推测种群健康,而是抓取具有代表性的数据,排除不具代表性的数据,这样才能便于空间统计分析。

4.2.2 传感器类型

遥感传感器有两种通用类型:成像传感器和非成像的点传感器。成像传感器是遥感领域的常用类型,尤其在无人机系统中,这种传感器用得最多,但点传感器也是非常有用的工具。

4.2.2.1 点传感器

点传感器是测量单个位置的传感器,不生成图像。它放弃了空间连续性,选择了单一性。该传感器仍然可以提供有用的数据,并经常与成像传感器结合使用来提供图像信息。2009年,美国国家航空航天局斯亚乐(Sierra)无人机搭载该局的显微分光光度计仪器套件系统飞越了北冰洋,该原型系统就使用了点传感器来提供可见光谱图像。显微分光光度计仪器利用分光计的点测量,来识别海冰表面的融冰情况。在2009年,通过将分光光度计收集的数据和点传感器的可见光光谱图像进行对比,验证了该技术的有效性(Ladd等2011)。

4.2.2.2 成像传感器

遥感数据生成图像有以下几种传感器:行扫描仪、推扫式传感器和阵列传感器。行扫描仪传感器可以快速地来回移动单个或少量传感元件对目标区域进行扫描,从而形成图像。这意味着,图像的宽度取决于传感器元件的回转距离,以及该传感器从移动平台收集读数速度的快慢。在许多方面,这实际上是一个点传感器在飞机航线上以极快的速度来回摆动收集数据从而产生图像。推扫式传感器是一种固定的传感器阵列。它的宽度相当于飞行器路径上最终图像成品的宽度,但仅有其一个像素的高度。这意味着图像是通过连续采样生成的,而沿着飞行器飞行方向的每个像素的高度取决于飞行器速度和传感器采集样本的时间。阵列传感器由二维传感器阵列组成,这些传感器可以同时采集图像。即使与平时消费类数码相机并不完全相同,阵列传感器仍与之非常相似,因为一旦触发阵列传感器,传感器的数据同时会被记录在阵列中所有的单个传感器上。因此,构成单个图像的数据都是在一次性曝光中收集的。收集和保存数据的过程通常会存在延迟现象(Schowengerdt 2007)。

4.2.3 通用传感器

无人机系统中最常见的遥感传感器是传统意义上的照相机。《韦氏词典》对照相机一词的定义为,"一种由暗室、镜头、快门和光圈组成的装置,按压快门可使物体反射的光线通过光圈投射到底片或对焦屏上成像"(Staff 2015a)。随着现代数码照相机的发展,机械快门逐渐被淘汰,这在一定程度上简化了整个系统。由此,带有镜头和传感器的不透光装置都可以视作"照相机"。在无人机遥感领域,有4种应用广泛的照相机,即可见光谱照相机、近红外照相机、红外照相机和高光谱照相机。

4.2.3.1 可见光谱照相机和近红外照相机

可见光谱照相机和近红外照相机的工作原理基本相同,唯一的区别是近红外照相机的传感器对电磁频谱中的近红外波较为敏感(表4.1)。可见光谱成像通常由3种不同的原色组合形成一幅全彩图像。专业术语称为三波段成像,或RGB色彩模式,RGB代表的是光学三原色红、绿、蓝英文首字母,正是这3种颜色构成了全彩图像。

由于近红外光光谱与可见光光谱较为接近,因此,二战期间使用的胶片能够捕捉到绿光、红光和近红外光谱反射。为了解决人眼无法看到的近红外光谱问题,在打印图像时将其转换为肉眼可见的光谱模式。由于每个波段必须采用一种原色,所以将近红外光转换成红光,红光转换成绿光,绿光转换成蓝光(Wolf Dewitt 2000)。这种伪色标准被称为彩色红外,广泛应用于植被探测(Schowengerdt 2007)。

4.2.3.2 长波红外照相机

当红外照相机的波长超过1800nm这个频谱范围时,便不能采用与可见光谱照相机相同的传感器材料,而必须采用不同性能的不同材料。从根本上讲,两者的原理是相同的,都是运用二维传感器元件阵列捕捉热辐射。其差别是:红外照相机传感器制备材料具备的基本物理特性和材料特性可以对电磁频谱中的特定波长做出反应。热成像有几种成像方式:有些需要对相机传感器进行低温冷却,而另一些则可以直接在室温下完成。因此,室温焦平面阵列系统简单易行,成本较低,自然而然更受欢迎。室温传感器阵列的工作原理是让二维阵列中的单个元件对入射的热辐射做出反应。长波红外照相机也被称为热成像照相机,相机工作时,随着单个元件发热,温度变化引起电信号的产生(Rogalski 2002)。阵列结构决定了相机对电磁频谱热辐射做出反应的范围和精度。实际上,热成像图像就是宽光谱单色图像,表示相机所捕捉到的热辐射强度,该强度会表现在黑白图像或由像素值指定的伪彩色图像中。

这类传感器能有效地对冲击传感器阵列的热强度作出反应,这意味着,一个过热物体散发出的辐射会覆盖冲刷大部分的图像。在摄影中类似场景是:当你在晚上用闪光灯给某人拍照时,锥形交通路标或人们穿的摩托车服装上的反光材料会极大影响图片成像。在这两种情况下,一个亮点即使没有冲刷掉周围所有的区域,也能覆盖掉大部分。

4.2.3.3 高光谱照相机

高光谱照相机运用了几种数据收集技术,这些技术与我们之前讨论过的相机所用技术非常相似。主要的区别在于,高光谱照相机在许多光谱中收集共同记录的像素。最后得到的不是一个三通道彩色图像(红、绿、蓝),而是一个多通道图像。根据《美国摄影测量与遥感协会的摄影测量手册》(第5版),高光谱照相机/系统的每个图像必须有100或更多的光谱通道。这就产生了一个高多波段图像,也称为超立方体,可以理解为在同一时间拍摄的多张照片。这一特征将高光谱照相机与普通的1~3波段的可见光光谱相机甚至多波段多光谱相机区别开来(McGlone等2004)。高光谱照相机对光谱分辨率的要求很高,往往导致其重量和价格高于低光谱相机,甚至也高于多光谱相机。

高光谱照相机的优势在于光谱分辨率,而不是空间分辨率。所有相机都能创建基于二维图像的分析系统,也可以用此来分析高光谱数据立方体。高光谱照相机可以根据记录的光谱创建彩色图像或视觉识别系统。还可以分析每个像素的光谱特征。这种光谱特征是材料所独有的,因此可以用来识别不同的材料。根据光谱分辨率,高光谱图像分析可以辨别植被的真假,甚至可以识别特定材料或土壤类型(Exelis 2015,Landgrebe 2002)。在无人机上配置高光谱相机的难度在于对尺寸和振动灵敏度的要求。由于需要处理很多不同的光谱波段,相机必须有附加组件,这就增加了它的尺寸和重量。为了减小部件尺寸,制造商要么缩小传感器阵列尺寸,要么采用推扫型设计(Resonon 2015,Rikola 2015)。两种选择都是可行的解决方案,但它们会影响系统收集数据的操作方式和成本。较小的阵列分辨率会影响每幅图像的空间分辨率,这就意味着,搭载相机系统的飞行器需要根据所需的分辨率,在不同的高度飞行。推扫式高光谱相机也有同样的分辨率问题,同时还需要非常高精度的定位定姿数据,以对齐众多单个像素图像层。已有的研究表明,自动驾驶仪的定位定姿数据在创建优质图像方面还有待提高(Hruska等2012)。高精度定位定姿系统会大幅增加成本,额外的重量、能耗和成本也会相应增加。这在大中型飞机上实现是合理的,但在入门级四轴飞行器上运行这种复杂的硬件还需要一段时间。

4.2.3.4 激光雷达

自20世纪90年代以来,激光雷达的广泛运用让遥感技术焕然一新。激光雷达使用激光束和接收器来测量到地面的距离。为便于理解,假设你拿着一支激光笔,在一个黑屋子里快速地来回照射,试想一下会发生什么。你可以很快了解所有家具的位置和距离。这是将激光雷达基本概念可视化的一种简单而有效的方法。实际的传感器能够区分单光脉冲的多次反射波,可以通过以下方法来实现:早期的激光雷达采用行扫描仪方法,将激光器和接收器进行耦合(Wehr Lohr 1999);后来使用单独的扫描仪和发射器;如今主流产品为闪光激光雷达,趋于采用单一即时点源发射变体(Gelbart 等 2002)。此外,盖革模式激光雷达(Geiger Mode LiDAR)也即将投入商业应用,它能够探测单个光子的回波脉冲。盖革模式激光雷达和闪光激光雷达都即将投入使用,并将改变激光雷达的数据收集和处理方式。

正如人们所想那样,所有这些系统要求对时间、传感器指向角度和传感器空间位置进行精确测量。一般来说,激光雷达传感器的地面分辨率取决于姿态和点密度。通常,系统飞得越高,单个脉冲在地面上的间距越远,就越会导致数据分辨率降低。激光雷达和无源摄像系统的主要区别在于激光雷达工作范围受到限制。功率是无人机的限制因素之一,激光雷达的功率越低,探测距离就越短。小型无人机通过电动机产生动力,对电池组依赖性强;而大中型无人机能够运行内燃机或涡轮发动机获得动力,因此受到的限制较小。

有人机可以在离地面10000m的高度运行。过去几年中,小型激光雷达配置在中型无人机系统上,其有效感应范围为几百米左右。例如,RIEGL VUX-1UAV 激光雷达传感器的工作上限为1000ft(大约333m)(RIEGL 2015)。最小的激光雷达能够部署在小型多旋翼无人机上(Wallace 等 2012),并且范围会更短,通常为100m左右(Velodyne 2015)。

4.2.3.5 合成孔径雷达

合成孔径雷达是通过利用1mm~1m范围内的电磁频谱波段进行测绘的雷达系统(Schowengerdt 2007)。它们发出雷达脉冲,并利用反射的雷达信号和接收器的运动来构建二维或三维的回波图像。其分辨率取决于所使用的电磁频谱的波长,但机载合成孔径雷达的地面分辨率通常小于1m,大多处于厘米范围内(McGlone 等 2004)。

打个简单的比方,假如你站在狭窄的谷底大声叫喊,然后听到喊声回响了几次,每次回响都更柔和一些,也可能会失真。你听到的回声都是从远处的某个表面反弹回来的声音。现在想象一下,你在穿过峡谷时一遍遍大喊,而且喊叫的声音大小不一样。最终,如果你的声音足够大,听力足够好,你可能会非常清楚第一声和最大回声的返回位置。合成孔径雷达的工作原理与此非常相似,主要区别是:合成孔径雷达对每个回波都进行处理,并从接收到的无数回波中,确定每个目标相对于移动接收器的位置。这会导致计算量非常大,并且需要高精度的定时和定向信息。

合成孔径雷达的主要优点之一是:它利用了长波可以穿过大气中大部分云层、烟雾和灰尘这一特性。此外,它还能够实现较高的空间分辨率,可以收集诸如波浪和其他纹理的表面特征。这就使得一些非常有趣的科学和商业应用成为可能(Jackson、Apel 2004)。

2008 年,波音公司与英西图公司合作的扫描鹰无人机系统(Barnard Microsystems 2015)装载着小型合成孔径雷达(图 4.2)公开亮相。但大张旗鼓的宣传后,这种无人机反而很少应用于商业领域。通用原子公司开发出一种可以在捕食者大小的飞行器上运行的合成孔径雷达系统,但该系统仅适用于大型无人机,并且作用距离为 80km,根据型号不同,其重量为 80 ~ 120lb 不等(General Atomics 2015)。

图 4.2 纳米合成孔径雷达电路[3]

在无人机遥感领域,合成孔径雷达是不可或缺的一项技术,但该技术如何在学术或商业领域中应用还有待进一步研究。假设这项技术如供应商宣传的那样被世界各国军队所采用,那研究团体和商业部门没有更多地使用该技术的原因则尚不清楚。尽管如此,它仍是一种强大的数据收集技术,并且可以预测到随着无人机使用率的提高,该技术的使用也会随之增加。

4.2.4 一般应用

无人机系统遥感数据有很多应用。数据的可用性首先取决于机身,其次是传感器的配置方式。通常情况下,任何东西都是为了主要目的而设计的,如果被用于其他目的,使用效果就不如预期那么好。对于小型无人机来说更是如此,它们既是装有机翼的传感器平台,也是无人飞行器平台。因此,在设计和利用无人机传感器系统时,必须明确它的用途和目的,以便更容易地进行飞行操作和数据处理。

根据已有的学术研究和作者的个人经验,接下来对无人机系统的应用进行简要介绍。虽然并未包括全部内容,但我们仍可以看出无人机系统遥感向新领域扩展,而不是技术能力根本改变的这一趋势。这意味着,能够按照常规进行的操作,也可以使用无人机来进行该操作从而收集遥感数据。考虑到目前的技术和规则,剩下的问题在于该做法是否经济可行?

4.2.4.1 实时视频

提到无人机的应用,大多数人想到的是在某个地方进行视频直播,这样政府官员或军事指挥官就能实时了解正在发生的事情。通过万向架支撑系统,操作者能够将照相机镜头指向任何方向,实现对地面物体或目标的连续观测。当观察者试图穿过地面上诸如树木、飞机部件等物体观察目标时,该系统的局限性就会显现出来。试图通过飞行器观测并不能收集到足够的信息,而将系统集成到机身并制定可行的飞行计划,就能避免这种情况。

市场上的很多无人机万向架支撑系统是为了军事应用而设计的(图4.3~图4.5)。因此,为了情报收集、监视和侦察等目的,该系统配备了一系列传感器,但这些传感器在其他应用中就发挥不了多大作用。

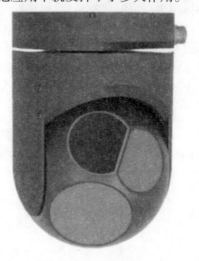

图4.3 TASE 500万向架,配有可见光谱、中波红外和长波红外摄像机[9]

图 4.4 TASE 400 万向架,带有可见光谱、长波红外和用于激光测距仪的狭槽[25]

图 4.5 小型无人机系统万向架[51]

为了扩大小型无人机市场,特别针对入门级摄影爱好者这一群体,万向架支撑系统正朝商业化发展。不同于军事应用,这些万向架往往安装于各种商用的可见光光谱相机。它们通常不能大范围转动,而是依靠目标定位来实现拍摄,但是它们也往往比军用级系统更轻更脆弱。图 4.6 展示了入门级四旋翼直升机上安装的 GoPro 万向架支撑系统。

图 4.6 带万向架的入门级四旋翼直升机[54]

4.2.4.2 应急响应

在商业领域,应急响应是无人机的一种引起广泛关注的应用方式。它与军方提出的情报、监视与侦察功能的要求有诸多相似之处,因此具有技术可行性,而目前需要充分考量的是其商业可行性。无人机系统能否安全地融入现有结构,并以经济的方式扩展现有的系统和方法?这个问题还没得到确定的答案。在系统被完全集成之前,这个问题可能永远会悬而未决。除了最初的情报、监视与侦察应用之外,也有人进行了传感系统集成的尝试(Choi Lee 2011),但很少涉及商业领域。

尽管在国际无人机系统协会的预测中提到了应急响应,但我在撰写本章时,学术界还尚未对该领域进行过深入的研究(Jenkins 和 Vasigh 2013)。最新研究和贸易展览会话清楚地表明,应急响应是制造商和商业部门都感兴趣的话题,但由于资金缺乏和出版时间滞后等原因,学术性研究缺乏进展(Bodeen 2014,iRevolution 2014)。

应急响应的一个具体实例:近年来,一些公司坚持借助应急响应开展搜救行动,他们使用可见光和多光谱照相机系统来搜寻失踪人员。这些系统将如何融入未来的搜救系统,尚不完全清楚。但是人们已经认识到,无人机在救援工作方面确实能发挥一定的作用(Mortimer 2014)。

4.2.4.3 背景图像

创建地图图像是无人机在商业领域最令人感兴趣的应用之一。随着地理信息系统的出现,尤其是必应地图™和谷歌地图™等应用程序进入日常生活后,对高分辨率地图图像数据的需求急剧增加。遥感和计算机视觉专家已经开发出一种自动化系统,能够把覆盖某个区域的所有图片组合成一个无缝衔接的马赛克图像。正是该系统的存在,搭载小型照相机系统的小型无人机能够进行区域测量。这些马赛克图像便是无人机系统的数据产品,要对这些照片进行地理信息系统分析,关键就是要形成这些照片的马赛克图像(Liu 等 2006,Grenzdörffer 等 2008)。

马赛克图像是由许多帧组合成一个大图像,可用于多种应用。最常见的用途是将其作为一个更新的背景地图,告知用户目标区域正在发生的事情。这使得地理信息系统操作员/分析师能够快速、轻松地确定自上一组图像以来发生的变化。

4.2.4.4 三维点云/建模

三维点云的创建和应用来源于激光雷达,但随着摄影测量点云成为无人机数据处理工作流程的一部分,它已成为许多正射影像拼接与裁切工作流程所需的数据产品。无论三维点云来源如何,均可用于各种应用。三维点云的优势在于三维空间工作的能力。对于地理信息系统的外行来说,感到奇怪是正常的。但地理信息系统数据的绝大部分属于平面测量,因此大量的三维数据出现,改变了大多数地理信息系统专业人员的规划和分析方式。

无人机系统不仅支持三维数据,而且支持高分辨率的三维数据。这使得对小区域进行详细分析成为可能。例如,能够准确计算小型建筑的体积,就可以分析其供暖体积,并估计这些设施适合哪种升级。现在可以在一定程度上精确计算建筑工地上小土堆的体积,并估算出有多少土堆储量,或者清除这些土堆所需费用。无人机系统成像的高分辨率特性,能够帮助创建出更加详细的表面模型(Hugenholtz 等 2013)。利用无人机系统数据生成三维模型的另一个优点是:可以进行更精确的生物量计算(Zarco-Tejada 等 2014)。

4.2.4.5 植被健康测量

1) 植被指数概述

利用植被指数,可以从遥感数据中估算出生物量、作物健康、作物产量和其他植物特征(Jang 等 2006)。可以通过遥感系统捕获电磁频谱的不同波段来计算植被指数(Stark 等 2000)。在植被分析应用中,最常用的波段是近红外波段、红波段、绿波段和蓝波段(Pinter 等 2003)。最常见的测量植物抗逆性的植被指数是归一化差异植被指数。该指数是通过红波段和近红外波段的关系式得出,如式(4.1)所示。在植物健康分析中,另一个常见的植被指数是绿色归一化差异植被指数,该指数是通过绿波段和近红外波段计算得出的,如式(4.2)所示(Vygodskaya 等 1989)。

归一化差异植被指数为

$$NDVI = \frac{NIR - Red}{NIR + Red} \tag{4.1}$$

式中:NIR 为近红外波段的反射值;Red 为红外波段的反射值。

绿色归一化差异植被指数为

$$GNDVI = \frac{NIR - Green}{NIR + Green} \tag{4.2}$$

式中:Green 为绿色波段的反射值。

创建植被指数计算公式之后,就可以对植被状态进行分析并能得到各种数据。归一化差异植被指数和绿色归一化差异植被指数与植物健康状态非常吻合。因此,它们可以用于不同类型的分析。在农业方面,它们可为施肥和播种作物提供数据信息,估计作物产量,以便农民实现利润最大化(Ladd 2007,Prasad 等 2006)。在林业方面,它们主要用于变化检测和生物量估计(Sader、Winne 1992,Spruce 等 2011,Vogelmann 1990)。

2）农业中的无人机系统——植被指数

国际无人平台系统协会(AUVSI)在2013年的一份报告中估计,到2025年,农业很可能成为无人系统领域的最大增长领域(Jenkins、Vasigh 2013)。精细化农业能够利用以前未使用或无法获取的数据,从而更好地了解和管理作物。

无人机具有改变农业运作方式的潜力。农民能够运行、收集和分析数据这一设想由来已久(Nagchaudhuri 等 2005、2006)。无人机驾驶技术和数据收集技术已经较为成熟。大多数农民目前面临的挑战是不懂如何操作和维护无人机系统。这迫使无人机行业开发出非常直观、高度自动化、易于维护的无人机系统。无人机行业仍在研究飞机操作,以及如何在大范围和高复杂地带收集数据。正如张(Zhang)和科瓦奇(Kovacs)在2012年的调查报告中指出,目前最大的问题是如何处理捕获到的大量个体帧并进行有意义的分析(Zhang、Kovacs 2012)。从事图像处理软件开发的公司,正致力于降低运行软件的技术门槛,但精通技术的科学家以及他们的学生与普通农民之间仍存在巨大差距。因此,利用自动收集的图像来确定植被指数的趋势越来越明显。这些植被指数经常被误认为是最终结果,但在农业或植物评估中通常并非如此。

植被指数健康评估的概念已用于许多不同的作物类型。捕捉到的红外线图像或多波段图像可用于创建植被指数。利用光谱波段,归一化差异植被指数或绿色归一化差异植被指数可用作健康检测指标;尽管两者的表现因作物而异,但都是不错的通用指标(Moges 等 2005)。植被指数可用于许多应用,包括植被识别和健康监测,如图4.7~图4.9所示。

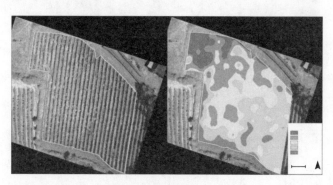

图4.7　5cm空间分割下蒙特博罗葡萄园(左图)的多光谱假彩色图像[42]

非农业人士经常忽略一个事实:大多数作物分析需要的不仅是航空图像及其衍生产品,如归一化差异植被指数。根据定义,利用植被指数计算出来的数据作用相对有限,这些数据仅能表征采集区域作物的相对健康状况,而作物建模和预测则需要获取其他信息来源,如土壤类型、土壤化学、土壤湿度和每日温度等

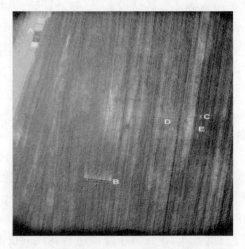

图4.8 近红外波段内绿色、蓝色构成的红外图像[20]（见彩插）

图4.9 近红外波段内绿色、蓝色构成的绿色归一化差异植被指数图像[20]（见彩插）

(Sadler 等 2000)。无人机将数据输入精细化农业系统以帮助构建预测模型,并且学术界长期在研究这个问题(Ladd 等 2006, Nagchaudhuri 等 2006),但是大规模的推广仍需一段时间,直到主要的农业设备制造商开始生产整合多种数据来源的交钥匙系统。即便如此,仍然有人会像农学家所做的那样,在一段时间内从事调整和修改模型的工作。

从国际无人平台系统协会报告(Jenkins、Vasigh 2013)、公司的发展(瞄准市场领域)以及植被类型的广泛应用(Lehmann 等 2015,Pinter 等 2003,Sullivan 2005)中可以清楚地看出,该行业将迅速走向自动化,从而在大学之外也能得到广泛应用。

3)农业中的无人机系统——热谱地图

在精细化农业领域,越来越多的无人机使用长波红外照相机来识别植物的抗逆性。热成像利用了生物学基本原理,即如果植物受到外部环境阻力,它们从土壤中吸收水分的能力将不及健康植物,其温度会变得更高。"植物发热"似乎有悖常理,但随着小型商用热成像仪的改进,对这种现象的研究越来越深入(Chaerle 等 2004)。在小型无人机研究领域,低空长航时无人机技术不断发展,使得创建和评估系统能够绘制出作物的热谱图(Bendig 等 2012)。

4)更广泛的植被管理

除了精细化农业方面的应用,近年来,利用无人机建立植被指数从而实现植被管理和监测的情况越来越多。如今,商业性农业运营正在见证无人机技术在跨学科领域的广泛应用。例如,在林业尤其是落叶林管理方面,利用无人机进行虫害研究正在如火如荼地开展(Grenzdörffer 等 2008,Lehmann 等 2015)。

并非所有的植被管理都会用到植被指数,安德里亚·拉利伯特(Andrea Laliberte)和她的团队则利用目标检测算法来识别新墨西哥州干旱牧场上的单个植物(Laliberte 等 2007)。虽然这种方法不适用于高密度植被,但在研究中取得了一些可行的进展,对区分物体起到一定作用,如果园管理。

利用高光谱图像进行光谱特征分析是遥感领域的一门新兴学科。卫星和机载平台都可以应用该技术。高光谱照相机构造复杂,很难集成到飞行器上并保持精度。它们中的大多数是"推扫式"传感器,这意味着它们缺少图像切片之间的重叠,而这正是 2.4.4 节中讨论的无人机系统图像出现大量多帧镶嵌的原因。因此,它们需要更精密的定位定姿系统,但目前无法将其集成到较小的泡沫或多转子系统上,只有最大尺寸的多转子系统才能装载高光谱照相机。目前,正在用 4~5m 翼展的大型固定翼飞机来搭载这些系统以完成相关任务。爱达荷国家实验室(Mitchell 等 2012)和西班牙科尔多瓦农业研究所(Calderón 等 2013)的团队利用光谱分辨能力,使用不同高光谱传感器进行图像分类和目标分类,并取得了良好效果。虽然两项研究都局限于相对较小的研究领域,但这也展示了高光谱传感器具有更广泛的应用潜力。

在美国,搭载激光雷达传感器的无人机可用于林业方面的研究。准确测量林冠高度及性质对林业管理非常重要。林冠数据(如高度和树冠直径)是其他测量指标(如胸径、生物量、年龄和健康状况)的参照和前提(Dubayah、Drake 2000,Popescu 等 2003)。在商业无人机上使用激光雷达经历了缓慢的过程,尤其是对于无法装载高端定位定姿系统的小型无人机来说,这一过程更为漫长。无人机平台越大,承载的系统就越大,如美国陆军的"七叶树"项目(始于 2004 年,目的是收集未分类的地理空间数据信息,并用于战略性任务,最初直升机装载的是数码彩色照相机,后来又加装了激光雷达)(Fischer 等 2008)。小型无人机在林业应用中展现出良好效果,如计算树高和树冠尺寸等(Wallace 等 2012)。它们的优势在于能够尽可能接近目标,从而获取较高的点密度。点密度会影响传感器对目标高度和细节的辨别能力,如图 4.10 所示。

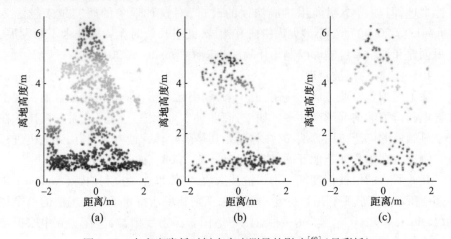

图 4.10　点密度降低对树木高度测量的影响[60](见彩插)

值得注意的是,较小的机身限制了其工作范围,如华莱士(Wallace)和他的团队在塔斯马尼亚大学使用的多旋翼无人机的航程较短,并且需要离地面大约 50m 以内,否则,返回信号的精度就会降低(Wallace 等 2014),而更大的无人机如"七叶树"无人机(即 X-56A)或 VUX-1 无人机则不受此限制。如果历史能够指引我们预测未来,那么小型无人机会随着时间的推移而不断改进。

5)用于植被测量的无人机

关于无人机在精细农业和植被测绘方面应用的早期文献表明,这些测量工作是在固定翼无人机平台上完成的,并已发展为多旋翼无人机。由于自动驾驶的稳定性和摄像机的指向精度,商用多旋翼无人机不断发展,但其缺点是续航时间较短。可以预见,随着研发工作的进行,多旋翼无人机将能够继续对某些农场的特定类型作物进行小面积测量。大面积监测需要用到固定翼平台,这种平台要么是小型无人机中的最大型号,要么是中型无人机中的最小型号,以便能够提供较长续航时间,从而降低运营成本。

4.3 本章结论

无人机系统遥感属于航空遥感的分支,目前仍处于起步阶段。这是一门不同寻常的学科,并且可供选择的无人机机型种类众多(图4.1)。对于大型无人机而言,用于载人飞机的传感器技术可以直接集成到无人机上;对于小型无人机而言,则只能携带较小的传感器。更为重要的是,大型无人机可以将有效载荷送上太空,而最小尺寸的四旋翼飞行器则只能到达几百码的高空。

自本世纪初以来,我们见证了数字技术的爆炸式发展,这为整个无人机市场,尤其是无人机遥感系统的发展奠定了基础。紧凑型高分辨率数码相机的出现,使小型无人机遥感技术成为可能。目前,小型无人机遥感系统是通过传感器、软件和机身的相互融合发挥作用。大型机身可以覆盖无源和有源传感器频谱,而中型机身在过去几年中只能飞过整个频谱。小型机身可以负载几乎所有的无源传感器,但其有源传感器刚刚开始投入使用。有一种小型无人机传感器较为特殊,即小型高光谱成像仪(超过100个波段)。该成像仪既可以装配在较大的小型无人机上,也适用于最小的中型无人机,这取决于其尺寸大小。但由于传感器尺寸问题以及需要高精度定位定姿系统(以便整合推扫式数据),它们目前还没有装载于多旋翼无人机。对于小型无人机来说,运动技术对可见光相机的正射影像过程至关重要,如果开发出一种能够利用运动技术结构的阵列传感器,那么,这种小型高光谱传感器就会立即投入使用。

无人机遥感技术还处于起步阶段,具有巨大的发展潜力。随着新的传感器不断出现,它们的应用范围不断拓展,并且很难想象它们是专门为此而设计的。目前正在研究如何将这些已在军事和科研领域运用的系统纳入商业领域。对于业余爱好者来说,无人机是一种有趣且实用的飞行平台,并且房地产经纪人和电影行业也对它们也表现出了极大的兴趣。目前尚未明确的是,如何以较低的经济成本将其用于商业遥感和数据收集。无人机遥感技术开辟了新的领域,并与其他领域的现有技术展开竞争,但它们投入商业使用的时间还不够长,无法进行最终的评估。可以说,未来10~20年将会是无人机系统研制的关键时期,特别是在无人机遥感和应用方面。

本章术语

In situ——拉丁语,意为原位,用于描述测量方式。任何在原有介质或位置上测量的方式都叫作原位测量。

激光雷达——"一种仪器,通过向目标发射定时光脉冲,并将发射脉冲和目标回波之间的测量时间间隔转换为等效距离,来测得物体的距离和所处方位(ASCE、ACSM、ASPRS 1994)。"

正射影像地图——"一种由若干正射影像组成的合成图,也称为正射影像镶嵌图(ASCE、ACSM、ASPRS 1994)。"

正射校正——经过处理以消除由于被映射表面上的地形或物体所造成的扭曲的影像。适用于正射影像图、正射影像地图或正射镶嵌图。

平面测量——"仅显示要素的 x 坐标和 y 坐标并表示水平距离的地图(ESRI 2015)。"

思 考 题

1. 以下定义是否适用于描述激光雷达或合成孔径雷达?请阐明理由。

"一种能够测量物体距离和方位的仪器,其方法是向目标发射定时光脉冲,并将发射脉冲和目标回波之间的测量时间间隔转换为等效距离。"

2. 多次试验表明,不管是无人驾驶还是有人驾驶飞行器都可以作为遥感平台。考虑到在非隔离空域使用无人机时所面临的问题,请讨论研究团队选择无人机平台而非有人机平台的理由?

3. 当农学家评估某一区域(1mile^2)的图像时,计算特定波长电磁波的反射率,就能衡量目标作物的生长情况。但是仅通过电磁波的反射率的比值来计算,可能会导致计算结果与实际情况存在一定偏差,请解释其中的原因。

4. 近红外和红外电磁波都在可见波段范围之外。虽然它们的名字听起来很相似,但它们收集的数据的性质却有很大不同。讨论它们有何相同和不同之处,同时区分出它们收集到的数据性质。

5. 发射率是衡量特定材料在特定温度下发出的长波辐射量的物理量。请解释:即使一个物体温度很高,为什么人眼却很难捕捉到其发射率?

6. 为了使雷达系统区分两个距离很近的物体,必须使用波长较短的发射信号。然而,合成孔径雷达可以使用非常长的波长,并获得"类似照片"的高清图像。请简述合成孔径雷达的这种功能是如何实现的。

7. 静态图像和视频都是小型无人机常用的数据收集形式。比较这两种收集方法,并描述各自的优缺点。

8. 万向支架能够使相机在垂直方向移动,与此同时稳定器使相机与地面保持相对水平。请解释在四旋翼飞行器上,为什么没必要为万向支架提供这种稳定功能。

9. 在将无人机用于收集航空图像之前,农学家是通过卫星图像来监测植物健康状况的。与卫星相比,利用无人机收集航空图像有何优势?

10. 说明"多帧镶嵌图"成像系统和"推扫式"成像系统之间的差异,哪种系统最有可能应用于小型无人机,解释其原因。

参 考 文 献

[1] Anderson, J. D. 2001. Fundamentals of Aerodynamics. Third Edition. Boston: McGraw – Hill.

[2] ASCE, ACSM, and ASPRS. 1994. "Orthophotomap" page 370 and "lidar" page 299, In Glossary of the Mapping Sciences. Edited by Stephen R. DeLoach. Bethesda, MD 20814: American Society for Photogrammetry and Remote Sensing; American Congress on Surveying and Mapping; American Society of Civil Engineers.

[3] Barnard Microsystems. 2015. Synthetic Aperture RADAR. Barnard Microsystems Accessed 3/30/15. http://www.barnardmicrosystems.com/UAV/features/synthetic_aperture_radar.html.

[4] Bendig, J., A. Bolten, and G. Bareth. 2012. Introducing a low – cost mini – UAV for thermal – and mul – tispectral – imaging. The International Archives of the Photogrammetry, Remote Sensing and Spatial Information Sciences 39:345 – 349.

[5] Bodeen, C. 2014. Volunteers step up in China's response to quake. Associated Press Accessed 4/15/15. https://news.yahoo.com/volunteers – step – chinas – response – quake – 125026145.html.

[6] Calderón, R., J. A. Navas – Cortés, C. Lucena, and P. J. Zarco – Tejada. 2013. High – resolution airborne hyperspectral and thermal imagery for early detection of Verticillium wilt of olive using fluorescence, temperature and narrow – band spectral indices. Remote Sensing of Environment 139:231 – 245.

[7] Chaerle, L., Dik Hagenbeek, Erik De Bruyne, R. Valcke, and D. Van Der Straeten. 2004. Thermal and chlorophyll – fluorescence imaging distinguish plant – pathogen interactions at an early stage. Plant and Cell Physiology 45(7):887 – 896.

[8] Choi, K. and I. Lee. 2011. A UAV – based close – range rapid aerial monitoring system for emergency responses. The International Archives of the Photogrammetry, Remote Sensing and Spatial Information Sciences 38: 247 – 252.

[9] CloudCap. 2015. TASE 500 Gimbal. http://www.cloudcaptech.com/gimbal_tase500.shtm.

[10] Dubayah, R. O. and J. B. Drake. 2000. Lidar remote sensing for forestry. Journal of Forestry 98(6):44 – 46.

[11] ESRI. 2015. Planimetric. ESRI Accessed 4/22/15. http://support.esri.com/en/knowledgebase/GISDictionary/term/planimetric%20map.

[12] Exelis. 2015. Basic Hyperspectral Analysis Tutorial. Accessed 4/7/15. http://www.exelisvis.com/docs/HyperspectralAnalysisTutorial.html.

[13] Fischer, R. L, B. G. Kennedy, M. Jones, J. Walker, D. Muresan, G. Baxter, M. Flood, B. Follmer, X. Sun, and W. Chen. 2008. Development, integration, testing, and evaluation of the US Army Buckeye System to the NAVAIR Arrow UAV. SPIE Defense and Security Symposium. Orlando World Center Marriott Resort and Convention Center, Orlando, FL.

[14] Gelbart, A., B. C. Redman, R. S. Light, C. A. Schwartzlow, and A. J. Griffis. 2002. Flash LiDAR based on multiple – slit streak tube imaging LiDAR VII. Laser Radar Technology and Applications 4723, pp. 9 – 18.

[15] General Atomics. 2015. Lynx Multi – Mode Radar. General Atomics Aeronautical Systems, Inc. http://www.ga – asi.com/Websites/gaasi/images/products/sensor_systems/pdf/LynxSAR021915.pdf

[16] Grenzdörffer, G. J., A. Engel, and B. Teichert. 2008. The photogrammetric potential of low – cost UAVs in forestry and agriculture. The International Archives of the Photogrammetry, Remote Sensing and Spatial Information Sciences 31(B3):1207 – 1214.

[17] Griffiths, S. 2013. Drone Survival Guide. Daily Mail, 12/24/2013. http://www.dailymail.co.uk/sci-ence-tech/article-2528902/21st-century-bird-watching-Drone-guide-lets-sky-gazers-spot-fly-ing-military-robots-silhouettes.html.

[18] Hruska, R., J. Mitchell, M. Anderson, and N. F. Glenn. 2012. Radiometric and geometric analysis of hyperspectral imagery acquired from an unmanned aerial vehicle. Remote Sensing 4(12):2736-2752. doi:10.3390/rs4092736.

[19] Hugenholtz, C. H., K. Whitehead, O. W. Brown, T. E. Barchyn, B. J. Moorman, A. LeClair, K. Riddell, and T. Hamilton. 2013. Geomorphological mapping with a small unmanned aircraft system(sUAS):Feature detection and accuracy assessment of a photogrammetrically-derived digital terrain model. Geomorphology 194:16-24.

[20] Hunt, E. R., W. D. Hively, S. J. Fujikawa, D. S. Linden, Craig ST Daughtry, and G. W. McCarty. 2010. Acquisition of NIR-green-blue digital photographs from unmanned aircraft for crop monitor-ing. Remote Sensing 2(1):290-305.

[21] iRevolution. 2014. Humanitarian UAV Missions During Balkan Floods. irevolution.net Accessed 4/15/15. http://irevolution.net/2014/07/07/humanitarian-uav-missions-during-balkan-floods/.

[22] Jackson, C. R. and J. R. Apel. 2004. Principles of synthetic aperture radar, Chapter 1. In Synthetic Aperture Radar Marine User's Manual. edited by U. S. Department of Commerce. Washington DC:National Oceanic and Atmospheric Administration.

[23] Jang, G-S., K. A. Sudduth, S. Y. Hong, N. R. Kitchen, and H. L. Palm. 2006. Relating hyperspectral image bands and vegetation indices to corn and soybean yield. Korean Journal of Remote Sensing 22(3):153-197.

[24] Jenkins, D. and B. Vasigh. 2013. The Economic Impact of Unmanned Aircraft Systems Integration in the United States:Association for Unmanned Vehicle Systems International(AUVSI).

[25] Keller, J. 2011. Stabilized camera gimbal for day and night surveillance for UAVs introduced by Goodrich Cloud Cap Technology. Military & Aerospace Electronics, October, 2011.

[26] Ladd, G. B., A. Nagchaudhuri, T. J. Earl, M. Mitra, and G. L. Bland. 2006. Rectification, georeferenc-ing, and mosaicking of images acquired with remotely operated aerial platforms. Proceedings of the American Society for Photogrammetry and Remote Sensing Annual Conference ASPRS. Reno, Nevada.

[27] Ladd, G. B. 2007. Assessing Soil pH Impacts on Corn Yield through Aerial Imaging and Ground Measurements. Master of Science Research, Marine Estuarine Environmental Sciences Graduate Program, University Of Maryland, Eastern Shore Campus(24835668).

[28] Ladd, G., G. Bland, M. Fladeland, T. Miles, J. Yungel, and M. Linkswiler. 2011. Microspectrometer Instrument Suite Results from NASA SIERRA Flights in July 2009. Milwaukee 2011 ASPRS Annual Conference, Milwaukee.

[29] Laliberte, A. S., A. Rango, J. E. Herrick, Ed L. Fredrickson, and L. Burkett. 2007. An object-based image analysis approach for determining fractional cover of senescent and green vegetation with digital plot photography. Journal of Arid Environments 69(1):1-14.

[30] Landgrebe, D. 2002. Hyperspectral image data analysis as a high dimensional signal processing problem. IEEE Signal Processing Magazine 19(1):17-28.

[31] Lehmann, J. R. K., F. Nieberding, T. Prinz, and C. Knoth. 2015. Analysis of unmanned aerial system-based

CIR images in forestry—A new perspective to monitor pest infestation levels. Forests 6(3):594-612.

[32] Liu, L., I. Stamos, G. Yu, G. Wolberg, and S. Zokai. 2006. Multiview geometry for texture mapping 2d images onto 3d range data. Computer Vision and Pattern Recognition, 2006 IEEE Computer Society Conference on.

[33] McGlone, J. C., E. M. Mikhail, J. S. Bethel, R. Mullen, and American Society for Photogrammetry and Remote Sensing. 2004. Manual of Photogrammetry. 5th ed. Bethesda, Md.: American Society for Photogrammetry and Remote Sensing.

[34] Mitchell, J. J., N. F. Glenn, M. O. Anderson, R. C. Hruska, A. Halford, C. Baun, and N. Nydegger. 2012. Unmanned Aerial Vehicle(UAV) Hyperspectral Remote Sensing for Dryland Vegetation Monitoring. edited by US Department of Energy: Idaho National Labratory.

[35] Moges, S. M., W. R. Raun, R. W. Mullen, K. W. Freeman, G. V. Johnson, and J. B. Solie. 2005. Evaluation of green, red, and near infrared bands for predicting winter wheat biomass, nitrogen uptake, and final grain yield. Journal of Plant Nutrition 27(8):1431-1441.

[36] Mortimer, G. 2014. sUAS News has 9840 followers on Twitter Gene Robinson of RP Search Services Wins First Annual Spectra Award at SUSB Expo sUAS News, 5/12/14. http://www.suasnews.com/2014/05/29116/gene-robinson-of-rp-search-services-wins-first-annual-spectra-award-at-susb-expo/.

[37] Nagchaudhuri, A., M. Mitra, C. Brooks, T. J. Earl, G. Ladd, and G. Bland. 2005. Initiating Environmentally Conscious Precision Agriculture at UMES. Proceedings of 2005 Annual Conference of American Society of Engineering Education, Oregon Convention Center, Portland, Oregon.

[38] Nagchaudhuri, A., M. Mitra, C. Brooks, T. J. Earl, G. Ladd, and G. Bland. 2006. Integration of Mechatronics, Geospatial Information Technology, and, Remote Sensing in Agriculture and Environmental Stewardship. 2006 ASME International Mechanical Engineering Congress and Exposition, Chicago, IL., USA, November 5-10.

[39] Pinter, P. J., J. L. Hatfield, J. S. Schepers, E. M. Barnes, M. S. Moran, C. S. Daughtry, and D. R. Upchurch. 2003. Remote sensing for crop management. Photogrammetric Engineering & Remote Sensing 69(6):647-664.

[40] Popescu, S. C., R. H. Wynne, and R. F. Nelson. 2003. Measuring individual tree crown diameter with lidar and assessing its influence on estimating forest volume and biomass. Canadian Journal of Remote Sensing 29(5):564-577.

[41] Prasad, A. K., L. Chai, R. P. Singh, and M. Kafatos. 2006. Crop yield estimation model for Iowa using remote sensing and surface parameters. International Journal of Applied Earth Observation and Geoinformation 8(1):26-33.

[42] Primicerio, J., S. F. Di Gennaro, E. Fiorillo, L. Genesio, E. Lugato, A. Matese, and F. P. Vaccari. 2012. A flexible unmanned aerial vehicle for precision agriculture. Precision Agriculture 13(4):517-523.

[43] Resonon. 2015. Hyperspectral Imaging Cameras. http://www.resonon.com/data-sheets/ResononHyperspectralCameras. Datasheet. pdf.

[44] RIEGL. 2015. RIEGL VUX-1UAV Specifications. http://www.riegl.com/products/uasuav-scanning/riegl-vux-1uav/.

[45] Rikola. 2015. Snapshot Hypersepctral Camera is Airborne. http://www.rikola.fi/Hyperspectral_camera. pdf.

[46] Rogalski, A. 2002. Infrared detectors: An overview. Infrared Physics & Technology 43:187 – 210.

[47] Sader, S. A. and J. C. Winne. 1992. RGB – NDVI colour composites for visualizing forest change dynamics. International Journal of Remote Sensing 13(16):3055 – 3067.

[48] Sadler, E. J., B. K. Gerwig, D. E. Evans, W. J. Busscher, and P. J. Bauer. 2000. Site – specific modeling of corn yieldin the SE coastal plain. Agricultural Systems 64(3):189 – 207.

[49] Schowengerdt, R. A. 2007. Remote Sensing: Models and Methods for Image Processing. Third edition. Amsterdam: Academic Press Publications.

[50] Spruce, J. P., S. Sader, R. E. Ryan, J. Smoot, P. Kuper, K. Ross, D. Prados, J. Russell, G. Gasser, and R. McKellip. 2011. Assessment of MODIS NDVI time series data products for detecting forest defoliation by gypsy moth outbreaks. Remote Sensing of Environment 115(2):427 – 437.

[51] Staff. 2012. New Sensor Payload for Raven UAV Unveiled. Unmanned Ground, Aerial, Sea and Space Systems.

[52] Staff. 2015a. Camera. In Merriam Webster's Online Dictionary. http://www.merriam – webster.com/dictionary/camera: Merriam and Webster.

[53] Staff. 2015b. In Situ. In Merriam Webster's Online Dictionary. http://www.merriam – webster.com/dictionary/in%20situ: Merriam and Webster.

[54] Staff. 2015c. IRIS +. 3D Robotics Accessed 4/22/15. https://store.3drobotics.com/products/IRIS.

[55] Stark, R., A. A. Gitelson, U. Grits, D. Rundquist, and Y. Kaufman. 2000. New technique for remote estimation of vegetation fraction: Principles, algorithms, and validation. Aspects of Applied Biology 60 (Remote Sensing of Agriculture):241 – 247.

[56] Sullivan, J. 2005. Small UAV's for Agricultural Applications. Unmanned Science: The Science behind Unmanned Systems.

[57] Velodyne. 2015. High Definition LiDAR HDL – 32E. http://velodynelidar.com/lidar/hdldownloads/HDL – 32E_datasheet.pdf.

[58] Vogelmann, J. E. 1990. Comparison between two vegetation indices for measuring different types of forest damage in the north – eastern United States. Remote Sensing 11(12):2281 – 2297.

[59] Vygodskaya, N. N., I. I. Gorshkova, and Ye. V. Fadeyava. 1989. Theoretical estimates of sensitivity in some vegetation indices to variation in the canopy conditions. International Journal of Remote Sensing 10:1857 – 1872.

[60] Wallace, L. O., A. Lucieer, and C. S. Watson. 2012. Assessing the feasibility of UAV – BASED LiDAR for high resolution forest change detection. In International Archives of the Photogrammetry, Remote Sensing and Spatial Information Sciences. Melbourne, Australia. XXXIX – B7, pp. 499 – 504. http://www.int – arch – photogramm – remote – sens – spatial – inf – sci.net/XXXIX – B7/

[61] Wallace, L., A. Lucieer, and C. S. Watson. 2014. Evaluating tree detection and segmentation routines on very high resolution UAV LiDAR Data. IEEE Transactions on Geoscience and Remote Sensing 52(12):7.

[62] Wehr, A. and U. Lohr. 1999. Airborne laser scanning—An introduction and overview. ISPRS Journal of Photogrammetry & Remote Sensing 54:68 – 82.

[63] Wolf, P. R. and B. A. Dewitt. 2000. Elements of Photogrammetry: With Applications in GIS. 1 vols. Boston: McGraw – Hill.

[64] Zarco – Tejada, P. J., R. Diaz – Varela, V. Angileri, and P. Loudjani. 2014. Tree height quantification using

very high resolution imagery acquired from an unmanned aerial vehicle(UAV) and automatic 3D photo-reconstruction methods. European Journal of Agronomy 55:89-99.

[65] Zhang, C. and J. M. Kovacs. 2012. The application of small unmanned aerial systems for precision agriculture: A review. Precision Agriculture 13(6):693-712.

第5章 美国航空监管体系

Douglas M. Marshall

5.1 美国航空监管体系

5.1.1 引言

美国航空条例与技术监管几乎是同时诞生的。文明国家的各级政府都会以不同方式对所辖公民及其活动进行监管。

在任何技术环境中(如航空界),制定法规的主体通常是原始设备制造商和运营商。当用户遇到事故、问题或异常情况时,会通过适当程序及时报告给美国联邦航空管理局(Federal Aviation Administration,FAA)。如果这些报告的数量达到一定的临界值,或事件结果严重到一定程度时(死亡、受伤或财产损失),将会引发对相关法规的审查。

FAA 在向国家空域系统引进某项新技术或新程序时,需要进行全面的安全分析(包括相关条例、辅助性咨询通告、特殊联邦航空条例的审查),才能获得美国联邦航空管理局的批准,以确定新提议的技术或程序是否符合现行法规。在处理偶发性的特殊事件或者经审查不太可能再次发生的事件时,美国联邦航空管理局在执行安全审查后,可能会批准特殊情况下的例外情况。

上述情况可能需要修订相关规则,为美国联邦航空管理局提供履行其法定职责的机制,以确保航空环境的安全。本章主要介绍的内容包括美国航空条例及国际航空条例的历史,法规和条例的结构、规则的目的和意图,规则的制定、变更和执行方法,并阐述航空监管体系对无人机系统技术发展和运行方式带来的影响,最后展望了未来无人机系统管理条例。

5.1.2 美国航空条例历史

美国航空条例的历史悠久,可追溯到1918年美国邮政总局首次承办航空邮件业务时,此时,距首次载人动力飞行仅15年。1915年,美国总统威尔逊(Wilson)签署了一项法案,设立了国家航空咨询委员会(National Advisory Committee on Aeronautics),其职能是对有关飞行中的"问题"进行科学监管。此后,美国颁布了至少6部联邦法规,对特定航空领域进行规范。这些法规大多数是出于对安全的考虑,以及对航空商业秩序的需求。其中最受关注的问题包括坠机事件的数量、民用机场网络的管制、统一或通用的航空导航系统的缺乏,以及支撑军用和民用工业稳定增长的民航基础设施的建设需求等。

5.1.3 美国联邦航空管理局

1958年,美国联邦航空管理局颁布了《联邦航空法》,该法案是为了解决诸多商用客机的致命性事故和撞机事故而制定的。美国联邦航空管理局属于美国交通运输部,其规则制定和监管权力来源于《美国法典》第49章第106节。《美国宪法》的"商业条款"(第8节第1条)授予国会权力以"规范国内各州之间的商业往来以及国际贸易。"因此,美国政府拥有规范美国领空的专属权力,美国公民拥有通过通航空域的公共权力。该法律还授予联邦航空管理局行政管理人员一项职责,即制定使用通航空域的使用计划和政策,按照规章制度分配空域或下达空域使用命令,以确保航空器的安全和高效运行。出于公共利益需要,管理人员还可以修改或撤销某项法规、法令或指导文件,并制定飞机飞行的空中交通管制条例(包括安全高度规定),以便航行并对其进行导航、保护和识别,保护地面人员和财产安全;有效利用通航空域,防止飞机之间、飞机与地面或水上交通工具之间以及飞机与空中物体之间发生碰撞。

美国联邦航空管理局根据其规则制定权,制定了飞机在美国领空内的运行标准——《美国联邦航空条例》(FAR),该条例是一项"道路规则",涵盖了民用飞机、空勤人员和空域认证、以补偿或租赁方式运营的航空公司和运营商的运营认证、空中交通和一般运营规则以及学校和其他经认证的机构、机场和导航设施的管理条例。

《美国联邦法规》(CFR)第14篇第1部分第1节列出了《美国联邦航空条例》后续各章节中要用到的定义和缩写。无人机、无人机系统、无人系统、无人飞行器或任何其他与遥控驾驶飞行器相关的术语,均出自《美国联邦航空条例》以外的其他联邦法例或法规。2012年,《美国联邦航空管理局现代化和改革法案》将飞行器定义为"用于或拟用于空中飞行的设备",飞机是指"由发动机驱动,比空气重的固定机翼航空器,在飞行中依靠空气对其机翼的动态作用获得升力"。"空中交通"是指飞机在空中或机场地面上(不包括装载坡道和停机区)运行"。

FAA对飞机、飞行员、航空公司和商业或公共航空公司的特定类别员工、机场和国家空域系统进行监管。美国联邦航空管理局的"工具箱"是由规章、规则制定过程、认证、咨询通告、特别授权和指令组成的系统,该机构可利用这个工具箱系统来履行监管职能,如规则制定、监控、制度落实和执行。

FAA用于执行美国联邦航空条例的3种工具分别是咨询通告(AC)、适航性指令(AD)和政策声明。在出现安全事件或系统异常时,可以发布咨询通告、适航性指令,或者制定技术标准规范来补救技术问题。咨询通告向飞机或系统的所有人或运营机构提供指导,从而促进其遵守相应的规章。适航性指令是向已认证飞机的所有人或运营机构发出通知,告知某一特定型号的飞机、发动机、航空电子设备或其他系统存在的安全缺陷,必须予以补救。技术标准规范是民用飞机上特定材料、零件和设备的最低性能标准。按照技术标准规范授权制造符合技术标准规范的材料、零件或设备称为技术标准规范授权(TSO),包括设计和生产许可。然而,技术标准规范授权并不意味着可以在飞机上安装和使用该产品,仅表示该产品符合特定的技术标准规范,并且申请人获得了生产授权。

咨询通告是向航空界就法规涉及的相关问题提供建议,但不具备公共约束力,当某项法规中明确引用某份咨询通告时,则具有法律约束力。发布咨询通告时常使用与《美国联邦航空条例》中相关领域对应的编号体系。在无人航空领域最具争议的咨询通告是91-57号咨询通告,后文将对其进行详细阐述。该通告引用了《美国联邦法规》第14篇第91部分——《空中交通和一般操作规则》,其中包含了相关空域法规。

另一个咨询工具是政策声明。国会授权行政机构制定具有法律效力的规则权力,该机构在行使该权力的过程中宣布应对某项法律条文予以尊重时,各级法院应按照已发布政策声明中的声明或记录,对该法律条文的行政执行给予尊重。该权力的授予可能有多种表现形式,如行政机关有权参与裁决或"通告与评论"规则的制定,或传达国会的其他指示。FAA发布了3份针对无人机的政策声明,分别是AFS-400 UAS的05-01号声明、2007年2月6日刊登在《联邦纪事》上的《无人机在国家空域系统中的运行》的声明,以及援引《美国联邦法规》第14篇第91部分《运行批准暂时指南08-01》。此外,自2007年以来,FAA还发布了以下检查和维护文件:无人机(55lb以下)运行适航认证项目要求、航空相关视频或其他电子媒体文件、无人机体育赛事临时飞行限制文件、未授权无人机运营商的指导和执法文件、7条决议、2个附加咨询通告、3个指导性文件、4个法规文件和1个特殊条例文件,以上文件均可在美国联邦航空管理局的网站上获取。

5.1.4 执法和制裁

如果缺乏执行的手段,任何规章制度都无法发挥其效力,《美国联邦航空条例》

也不例外。国会授权 FAA 权力,要求其监管航空活动、检查航空系统、调查违反航空法规的行为,并对违规行为采取适当措施进行制裁。该机构的调查权力涵盖《美国联邦航空法》(1958 年)、《危险材料运输法》(1990 年)、《机场和航线开发法案》(1970 年)、《机场和航线改进法》(1982)以及《机场和空运安全及吞吐量扩充法案》(1987 年)中的所有条款,以及由 FAA 颁布的所有法规、指令或条例。美国联邦航空管理局发布的 2150.3A 号指令——《合规性和执行计划》指出,FAA 的核心任务是促进安全标准的落实,鉴于航空业本身的性质,其必须在很大程度上依赖对监管准则的自觉遵守。美国《宪法》第五条和第十四条修正案要求 FAA 在执法过程中应为确保遵守法规提供"正当程序"。这意味着,未经正当法律程序,不得剥夺任何人的"生命、自由和财产"。因此,FAA 在执法时不得独断专行或标准不一。

美国联邦航空管理局制定的执法程序致力于公平、合理,以及受法规约束各方的公平。该执法程序十分复杂,涉及大量决策点,以便 FAA 与被调查方达成协商而不必采取诉讼审判的渠道。这一执法程序可能会出现不同的结果,FAA 在对涉嫌违规案件调查后可以选择终止执法、进行审判裁决、向美国法院上诉甚至美国最高法院上诉(概率极低)。审判与其他民事审判方式相同,为确定违规行为,FAA 通常承担着举证责任。若不足以动用民事处罚或撤销暂停证书时,FAA 将发出警告信或修正函,旨在针对违规行为不严重、无须给予更严厉制裁的情况,督促违规者遵守相关法规。对于无意违规或违规情节轻微的初犯者来说,如证书持有者态度良好,往往有助于执法者解决问题。如果没有证书可暂扣或撤销,或撤销证书会造成不必要的麻烦,或违规行为与资格证书不相关,或违规行为太严重而无法通过行政处理进行补救,则对该违规处以最高 50000 美元的民事罚款。必须注意的是,没有飞行员证书或美国联邦航空管理局颁发的其他许可证,并不意味着个人或实体可以免受 FAA 含民事处罚在内的执法行动的约束。

后文将讨论美国联邦航空管理局针对无人机如何执行《美国联邦航空条例》的问题。据本书可知,FAA 尚未对任何无人机系统/遥控飞机操作员、飞行员、所有者、制造商或服务方采取过任何正式的执法措施。

5.2 国际航空条例

早在 1919 年,航空和平会议委员制定了一项国际协定《空中导航监管公约》(又称《凡尔赛条约》),该项协议声明,公海上的空域自由度比其水域的自由度要低,在公约中,各缔约国承认对其领土和领海上方空域具有专属管辖权,但

87

也同意在和平时期,只需遵守该公约的其他规定,允许其他国家的民用航空器在不导致损害的情况下通过所辖空域。各缔约国出于军事需要或国家安全利益考虑,仍然保留设立禁飞区的权利。20世纪40年代,在全球国际关系紧张的情况下,美国基于1919年《公约》,就进一步统一国际空域规则发起了研究,后又与其主要盟国进行了商讨。美国政府最终邀请了55个国家或当局参加会议,就这些问题进行讨论,并于1944年11月在芝加哥召开了国际民航会议。54个国家出席了这次会议,其中52个国家在会议结束时签署了《国际民用航空公约》。该公约设立了常设国际民航组织,以确保国际合作,并在最大程度上统一各缔约国的航空规章、标准、程序和组织机构。芝加哥会议为将空中航行作为整体,制定成套航空规则和条例奠定了基础,提高了飞行安全,并给全球范围内应用通用的航空系统奠定了基础。

国际民航组织的章程是由芝加哥会议起草的《国际民用航空公约》,每个国际民航组织的成员都是缔约国。根据《公约》条款,该组织由一个成员大会、一个由有限成员组成并拥有各附属机构的理事会及一个秘书处组成。主要官员是理事会理事长和秘书长。同时,国际民航组织还与联合国中的其他成员保持着密切合作,如世界气象组织、国际电信联盟、万国邮政联盟、世界卫生组织和国际海事组织等。参与国际民航组织工作的非政府组织包括国际航空运输协会、国际机场协会、航空公司飞行员协会国际联合会和国际飞机机主与飞行员协会等。

国际民航组织的目标很多,并在《芝加哥公约》的96条及其18个附件中进行了阐明,其诸多补充条款(标准和建议规程)和《空中航行服务程序》中还确定了其他标准和准则,这些文件处于不断地审查和修订当中。缔约国可自由地对附件的任何内容设定例外情况,这些例外情况也已予以公布。缔约国还负责撰写本国的航行资料汇编,以便向国际民航组织和其他国家提供关于本国空中交通、空域、机场、导航设备(导航辅助设备)、特殊用途空域、气象和其他相关数据的信息,供机组人员进入或通过该国领空时使用。航行资料汇编还包括该国对附件内容设定的例外情况,以及该国与国际民航组织之间的规章和制度存在显著差异的信息。

附件涵盖航空规则、国际航空气象服务、航空图、空中和地面作业时使用的计量单位、飞机运营、飞机国籍和登记标志、飞机适航性、便利设施(过境)、航空通信、空中交通服务、搜索救援、飞机事故调查、机场、航空信息服务、环境保护、国际民用航空免遭非法行为干扰的安全保护以及危险物品航空安全运输。国际民航组织所有文件中唯一涉及无人机的是该公约的第8条,其中规定:

未经缔约国特别授权,任何具备无飞行员飞行能力的飞机不得飞越该缔约国领土,如若缔约国已经特别授权,则须遵守该授权条款规定。各缔约国承诺,此种无飞行员的飞机在民用航空器开放的空域内飞行时，应对其加以控制，以避免对民用航空器造成危险。

国际民航组织的规则适用于国际空域，国际空域通常定义为距某一国（主权）领土超过12mile的公海上空空域，以及部分归于缔约国空域自行监管的国内空域。这些规则适用于所有缔约国（共188个成员国），因此任何一个选择不加入国际民航组织的国家均无权得到国际民航组织规则的保护。然而，国际民航组织属于自愿性的组织，没有诸如《美国联邦航空条例》中需要强制执行的法规或标准。美国作为国际民航组织的创始成员国和维护国际商业航空环境的国家，规定国内航空运营商遵守国际民航组织的规则，将国际民航组织的规则纳入《美国联邦航空条例》，杜绝国内法规与其发生冲突。

位于欧洲的其他国际航空组织也具备一定的监管权力，包括欧洲空中航行安全组织（EUROCONTROL）、欧洲航空安全局（EASA）和欧洲民用航空设备组织（EUROCAE）。欧洲空中航行安全组织属于政府间组织，在整个欧洲空中交通管制服务中发挥着核心作用，致力于欧洲航空导航服务的协调和一体化，并为民用和军用用户建立统一的空中交通管理系统。该机构通过协调空中交通管制部门和空中导航供应商，以提高空中交通管理系统的整体性能和安全性。该组织总部设在布鲁塞尔，共有38个成员国。欧洲委员会于2001年创建了《单一欧洲天空空中交通管理研究计划》（SESAR），并将部分基本监管责任授予欧洲航空安全组织。2003年，欧洲航空安全局成立，隶属于欧盟，在民用航空安全领域承担监管责任，并承担此前由联合航空局（JAA）履行的职能。与联合航空局的角色相反，欧洲航空安全局拥有法律监管权，其中包括执法权。在欧盟成员国的监管下，欧洲航空安全局对人员制造、维护或使用的航空产品进行适航认证和环境认证。欧洲民用航空设备组织的成立时间早于欧洲航空安全局，专门负责航空标准化事务（涉及空中和地面系统和设备），但该机构职权却在欧洲航空安全局之下，其成员包括设备和机身制造商、监管机构、欧洲和国际民航当局、航空导航服务提供商、航空公司、机场和其他用户。欧洲民用航空设备组织第73号工作组致力于产品研发，旨在确保无人机系统与其他飞行器能够在非隔离空域内安全、高效和兼容飞行。第73号工作组向欧洲民用航空设备组织提出建议，欧洲民用航空设备组织可将这些建议上报给欧洲航空安全局。

最近，欧洲民用航空设备组织第93号工作组（轻型遥控飞机系统运行）为轻型遥控飞机系统（最大起飞质量低于150kg）制定安全操作标准，提供指导建议，并上报给欧洲航空当局。

除了国际民航组织和上文中介绍的3个欧洲航空组织之外，任何国家的民用航空局都有权就其主权领空内的开展飞行活动颁布自己的航空规则和条例。

在国际民航组织为其成员国制定总体性的无人机系统操作规则之前,无人机系统运营商必须熟悉在国际空域为其提供空中交通服务的缔约国的规则和条例。另一个跨国组织是无人系统规则制定联合当局,该机构由国家航空管理局和地区安全组织的专家组成。该组织为确保无人机系统安全进入空域和机场系统,提出一套集技术、安全和操作于一体的无人机系统认证要求,并向各国国家航空管理局提供指导材料,以便其制定本国认证要求,避免重复性工作。

5.3 标准和条例

美国联邦航空管理局(FAA)通过制定规章制度来行使其法定职责。这些规章制度通常由行业组织制定,并经 FAA 批准的公开标准进行补充或完善。标准制定方会与工程师、科学家和其他行业人员合作,共同制定出一套客观标准或规范性文件,从而维护公众利益并为整个行业服务。这些标准制定者可以是私人企业、贸易组织或专业协会。标准由法规、标准和规则的发行者提供,同时提供标准数据库的访问权限。数据库的供应方并不一定是所发行标准的制定者。

这些组织主要由行业代表、工程师和有关领域专家组成的专业协会,向联邦机构如美国联邦航空管理局提供建议支持。他们提出的建议可作为正式规则作为参考或采纳。制定工程规范、标准和法规是为确保设备、工艺和材料的质量和安全。在无人机发展过程中,发挥突出作用的 3 个机构是汽车工程师协会、航空无线电技术委员会和美国材料与试验学会(原美国试验与材料学会)。

航空工程法规由美国联邦航空管理局执行,该法规对发展工业实践至关重要。工程法规(如《美国联邦航空条例》中提出的制度)是由政府制定,旨在保护公众并树立专业工程师的道德标准,该法规可确保组织和公司遵守公认的专业惯例,包括施工技术、设备维护、人员安全和文件。这些法规、标准和规定还解决了有关认证、人员资格和执法方面的事宜。

制造法规、标准和规定通常旨在确保制造过程和设备的质量及安全,航空法规也是如此。制造标准可确保制造商和工厂使用的设备和制作工艺安全、可靠、高效。这些标准通常是自愿性的指导方针,但也可以在《美国联邦航空条例》中列为强制性标准。制造法规由政府制定,一般以立法方式对影响环境、公共健康或工人安全的制造商进行控制。根据法律规定,美国和欧盟的飞机制造商必须生产符合一定适航性和环境排放标准的飞机。

美国联邦航空管理局支持并赞助了 4 个国内委员会,这些委员会均致力于无人机制造、运行标准和法规的制定。自 2004 年起,航空无线电技术委员会下设的 203 无人机系统特别委员会(SC-203)开始为无人机系统制定最低工作性能标准和最低航空系统性能标准,该标准规定:SC-203产品有助于确保无人机系统与其他飞行器在国家空域飞行时的安全性、高效性和兼容性。203无人机系统特别委员会所提建议的前提是:无人机系统及其运营不会对现有国家空域系统用户产生负面影响。203无人机系统特别委员会的工作于2013年结束,同年,228无人机系统特别委员会(SC-208)成立。该委员会为无人机系统制定最低工作性能标准基础,制定出适用于探测——规避技术的最低工作性能标准,以及寻求L波段和C波段解决方案的指挥与控制数据链的最低工作性能标准。该委员会的核心事务是基于北约发布的早期标准(标准号为STANAG4586),即《可实现互操作性的北约无人机控制站标准化接口(第三版)》。

美国国际试验与材料协会下设的F-38无人机系统委员会主要研究无人机系统的设计、性能、质量验收测试和安全监控等相关问题。利益相关方包括无人机及其组件的制造商、联邦机构、设计专业人员、专业协会、维修专业人员、贸易协会、金融组织和学术界等。

汽车工程师协会设立了G-10U无人机航空航天行为工程技术委员会,该委员会成立的目的是为民用无人机系统飞行员的培训提供建议,目前该建议已经发布。

根据2008年4月10日签署的第1110.150号命令,美国联邦航空管理局依据《美国法典》第49章第106部分第5条,成立了小型无人机系统航空规则制定委员会。该委员会的任期为20个月,由航空协会、行业运营商、制造商、雇员团体或工会、美国联邦航空管理局和其他政府机构以及包括学术界在内的其他航空业参与者的代表组成。该委员会于2009年3月向美国联邦航空管理局副局长提交了正式提案。美国联邦航空管理局的空中交通组织同时成立了安全风险管理委员会,该委员会负责为正在审查的无人机系统进行说明、识别、分析、评估和处理存在的风险,以便形成该无人机系统的安全管理系统,并将此与航空规则制定委员会的建议进行协调或整合。无人机系统会影响国家空域系统安全,所以美国联邦航空管理局出台了一系列政策制度,要求其从生产到使用的整个过程中必须遵守这些规章制度,包括:美国联邦航空管理局8000.369指令,《安全管理系统指南》;美国联邦航空管理局1100.161指令,《空中交通安全监督》;美国联邦航空管理局8000.36指令,《空中交通安全的合规性程序》;美国联邦航空局1000.37指令,《空中交通组织安全管理系统指令》;空中交通组织—安全管理系统实施计划1.0版,2007年;美国联邦航空管理局安全管理系统手册2.1版,2008年6月;08-1号安全和标准指导函;150/5200-37咨询通告,《机场运行安全管理系统简介》等。

美国联邦航空管理局采纳了航空规则制定委员会对小型无人机相关法规的

部分建议,并发布拟议规则制定公告,决定重新制定第107部分"小型无人机系统的运行和认证"的内容。新版第107部分于2015年2月15日正式发布(后文将进行详细阐述),这是美国联邦航空局针对无人机系统提出的第一套规定。

1981年发布的"91-57号咨询通告"曾试图解决遥控飞机这一小类别。实际上,该咨询通告是为了通过非管理手段,对以娱乐为目的的航空模型进行规范,鼓励其自觉遵守模型飞机操作的安全标准。该文件内容已从美国联邦航空管理局的网站上删除,但并未被撤销,因此在某些指定领域内以及"航空模型学会"的职权范围内,它仍是模型飞机的操作标准。该学会为其成员制定了一套标准和限制规定,遵守这些标准和限制规定成为成员享受团体保险的先决条件。

尽管"91-57号咨询通告"针对的是娱乐性航模爱好者,但商业无人机系统运营商和开发商在某些情况下也会以该通告为依据,称其小型无人机可以在离地高度400英尺下飞行,由于此举不会与《美国联邦航空条例》发生冲突,无需事先向美国联邦航空管理局报告。"05-01政策声明"和"08-01指导文件"都将"91-57咨询通告"视作娱乐性和业余爱好者所从事的航模活动的官方管理政策,即这些活动不属于《美国联邦航空条例》的管理范围,因此不受其制约。然而,美国联邦航空管理局认为,由于这些航模符合《美国联邦法规》第14章第1.1条中对"飞机"的定义,因此其有法定权力管理娱乐性航模活动,但出于政策考虑,不对其进行执法,故制定《美国联邦航空管理局现代化和改革法案》第336条来取代该政策。

5.4 规则制定的过程

前面介绍过的小型无人机系统航空规则制定委员会和法律规定提案通知,为我们了解美国联邦航空管理局制定规则、规章、通告、指令和法令来规范航空业秩序提供了一个实例。事实上,航空业是美国和其他一些国家中监管最严格的行业之一。美国联邦航空管理局的规则制定权来自总统办公室下达的行政命令,或美国国会的特定授权,或《美国宪法》第8部分第1条规定立法权授予。除了这两种授权方法,美国联邦航空管理局还依赖于来自国家运输安全委员会、公众和联邦航空局自身的建议来启动规则制定过程。最终,美国联邦航空管理局制定出一套以服务公众利益和履行其增强航空环境安全的使命为目的的规则体系。

1946年的《行政程序法》和1935年的《联邦登记法》规范了规则制定的过程。这两项法规共同确保规则制定的整个过程,该过程接受公众的监督,联邦机构不得秘密地或在不完全透明地制定规则或实施规则。程序正当的立法过程和法规颁布要求保证了上述目标的实现。这种"非正式的规则制定"包括 4 个步骤。首先,行业规则制定委员会需数月甚至数年来收集整理相关资料和建议。然后,美国联邦航空管理局进行内部审查和分析,以及进行机构间的协商。一旦拟议的规则达到足够的成熟度,将作为"法律规定提案通知"在《联邦纪事》中刊登。公众可在一定时间内对拟议规则发表意见。在最终的规则文件发布前,应采取某种方式对公众的意见予以回应并进行处理,并对法规的目的和基础进行解释。最后一个步骤是实施,生效日期必须在最终规则公布日至少 30 天后才能生效,除非是解释性规则、直接规则、一般性政策声明、紧急规则、现有规则或要求给予豁免的实质性规则。某些机构的规则或政策可不受此过程的约束,如解释性规则或一般性政策声明。如果机构能够证明发布通知和评论过程是不切实际、不必要或违背公共利益的,并且具有"正当理由",也可不受此约束。

经过这种非正式规则制定流程的法规,与国会法案实施的规则或法规具有同等效力。因此,在权执行这些规则时,美国联邦航空管理局可以将这些规则视为国会颁布的法律。这些规则通常在《美国联邦法规》中引用或编纂,然而,这种情况也有例外。直接最终规则是在其最终版本发布后实施的,同时提供一段时间来发布通知和收集意见。如无反对意见,该规则将在指定期限后生效。这一程序与拟议规则制定程序公告的不同之处是:在最终规则发布之前,没有发布拟规则。该程序适用于预计不会引起争议的常规规则或法规。临时规则通常是在紧急情况下立即生效,无须事先通知即可发布。经过一段时间的意见收集后,可以根据临时规则发布最终规则,临时规则的状态(最终、修订或撤回)一般在《联邦纪事》中公布。除此之外,发布解释性规则来对现行条例或原有的法规或规则进行解释。美国联邦航空管理局通常不使用解释性规则,但当某项规则反复被曲解而导致长期的合规性问题时,该解释性规则可发挥极大的作用。

规则制定的过程十分复杂,有时甚至烦琐、耗时,这样设计的目的是提高安全性和统一性,使所有用户及受航空环境影响的其他人免受不必要的风险危害。此外,还应确保所有实体都在同一套规则和法规下运营,并有充分的机会参与规则制定过程,从而使所有参与人共同对结果造成影响。该过程的每个步骤都需要联邦政府其他机构的一系列审查,如交通部部长办公室、交通运输部、行政管理和预算局、审计总署和《联邦纪事》办公室。如果用流程图来表示航空监管,流程图至少有 12 个步骤,而且大多流程步骤中包含多个临时步骤。如果某项拟议的规则需经过进行所有的审查步骤,整个流程至少要过 35 个审查节点。例如,国防部筹划一个新的限飞区,供无人机系统操作、测试和训练使用,由于许多具有同等影响力的利益相关者可能会参与该工作,通常这个目标需要花费 5 年才能完成。例如,航空运输飞机的航空安全设备 TCAS(Traffic Alert and Collision

Avoidance System,交通警戒和避撞系统),从构思到实施历时超过 15 年,同时通过国会法案,TCAS 才最终在商业客机中使用。

除了正式的规章制度,美国联邦航空管理局(FAA)还发布法令、政策、指令和指导文件。FAA 会定期发布政策声明和指导文件,以澄清或解释相关条例的定义及实施方法。政策声明为如何遵守《美国联邦法规》的特定章节或段落提供了指导或可接受的做法,这些文件是解释性的,而不是强制性的,也不是针对某一特定项目的。实际上,它们不能在正式的合规程序中强制执行,但它们为用户和公众提供了指导,使他们能很好地遵守《美国联邦航空条例》。指导文件本质上与政策声明相似,都是解释性而非强制性的。

美国联邦航空管理局的网站包含了所有历史和当前的政策声明、指导文件、法令、指令、通告和规定的链接。具有约束力的法令和规定刊登于《联邦纪事》,并可在电子《联邦法规》(e‐CFR)政府网站上查阅。

5.5 有关无人机的现行规定

如前面所述,无人机、无人机飞行员/操控员或无人机在国家空域系统内的飞行操作在《联邦航空条例》中均未提及。根据《美国联邦法规》第 14 章第 1.1 条的规定,"飞行器(aircraft)应包含所有无人机(Unmanned Aircraft)"。目前,没有任何权威案例、规则或条例规定,尺寸或性能不一的无人机均不受管制,其中自然也包括无线电控制的模型飞机。无线电控制的飞机也是飞机,但美国联邦航空管理局不倾向于管制该类型飞机,因此,在 1981 年发布了"91‐57 号咨询通告"。咨询通告鼓励模型飞机运营商自觉遵守安全标准,同时承认,模型飞机可能会对飞行中的全尺寸飞机以及地面上的人员和财产带来安全隐患。鼓励模型飞机操作员选择离人口密集区足够远的场地飞行,以免危及人员或财产安全,并避开对噪声敏感的区域(如学校和医院)等。飞机应该进行适航性测试和评估,飞行高度不应超过地面高度 400ft。如果飞机在机场 3mile 的范围内飞行,则应与当地航管部门联系。最重要的是,模型飞机应始终让全尺寸飞机优先通行或避开全尺寸飞机,并且应该安排观察员来协助完成这项工作。

随着无人机系统在公共和民用领域的广泛应用,美国联邦航空管理局于 2005 年 9 月 16 日发布《05‐01 号 AFS‐400 无人机系统政策》政策声明,以应对急剧增加的公共/私营部门的无人机系统飞行活动。AFS‐400 的相关人员依据该政策声明,对每一份授权认证或豁免申请进行评估。由于无人机系统技术的快速发展,该政策需不断适时进行审查和更新。该政策的出台并不是为了取代任何监管程序,它是由 AFS‐400、飞行技术与程序处、FAA 飞行标准处、

AIR130、航空电子系统部、FAA航空器认证司、ATO-R、系统运营与安全办公室以及FAA空中交通组织联合制定，并反映这些部门的共同意见。

05-01政策指出，如果无人机系统的操控员严格遵守《美国联邦法规》第14篇第91.113条"路权规则(Right-of-Way Rules)"中所规定的"看见与规避(See Andavoid)"的要求，民用空域将不会出现无人机飞行。

路权规则规定："……在天气条件允许时，无论根据仪表飞行规则还是目视飞行规则进行飞行操作，操纵飞机的所有人员都应保持警惕，确保能够看见并规避其他飞机。按照本节中的规定，如果一架飞机具有优先通行权，那么另一架飞机的飞行员应为拥有路权的飞机让路，不得并行超越，或从其上方、下方通过，除非保持充足的间距。"对于联合航空公司拟进行的具有可接受安全水平的无人机飞行活动，美国联邦航空管理局的政策予以支持。

另一条有关避免撞机规则规定，"飞机驾驶员不得与其他飞机保持近距离驾驶，以免造成撞机事故。"美国联邦航空管理局也认识到，要具备可认证的"检测、感知和规避(Detect, Sense and Avoid System)"系统，为无人机的"看见与规避"问题提供一个可接受的解决方案，未来还需很长的路要走。

通过实施这一政策，美国联邦航空管理局为民用无人机系统开发商和运营商提供了两种选择。

(1) 开发商和运营商将无人机视作公共飞机来运行，并申请授权证书，该授权证书批准特定飞机在特定飞行环境下按照特定飞行参数运行，每次授权期限不超过一年。

(2) 开发商和运营商可遵循《美国联邦法规》中规定的正常程序，为其飞机领取特殊的适航性证书，在飞机运营时严格遵守《美国联邦法规》第14章第91节中规定的所有空域法规，并由通过认证的飞行员操纵飞机。该政策还参考了1981年发布的"91-57号咨询通告"《模型飞机运行标准》，并声明符合"91-57号咨询通告"中指导标准的无人机可视为模型飞机，不按照本政策中的无人机标准进行评估。

美国联邦航空管理局进一步在此政策中声明，不接受民用飞机授权证书的申请，这意味着，只有军用或公共飞机才有申请资格。《美国联邦法规》第14篇第1.1部分对公共飞机的定义如下：

"公共飞机"是指不用于商业用途，或不搭载机组人员或符合条件的非机组人员以外人员的航空器，具体包括以下几方面。

(1) 仅供美国政府使用的飞机；由政府所有，其他人员出于与机组人员培训、设备研发或演示相关的目的而使用的飞机；由州政府、哥伦比亚特区政府、美国领土或属地的政府或这些政府的某一分支机构所拥有和使用的飞机；或由州政府、哥伦比亚特区政府、美国领土或属地政府以及这些政府的某一分支机构连续单独租赁至少90天的飞机。

①仅为明确公共飞机的状态时,对商业目的做出界定。商业目的是指以补偿或雇用的方式运输人员或财产,但自1999年11月1日起,应当排除按照任何联邦法令、法规或命令的规定,由军队无人机运送人员或财产物资;还应当排除由一个政府代表另一个政府根据成本补偿协议进行的飞行,前提是该飞行活动的发起政府得到了美国联邦航空管理局局长证明,即对于重大且迫切的生命或财产(包括自然资源)威胁,该政府私营运营商无法提供切实可行的应急服务,有必要请另一个政府在签订补偿协议的情况下,帮该州政府运送相关人员和财产物资。

②仅为明确公共飞机的状态时,对政府职能做出界定。政府职能是指由政府开展的某项活动,如国防、情报任务、消防、搜索救援、执法(包括运送囚犯、被拘留者和非法留居的外国人)、航空研究、生物或地质资源的管理。

③仅为明确公共飞机的状态时,对符合条件的非机组人员做出界定。符合条件的非机组人员是指除机组人员以外,搭乘由美国政府军队或情报机构操纵的飞机的人员,或因履行政府职能或与政府职能相关而乘机的人员。

(2)由军队所有或使用的飞机,或为军队提供运输服务的飞机。

①根据《美国国家法令》第10条规定运行的飞机。

②为履行政府职能,根据《美国国家法令》第14条、第31条、第32条或第50条规定运行的且不用于商业目的的飞机。

③向军队提供运输服务,由国防部长(或海岸警卫队所在部门的部长)出于国家利益所需进行的飞行活动。

(3)由某个州、哥伦比亚特区或美国任何领土或属地的国民警卫队拥有或运营的,并且符合本定义第②条标准的飞机。在国防部直接控制下运营的飞机具有公共飞机的资格。

总之,美国联邦航空管理局规定,在国家空域系统内操纵无人机飞行的人必须获得授权证书(仅适用于公共实体,包括执法机构和其他政府部门机构)或持有实验性适航证书,该证书是根据《美国联邦法规》第14章相关规定颁发的。严禁未取得授权证书的情况下,仅表面上按照"91-57号咨询通告"规定的准则进行具有商业性质的飞行活动。

鉴于某些带有商业性质的无人机租赁商依据"91-57号咨询通告"规定在国家空域系统内操作其无人机系统,美国联邦航空管理局于2007年2月13日发布了第二份政策声明。美国执法机关和一些小型无人机制造商借助模型飞机运行标准,不断推动无人机系统进入运营服务,而第二份政策声明正是对这一情况的直接回应。第二份政策声明规定,美国联邦航空管理局只允许无人机在具备现有授权证书和实验性适航证书条件下运行。该政策声明还规定:

目前,美国联邦航空管理局针对无人机系统操作的当前政策是:在没有特定授权的情况下,任何人不得在国家空域系统中操作无人机系统。对于作为公共飞机使用的无人机系统,需具备授权证书;对于作为民用飞机使用的无人机系统,需具备特别适航证书;对于作为模型飞机使用的无人机系统,应遵守"91-57号咨询通告"。

据美国联邦航空管理局了解,除航模从业者以外的其他人和公司可能会误认为他们是在"91-57号咨询通告"的授权下合法操作无人机系统。事实上,"91-57号咨询通告"仅适用于航模从业者,而不适用于其他人和公司出于商业目的操作无人机系统。

美国联邦航空管理局已经开展了一项安全审查工作,考虑制造一种不同类型的无人驾驶"飞行器"的可行性,这种飞行器体积小、速度慢,能够充分减少对其他飞机和地面人员造成的危害,可以由操作者的视距进行定义。这项分析的最终产物是一种类似于"91-57号咨询通告"的新型飞行授权工具,但其侧重于不需要适航证的非体育和娱乐性的飞行活动。但是,这些活动需要遵守美国联邦航空管理局为其制定的法规和指南。

这些政策对"模型飞机"的定义并非一致,正如本章前几节所介绍的,一些个人和机构利用这一漏洞,在没有申请授权证书或特别适航证书的情况下,出于商业或执法目的来操作装有摄像机和其他传感设备的小型(及较小型)无人机。

上述情形将因如下两项重大事件而发生改变:第一,奥巴马总统于2014年2月14日签署的《美国联邦航空管理局现代化和改革法案》通过;第二,2015年2月15日发布了《小型无人驾驶飞机系统操作和认证拟议规则制定通知》。

《美国联邦航空管理局现代化和改革法案》表示,国会将创建(或承认)一种由美国联邦航空管理局监管的新型飞行器,并对无人驾驶飞机、小型无人驾驶飞机和公共无人机进行定义。该法案规定了将民用无人机纳入国家空域系统的时间表。同时明确规定,对出于爱好或娱乐目的的航空器不进行管制。该法案进一步确定了6个试验场,批准了无人机在北极的商业飞行活动,并与公共机构协商授权、制定民用无人机系统操作的法规、标准和要求,以及无人机系统进入国家空域的其他方法。法规要求运输部长(美国联邦航空管理局的主机构)在第332条规定的计划和规则制定完成之前,确定哪些无人机可以在国家空域系统内安全飞行。

根据该法案第333条规定,民用无人机系统运营商和企业可以向美国联邦航空管理局申请,要求授权在低风险和可控的环境中开展各种商业活动,包括航空摄影、精准农业、输电线和管道基础设施检查、新闻采集、建筑检查、保险调整等。众所周知,"333请愿书"在法律界引起了一阵轰动,多律师事务所和从业者开始以该领域的专家自居,并向美国联邦航空管理局递交了大量请愿书。截至本文撰写之际,美国联邦航空管理局已批准近500份"333请愿"书,还有数百份正在等待审查和批准。根据该法案的规定,这一过程旨在小型无人机系统规则最终确定之前,为民用无人机系统运营商获得操作批准的临时途径。批准标准很严格,申请获批者需遵守《美国联邦航空条例》所有适用的操作规则安全操作无人机系统,并且确保不会危及地空人员财产的安全。

为进行研发、机组人员培训和市场调查,民用运营商可以选择获取试验类的特殊适航证;或因特殊目的,可根据《美国联邦法规》第14篇第21.25节第(a)(2)条和第21.185节规定,在受限类别过程中申请无人机系统型号和适航证书;或者根据《美国联邦法规》第14篇第21.25(a)(1)条或第21.17条规定申请无人机生产型号证书。

另一个重要事件是2015年2月15日发布的第107部提案的小型无人机《拟议规则制定通知》。评论期于2015年4月24日结束,美国联邦航空管理局收到了大约4700条意见,这些意见必须在该规则最终决定之前得到解决和公布。同时,美国联邦航空管理局宣布了3项"探路者"计划,FAA将在3个重点领域与行业伙伴开展合作:与美国有线电视新闻网(CNN)合作的城市地区视距运行;与美国无人机技术领先供应商"精准鹰"(Precision Hawk)合作的农村扩展视距操作;与美国伯林顿北方圣太菲铁路运输公司(BNSF)合作的农村/偏远地区超视距操作。

《拟议规则制定通知》的重要内容包括:飞行器质量必须小于55lb;仅在视距内操作;不得在人员上空进行操作;仅在白天操作;对其他飞行器进行避让;最大空速100mile/h,最高离地高度为500ft,最低气象能见度为3mile;不能在A类空域系统(即为美国高空喷气航路划设的空域)内飞行;在E类空域外的其他空域内飞行,不需飞行员证书,但需要获得空中交通管制许可并做一些资格测试;诸如此类的规则还有许多,这里不做赘述。需谨记一点,在该规则最终确定之前,《拟议规则制定通知》的任何条款都不会生效,在评论期结束后,这一过程可能需要一年或更长时间,甚至在本书出版后很久才能生效。最终的规则可能与提议的规则有差异,由于之前的无人机类型和适航证书申请机制目前已经停用,因此商业无人机系统运营商只能申请"333请愿"程序或参与特殊的"探路者"计划。要求较为严格的企业家或无人机系统业务人员在推出某一尺寸或配置的无人机系统用于商业目的前,最好与精通美国联邦航空管理局规则、法规和政策的专家协商。美国联邦航空管理局的网站提供了所有相关条例和指南的最新信息,包括"333 请愿",但一些专利性的内容已经删除,未向公众展示。

5.6 美国联邦航空管理局对无人机系统的执法权

关于无人机系统飞行活动的执法权,美国联邦航空管理局主要面临两个问题:首先,监管的职权范围。其次,监管对象。针对监管对象很大程度上取决于第一个问题如何解决。

美国联邦航空管理局发布了6种类型的规定:强制性规定、禁止性规定、有条件强制性规定、有条件禁止性规定、权威性或责任性规定以及定义/解释。强制性和禁止性规定是强制执行的。其他4种类型均有例外或前提条件。针对某项规定是否适用于特定具体情况进行全面分析时,需要回答以下问题。

(1) 该规则适用对象是谁?
(2) 规则的全部内容是什么?
(3) 在哪些情况下必须遵守该规则?
(4) 必须在什么时候完成?
(5) 如何确定其在特定情境下的适用性?
(6) 是否有特殊条件、例外情况或不受该规则管控的情况?

由于无人机也是飞机,并且尚未发现将无人机排除在该飞机定义之外的规定(用于娱乐或业余爱好的飞行器除外),因此,美国联邦航空管理局对所有能够在国家通航空域内飞行的飞行器拥有完全的监管权力。"通航空域,是指本章规定的不低于最低飞行高度的空域,包括安全起降所需的空域。"在人口密集地区,最低安全高度规定为地面上1000ft,距离其他物体的横向距离为2000ft,距离地面物体500ft,但在开阔水域或人烟稀少的地区除外。因此,飞机不得在距离任何人员、船只、车辆或建筑物500ft 以内飞行。飞机进行起降或着陆时除外,通航空域以地表(以指定的进场航线或机场着陆模式为基准)为界限。"91-57号咨询通告"中针对模型飞机做出"离地400ft"的高度限制,可能是为了遵守这一规定。在除G类(不受控制)空域外,规定载人飞机的最低安全飞行高度为500ft,同时留出100ft的"缓冲"区,并增加了不在机场附近操作无人机的建议。美国联邦航空管理局"91-57号咨询通告"政策的实际发展历史已无从考究,但上述情况是熟悉航模历史的美国联邦航空管理局官员和个人的普遍共识。

《美国联邦航空条例》的绝大部分内容旨在为载人飞机提供安全操作保障,既保护机组人员和乘客,也保护地面人员和财产安全。尽管无人机进入航空领域已经90多年,但在各项法规的序言以及可供查阅的其他历史文献中,都没有证据表明2005年以前的航空规定的编订人员曾考虑过针对无人驾驶遥控飞行器制定规定。现有规定专门涵盖了系泊气球和风筝、无人驾驶火箭、无人驾驶自由气球以及占据一定空域的无人驾驶物体或飞行器，但其他类型的无人机则没有类似规定。

美国联邦航空管理局长期以来一直坚称，根据现有的空域法规《美国联邦法规》第14篇第91.111条和第91.113条，FAA对无人机系统拥有执法权，这些法规要求无人机的操作员能够在其他飞机附近安全飞行并遵守路权规则。但比较棘手的问题是，必须确认这种飞行器是否必须满足系统的认证要求和资格标准，以及飞行员、传感器操作员、机械师、维修人员、设计师和制造商是否持有相应的证书。

在本书第1版出版前，美国联邦航空管理局对无人机及其运营的执法权没有提出正式的合法性质疑。政府承包商、海关与边境保护局、美国军事机构和其他公共飞机运营商均遵循了05－01号AFS－400无人机政策、《中期运营批准指南08－01》和"91－57号咨询通告"中的准则。同样，也没有任何轶闻证据表明，美国联邦航空管理局未对违背这些规定使用无人机的行为采取任何执法措施。除非针对无人机系统专门制定一套强有力的管制规定，否则，总有人可能会公然违规使用商用无人机，导致美国联邦航空管理局采取比"友好"警告信或致电告诫之外更加强硬的回应。

根据2007年2月13日发布在《联邦纪事》上的政策声明，美国联邦航空管理局针对这个问题上的立场是：除无线电控制模型飞机外，任何在国家空域系统内飞行的公用无人机都必须符合授权证书的要求；民用无人机则应符合特殊适航证的要求。因此，FAA已通过宽泛的政策声明解答了第二个问题（监管的对象），即FAA拥有对空域和航空的负责权。

那么，接下来的问题是，即便美国联邦航空管理局行使对空域和航空的监管权，并对将"小型"（相当于模型飞机的尺寸）无人机系统用于商业目的的运营商实施执法，在运营商没有适航证书或飞行许可却控制飞机的情况下，应当实施怎样的法规，以及采取何种制裁措施来杜绝进一步的违规行为。

世界各地有许多企业家和开发人员存在并活跃在小型民用无人机市场（"小型"是指无人机系统小，而非市场规模小），这给美国联邦航空管理局施加了不少压力，促使其在制定无人机系统相关规则中发挥带头作用。如果一个农民或其他商业性农业公司购买了一个小型无人机系统，操纵其在"人烟稀少"的区域飞行，并在一个可能与有人机发生冲突的高度飞行，是否有监管机制来制止这种活动？或者，如果某个商业摄影师出于拍摄土地广告或其他类似目的，在类似区域操作装有摄像头的小型无人机系统，美国联邦航空管理局会阻止这种行为吗？针对上述情形，2012年国会颁布《112－95号美国联邦航空管理局现代化和改革法案》解决了上述问题。

在上述情况下，美国联邦航空管理局面临的问题是：其所拥有的工具箱中，应该选用何种可执行的执法手段。这些系统中绝大多数没有适航证，而美国联邦航空管理局的中心任务是促进遵守安全标准。FAA2150.3A号指令表明，民用航空主要取决于对监管要求的自觉遵守，只有当这种办法行不通时，才能采取正式的执法行动。

未经正当程序，不得剥夺证书持有者的"财产"（即证书）。国会已授权美国联邦航空管理局制定规则的权利，并赋予执行规则的多种方式，在公共利益需要时，通过发布"修正、修改、暂扣或撤销"飞行员证书的命令。美国联邦航空管理局颁发的任何其他证书都可以用同样的方式予以"修正、修改、暂扣或撤销"。上述情况的问题是："飞行员"极有可能不是美国联邦航空管理局认证的飞行员，因为法律没有规定飞行员必须受联邦航空管理局认证，此外，无人机及其系统也没有适航性认证，因为二者均没有必要认证。只要操作员/飞行员不干扰有人机的安全飞行，或不在未经许可的情况下进入管制领空（如机场环境），就没有违反任何现行法规。

进一步而言，如果飞行员或操作员无意中让无人机系统靠近有人机，迫使后者不得不采取规避行动（即使在人烟稀少的农业区也并不是不可能发生的事），可能会违反《美国联邦法规》第14章第91.111条（"在其他飞机附近飞行"）。在这种情况下，美国联邦航空管理局没有证书可撤销，因此没有法定机构或监管机构可以依据《美国法典》第49章第44709(b)条进行正式执法程序。

只有一种机制可以解决上述问题：由联邦航空管理局的行政官员对"充当飞行员、飞行工程师、机械师或修理工"的个人实施民事处罚。美国联邦航空管理局有权对违反某些规定的行为处以民事处罚，对大型实体或公司处以最高40万美元的罚款，对个人和小型企业处以最高5万美元的罚款。《美国法典》的相关章节将"飞行员"定义为"根据《联邦条例法典》第14章第61部分的规定，颁发飞行员证书的个人"。同样，也可以认为，即使《美国法典》中有民事处罚规定，但这些规定不适用于非证书持有者。因此，美国联邦航空管理局对"未经授权"的民用无人机操作没有有效或实际的执行权力。

2012年，美国联邦航空管理局对一名叫拉斐尔·皮尔克（Raphael Pirker）航拍摄影师兼企业家的所有违规问题，发起了一项执法行动。美国联邦航空管理局于2013年6月27日发布的"评估令"称，2012年4月13日，皮尔克因在弗吉尼亚大学校园附近未经授权操作"和风飞翼"（Ritewing Zephyr）动力滑翔机，被判民事罚款1万美元。指控称："皮尔克没有飞行员证书；他驾驶飞行器是为了报酬;他在车辆、建筑物、人员、街道上空10~400ft的离地高度操作飞行器,飞行高度非常低;所有这些行为均由于粗心大意和不顾后果所造成,以至于危及他人的生命财产",更多的细节将在后面的段落提及。据称,他违反了《美国联邦法规》第14章第91.13条(a)款条例。该条例规定,任何人不得粗心或鲁莽地驾驶飞行器而危及他人的生命或财产。

不出所料,皮尔克聘请了律师并对该条评估令提出申诉。在一场激烈的法律对峙中,皮尔克提交了一份撤销该命令的动议,其主要理由是:《美国联邦航空条例》监管权限不包括模型飞机的飞行操作。美国联邦航空管理局对该动议提出异议,负责此案的行政法法官裁定皮尔克胜诉,理由为"和风飞翼"(Zephyr)属于"模型飞机",而第91.13条(a)款规定并不适用于此。关于美国联邦航空管理局的决策过程以及公布的政策(本案提到的2007年政策备忘录在脚注22中)是否可作为规则或法规执行,还存在争议。美国联邦航空管理局就行政法法官的命令向美国国家运输安全委员会提出上诉(这是FAA执行上诉程序的第一步),美国国家运输安全委员会推翻了这一判决,并依据《美国法典》第49章第40102条(a)(6)款和《美国联邦法规》第14章第1.1条,对"飞行器"是否包括有人机或无人机(与系统大小无关)这一狭隘定义做出了解释,有利于美国联邦航空管理局的裁决。他们发现,第91.13条(a)款中关于粗心和鲁莽操作的禁令适用于第101和103部分规定外的任何"飞机"的操作。该案件被移交给法官进行进一步的听证会,以证实皮尔克是否违反了第91.13条(a)款。随后,皮尔克和美国联邦航空管理局解决了分歧,据称罚款远低于最初的1万美元。

这个案例的事实和法律问题引起了很多人的关注,但除了当事方以外,该案例并未向任何人提供具有约束力的法律权威。由于美国联邦航空管理局实质上在其执法权的法律论点上占据上风,因此,对于被控违反《美国联邦航空管理局现代化和改革法案》中法规的任何人,美国联邦航空管理局将根据第91.13条(a)款和其他相关的联邦航空法来处理涉嫌违规者。

5.7 前进之路:无人机系统管理规定的未来

上述阐述表明,美国联邦航空管理局在处理不了解联邦航空局当前的政策、不合作或公然违法的无人机系统运营商时,可能缺乏实质性手段。美国联邦航空管理局终有一天会对那些敢于试探其执法权力、在司法处置边缘游走(前面那提到的皮尔克案例)的无人机系统操控员、飞行员、制造商、商业实体进行处理。市场力量逐渐为开发商和企业家创造出更多的机会,他们将资金投资转向更复杂的无人机系统研制中,使该产业面临的"感知-规避"问题也更加紧迫,美国联邦航空管理局将面临更大的压力，促使其建立一种监管机制，从而收回对空域管理的"所有权"。要实现这一目标，必须通过立法程序实行合理的操作和工程标准，使这些标准在促进行业发展的同时，又不会对航空环境的整体安全产生负面影响。

第一个任务是确定美国联邦航空管理局能够监管的范围和应该监管的范围。目前，我们应对模型飞机进行精确定义，确保公众能够了解不受管制的飞机的确切性质，那么，即便是聪明的企业家也无法在"91.57号咨询通告"法案的授权下合法驾驶商业无人机系统了。"模型飞机"的定义应包括尺寸、质量、速度、性能和动能等因素，而现在的定义似乎是由操作意图决定的。任何人都能从互联网上购买四旋翼无人机，并且在几个小时内学会操控。起初购买这种无人机只是出于娱乐的目的（如拍摄家养小狗在林中嬉戏的场景），很快就会变为具有商业用途的工具，如用它来给房地产公司拍摄房屋照片来换取报酬。定义中的"尺寸、质量等"只是描述无人机系统的物理属性。此外，还应对模型飞机飞行的位置和高度进行明确规定。除了55lb的重量限制之外，《美国联邦航空管理局现代化和改革法案》并没有明确规定无人机的设计标准，而是援引《基于社区的安全指南》中的相关规定。如果在机场5mile范围内飞行，需要与空中交通管制部门协调。如果航模爱好者想要制造出尺寸更大、速度更快的模型飞机，能够轻松超越甚至击落小型通用航空飞机，那么，航模爱好者们必须知道此类模型飞机进行合法操作的场所和条件。

我们需要为民用无人机系统制定空域准入评估和批准标准，并对"商用"无人机系统的飞行活动进行可行性定义，以避免将商业无人机的飞行任务与模型飞机混淆。诸如"91-57号咨询通告"不具有强制性的执行效力，从而对美国联邦航空管理局的帮助不大。这些商用无人机系统租赁商认为，他们不需经过认证要求的约束就能操作无人机系统，同时了解咨询通告既不具备监管性，也不是强制性的法规，美国联邦航空管理局发布的政策声明对除自身以外的任何人都不具有法律约束力。《美国联邦航空管理局现代化和改革法案》以及对法规和第107部分规则的司法解释能否处理这些问题，还有待考察。

对美国联邦航空管理局来说，唯一现实的选择是参与规则制定过程，这个过程不可避免地会受到漫长的意见收集和审核步骤，这也是本书付印时要做的事情。不确定的是，这一过程应当如何进行。美国联邦航空管理局目前正在处理《拟议规则制定通知》（NPRM）中存在的大量评论，这一现象表明，当前拟议规则中存在许多潜在的漏洞。

第一种方法是简单地修改现行条例，即规定无人机都是"飞行器"，操作人员即为飞行员，除航模人员外，其他所有人都受到《美国联邦法规》第14章的约束。此方法要求所有无人机系统都取得适航认证,飞行员和操作员也要取得适当的认证和执照,并完全遵守所有空域法规。美国联邦航空管理局已经建立了完善的认证制度,只缺乏适用于各个监管类别必须满足的标准和指导方针。根据《美国联邦航空管理局现代化和改革法案》和拟定的《拟议规则制定通知》,这种方法现在尚有争议。

第二种方法是系统地剖析《美国联邦法规》第14章的每个部分和每个小节,在必要时通过规则制定过程对其进行修改,并把无人机的所有已知特征汇入其中。这点虽被考虑到,但从小型无人机系统规章制定委员会的特权来看,此办法并未被采纳。许多规定显然不适用于无人机系统(如第121部分中关于乘客座位的限制或对空乘员的要求),而其余大部分条例可以通过解释才能加以适用,因此这部分作为可供修订的条款。预计这一过程可能需要数年时间,但如果实施,《美国联邦法规》第14章第91部分(空中交通和一般操作规则)、第71部分(空域)、第61部分(飞行员和机组人员证书)、第21部分~第49部分中有关飞机设计标准的内容将是最合理的起点。

第三种方法是在《美国联邦法规》第14章,针对无人机系统部分编写一篇,包含"感知-避让"技术、空域准入、飞行员资质、制造标准和适航认证等问题。第107部分的《拟议规则制定通知》是实现该解决方案的第一步,尽管其当前不涉及设计和制造标准或适航认证,这些标准应由美国试验与材料协会F-38委员会提出,最终由小型无人机系统航空规则制定委员会汇总并写成建议书。然而,尽管美国联邦航空管理局将小型无人机的标准制定流程委托给了美国试验与材料协会,而且F-38委员会及其小组委员会3年多以来一直致力于这些标准的制定,但截至本文撰写之时,《拟议规则制定通知》第107部分并未提及美国试验与材料协会提出的标准或业内人士的意见。因此,该部分标准制定的状态仍不确定,还需等待美国联邦航空管理局进一步澄清。

同时,鉴于无人机系统还有待完全融入航空界,美国联邦航空管理局需要一种工具来执行领空权力并履行职责,以促进公共安全,避免因缺乏监督或监督不当而伤及当前系统。实现以上目的最好的办法是制定法规,加强美国联邦航空管理局对空域的管理权力,使之能够对无证书可吊销或暂扣,或可免受民事处罚的违反者给予充分的制裁。我们希望第107部分《拟议规则制定通知》的最终结果以及《美国联邦航空管理局现代化和改革法案》演变而来的法规将成为完善的监管方案,以适用于所有类别、规模的无人机,并成为各国的参考方案。自小型多旋翼无人机和固定翼无人机进入市场以来,短短几年内快速促进了经济的增长,上述愿景的实现将继承和延续美国几十年来在航空安全领域取得的丰硕成果。

5.8 本章结论

航空环境复杂多变,布满了陷阱、地雷和死胡同。无人机系统的设计者、开发机构、运营机构或用户在寻求国际空域系统或进入国际空域时,必须谨慎行事,以确保充分了解相关规则。无人机的规则和标准制定过程正在进行,并且必将在可预见的未来实现。在此过程中,无人机行业和用户的积极参与不仅受到鼓励,而且对该行业有序发展至关重要。从安全和效率角度来看,无人机系统技术的发展机会几乎是无限的,其中许多将对航空业的其他部门产生积极影响。对于美国联邦航空管理局和世界其他地区的民航总局来说,制定一套一致、合理且可执行的政策、程序、规则和规章,对部署在世界各地的无人驾驶飞机的飞行活动进行管理,具有一定的挑战性。

思 考 题

1. 讨论1958年的《联邦航空法案》。
2. 美国联邦航空管理局的"工具箱"是什么?
3. 列举并讨论美国联邦航空管理局实施《美国联邦航空条例》的3种管理工具。
4. 美国联邦航空管理局支持并赞助了4个国内委员会,致力于发展无人机制造以及运营的标准和条例。试列举并讨论各个委员会。
5. 讨论"91-57号咨询通告"的最初目的,结合法律、监管法和司法方面的最新发展,思考该咨询通告是否仍然适用?

第6章 无人机系统中人的因素

Warren Jensen

6.1 引 言

尽管遥控驾驶飞行器通常称为"无人驾驶",但很明显,相关人员及其行动是安全操作的关键因素。人的因素旨在为操作员和保障人员提供必要的知识、技能和能力,并实现安全、有效和高效操作的总体目标。人类有很强的学习、感知和整合信息的能力,并能熟练地做出复杂决策。然而,人类也容易出现饱和、疲劳、空间定向障碍和沟通失败等问题。这些问题就是"人的因素"这一领域面临的挑战,人们可以通过认识人的特性和局限性、制定培训计划、提升飞行熟练程度和遵守飞行法规底线的能力、培养团队合作技能以及构建有效的工作站来解决这些问题。从表面上看,人的因素培训的目标似乎只是为了减少或消除误差。总体目标是优化人类管理遥控驾驶飞行器操作的效率和有效性。

本章旨在对转入无人机系统行业和使用无人机系统时会遇到的一些常见问题进行讨论。其中必定涉及众多操纵员以及他们的操作经历,他们操作的设备性能各不相同,执行的飞行任务及飞行条件也千差万别。根据这一概念,本章将重点讨论飞行无人机时人类行为带来的挑战以及应对这些挑战的策略。

6.2 规模大带来的问题

各种各样的遥控驾驶飞行器对人类操作员的身体、认知和能力都提出了要求。本章旨在就"人的因素"的概念及其在遥控驾驶飞行器操作领域的应用开展广泛讨论。由于系统和程序频繁变化,这些概念并不是针对某个飞行器系统或任务,其中不少是载人系统或其他需要在复杂多变环境中进行作业的职业(如医药及执法)所共有的。

6.3 警惕后见之明偏差

在任何职业的培训阶段,如航空、医药和股票交易,案例研究能为从业者提供很好的讨论机会。事故审查和讨论通常是航空安全会议的核心部分。在这些讨论中,由"人的因素"造成的误差值得深入研究,但可能会受到演讲者和学生的后见之明偏差的影响。后见之明偏差会干扰我们识别自身和组织中漏洞的能力,从而导致未能认识到风险并采取适当的纠正措施。

后见之明偏差的定义是"认为事件广为人知以后会变得更容易预测"(Roese、Vohs 2012)。换句话说,一旦出现错误,审查者可能会错误地认为这个错误事件本应该更容易识别和预防,但事实是,我们只不过是事后诸葛亮,在知道了这种错误操作的结果后才反应过来罢了。例如,一名飞行员在着陆时收回了起落架,他经常会面临这样的问题:"你当时在想什么?"或者"我绝不会那样做!"。在一个只有仔细检查分析事故才能形成新的培训、设计或策略来避免事故再次发生的领域,相关人员的后见之明偏差会是他们养成更加安全有效操作习惯的阻力。

当人们开始从事与安全相关的职业时,理解后见之明偏差的一些特征十分重要。首先,有后见之明偏差的人认为,预测已发生的错误事件在未来还将发生的概率比合理解释该事件的发生原因更容易。这类人往往只聚焦于已发生的错误本身,而忽视探究其深层次的原因。受记忆混乱或主观意愿的影响,人们对事故原因的讨论往往局限于可见因素,其他因素则不会被纳入讨论范畴。

对后见之明偏差的担忧源于这样的事实,即人们在查看与新飞行器、系统或程序相关的事故案例文件时,可能不会通盘考虑所有可能影响操作的因素。人们更喜欢将单一行为与结果联系起来,希望用线性关系解决问题。即便能够警惕后见之明偏差,人们的这种思维模式也难以改变。保罗·古德温(Paul Goodwin)在一篇文章中指出,后见之明的危险在于人们"会阻碍自己从……过去的错误预测中学习,限制其通过吸取经验提高预测的准确度"(Goodwin 2010)。努力获取相关事故的知识、理解操作员做出误判的心理过程,这是应对后见之明的成功策略。需要指出的是,结合事故调查报告以及操作员对事故的看法,并从中汲取经验教训,能够有效控制后见之明偏差。

6.4 人的感受与 RPA 操作

如果飞机飞行员转行成为遥控驾驶飞行器操作员,他会很快注意到操作这两个系统所感知的信息并不相同。遥控驾驶飞行器采用的成像技术(作物传感器、野生动物跟踪、交通管理等)可以为操作员提供有价值的图像,但这些图像对飞机控制和/或导航的价值有限。此外,机载遥控驾驶飞行器的成像系统(光学、红外等)可能无法为飞行器感知和规避固定或移动危险物提供帮助。解决上述问题的挑战在于理解人类是如何使用视觉系统来评估周围的环境和风险，以及如何弥补人类自身的感知变化和信息评估变化。

目前，小型遥控驾驶飞行器必须在操作员（也可能包括地面观察员）的视线范围内飞行。正常视力（远视为 20/20）条件下，操作员能够探测到 1mile 外 2.3m 大小的物体。这种感知物体的能力取决于以下因素，包括对比度、颜色、形状、观察员视野内的运动情况以及寻找目标物体时必须搜索的天空区域（以角度衡量）（Williams、Gildea 2014）。

遥控飞行器的成像系统可以传回视觉图像，但是由于失真（与直接可视化相比）和周边视觉线索的缺失，这些用于指导飞行操作的视觉图像也很难评估其有效性。一些系统使用孔径视觉显示器来评估着陆性能，这就要求飞行员监控不同于以往经验的视觉图像变化。此外，着陆关键阶段所必须监控的视觉图像变化十分微妙。这些感知上的变化会促使操作员输入错误的控制指令，从而可能导致事故发生。

当物体没有在人的周边视场内移动时，就会出现相对运动问题。周边视场运动属于注意力提示，就跟一辆在高速公路上行驶的汽车通过某个司机的周边视场中时会引起他的注意一样。不在周边视场范围内移动的物体就不容易被感知。例如，一个小型遥控驾驶飞行器飞向地面观察员，而该观察员的视场位于遥控驾驶飞行器的右侧 30°方向，这种情况下，飞行器不会进入观察员的周边视场。这是因为周边视场缺乏运动物体，观察员可能不会注意到驶来的遥控驾驶飞行器。

观察员在扫视天空寻找遥控驾驶飞行器或空中威胁物时，可能不会将视线聚焦到目标本身，而是聚焦在与目标相隔一段距离的点上。这种焦点的改变会削弱观察员这些物体的感知。为了消除这些不利因素，建议地面观察员对天空区域进行短时间的固定扫描，并有意识地将焦距远离目标区域。该策略常用于克服相对运动和近焦点异常对目标感知的影响。

6.5 注 意 力

查尔斯·威肯斯（Charles Wickens）提出的多元资源理论可用来解释人类在同时执行多项任务或多项困难任务时所面临的认知挑战（Wickens 2008）。该理论将大脑资源描述为大脑执行任务（如视觉感知、空间处理和运动技能）的能力，当大脑处于共享单一资源的状态时，执行两个独立任务具有挑战性。例如，开车时看书会共享视觉感知资源，并削弱大脑对其中一项或这两项任务的执行。注意力是指对这些资源的管理。注意力类型即为对这些资源进行管理的多种方式。了解注意力类型有助于弄清楚每种类型的弱点,进而制定出优化注意力表现的策略。

6.6 选择性注意

飞行员、空中交通管制员和遥控驾驶飞行器操作员需要监控许多信息源,如飞机姿态、速度和位置。选择性注意指的是:操作员运用顺序抽样的方法收集来自信息源(仪器、控制器或实际物理环境,如跑道上的飞机)的信息。该过程是对信息源的系统视觉扫描,需要操作员具备选择和处理信息源的能力。进行仪表飞行操作的飞行员就用到了选择性注意,他们通常使用顺序扫描来确定飞机的速度、高度、姿态以及其他信息。

荷载应力指操作员采样的信息源数量。通过不断练习加深熟练度,操作员管理荷载应力的能力将得到提高。通过采用通行的、经验的和有效的扫描模式,或是设计信息系统使仪器彼此靠得更近,均有助于提高选择性注意能力。

机组人员协调监控职责或执行操作所需的行动是管理选择性注意的关键策略。遥控驾驶飞行器操作员或许能够协调团队成员监控飞机位置和/或在高荷载应力条件下向其他人发出警报。例如,在使用遥控驾驶飞行器搜寻走失儿童时,可允许团队成员共同监控视频图像、遥控驾驶飞行器位置、障碍物和潜在空中冲突,这样能够极大地提高搜寻效率;如果没有团队的支撑,监视所有这些信息源的需求可能会让单个操作员不堪重负。

6.7 集中性注意

集中性注意是将大脑资源用于单一任务。例如,某人专心读书,注意不到周围的环境。类似将注意力集中在紧急事件清单上而排除其他信息的情况称为引导性注意。人们使用集中性或引导性注意遇到的常见问题包括分心和态势感知丧失。

受手机响铃、交头接耳或其他干扰因素的影响,人们专注于看电影将会变得更加困难。紧急报警对于安全操作十分必要,但它们会影响操作员执行任务的专注度。操作遥控驾驶飞行器可能会涉及几种需要集中性注意的情况。查看传感器显示屏、与现场人员交谈或参考手册等行为可能是遥控驾驶飞行器操作员的必要职责。但必须意识到注意力分散可能对主要任务(如空中威胁监控或手动遥控驾驶飞行器控制)产生负面影响。

只关注环境的某个方面而缺乏态势感知能力是集中性注意面临的另一个问

题。据美国国家运输安全委员会统计,不少知名空难的发生是因为机组人员将注意力集中于某一任务,从而失去了对飞行总体情况的掌控。当某个机组人员需要专注于一项任务时,其他机组人员需要协调分工、分配任务(如监控飞机系统和威胁),以保持态势感知。提高集中性注意的策略主要包括管理分散注意力和预防态势感知丧失。

管理分散注意力的策略包括:在飞行关键阶段,减少与飞行器操作员的沟通,并过滤或选择优先信息以减少不必要的干扰;当个人在操作过程中必须处于集中注意时,机组要协调分工,给团队成员分配监视空中威胁或系统故障等任务。

6.8 分割性注意

分割性注意是指同时执行两项任务,如在手动控制飞机的同时与另一人交谈。许多任务都是以这种非常安全的方式完成的,但是这些任务之间的干扰会增加安全风险。当任务共享资源时,分割性注意使得任务更难执行。如前所述,资源是人们执行任务时必备的认知技能。两个独立的任务共享一个资源的案例如下:操作员在障碍物附近手动操纵一个小型遥控驾驶飞行器,同时通过显示器观察光学图像。如果操作员无法通过光学系统看到障碍物(即在遥控驾驶飞行器障碍物清除任务和屏幕监控任务之间切换视线焦点),则有可能对操作员的表现产生负面影响。在这种情况下,迫切需要对这两项任务实施可视监控。

对于那些不共享资源但对操作者能力要求很高的任务,分割线注意也会造成不利影响。例如,让操作员在交谈时做一个未经练习的飞行动作。虽然这种活动组合看起来并不共享资源,但如果这些任务的认知需求很高,分割线注意也会影响操作员的表现。因此,分配不共享资源的任务有助于实现有效的团队管理。

6.9 持久性注意

持久性注意是用以监控环境变化的关注过程,这些变化可能是可预见的,也可能不可预见。持久性注意的案例包括:个人监控飞行或操作过程,关注需要进一步调查的异常情况或意外发现。这些活动可视为是"警卫职责",操作员必须持续保持高度的注意力集中。例如,为了识别超出预先设置参数的情况,遥控驾驶飞行器操作员需要监控自动系统的故障、飞行性能和导航。

20~30min 后监控能力下降是持久性注意过程中的常见问题。提高持久性注意能力的策略包括设计监控任务和报警系统(空中交通管制的邻近警告)、劳逸结合、提高操作员的积极性和舒适性、增加操作员对监控任务的参与度。

上述描述简化了复杂动态环境中认知功能的复杂性。在这种环境中,操作员会在没有意识的情况下快速改变注意类型。了解这些策略有利于操作员提高自身表现,也有利于其找出漏洞,从而避免常见错误。

6.10 人为误差

什么是误差?人们在开车的时候会发生很多事,但哪些事被认为是误差呢?所有的司机都倾向于认为越过中心线与迎面驶来的车辆相遇是误差,但越过空旷高速公路的中心线就不一样了,因为其导致负面结果的可能性大大降低。大多数人认为,误差是一个可能导致负面后果的事件。同一个动作在一种情况中出现误差,在另一种情况中就不出现误差吗?如果只通过其后果来研究误差,上述问题的回答是肯定的。

桑德斯(Senders)和马里(Moray)将误差定义为"非行为者的意图,非规则或外部观察者所期望的行为;导致任务或系统超出可接受极限的行为"(Senders、Moray 1991)。即使操作是有意图的,但若导致意想不到的结果,也会出现误差。作者认为,为了提高操作能力,辨别误差不应该取决于与单一事件相关的结果。"没有造成伤害就没有犯规"这句话可能并不适用于遥控驾驶飞行器操作,因为同样的错误在未来可能会产生重大的后果。仅在事故发生时才辨别和纠正误差是最没有效率的,并可能延误对不可接受风险的识别和管理。

显而易见,哪怕是训练有素的在岗操作员也会出现误差。人为误差的本质涉及广泛的活动,从总体战略/规划失误,到信息系统的监控不力,再到技能技术的执行不力,都可视为人为误差。有些误差无关紧要,即便没有被发现和纠正,也不会导致事故。通过监控操作员或其他成员的个人行为,可以辨别和纠正许多误差。预测、监控、辨别和纠正误差是航空工业中的常见任务。

为什么误差难以管理?人们为何拒绝辨别和有效管理自己或他人的误差?这个问题的部分原因可能在于人们对误差的情感反应,无论这些误差是由于他人还是自身行为所致。

当训练有素且能力合格的人员出现误差时,会被视为是意外事件。操作员可能不知道他们出现了误差,尤其是在常规操作期间。误差的意外属性不利于个人对误差进行辨别、承认和纠正。现实中,误差很常见,并且是可以预料的。防御性驾驶策略是基于对其他驾驶员出现误差的预判。通过对误差的预判并立即应用纠正策略,可规避进一步的误差及其造成的后果。空中交通管制员经过训练,可以预判沟通或理解方面的误差,以便及时识别并采取纠正措施。遥控驾驶飞行器操作中专业人员的培训应包括主动监控和误差预判。如下面访谈所示,误差预判对及时纠正误差至关重要。

飞机从失控的机场起飞并爬升后,我通过无线电向该地区报告,要离开去到城镇东部的机场交通路线,正从3000ft爬升到5500ft的巡航高度。此时,接到另一架飞机的电话,这架飞机正向机场靠近。他们确定自己的位置在"城镇西边的一所高中上空3500ft处,正通过全球定位系统进入机场。"但我记得镇上只有一所高中,它就在镇的东边,我的正下方。我立即把飞机调到3200ft的高度,恰好看到这架飞机从头顶飞过。我很幸运地识别出了误差——学校在镇的东边而不是西边——并避免了碰撞(飞行员访谈2011)。

人们可能会对犯错误的人产生不信任,但这会妨害协调与团队合作。关键是要将错误作为预期事件对待,并采用适当的监视和纠正策略。操作员应该接受有关错误纠正策略的培训。

在过渡到具有类似布局的新系统时,负迁移是一种常见错误。负迁移是指在新环境中使用先前已建立的技能,但此时这种操作是错误的。从飞机转移到使用相同操纵杆控制但按钮功能不同的遥控驾驶飞行器上时,可能会导致个人执行错误的操作。之前使用手动变速器的驾驶员在控制自动变速器时,可能会在新布局中于错误的位置进行操作。

6.11 威胁和误差管理

自从航空业出现以来,安全组织就已经制定了解决人为误差的策略。最初,规则和条例用于指导机组人员和空中交通管制员。检查表有助于操作员避免记忆误差。20世纪70年代,"机组资源管理(CRM)"开始协助机组人员在沟通、机组协调、团队建设和决策制定等方面进行互动(Helmreich等1993)。机组资源管理培训已经过仔细评估,并在设计和使用范围上不断发展。机组资源管理的概念已不仅局限于机组人员,其培训对象还包括维修小组、空中交通管制员以及执法和医疗领域等人员。

詹姆斯·里森(James Reason)、道格拉斯·维格曼(Douglas Wiegmann)、托马斯·沙佩尔(Thomas Shappell)等人的工作进一步发展了误差及其成因的分类方法,旨在识别误差趋势并制定有效对策。詹姆斯·里森提出了一种模型,可用作误差管理的防御策略(Reason 2008)。

在人因分析与分类系统(HFACS)中,沙佩尔(Shappell)和维格曼(Wiegmann)(2000)建立了一个框架,用以识别、分类误差及其相关影响因素。其总体目标是开发一种工具,并根据从事故中获得的数据创建误差管理策略。误差防御的4个层级分别为管理程序、监督控制、先决条件和操作员行为(图6.1)。每层级都使用设计或策略来防止误差。如不防御,将会持续产生误差。在该书的参考部分,有几篇引文对评估系统及其在航空领域的应用进行了透彻的讨论。

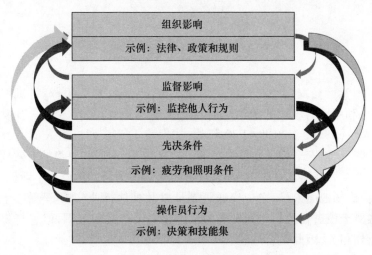

图6.1 分层误差防御[11]

组织的影响范围可能包括正式的政策、条例、法律和操作手册。类似于影响交通安全和流量的交通法规,这些文件为组织开展正确操作提供指导。但来自管理层的指导也可能会造成问题,如某组织为了削减成本而减少安全培训。

监督影响是指其他人员为操作员提供指导和纠正错误而采取的监控行为。通常为用于组织的命令链以及适当监控。高级官员宣布纠正误差,就是对监督影响的有效运用。另外,操作团队以外的其他人员也可以形成一种监督影响。例如,旁观者通过指出障碍物或空中威胁向操作员提供信息。

先决条件是指任何会增加误差风险的因素。航空作业中常见的环境先决条件包括阵风、低能见度和接近黑暗等。其他先决条件包括注意力分散、操作员身心疲劳、信息不足和控制显示设计不佳等。

操作员行为涉及的误差包括决策误差、技能误差和感知误差。操作员行为也有积极方面,如毅力、勇气和解决问题的高超技能。

图6.1中侧面的箭头表示模型具有动态性,每层行为可以影响其他防御层。操作员可能会受到管理政策及监督意见和/或误差纠正的影响。管理政策可能会因操作员或监督者的意见而改变。例如,遥控驾驶飞行器侵犯领空的频率增加会影响有关操作管理政策的改变吗?关于机组人员值班日的新政策会缓解人

员疲劳吗？对操作员医学证明要求的降低是否会改变其可靠性？其他层级受到影响，整个防御层也将改变（无论是好是坏）。

文献中介绍的"人因分析与分类系统"模型还确定了其他因素，以便对每个防御层相关的问题进行分类。这些评估旨在确定可以纠正和/或进一步研究的因素和趋势。

6.12　机组资源管理

美国国家运输安全委员会成员约翰·劳伯（John K. Lauber）将机组资源管理定义为"利用所有可用的资源（如信息、设备和人员）来实现安全有效的飞行操作"（Lauber 1984）。20世纪70年代，在发生了一系列机组人员协调事故之后，美国国家运输安全委员会提出了通过提高协调、沟通和决策的有效性来改善团队表现的发展战略。从那时起，以改善团队管理为目的的课程不断扩展，涉及机组人员、机场地面人员、空中交通管制员以及其他行业（如医药和执法等）人员。虽然对于该过程的历史和发展的讨论超出了本文的范围，但它与无人机系统实践密切相关，因此是合适的。

团队概念原则源于载人航空实践，其目标是训练飞行员和其他机组人员协调工作、共享信息、共同决策和行动（Weiner等1993）。在运行遥控驾驶飞行器时，可能会有操作团队之外的其他人员提供意见或直接操作。例如，在重大火灾现场的消防队长可能突然需要具体的信息，因而要求飞行器改变航向。执法和搜救人员对遥控驾驶飞行器操作员的要求可能也会发生变化。用户之间清楚地传达各自需求的能力将会对操作的安全性和有效性产生影响。机组人员协调训练是有效遥控驾驶飞行器操作的重要组成部分。

机组资源管理培训的初衷是增加团队成员的管理参与性和自信心。尽管清晰的命令链对于操作遥控驾驶飞行器十分重要，但参与式管理要求领导者允许其他组员参与团队决策。无须担负责任的团队成员想要提升自信，就得向组长清楚地传达其关注和思虑。这两种技能在对团队的发展都很重要，应该成为培训的一部分。这对以前从未一起训练过的团队来说尤其重要。

有效的团队管理还包括有助于团队成功的其他因素。其中对于文化因素的讨论可以为各组之间互动提供指导。该讨论包括权力距离、有效沟通、歧义解决、注意力分散管理和负迁移的使用。这不仅是高级机组人员协调课程中的几个主题，更是无人系统安全操作的核心问题。

权力距离的定义：领导者对普通人意见或思虑的关注（Hofstede等2010）。人们认为，不征求、不考虑他人意见的领导有较远的权力距离。相反，权力距离较近的领导允许其他人提出意见来指挥行动。较近的权力距离是信息交换和有效决策的最佳选择。

团队内部的有效沟通有利于态势感知、有效决策和误差管理。标准化术语的使用是有效传递想法的重要组成部分。定向引导、位置报告和操作要求都取决于术语,这些术语正确有效地表达了操作员和支持团队的思虑。清晰编码信息和提供明确问询的过程应跳出课堂讨论,在模拟和操作中进行实践。

歧义是指存在两种解释或两种解释相矛盾（O'Brien、O'Hare 2007）。例如,屏幕上的图像是带着步枪的逃犯还是拿着耙子的园丁？歧义的另一种形式是油压警报响起,但是油压表却显示正常的操作压力,二者相矛盾。两种歧义形式所造成的不确定状态是对态势感知和安全操作的挑战。

有时,歧义是由机械系统的限制（照明、光学系统的分辨率等）造成的；机组人员对信息的解释或预期（发动机噪声、声音反射）也会造成歧义。对于操作员来说,歧义可能是明显的,也可能是未知的。

提高态势感知能力是解决歧义的有效策略。具体方法包括从源头收集更多信息、重点识别导致歧义的问题或原因、评估态势以确定所选行动的未来结果。例如,收集更多有关小型遥控驾驶飞行器位置的信息可能涉及向其他地面观察员询问信息、利用全球定位信息或参考机载摄像机输出的信息。通常情况下,歧义可能是由于团队成员的错误假设造成的。每个人有责任识别和解决歧义。

注意力分散管理包括识别与操作无关的信息或行动,以防止它们对操作造成不利影响。在商业航空中,一些非关键警报在飞行的紧要阶段（如起飞和降落）会被静音。非相关问题导致的工作负载增加会被视为一种威胁。挑战在于要了解哪些是非关键信息,以及在工作负荷较高的情况下应该何时使用分散注意力管理策略。

例如,在发射程序和避障程序中,需要限制与任务无关的对话,或是屏蔽与该操作阶段无关的信息。某些信息（如发动机性能异常）即使在飞行的关键阶段也不能屏蔽。操作员管理独立信息渠道的技能和经验也会造成差异。需要指出的是,高工作负荷周期并不总是可预测的,知道是否需要输入信息或其是否会分散注意力并不容易。仔细观察并与有经验的操作员讨论是分散注意力管理的重要训练方式。

6.13 态势感知

许多专业（航空、执法、医学）都面临着共同的挑战,即保持对操作状态、变化情况趋势的认识,以及对操作人员和任务进行认证和实际风险评估。在防范不必要干扰的同时,操作员可以管理的问题数量也是一项挑战和值得学习的技能。态势感知在无人驾驶飞机操作中至关重要。尽管态势感知训练涉及的职业多种多样,但还是使用了常见的认知过程。

米卡·安德斯雷(Mica Endsley)将态势感知定义为"飞行环境当前状态的内在心理模型"(D. J. Garland 等 1999)。达美航空公司的培训项目指出,这是"能识别自身和周围发生的事件,然后对这些事件做出正确反应的能力"(Captain Art Samson,个人访谈 2002)。态势感知包括4个方面,是决策过程中的共同步骤。

6.14 警　　戒

警戒任务要求个人将注意力集中在对安全有最直接影响的信息(如飞机位置、仪表读数、空域冲突、飞机结构)上。警戒不仅要管理恰当的注意事项,还需要具备操作知识,以便识别和正确评估所涉及的风险。例如,在地面观察阶段,障碍物或低对比度背景可能会导致遥控驾驶飞行器脱离操作员视场。对这种风险的了解有助于地面观察员保持警戒,使他们能够在进入该区域之前识别潜在的问题。

注意力分散通常会降低警戒性。当注意力集中在控制系统上时,即便是短暂分散注意力也会导致严重的问题。分散注意管理策略旨在提高对任务的警戒性。这些策略包括在飞行的关键阶段将谈话范围限制在操作问题上。那么自身安全有风险的遥控驾驶飞行器操作人员呢?专注工作会损害个人保持态势感知能力,因为他们在专注工作时很难监控周围环境。

6.15 判　　断

在复杂系统中工作时,正确识别和理解发展中的情况很有挑战性。尽管人们可能会仔细观察所拥有的信息系统,但对情况的正确判断取决于训练和对问题的熟悉程度、人机界面的性质、沟通的清晰度、发现歧义、解决问题的技巧以及解释信息时的偏见。空间定向障碍是常见的飞行事故原因,在某些情况下,即使仪器提供了正确的指示,飞行员也无法理解其含义。这涉及正确判断问题的一个方面。

正确判断问题需要很多技巧,如加里·克莱因(Gary Klein)所述,基于认知的决策模型取决于用户的先前经验和他们统筹现状的能力(G. A. Klein 1993)。该过程还要求操作员提出问题或通过观察以明确判断。克莱因将其描述为通过经验创造故事来解释发现。个人的经历也会引导操作员考虑解决问题的其他方案,以及每个替代方案成功的可能性。

例如,训练活塞驱动的遥控驾驶飞行器操作员识别动力损失,并快速确定造成损失的状况或故障。操作员收集信息,并将其与培训和经验形成的模式比较。遥控驾驶飞行器学员可以花费大量时间学习燃料、电气等系统、了解故障模拟,以应对突发事件。其目标是形成能在事件发生(如断电)时回忆起所学知识的思维模型。操作员利用这一先前经验,可以迅速确定所需信息,并解释出现问题的原因。

做出正确判断的一个挑战在于提供给操作员的信息是否清晰。不完整、不准确、误导或相互冲突的信息会妨害正确判断。克莱因将异常描述为与人们的解释不符的发现或信息。例如,当发动机转速表显示载具性能下降,但没有其他确认证据且载具运行正常,因此该信息会被视为异常。人类的自然反应是忽略异常现象,因为它很难解释。但在培训专业人员时,需要强调考虑无法解释的异常读数。

6.16 风险分析

虽然风险分析这个术语有许多含义和应用,但就态势感知而言,可理解为"我正在考虑的每个选项失败的可能性和后果是什么?"若选择失败可能性高和/或失败后果严重的选项,那么选择者则可能表现出态势感知丧失。(然而,英雄行为通常具有二者中的一或两个方面。)诚然,对过去没有做过的选择进行风险分析比较困难;人们过去在高风险行动中取得的成功经验也可能在分析风险时产生误导。

替代学习是指个人先前的错误选择和安全风险没有导致负面结果,因而没有对他们所承担的风险进行现实评估。例如,司机超速行驶,但没出现事故、超速罚单或乘客负面评论等后果,他们可能就会低估超速驾驶的风险。基于这种有偏差的风险分析,司机将产生一种刀枪不入的感觉。

6.17 行　　动

尽管适当监控了周围环境并正确判断了自身情况,个人可能仍然无法恰当地纠正问题。有写作任务的学生可能会因为自满而推迟工作。个人犯了错误也可能不愿意承认和纠正错误,因为这将引起关注,并可能招致责备或负起责任。在这两个案例中,个人的犹豫会被视为是由于缺乏行动而导致的态势感知丧失。

6.18 人机交互

设计工作站(控制模块、信息显示等)的目标是创建一个操作员可以高效使用的系统。通常,控制系统会与先前设计的系统十分类似,如视频游戏、飞机控制或计算机键盘。

6.19 兼容性

在人机交互中,兼容性是指信息、控制系统与操作员期望的一致性。使用符合先前经验的系统有明显的优势。具有相似布局、命令和软件程序的笔记本电脑将带来更快的学习速度、更少的错误、更短的反应时间、更少的脑力劳动及更高的用户满意度。不一致的布局及其低兼容性可能会导致传输错误。当过渡到新工作站时,操作员需要关注系统的兼容性,确定需要修改或进行额外培训的内容,从而实现适应新工作站。

6.20 兼容性类型

概念上的兼容性是指有效地使用符号、颜色、声音或其他指示符来传达信息。人们看到的一些符号具有文化内涵或与特定专业相关。如果没有经过特定的训练,操作员可能无法理解它们的含义。跑道上的数字表示磁性航向,而非其他类型的编号。操作员是否理解与工作站相关的颜色、符号或警报声的含义?命令按键是否符合操作员的期望?

空间兼容性是指包含信息和控制的系统组织。信息系统是否位于操作员期望的位置?菜单的布局与预期是否一致?新的计算机操作系统在组织改变时经常会给用户带来挑战。当用户对于新平板显示器的先前体验和期望一致时,人们更容易接纳新产品。

运动兼容性是指运动的方向和灵敏度。信息系统可以随着器械指针的偏转而具有运动兼容性。例如,燃油表指针朝着与用户预期相反的方向移动会导致错误解释。控件的方向和灵敏度也会导致操作员出错。

通过直接视觉观察控制小型无线电控制的遥控驾驶飞行器能很好地检验其运动兼容性。当飞机直接飞离驾驶员的有利位置时,控制系统发出侧倾指令,引导飞机在同一方向上侧倾。除非驾驶员与系统具有更大的兼容性,否则,其对飞机的控制可能难以更改。

驾驶员可以使用起初兼容性较差的系统来进行学习（并熟练掌握）。需要指出的是，兼容性差的系统会增加对用户的需求。

需考虑的要点总结如下。

（1）人为错误很常见。安全员的职责是识别和管理错误。对发生的活动保持警惕和好奇，并预测错误。学习错误管理策略，并在活动中加以应用，能够将处理问题的操作内化为自然行为。

（2）汲取他人（包括自身）错误的经验教训。洞察可能导致表现不佳的因素，如缺乏交流、沟通不畅和注意力分散。不要让后见之明偏差妨碍事件/事故审查的有效性。

（3）态势感知有时是困难和脆弱的。人们需要努力实现并保持态势感知。积极处理警惕性、诊断性、风险分析和行动这4个方面，是实现态势感知的有效途径。与团队一起讨论分散注意力管理策略，并在实践中应用。

（4）遥控驾驶飞行器操作在感知上具有挑战性。承认感知限制，进而确定遥控驾驶飞行器面临的威胁或方位，这是正确管理操作所必需的。由于操作员接收到的感知发生了变化，因此空间定向障碍是操作遥控驾驶飞行器中面临的常见问题。

（5）注意力是指管理大脑输入、处理及输出的能力。注意力类型会迅速改变，这会损害操作安全性和有效性。提高任务表现的关键在于了解困难所在，并采用每种注意力类型相应的纠正策略。例如，当操作员处于集中性注意状态，而遥控驾驶飞行器正要规避障碍，此时，应该使用分散注意力的管理措施。

（6）机组资源管理的发展包括许多有用的团队行动，以识别并解决实时操作过程中遇到的问题。强烈建议遥控驾驶飞行器团队和小组进行机组资源管理培训。

（7）人机交互具有挑战性。需要熟悉所使用的系统并了解其时效性，培养正确的思维模式也同样重要。

推荐阅读资料

1. A Summary of Unmanned Aircraft Accident/Incident Data: Human Factors Implications, Kevin Williams, US-DOT, 2004.
2. Documentation of Sensory Information in the Operations of Unmanned Aircraft Systems, Kevin Williams, FAA, USDOT, 2008.
3. Defensive Flying for Pilots: An Introduction to Threat and Error Management, Merritt and Klinect, FAA, Human Factors Division, 2006.
4. The Human Contribution, James Reason, Ashgate Publishing, 2008.

参 考 文 献

[1] Eastern Airlines, Inc, L - 1011, N310EA, Miami, Florida, December 29, 1972, NTSB report AAR - 73/14.

[2] Garland, D. J., Wise, J. A., and Hopkin, V. D. (Eds). 2010. Handbook of Aviation Human Factors, Second edition, Taylor & Francis, Boca Raton, FL.

[3] Goodwin, P. 2010. Why hindsight can damage foresight. International Journal of Applied Forecasting, www.forecasters.org/foresight, retrieved 5/29/2015.

[4] Hofstede, G., Hofstede, G. J., and Minkov, M. 2010. Cultures and Organizations: Software of the Mind, third edition. McGraw - Hill, USA.

[5] Klein, G. A. 1993. A Recognition - Primed Decision(RPD)Model of Rapid Decision Making(pp. 138 - 147). Ablex Publishing Corporation.

[6] Lauber, J. 1984. Resource management in the cockpit. Air Line Pilot, 53, 20.

[7] O'Brien, K. S. and O'Hare, D. 2007. Situational awareness ability and cognitive skills training in com - plex real - world task. Ergonomics, 50(7), 1064 - 1091.

[8] Reason, J. T. 2008. The Human Contribution, Ashgate Publishing Limited, Burlington, VT.

[9] Roese, N. and Vohs, K. 2012. Hindsight bias. Perspectives on Psychological Science, 7(5), 411 - 426.

[10] Senders, J. W. and Moray, N. P. 1991. Human Error: Cause, Prediction and Reduction, Lawrence Erlbaum Associates, p. 25.

[11] Shappell, S. and Wiegmann, D. 2000. The Human Factors Analysis and Classification System—HFACS, DOT/FAA/AM - 00/7.

[12] Shappell, S., Detwiler, C., Holcomb, K., Hackworth, C., Boquet, A., and Wiegmann, D. 2006. Human Error and Commercial Aviation Accidents: A Comprehensive Fine - Grained Analysis Using HFACS.

[13] Weiner, E., Kanki, B., and Helmreich, R. 1993. Cockpit Resource Management. Academic Press, London, UK.

[14] Wickens, C. 2008. Multiple resources and mental workload. Human Factors, 50(3), 449 - 455.

[15] Williams, K. W. and Gildea, K. M. 2014. A Review of Research Related to Unmanned Aircraft System VisualObservers, DOT/FAA/AM - 14/9, Office of Aerospace Medicine.

第7章 无人机系统安全评估

Eric J. Shappee

7.1 引　　言

多年来,航空领域的技术一直在迅速发展。随着技术的发展和变化,航空组织和制造商意识到自己面临着新的安全问题和不断变化的安全需求。无人机系统/遥控驾驶飞行器领域也不例外。事实上,该领域的安全问题更受关注。由于机上没有飞行员,并且操作系统复杂、航空电子设备不断变化以及软件持续更新,使得安全问题成为无人机系统/遥控驾驶飞行器融入国家空域系统的主要障碍之一。

本章将研究几种安全工具和技术,如危险分析及其各种形式。关注风险评估进程,并为开发风险评估工具提供指导。最后讨论安全评估,并为无人机系统/遥控驾驶飞行器事故调查的注意事项提供思路。

7.2 危险分析

危险分析可以采取多种形式。本节将讨论几种常见的危险分析类型。危险分析的目的/功能取决于应用该危险分析方法的无人机系统目前所处的操作阶段。

7.2.1 目的

危险分析是系统安全领域中的常见工具。通常,这些工具的使用贯穿于产品全寿命周期的各个阶段。理查德·斯蒂芬斯(Richard Stephens)在其著作《21世纪的系统安全》一书中指出了产品全寿命周期的各个阶段,包括概念、设计、生产、操作和销毁。虽然在无人机系统/遥控驾驶飞行器的使用中,并不会特别关注产品全寿命周期内的具体情况,但是会重点关注其操作阶段。无人机系统/遥控驾驶飞行器的操作阶段可以细分为几个常规阶段:规划、准备、发射、飞行和回收。在每个阶段应用适当的危险分析工具,有助于早期识别并最终尽早解决安全问题。

7.2.2 预先危险列表

预先危险列表(Preliminary Hazard List,PHL)正如其名,就是一个列表。简而言之,这是一种头脑风暴工具,用于在无人机系统/遥控驾驶飞行器操作早期识别出其初始安全问题。为了最大限度地发挥预先危险列表的作用,需要从熟悉无人机系统/遥控驾驶飞行器的操作及其各个阶段的人员那里获得各种输入变量的信息。一个可用于协助该过程的预先危险列表示例如图 7.1 所示。

预先危险列表/分析(PHL/A)							
日期:_____		填写人:_____			页码:___之___			
使用阶段:	□规划		□准备	□发射	□飞行	□回收	
跟踪号	危险	概率	严重性	RL	规避措施	RRL	备注
注:①RL=风险等级,RRL=剩余风险等级。 ②概率、严重性、风险等级定义参见美军安全性军用标准MIL-STD-882D/E							

图 7.1 预先危险列表/分析

为了使用预先危险列表工具,首先需要对要评估的阶段有深入的了解。在表格顶部选择要评估的阶段(规划、准备、发射、飞行和回收)。这样做有助于将团队成员提交的各种表格划分到合适的类别中,以便于查阅。下一步是列出跟踪编号(1、2、3 等)以及在选定阶段的潜在危险。例如,在准备阶段可能需要列出诸如附近地形特征(树、电力线/电线杆和天线等)。列出危险后,需要确定危险的出现概率和严重程度。在"概率"这一列中,可以输入频繁、可能、偶然、极小或不可能。这些概率级别已在美国系统安全军用标准(MIL-STD-882D/E)和本文附录中列出并给出定义。

下一列是严重程度。在这一列中可以使用灾难性、严重、不太严重或可忽略的类别。严重程度的概率级别及其定义也在美军系统安全性军用标准(MIL-STD-882D/E)和附录中列出。危险列表的最后一列是 RL(Risk Level),即风险等级。可以根据已确定的概率和严重程度来建立初始的风险等级值。例如,如果确定在附近有树木的场地发射无人机系统/遥控驾驶飞行器,其撞击树木的概率非常小,但是严重程度应为"严重"。那么可以利用 MIL – STD – 882D/E 中的风险矩阵,确定该危险的风险等级为10。值得注意的是,数字越高,风险越低。如果决定开发自己的预先风险列表/分析,务必要注意不是所有的风险矩阵都是以上的形式。在某些危险列表中,标注的数字越小,表示风险越低。

7.2.3 预先危险分析

一旦确定了最初的风险等级就需要进入分析阶段,以寻找减轻所列危险的方法。这非常简单,只要研究怎么做可以减少或消除危险。在考虑减缓措施时,需要从概率和严重程度的角度来研究它。对于概率,想要确定消除或降低事件发生的概率,或者更好的方法是提前获知事件的发生。例如,提前确定要操作飞行器的场地在跑道的进入着陆端和起飞离地端有树木。那么,在减轻危险措施的那一栏中,就可以列出多种解决方案。第一种方案是把操作场地移到另一个没有树的地方;第二种是把树移走;第三种也是最合理的一种方案是建立或修改发射和回收程序。

下一列是 RRL,即剩余风险等级。这次的问题在于能否通过实施这些减轻危险的措施来降低风险。如同确定风险等级时一样,必须考虑其概率和严重程度。读者可能会发现其中一个因素或两个因素(概率和严重程度)都发生了变化。改变其中任何一个因素都可能降低或增加风险等级。显而易见,如果实施某个特定的减轻措施后反而导致风险等级提高,则不会继续采取这一措施。

最后一列是带标签的备注。这是完全由自己来解释说明的。如果对减轻措施的实施有任何特殊需要注意的事项或说明,则可以将其在这一列中详细列出。在完成预先风险列表/分析工作表后,必须牢记这是作为初始危险识别的工具来使用的。一旦无人机系统开始运行,应进行操作危险分析,以便评估在采取减轻措施后的危险。诸如预先危险列表/分析之类的危险分析工具对于评估无人机系统/遥空驾驶飞行器操作周期中的危险是非常有效的。使用该分析工具的主要目的是为用户提供一种系统的方法,以便在操作早期识别、分析并减轻危险。

7.2.4 操作危险评估与分析

恰如预先危险列表/分析工具用于在无人机系统/遥空驾驶飞行器操作的早期识别初始安全问题一样,操作危险评估与分析用于识别和评估整个操作过程及其各个阶段(规划、准备、发射、飞行和回收)的危险。这是对危险进行持续评估的关键部分,并且为确定所采用的减轻措施是否达到预期效果提供必要的反馈。

显然,尽管对预先危险列表/分析所列的危险进行持续监测,但在无人机系统/遥空驾驶飞行器操作期间可能会出现其他未预见到的危险。在操作危险评估与分析中,经常需要考虑的是与人的因素相关的项目。例如,人与设备、操作系统及机组资源管理(CRM)的交互。情况可能很快会变得复杂,这取决于机组人员的数量和他们的具体任务。人的因素和机组资源管理都将在后面章节中进行深入讨论,但是人的因素问题和机组资源管理也必须受到持续监控。

操作危险评估与分析工具(图7.2)的使用与预先危险列表/分析非常相似。主要区别是在行动审查一列。在这一列中,希望给出从初步风险列表/分析中确定的减轻措施是否充分的判断结果。如果措施不充分,并且危险状况没有发生改变,则应该重新列出危险。如果这些操作改变了危险状况,那么应该列出改变后的危险。此时,操作危险评估与分析工具剩余部分的工作方式与预先危险列表/分析类似。为了确保工作的有序进行,建议在进行危险审查和评估新的操作危险时使用单独的工作表。除此之外,建议操作危险评估与分析表上的跟踪数字要与预先危险列表/分析上的数字相对应。这样做有助于保持所有安全分析和审查信息的条理性。和以前一样,概率水平、严重程度类别和风险矩阵在MIL–STD–882D/E 和附录中列出。

操作危险评估与分析(OHR&A)							
日期:		填写人:			页码:___之___		
使用阶段:	□规划	□准备	□发射	□飞行	□回收		
跟踪号	措施评估	概率	严重性	RL	规避措施	RRL	备注

注:① RL=风险等级,RRL=剩余风险等级。
② 概率、严重性、风险等级定义参见美军安全性军用标准MIL-STD-882D/E

图7.2 操作危险评估与分析(OHR&A)

7.2.5 变更分析

变更分析在后续的安全审查和分析中起着至关重要的作用。变更分析允许用户查看和检查操作过程中所做的任何更改。例如,如果对无人机系统/遥空驾驶飞行器系统软件进行了更改,升级了无人机系统计算机或操作系统,则需要对这些更改进行评估,并评估这些更改对整体操作过程的影响。另一个示例是程序变更,如果用户修改发射程序以便飞行器更快地升空,这一修改也要进行变更评估。在评估变更时,可以使用操作危险评估与分析工作表。在行动审查一列中列出所有与变更有关系的危险,并像操作危险评估与分析一样处理工作表。

7.3 风险评估

据马奎尔(Maguire 2006)所言,"对风险的公众认知是保障安全的关键"(第47页)。进一步指出,在无人驾驶飞机的领域里,对风险的公众感知是空域集成和接收的首要关键。第二是隐私问题。如何应对和管理这种风险至关重要。军方、航空公司和一些飞行训练学校使用的一种工具是基础风险评估矩阵。图7.3中的风险评估工具是飞行训练项目发展出的衍生产品。风险评估的最佳定义是根据风险的严重程度和出现概率对常见操作危害进行评估。

7.3.1 目的

使用风险评估工具主要有两个目的:第一,可以使无人机系统/遥空驾驶飞行器操作员在进行飞行活动(执行/不执行决定)之前进行快速查看的操作;第二,能够提供安全和管理所需的实时信息,以便对飞操作的整体安全性进行持续监控。风险评估应在每次飞行前由无人机系统/遥空驾驶飞行器操作员完成,并向机组人员进行简报。简报应至少包括对风险、危害和与飞行活动相关的任何担忧的审查。该工具旨在为决策过程提供帮助,而不应成为执行"通过/不通过"飞行决策的唯一手段。

7.3.2 开发

图7.3中所示的风险评估工具是为小型无人机系统/遥空驾驶飞行器操作而设计的。如上所述,风险评估工具是决策过程的一种辅助手段。在考虑开发风险评估工具时,需要根据特定的飞行操作来具体实施。首先,召集与飞行操作直接相关的人员,并讨论诸如天气、机组人员休息和空域等操作因素。此外,还应考虑预先危险列表/分析列表中可能在每个飞行周期产生变更的项目。

小型无人机风险评估				
2/20/10	堪萨斯州立大学，萨利纳			
无人机机组/席位： _____ / _____ _____ / _____				

任务类型	支援 1	训练 2	载荷检验 3	实验 4
硬件变更	否 1			是 4
软件变更	否 1			是 4
活动空域	特种用途 1	C类 2	C类 3	E/G类 4
飞行员是否驾驶过该型飞机	是 1			否 4
飞行条件	昼间 1			夜间 4
能见度	≥10mile (16km) 1	6～9mile (9.7～14.5) 2	3～5mile (4.8～8) 3	<3mile (4.8km) 4
升限离地高度/英尺	≥10000 (3050m) 1	3000～4900 (915～1495m) 2	1000～2900 (305～885m) 3	<1000 (305m) 4
地表风		0～10kn 2	11～15kn 3	>15kn 4
预报风力		0～10kn 2	11～15kn 3	>15kn 4
天气条件是否恶化	否 1			是 4
任务高度(离地高度)/英尺		<1000 2	1000～2900 3	≥3000 4
是否所有机组成员具有资质	是 1		否 3 ----→	要求取得飞行资质
其他靶场/空域活动	无 1			有 4
是否有确定的失去通信程序	是 1			否 无飞行活动
观察类型	视距内跟踪 1		仅跟踪 3	仅视距 4
无人机编组	第一组 1	第二组 2	第三组 3	第四组 4
总计				

注：(1kn=1n mile/h=1.842km/h)

风险等级			
20～30 低	31～40 中	41～50 严重	51～64 高

飞机编号：_____ 机型：_____
飞行批准人：_____ 日期：_____ 时间：_____

图 7.3　小型无人机系统风险评估

列出列表后,下一步是识别每个因素在概率和严重程度方面如何变化。此时,开发者需要决定是否使用数字等级量表。如果选择不使用也没有关系;不过需要提醒一点,可能没有一种简单的方法来识别总体风险等级(低、中、严重和高)。建议增加特定类型的等级排序系统。图 7.3 所示是一个数字化系统,在表的底部列出了风险总值范围。每个总值范围都对应一个总风险等级(低、中、严重和高)。这些类别及其示例风险指数在 MIL – STD – 882D/E 和附录中列出。数值范围便于计算机跟踪和监视总体操作风险。总体风险类别有助于向机组成员提供简报,并为其飞行操作提供有意义的风险等级。

在开发风险评估工具的过程中,需要提及和考虑的最后一项是定期审查和更新风险评估工具,以确定该工具的有效性并在必要时进行更改。或许会发现一些已经确定的因素发生了改变。这可能是由于平台更改,或者操作因素、危险消除所致。还应审查操作危险评估与分析和变更分析,以确定是否有任何新的危险因素需要加以考虑。

7.3.3 使用

要使用图 7.3 中的风险评估表,首先需要列出机组人员及其位置或席位。接下来,从表格左侧的第一列开始就是第一个操作因素,即任务类型。从第一列往右所列的任务类型的选项,包括支援(涵盖范围广泛的活动,如灾害响应)、训练(如新的无人机系统/遥空驾驶飞行器操作员的训练)、任务载荷检查(涵盖任务载荷或新任务载荷的升级)以及实验(可归类为新型号飞行器、新类型或新的无人机系统/遥空驾驶飞行器操作)。

请看第一行,如果任务类型是训练,相关的风险数字就是 2,那么,在最右一栏中填入一个 2。如果任务类型是实验,那么,在最右侧一栏中填入一个 4。继续向下在左侧的操作因素列表中,向右移动根据飞行活动确定关联的风险等级,并将相应数字填入最右侧一栏中。可以看出,越向右移动,关联的风险等级就越大。一旦确定了每个操作因素的风险等级,就可将最右列中的数字相加,以确定总风险值。

一旦计算出总风险值,就能找出风险值所属的范围。例如,如果总值是 26,那么,风险程度就较低。低、中、严重和高的风险等级根据系统安全军用标准 MIL – STD – 882D/E 确定。在风险等级下方可以看到留给填写飞机编号、飞机类型、飞行批准人、日期和时间的空间。除了飞行批准人这一栏外,其他内容都可以自行确定填写。这一栏应该留给有管理权限的人,如首席飞行员和任务主管。其背后的意图是让管理层审查每一个受到评估的操作因素以及总体风险值,并签署风险承诺书。切记,该工具只是评估飞行操作风险和安全性的辅助工具,而不应成为决定任务执行与否的唯一手段。

回顾表格中,左侧列出的一些操作因素需要进一步做出解释。硬件变更指的是机翼设定和发动机一类的项目。诸如操作系统升级或软件新版本一类的项目则属于软件变更。在活动空域这一项操作因素中,存在"特殊用途"这一项。特殊用途的示例指的是限飞区或有临时飞行限制区域(Temporary Flight Restrictions,TFR)。在同一行中还会发现 C、D、E 和 G 类空域。空中交通管制的介入度越少,风险等级越高。目前,民用无人机系统或遥控驾驶飞行器能够飞行的两个主要空域是限制区,以及 E 区和 G 区——进行飞行操作的前提是通过某种授权或豁免,如拥有授权证书(Certificate of Authorization,COA)。当涉及其他范围/空域活动时,可以选择是否进行操作。其背后的意图是:如果在附近空域或限制区域内有其他飞机,很可能对飞行活动构成危险,这种情况需要予以考虑。最后一项是无人机分组。有关这些分组的详细信息可以登录美国联邦航空管理局的网站(FAA)查询。总体来说,这些分组涉及各种项目。其中的项目包括重量限制、速度限制和高度限制等。

7.4　安全性分析

将无人机系统或遥控驾驶飞行器纳入国家空域的一个关键因素是其安全性分析。美国联邦航空管理局认为,无人机系统或遥控驾驶飞行器需要满足可接受的风险水平。要做到这一点是非常有挑战性的。本节将研究几种有助于评估飞机操作安全性的方法。接下来将要讨论的项目包括风险评估、飞行测试卡和适航性。

7.4.1　风险评估

如前所述,风险评估有两个目的。第一,可以让无人机系统/遥控驾驶飞行器的驾驶员在进行飞行活动之前进行快速查看的操作,即决定是否飞行。注意:风险评估应在每次飞行活动前完成。第二,可以使安全和管理成为审查操作风险的手段,并能持续监测整体安全性。正是这种审查和持续监测以及完善的风险评估工具才能提供所需数据,以显示飞行操作的风险水平是否可接受。

7.4.2　飞行测试卡

评估安全性的另一个关键因素是飞行测试卡。飞行测试卡是无人机系统或遥控驾驶飞行器和/或地面站必须有能力执行的一组任务或功能。这些测试卡通常是在某些特殊用途的空域中执行的,如不需要美国联邦航空管理局授权或豁免的限飞区。总而言之,安全评估的最终目的是发展良好的安全实践行动并获得所需的安全数据,以获取美国联邦航空管理局对飞行器在国家空域飞行的授权。

图7.4所示的测试卡是最终的飞行测试卡,应在责任单位批准适航认证书之前完成。在制作诸如适航性、自动着陆或任务载荷特定测试之类的测试卡时,需要了解所使用的设备及其限制条件。除此之外,还需要熟悉美国联邦航空管理局对无人机系统/遥控驾驶飞行器的操作要求。如果这些测试卡制作得当,它们将与风险评估一起成为宝贵的资产。这两种工具在为适航认证提供操作安全数据方面会大有帮助。

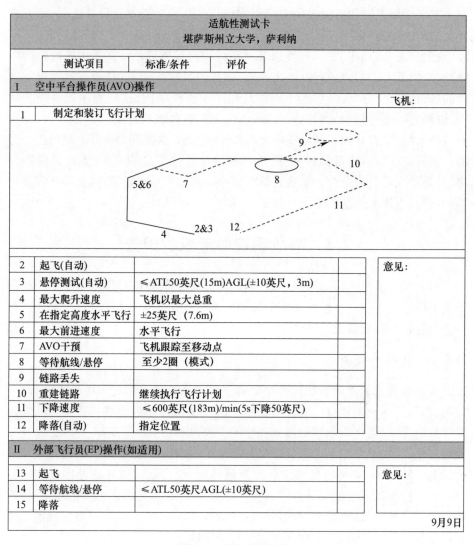

图7.4 适航性测试卡

7.4.3 适航性认证

根据美国联邦航空管理局的规定,公共机构可以选择自行认证适航性。要做到这一点,则需要采取更多的步骤,而不是仅仅说"一切看起来都很好;我们是适航的;让我们飞吧"这么简单。在这一过程中,使用本章讨论的风险评估和飞行测试卡等工具将很有帮助。然而,在实际飞行之前,仍需考虑操作人员和机组人员的资格、飞行器的可靠性、地面站的可靠性以及程序或软件的功能等方面。对于操作人员和机组人员,需要审查其资质,如是否有飞行员证书、是否有丰富的经验和使用系统的能力。至于飞行器的可靠性,需要考虑其结构的完整性、动力装置(发动机)的可靠性以及气动结构和整体性能。在考虑地面站的可靠性时,需要考虑的问题有以下几方面:设备的可靠性如何;是否有针对设备故障的备份或应急方案;最后要考虑的是程序或软件功能,这些程序是否便于使用,以最大限度地减少人的因素的影响;使用的软件和程序的可靠性如何;是否有备用系统;是否有频率问题或冲突?如分析所示,这些问题实际上是层出不穷的。与所要评估的项目一样,关键是要有记录这些信息的方法,无论是应用程序、检查单或是二者组合。这些只是需要检查的几个基本领域,以及一些需要回答的问题,以便为航空器的飞行作进一步的安全评估。

7.5 事故调查中考虑的因素

有关无人机系统/遥控驾驶飞行器的事故可获取的调查信息非常少。尽管传统上用于调查载人飞机的许多工具和技术也适用于无人机,但对于无人机而言仍然存在一些独特的差异。

7.5.1 软件和硬件

大多数人都非常熟悉如何操作安装在家用计算机或笔记本电脑上的程序。但是,我们真的熟悉软件吗?我们真的了解所使用程序的全部特点吗?除非你是计算机专家,否则答案很可能是否定的。在软件方面,许多安全专家,尤其是系统安全人员,都知道某个软件如果与其他软件或操作系统不兼容,会导致严重的问题。Stephans(2004)指出,"软件规范错误、设计缺陷或缺乏通用的安全关键要求可能导致或造成系统故障或错误的人为决策。"在调查无人机系统/遥控驾驶飞行器的事故时,需要对软件进行仔细查看。为此,可能需要非常熟悉具体操作系统的人员,如软件工程师或程序员的协助。

与软件一样,硬件也是事故调查中的关键领域。硬件组件可以分为两个不同的类别。第一类是硬件配置。在这里思考以下问题："是否所有组件例如发电机、备用电源和天线都已连接并对其进行了物理检查以保证配置无误？"第二类也是最容易发生问题的一类，就是硬件和软件之间的接口。在这里需要考虑一下硬件和软件是否兼容？同样，这里也需要一个非常熟悉软件和组件具体操作的人员。

作为无人机系统/遥控驾驶飞行器事故调查的负责人，在团队中有在该领域具备相关特殊技能的人员将会是非常有利的。拥有非常熟悉系统软件硬件的成员还有另一个好处，就是大多数无人机系统/遥控驾驶飞行器系统会记录飞行和操作数据，利用这些人员的专业知识，可以从飞行中提取和插入数据。他们还能协助模拟和重建整个飞行过程。提取的这类信息类似于从飞行数据记录仪中检索的信息。

7.5.2 人的因素

虽然人的因素影响在另一章有专门论述，但在本节中需要特别说明。随着时间的推移，出现了越来越多关于人的因素和无人机系统/遥控驾驶飞行器操作的研究。在本节中，将会提出在无人机事故调查中，涉及人的因素时可能需要考虑的方面。首先是机组人员协调。不同于航空公司只有两三名驾驶舱机组人员，在无人机系统/遥控驾驶飞行器的操作中，机组人员远不止飞行员和副驾驶，在许多情况下还会兼任任务载荷操作员。如果没有配备自动着陆或起飞系统，则机组中还要增加一名带着控制箱（遥控器）的外部飞行员。大多数无人机系统/遥控驾驶飞行器运行时都需要一名观察员或载有飞行员的追踪机。这又增加了机组人员协调的复杂性。

系统复杂度或用户友好性是需要考虑的另一个问题。许多操作系统和相关软件是由毫无航空经验的计算机工程师设计的。对他们来说，简单的事情实际上可能并不简单，甚至在无人机系统/遥控驾驶飞行器操作员的检查单上也没有。如果系统设计时没有考虑到人为因素，则操作员出错的可能性会大大增加。这些错误在任何环节都可能发生，包括在时间敏感态势下的任务规划和编程，如做出快速决策以避免空中相撞或规避其他灾难发生。

7.5.3 建议

如果被派去调查无人机或遥控驾驶飞行器事故，个人有以下几点建议。第一，不要试图独自进行调查。需要熟悉该领域的专家来帮助你获取和分析信息。第二，有计划地进行组织调查。了解需要重点调查的方面。图7.5所示的事故调查表是可以使用的一个工具。该表列出了重点调查的方面，并为团队成员分配特定任务提供了空间。

小无人机系统	事故调查表				
	IIC_____ 案例编号_____ 开始日期_____				
	部门负责人				
任务					
飞行员/维护					
安全评估					
人的因素					
软件/硬件					
ATC(如适用)					
天气/机场					
结构/性能					
目击者					
其他					

图 7.5　事故调查表

7.6　本章结论

本章为无人机或遥控驾驶飞行器安全和安全性评估提供了良好起点。本章讨论的工具是作者在过去几年中开发的工具,并在评估无人机或遥控驾驶飞行器时已使用过且已获得授权证书。随着无人遥控飞机的发展,对安全的需求也在不断增长。对于那些有兴趣获得安全知识并全身心投入这一领域的人,作者想提出几点建议。首先,参加安全培训课程,学习安全管理、系统安全和安全管理体系方面的课程。这些课程在开发安全工具和评估操作安全性时是非常有用的。其次，花些时间在网上或图书馆查阅本章列出的参考资料。

思 考 题

1. 列出并讨论无人机或遥控驾驶飞行器的操作阶段。
2. 请给出"风险概率"和"严重性"的定义。
3. 讨论 PHL/A 和 OHR&A 两种工具之间的区别。
4. 风险评估的两个目的是什么？
5. 安全评估的目的是什么？
6. 讨论有人机事故调查和无人机事故调查之间的区别。

附 录

以下图表摘自美军安全性军用标准 MIL-STD-882D/E。

事故概率等级示例

描述①	等级	具体项目	机群或库存②
频繁	A	在物品的使用期限内可能频繁发生，并且使用期限内发生概率大于 10^{-1}	持续经历
很有可能	B	在物品的使用期限内可能发生多次，并且使用期限内发生概率小于 10^{-1}，但大于 10^{-2}	将会频繁发生
偶然	C	在物品的使用期限内可能偶尔发生，并且使用期限内发生概率小于 10^{-2}，但大于 10^{-3}	将会频繁数次
极少	D	在物品的使用期限内不太可能发生，并且使用期限内发生概率小于 10^{-3}，但大于 10^{-6}	不太可能，但可以合理预期会发生
不可能	E	不可能，意味着可以假设发生的情况不会出现，并且使用期限内发生概率小于 10^{-6}	不会发生，但也存在可能性

① 描述性词语的定义必须基于所涉及的项目数量进行修改；
② 在完成系统评估之前，应确定机群或库存的预期规模

事故严重性类别示例

描述	种类	环境、安全和健康状况的结果标准
灾难性	Ⅰ	可能会导致死亡、永久性完全残疾，财政损失超过 100 万美元或违法违规造成了不可逆转的严重的环境破坏
严重	Ⅱ	可能会导致永久性局部残疾、受伤或职业病，可能导致至少 3 人住院，财政损失超过 20 万美元但不足 100 万美元，或违法违规造成了可逆转的环境破坏

续表

描述	种类	环境、安全和健康状况的结果标准
轻微	Ⅲ	可能会导致受伤或职业病,一到多个工作日缺工,财政损失超过2万美元但不足20万美元,或可以进行恢复且没有违法违规的轻度环境破坏
极轻	Ⅳ	可能会导致受伤或疾病,但不会导致缺工,财政损失超过2000美元但不足10000美元,或没有违法违规但造成了极小的环境破坏

事故风险评估矩阵示例

严重性程度	灾难性	严重	轻微	极轻
频繁	1	3	7	13
很有可能	2	5	9	16
偶然	4	6	11	18
极少	8	10	14	19
不可能	12	15	17	20
设计出来	21	22	23	24

参 考 文 献

[1] DOD. 2000. MIL – STD – 882D Standard practice for system safety.
[2] FAA. 2009. Small unmanned aircraft systems aviation rulemaking committee. Comprehensive set of recommendations for sUAS regulatory development.
[3] Maguire, R. 2006. Safety Cases and Safety Reports. Burlington, VT: Ashgate Pub Co.
[4] Shappee, E. 2006, March. Grading the go. *Mentor*, 8(3), 12.
[5] Stephans, R. 2004. System Safety for the 21st Century. Hoboken, NJ: Wiley – IEEE.

第8章 出口管制及国际武器贸易条例

Eric Mc Clafferty and Rose Mooney

8.1 引　　言

本章重点介绍与无人机系统、无人机组件、发射系统、任务载荷和相关设备有关的美国出口管制条例。出口管制不仅涉及美国境外的实体商品流动,而且还涉及通过各种方式(包括电子邮件、电话和使用共享数据库)在美国境外发布的软件和"专有技术"。令人惊讶的是,这些条例也涵盖了向在美国境内的非美国人发布某些信息的情况,并适用于在世界各地活动的美国公民(如当一个美国公民在国外旅行时)。违反出口管制条例将损害美国的国家安全,相关企业和个人也会在特定情况下受到监禁、高额罚款、剥夺出口特权、禁止向政府出售产品等刑事或民事处罚,同时造成名誉损失。尽管与其他国家/地区相比,美国无人机的出口管制更加严格,但本章涉及的大多数管制措施都源自国际协定,许多其他国家/地区也遵循相同的基本规则。

条例规定,出口商用/军用无人机以及载具管制软件需要美国政府颁发的特别许可证。此外,在美国境内向非美国人发布与产品开发相关的"专有技术"信息时,还需要逐一获得出口批准。本章将介绍美国军用/商用无人机出口管制的基本规则及其相关的两个主要政府管理机构。本章还将回顾现实世界中不遵守出口规则的情况,指导开发有助于避免违规的系统。

出口管制和经济制裁有着近千年的历史,早在公元前432年,雅典(Athens)就拒绝与墨伽拉(Megara)进行贸易[1]。美国历史上也有许多出口管制和禁运的例子。例如,1774年10月20日,美国在费城(Philadelphia)举办了第一次国会会议,会上通过的章程规定,如果不废除英国的《不可容忍法案》,美国将抵制英国产品;章程同时还概述了对英国的出口禁运计划[2]。1917年,国会通过了《对敌贸易法》,旨在限制第一次世界大战期间某些物品的出口活动,该方案的某些

---

[1] http://www.ancient.eu/Peloponnesian_War/。
[2] https://history.state.gov/milestones/1776-1783/continental-congress。

部分至今仍然有效①。1940年,为应对二战,美国国会通过《出口管制法案》,并在此基础上不断修订完善②。

1976年颁布的《武器出口管制法》(AECA)增设额外的权力机构,用以管制国防物品和国防服务的进出口,其中就包括某些类型的无人驾驶飞机③。第11958号行政命令将该方案的管理权下放给美国国务院,国务院下辖的国防贸易管制局(DDTC)与美国国防部(DoD)及其他政府机构密切合作,共同制定政策、颁发许可证和协议,并推行相关规定,详见下文④。《武器出口管制法》的施行条例(第22章120~130节《国际武器贸易条例》)规定,从美国接收国防用品的海外各方应将其用于合法自卫,未经美国政府许可不得转让。美国国务院根据《国际武器贸易条例》做出出口许可决定时,必须考虑是否会引发军备竞赛、助长大规模杀伤性武器扩散、支持恐怖主义、加剧武装冲突或破坏军备管制和不扩散协议等问题。这些方案和条例是军用无人机及其相关物品出口管制的基础。

依据1979年颁布的《出口管理法》⑤和经修订的《国际紧急经济权力法》⑥,"两用"物品(可用于军事、恐怖袭击或武器扩散等目的的商业物品)的非军事出口管制主要由美国商务部工业和安全局(Bureau of Industry and Security,BIS)负责。美国安全局依据《出口管理条例》⑦(简称EAR)管制两用物品的出口,包括某些无人机、软件、专有技术和大量任务载荷等。两用物品的出口管制一方面是出于保护国家安全的需要,另一方面也要避免合法的商业活动受到不必要的干扰。由于两用无人机的出口管制较为严格,许多商用系统的出口都需要许可证,要兼顾国家安全和商业自由具有相当大的挑战性。

需要指出的是,本章旨在概述与出口管制相关的介绍性内容,而非结论性内容。出口管制规则种类繁多且十分详细,如果"现实世界"的活动细节发生了国际性变化,则需要根据相应的适用规则仔细评估,以确保当事人和其合伙人不会

---

① http://www.gpo.gov/fdsys/granule/USCODE-2011-title50/USCODE-2011-title50-app-tradingwi。

② http://www.gpo.gov/fdsys/granule/USCODE-2011-title50/USCODE-2011-title50-app-exportati-other。

③ http://www.gpo.gov/fdsys/pkg/USCODE-2010-title22/html/USCODE-2010-title22-chap39.htm。

④ http://www.archives.gov/federal-register/codification/executive-order/11958.html。

⑤ Export Administration Act of 1979, as amended (Pub. L. 96-72, 93 Stat. 503, 50 U.S.C. app. 2401-2420)。

⑥ International Emergency Economic Powers Act, as amended, (Pub. L. 95-223, 91 Stat. 1628, 50 U.S.C. 1701-1706)。

⑦ 15 C.F.R. § 730 et seq., https://www.bis.doc.gov/index.php/regulations/export-administration-regulations-ear。

违反法律。此外,出口管制法并非一成不变,而会定期修订,因此需要检查本书引用的法规是否仍然适用。

8.2 出口管制理解方面的术语

以下术语的技术定义冗长复杂,并且在《国际武器贸易条例》和《出口管理条例》之中有所不同。要完全理解下列非正式描述的术语含义,必须参考《国际武器贸易条例》或《出口管理条例》中的准确定义(具体参考哪部条例取决于出口的是商用/两用物品还是军用物品)。[①] 需要注意的是,作为美国整体出口改革进程的一部分,负责机构正在努力协调统一出关键的与出口管制相关的主要术语定义,但这一任务尚未完成。以下非正式术语表可以帮助读者理解与出口管制相关的关键术语。

(1) 出口。典型出口指的是产品、软件或专有技术(如说明如何制造产品的图纸或电子邮件)越过美国边境到达另一个国家的过程。另一类出口指的是美国境内的个人或组织向美国境内的非美国公民发布专有技术。这些非美国公民实际上或有可能将该专有技术带回或发送回原籍国,因此也被"视为"向其国家出口专有技术。

(2) 出口许可证或协议。实际上,所有受《国际武器贸易条例》管控的军用物品,都需要国务院签发的出口许可证方能运往美国境外。而许多商用或两用无人机的出口则需要根据《出口管理条例》获得商务部的出口许可证。无论是向美国境外还是向美国境内的非美国公民出口军事专有技术,都需要个人许可证或技术援助协议。即便是《出口管理条例》明确可共享的商用或两用技术,也需要出口许可证。在极个别情况下,商务部或国务院可以为某些出口行为提供例外的许可。

(3) 产品。产品即实体对象,如整个无人机系统,或者能成为无人机任务载荷一部分的成像系统。某些相机和成像系统受《国际武器贸易条例》管控。其余主要是为商业用途而设计,但它们可能比较复杂,并且也可能用于军事或恐怖主义活动。如果这些商用或两用物品符合美国商务部《出口管理条例》中列出的特定管控标准,那么,它们需要许可证才能运往某些国家。

(4) 软件。软件可以单独出口,也可与实体产品集成出口。如今,包含加密功能的软件也受到出口管制。

[①] 《国际武器贸易条例》定义参见美国联邦法规第22章第120.1节。《出口管理条例》定义参见第15章第772条。

(5)技术(出口管理条例)或技术数据(国际武器贸易条例)。开发、生产或使用出口管制项目所需的"专有技术"。在没有许可证的情况下,将出口管制物品出口到美国境外是严重的违法行为,然而,出口生产成千上万此类物品所需的专有技术又会如何呢?执法机构非常担心此类受控技术的出口。这种出口如今可能以多种形式出现,如计算机文件、电子邮件附件、电话交谈等。

(6)进口。其他国家的军用物品越过美国边境进入美国。本章不会重点讨论这些进口物品,但要知道这些物品也受到管控。美国烟酒火器与爆炸物管理局(简称ATF)会根据其条例监管某些军用物品的进口。

(7)导弹技术控制管理(MTCR)。一项由34个国家签署的非正式多边协议,旨在限制导弹、软件和技术的出口与扩散。部分无人机符合导弹技术控制管理对导弹的定义,因此也受规则制约。导弹技术控制管理准则阐述了适用于项目清单、导弹技术控制管理设备、软件和技术附件的出口政策。技术附件包含两个部分——一类物项和二类物项,并且涉及某些最终用途管制。

"一类物项包括能够负载至少500kg任务载荷飞行至少300km的完整火箭和无人机系统(包括弹道导弹、空间运载火箭、探空火箭、巡航导弹、靶机和侦察无人机)、其完整子系统(如多级火箭、发动机、制导装置和再入载具)、相关软件和技术以及为这些物项专门设计的生产设施。根据导弹技术控制管理准则,无论出口目的如何,一类物项的出口都必须无条件强加拒绝,并且只在极少数情况下才会获得出口许可。此外,严禁出口一类物项的生产设施。"[1]

"二类物项包括其他敏感度较低的两用导弹相关部件,以及无论任务载荷多大、飞行里程大于300km的其他完整导弹系统。考虑到导弹技术控制管理准则中规定的不扩散条件,其出口必须符合许可要求。出口国如果判定出口物品属于大规模杀伤性武器,则其出口应被强加拒绝。"[1]

(8)再出口。美国制造的产品根据出口许可从美国运出,并指定德国的ABCD公司为最终用户。ABCD公司使用该产品6个月后,公司总裁将产品出售并运送到南非的EFGH公司。这种美国产品就从德国再出口到南非。美国的出口管制法律与其他大多数国家/地区的法律不同,因为再出口货物通常仍由美国许可证颁发机构管控,并且可能需要美国的再出口许可证。

(9)转让。从美国出口到德国ABCD公司的这个产品,如果ABCD公司的总裁没有将其卖到南非,而是把它卖给位于德国另一个城镇的GHIJ公司,这意味着什么呢?这种行为就是转让。这种转让也需要遵守美国出口管制规则。

---

[1] http://www.mtcr.info/english/FAQ-E.html.

（10）无人机。美国商务部对商用或两用物品的规定（联邦法规第15章第772条）将无人机定义为"任何能够在无人驾驶的情况下启动飞行并维持受控飞行和导航的'飞行器'。"

"此外，根据《出口管理条例》第744.3条，与'无人机'相同的无人驾驶飞行器包括但不限于巡航导弹系统、靶机和侦察机。"①

8.3　出口管制的原因

虽然美国存在某些仅对美国实行的单方面出口管制，但许多从美国出口的管制物品也受到美国盟国和其他国家的出口管制。联合国安理会第1540(2004)号决议决定，会员国不应向企图使用核武器、化学武器或生物武器及其运载工具，特别是用于恐怖主义活动的非国家行为组织提供支持②。该决议要求各国制定并执行适当的出口管制法律③。美国与盟国的其他多边协定，包括《导弹技术控制管理》和《瓦森纳(Wassenaar)协定》④，都针对无人机系统建立了一套通用的出口管制国际框架，并在每个成员国的法律法规中加以表述。许多人错误地认为，美国独自执行出口管制，并把遵守这些复杂法规的责任推给了美国公民和企业。但实际上并非如此。以实施《导弹技术控制管理》的34个国家和实施《瓦森纳(Wassenaar)协定》的41个国家为例，这些国家制定的相关规则，包括适用于无人机的具体规则与美国非常相似。

8.4　什么是出口管制

出口管制是美国政府用来保护敏感设备、软件和技术的关键手段。实施出口管制是为了与其他国家合作，通过规范这些物品的生产、销售和分配来推动美国的外交政策，保障国家安全利益。具体而言，出口管制规范了国防物品（包括数据）在美国境外的转移、装运或移动行为。例如，在《联邦法规》第22章第120.17条中，《国际武器贸易条例》(ITAR)对出口的定义如下。

（1）除具备相关技术知识的人员偶尔出国旅行外，以任何方式将国防物品送出或带出美国。

---

① http://www.bis.doc.gov/index.php/forms-documents/doc_view/838-772 page 42。
② 联合国，www.un.org/en/sc/1540/。
③ 联合国，www.un.org/disarmament/WMD/1540/。
④ http://www.wassenaar.org/。

（2）在美国境内或境外,将任何受《美国军需品清单》（USML）管辖的飞行器、船只或卫星的注册、管制或所有权转让给外籍人员。

（3）在美国向大使馆、外国政府的任何机构或分支机构（如外交使团）披露（包括口头或视觉披露）或转让任何国防物品。

（4）在美国境内或境外向外籍人员披露（包括口头或视觉披露）或转让技术数据。

（5）在美国境内或境外代表外籍人员或为外籍人员的利益履行国防服务。[1]"（如前所述,《国际武器贸易条例》的定义与《出口管理条例》的定义略有不同。）

传统上,大多数军事无人机的许可证申请都会受到无条件强烈否定假设（第一类）或拒绝（第二类）,这与《导弹技术控制管理》的多边义务相符（请参见上面术语表中关于《导弹技术控制管理》的部分）。这一政策在2015年2月有所松动,当时美国国务院打开大门,允许在特定条件下向某些盟国额外出口这些物品。实施新政策旨在增强"美国和盟国的作战能力,增强美国与这些国家在联合行动中的互动性,确保其负责任地使用这些系统,并缓解美国军队组织的压力[2]。"此外,新政策旨在与无人机行业的发展保持一致,如更广泛的系统可用性和新兴的商用无人机市场。这将在下面进一步讨论。

如果出口商想出口符合国防物品资格的无人机,或者分享如何开发或生产该物品的专有技术,就必须从国防贸易管制局获得国际武器贸易条例许可证或特别协议。国防贸易管制局拥有最终权力来决定哪些项目由《国际武器贸易条例》管制,哪些项目由工业和安全局管控。只要出口商严格遵守法规,他们就可以自行将其产品的管辖权归为《国际武器贸易条例》或《出口管理条例》。当然,出口商也可以向国防贸易管制局寻求商品管辖权形式的书面指导。因此,如果不确定应将无人机归类为军用还是两用物品,可以在商品管辖权申请中要求国防贸易管制局提供书面答复。

由于《国际武器贸易条例》和《出口管理条例》都执行"严格责任"制度,出口商有责任正确分类。如果出口商对自己的产品进行了错误分类,并且在运输时没有获得所需的出口许可证,无论他们是否知道确切规则,都可能受到严重处罚。如果物品不在《国际武器贸易条例》的管辖范围内,那么就可以视为两用物品,工业和安全局与其他美国政府机构协商后,负责签发出口许可证,并执行与这些货物相关的规则。

---

[1] 《联邦法规》第22章第120节。
[2] State Department, www.state.gov, Diplomacy in Action, U.S. 军用无人机系统出口政策。

如上所述,在图 8.1 中,除了国家(国防贸易管制局)和商业(工业和安全局)层面对出口进行管制外,美国还实施某些非常严格的贸易禁运和经济制裁,这些也是美国出口管制制度的一部分。例如,除了极少数信息材料外(如时事通信),没有美国财政部外国资产管制办公室颁发的出口许可证,任何东西都不能寄往古巴、伊朗、朝鲜、苏丹或叙利亚。这些许可证很难或不可能获得,但用于运输某些人道主义物品,如农产品、食品和药品的许可证除外。

图 8.1 出口管制机构的责任

军事用品的出口由美国国务院管理,国务院与国防部密切合作,依据《国际武器贸易条例》对军用无人机的进行出口管制(《联邦法规》第 22 章第 120 节),该条例实施了美国管制和《导弹技术控制管理》中的国际管制。商用或两用无人机及相关物品的出口由美国商务部根据《出口管理条例》(《联邦法规》第 15 章第 730 节)进行管理,同样实施美国管制以及《导弹技术控制管理》和《瓦森纳协议》中的国际管制。除其他因素外,国务院和商务部都会根据无人机的特性及其功能、接收物品的人员以及物品的用途来决定许可证的发放。简而言之,商用或两用物品的管理要依据《出口管理条例》及其分类系统,即商务管制清单(Commerce Control List,CCL)。国防相关物品和服务通过《国际武器贸易条例》和被称为美国军需品清单的分类系统进行管理。

8.5 出口管制源自哪里

大量的法规、行政命令和条例构成了美国的出口管制体系。上述《武器出口管制法》非常重要,因为它确立了军事物品出口的框架,是《国际武器贸易条例》的基础。美国商务部管理的商用或两用出口管制制度以 1979 年经修订的《监管局条例》(《美国法典》第 50 编,2401~2420)和《国际紧急经济权利法》(IEEPA)(《美国法典》第 50 编,1701~1706)为基础。尽管《监管局条例》已经失效,不再是正式法律,但《国际紧急经济权利法》仍保持着该条约的效力。导弹技术管制政策(《美国法典》第 50 编,2402(注))也与无人机出口有关,一些其他的法规也是如此。由国会通过的大量法规及其条款分布在不同时期通过的各种法律中。幸运的是,对于那些以处理条款为工作的人来说,主要的出口管制机构——国务院和商务部——各自管理大部分法规的条例。考虑到所涉及的法律背景,《出口管理条例》和《国际武器贸易条例》无疑是复杂的。下一节将详细介绍《出口管理条例》和《国际武器贸易条例》中与无人机系统相关的一些重要内容。

8.6 出口管理条例

如本章前面所述,制定《出口管理条例》是为了执行 1979 年的《监管局条例》,该条例涉及对商用或两用物品的管制。美国商务部的工业和安全局管理着《出口管理条例》,以管制某些出口行为、再出口行为、某些美国公民的活动以及美国出口物的最终用途。如果一件物品没有被《国际武器贸易条例》作为军事物品进行管制,则很可能受到《出口管理条例》的管控。《出口管理条例》长达数百页,受篇幅和目的所限,本章只关注部分直接影响无人机出口的内容。如下所述,任何想从美国出口商用或两用产品、软件或专有技术的人,都需要了解《出口管理条例》的哪些部分会影响其活动。

《出口管理条例》由以下各项组成:《贸易管制列表》列出一系列受管制物品的名录[1],提供名录上受管制物品可在何处装运的对照表[2],明确出口商不能做

---

[1] 见《联邦法规》第 15 章第 774 款,补编 1。
[2] 同上,第 738 部分,补编 1。

什么的一般禁令①,针对某些美国公民的活动禁令②,适用于本条例所规定的所有物品的最终用途限制以及各种其他说明。在这短短的一章中,无法解释乃至引用《出口管理条例》的所有部分。本章将重点关注《贸易管制列表》,涵盖无人机、无人机软件、无人机技术以及《出口管理条例》中的一些其他受管制物品。其他问题留给读者自行研究。

8.6.1 贸易管制列表

《贸易管制列表》是一个分类系统,可确定出口管制下的商用物品是否为《出口管理条例》中的两用物品。它分为 10 个部分,其中与无人机密切相关的是第 9 类(航空航天与推进器)、第 7 类(导航与航空电子设备)、第 6 类(传感器与激光器)、第 5 类(电子通信与信息安全)、第 4 类(计算机)、第 3 类(电子设备)、第 2 类(加工设备)和第 1 类(材料,如复合材料)。其他类别有时也涉及无人机。《贸易管制列表》包含出口管制分类号(ECCN)的条目,用以提供技术管制标准。如果某一产品、软件或技术符合出口管制分类号中的管制标准,则该产品、软件或技术的出口就受到该类别的管制。如果出口管制分类号适用,那么,其规定出口管制的原因是什么?出于某些管制原因,某些国家/地区会制定许可要求。了解产品是如何分类的——属于《国际武器贸易条例》还是《贸易管制列表》?它属于《国际武器贸易条例》或《贸易管制列表》中的哪个类别?这对出口管制来说至关重要。没有这些信息,出口商根本不知道该怎么做。如果不清楚两用物品的出口管制分类号,出口商就不知道将该产品运送到 A 国是否需要出口许可证。也就不知道向一个来自 Y 国、持有美国工作签证的工程师发布信息是否需要许可证。即使不谈产品,发布公众知识也可能需要出口许可证。

《贸易管制列表》被分成 5 个部分,包含具有不同编号的出口管制分类号。"产品"部分是 A 类(系统、设备和组件)、B 类(测试、检验和生产设备)和 C 类(材料)。D 类涵盖软件,E 类涵盖技术(专有技术)。每一部分中都有出口管制分类号。

例如,以下是《贸易管制列表》上用于无人驾驶飞机的主要出口管制分类号的编辑版本(还有许多其他相关的出口管制分类号,但了解此版本尤为重要):

出口管制分类号 9A012 非军用"无人驾驶飞行器"(以下简称"无人机"),无人驾驶"飞船",相关系统,设备和"组件",如下所示。

---

① 同上,见第 736 部分。
② 同上,见第 744 部分。

许可证要求

管制原因:国家安全,导弹技术,航空技术管制国家(地区)图表(见附录,1~738部分)	
国家安全适用于全部条目	国家安全第1栏
导弹技术适用于非军用无人机系统和遥控飞行器,无论任务载荷大小,其最大航程至少为300km	导弹技术第1栏
航空技术适用于全部条目	航空技术第1栏

项目:

a."无人机"或无人驾驶"飞船"具有下列特性:

a1. 自主飞行管制和导航能力(如带有惯性导航系统的自动驾驶仪);

a2. 超出驾驶员直接可视范围之外的受控飞行能力(如远程可视遥控)。

b. 相关系统、设备和"组件",如下所示:

b1. "特殊设计"用于遥控"无人机"或无人驾驶"飞船"的设备,由9A012.a管制;

b2. 除第7类管制系统外的导航、姿态、制导或管制系统是经"特殊设计"可为"无人机"或无人驾驶"飞船"提供自主飞行管制或导航能力的设备,由9A012.a管制;

b3. 设备或"组件"经"特殊设计",可将有人驾驶的"飞机"或"飞船"改为"无人机"或无人驾驶"飞船",由9A012.a管制;

b4. 经过"特殊设计"或改造的吸气往复式或旋转内燃式发动机,可推进"无人机"或无人驾驶"飞船"到海拔5万英尺以上的高度(即15240m)。

需要指出的是,9A012不管制模型飞机或模型"飞船"。然而,在撰写本文时,我意识到,对该出口管制分类号类别的修订需要着重关注无人机是否能够在特定飞行时间或在特定风况下飞行。因此,有必要在出口前检查现行规定。

为确定将要出口的无人机是否需要许可证,出口商需要确保它不受《国际武器贸易条例》的管制。接下来,还需确定它是否满足9A012子类别(或其他出口管制分类号类别)中所描述的条件。如果符合,就需要从出口管制分类号中寻找"管制原因"。出口管制分类号9A012列出的两个管制原因是NS1(国家安全第1栏)和MT1(导弹技术控制管理),它们适用于出口管制该分类号9A012中的某些项目。在确定管制原因后,可通过查阅商业国家图表了解是否需要许可证。如果国家图表在国家列表或管制矩阵的原因中显示"×",则需要许可证,如图8.1和图8.2所示。

例如,假设想把一架属于出口管制分类号9A012名下的无人机运送到阿尔及利亚。表8.1是《出口管理条例》第738部分附件1的商业国家图表的一部分。从表8.1中可以看到,NS1框和MT1框中有一个"×",位于阿尔及利亚之后。这意味着,NS1和MT1管制的无人机在运往阿尔及利亚之前需要获得美国商务部的许可证。

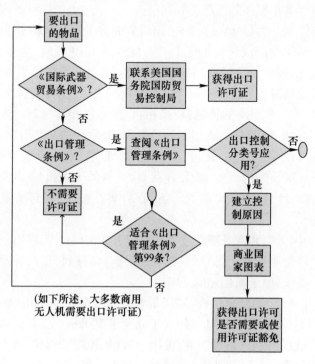

图8.2 出口管制流程图

表8.1 贸易管制列表概述和国家图表

国家	商业国家图表控制原因														
	生化核武器			不扩散安全		国家	导弹技术	区域稳定		火器公约	犯罪控制			反对恐怖主义	
	CB1	CB2	CB3	NP1	NP2	NS1	NS2	MT1	RS1	RS2	FC1	CC1	CC2	CC3	AT1	AT2
阿富汗	×	×	×	×		×	×	×	×	×		×		×		
阿尔巴尼亚	×	×		×												
阿尔及利亚	×	×		×		×	×	×	×	×		×		×		

在申请许可证之前,有必要从《出口管理条例》中搜索许可例外(出口管制

分类号类别中不会列出任何许可例外情况,但也可以在《出口管理条例》的第740部分中查找其他例外)。不过,无人机几乎没有许可例外。如果需要许可证且没有许可例外,则必须申请商务部出口许可证。申请过程政府不收取费用。在没有所需出口许可证的情况下,各组织绝对不得运送无人机。这样做可能会使该组织受到刑事指控和其他严厉处罚。

除了出口管制分类号9A012之外,出口管制分类号9A120还负责管制为某些气雾剂分配系统生产或设计的无人机。此外,9B010管制"为生产'无人机'及其相关系统、设备和'组件'而'特殊设计'的,并且由9A012管制的设备。"无人机组件和任务载荷控件分布在整个贸易管制列表中,如管制制导系统、复合材料、用于电动机和其他组件的管制器、照相机、激光器和传感器。人们还可以在《出口管理条例》中找到《国际武器贸易条例》管制物项的交叉引用,如出口管制分类号9A115中的项目,负责管制"为运输、处理、管制、启动和发射火箭、导弹和无人机而设计或改装的设备、装置和载具,此处的无人机'航程'大于或等于300km。"(这些项目受《国际武器贸易条例》管制。参见《联邦法规》第22章的120~130部分。)

此外,作为国务院和商务部在过去几年引入的出口改革进程的一部分,无人机的一些零部件管制权已从《国际武器贸易条例》转移到《出口管理条例》,包括但不限于以下各项,归于新创建的9A610。

(1)"特殊设计"的复合结构、层压板及其制成品可用于由《美国军需品清单》第八类(a)管制的无人机,其航程大于或等于300km。

(2)"特殊设计"的设备和装置,可用于操纵、控制、启动以及非舰载发射无人机或《美国军需品清单》第八类(a)或出口管制分类号9A610.a所管制的无人机,其航程大于或等于300km。

(3)经设计或改装的雷达高度计,可用于由《美国军需品清单》第八类(a)或出口管制分类号9A610.a.管制的无人机。此类无人机能够负载至少500kg的任务载荷,其航程至少为300km。

(4)经设计或改装的液压、机械、光电或机电飞行管制系统,可用于由《美国军需品清单》第八类(a)或《出口管制分类号》9A610.a.管制的无人机。此类无人机能够负载至少500kg的任务载荷,其航程至少为300km[①]。

此外,《出口管制分类号》的9D和9E中还有各种复杂的管制规定,适用于由《导弹技术控制管理》和9A012管制的无人机相关软件。例如,9D004.e.管制"特殊设计"或修改的"软件",可用于由9A012管制的"无人机"与相关系统、

---

① 《联邦法规》第15章第774部分,补编1,出口管制分类号9A610。

设备和"组件"的操作①。因此,至关重要的是,与无人机相关的软件和专有技术也应根据《国际武器贸易条例》或《出口管理条例》进行仔细分类,并在任何出口物品跨越美国边境之前,或在软件及专有技术发布给美国境内的非美国人之前,进行全面的许可证分析。

许多受《出口管理条例》管制的无人机项目也受 NS1(国家安全 1)或 MT1(导弹技术 1)管制。除了对受制裁国家的管制,这些是《出口管理条例》中最严格的出口管制。这意味着几乎世界上每个国家都有许可证要求。

然而,受出口政策改革的影响,从《国际武器贸易条例》转移到《贸易管制列表》类别 9A610 中的某些物项有资格获取新的许可例外,但程序相对复杂。如《联邦法规》第 15 章第 740.20 条中的战略贸易授权(在法规中简称为 STA)。在某些情况下,只要完全满足许可例外和《出口管理条例》的所有要求,9A610 中的物品可以在没有许可证的情况下,出口到有资格接收该产品的国家。

需要指出的是,上述段落提及的分类号类别仅适用于无人机的出口管制。如前文所述,《出口管理条例》中还有一些其他类别未具体提及,但也不应忽视。

如果出口的产品是商用或两用物品(未在《国际武器贸易条例》中列出),但在《贸易管制列表》的特定出口管制分类号类别中并未提及,那么,它仍受《出口管理条例》管控,但可归类为 EAR99 物品。经验证的 EAR99 类别绝对不属于受控的出口管制分类号类别,这意味着该商品通常不需要出口或再出口许可证。除 EAR99 类之外的物项不得从美国出口到受制裁的国家(包括但不限于古巴、伊朗、朝鲜、苏丹和叙利亚),也不得出口用于被禁止的最终用途(如某些导弹、核武器、生化武器或核推进的最终用途)②,也不得出售给"被拒绝者",如美国政府列出的恐怖分子、毒贩等。目前,很少有商用无人机归于 EAR99 之下,除非这些物项是出于爱好进行交易或不属于管制类别③。

《出口管理条例》第 742 部分描述了无人机的主要出口管制政策,其中涉及"任何类型的无人机,包括用于制导和控制这些系统的传感器,但模型飞机除外。"上述最终用途管制并非基于《贸易管制列表》和出口管制分类号类别。实际上,任何拟从美国出口的物品,如果符合第 744 部分所述的无人机禁止的最终用途之一(存在多种),则需要在装运前签发出口许可证。例如,如果一只铅笔拟从美国出口,将用于某些国家所列的被禁止的最终用途,那么,这种铅笔需要

---

① 参见《联邦法规》第 15 章,第 774 部分,补编 1(注意:本条例此部分中"括号"内的术语定义见《出口管理条例》第 772 部分)。

② 《联邦法规》第 15 章第 744 部分。

③ 被拒人员完整名单见美国商务部、工业和安全局网站:https://www.bis.doc.gov/index.php/policy-guidance/lists-of-parties-of-concern。

商务部的出口许可证,而颁发许可证的唯一依据就是其已提出的最终用途。过度关注《国际武器贸易条例》《出口管理条例》《贸易管制列表》等级别的物项管制往往会忽视最终用途管制。如果读者参与出口、研究或学习无人机和/或与非美国人一起研究无人机相关问题,请阅读《出口管理条例》的第 742 部分和第 744 部分,以了解上述《贸易管制列表》。

8.6.2 导弹技术控制管理附录

"导弹技术控制管理最初由加拿大、法国、德国、意大利、日本、英国和美国于 1987 年建立。自那时起,导弹技术控制管理的合作国数量已增加至 34 个,这些国家在该制度中都享有同等地位"[1]。合作国家及其参与的年份如表 8.2 所列。制定《导弹技术控制管理》旨在防止大规模毁灭性武器的扩散,从而维护世界保护和平和安全。导弹技术控制管理设有一名主席,现任主席是挪威的罗尔德·奈斯(Roald Naess)大使[2]。

表 8.2 截至 2016 年 3 月参与《导弹技术控制管理》的国家

阿根廷(1991)	希腊(1992)	韩国(2001)
澳大利亚(1990)	匈牙利(1993)	俄罗斯(1995)
奥地利(1991)	冰岛(1993)	南非(1995)
比利时(1990)	爱尔兰(1992)	西班牙(1990)
保加利亚(2004)	意大利(1987)	瑞典(1991)
巴西(1995)	日本(1987)	瑞士(1992)
加拿大(1987)	卢森堡(1990)	土耳其(1997)
捷克共和国(1998)	荷兰(1990)	乌克兰(1998)
丹麦(1990)	新西兰(1991)	英国(1987)
芬兰(1991)	挪威(1990)	美国(1987)
法国(1987)	波兰(1998)	
德国(1987)	葡萄牙(1992)	

完整的《导弹技术控制管理附录》列于《国际武器贸易条例》的第 121.16 部分。该节指出,"《导弹技术控制管理附录》中的一些物品既受商务部《贸易管制列表》的管制,也受国务院《美国军需品清单》的管制。"(《联邦法规》第 22 章第 121.16 部分)。《导弹技术控制管理》的其他项目列于《贸易管制列表》或《国际武器贸易条例》中。如果 121.16 中的物品在《美国军需品清单》(121.1)也有列

---

[1] www.mctr.info/english.
[2] 商务部,www.bis.doc.gov,《贸易管制列表》(CCL)。

出,则121.16的括号中会出现引用,列出它所在的《美国军需品清单》类别。《贸易管制列表》标识了受《导弹技术控制管理》管制的《出口管理条例》中的物品,并在出口管制分类号类别中列出了导弹技术受管制的原因。《美国军需品清单》在《联邦法规》第22章第121.1节中有详细说明,并会在下文继续讨论。

在应用于无人机系统时,类别一包括"能够运载500kg任务载荷并飞行300km距离,并且针对出口具有强烈拒绝的假设"的完整系统(尾注30)。类别二中的无人机无论任务载荷大小,其航程均为300km,并且可能包含不太敏感的组件和相关物品。

8.7 《国际武器贸易条例》

1940年7月5日通过的《武器出口管制法》禁止在没有许可证的情况下出口武器、化学品和飞行器部件。3周后,禁令又增加了航空燃料、铁和废金属3项内容。"《美国法典》第22章第2778条《武器出口管制法》规定了政府管制国防物品和服务出口的权力,并责成总统行使这一权力。经修订的《第11958号行政命令》将这一法定权力授予国务卿"(尾注32)。《第11958号行政命令》于1977年1月18日颁布。《行政命令》指出"协调:①除本命令第1节的具体规定外,国务卿和国防部长在履行本命令授予他们的职能时,应相互协商并与其他部门的负责人,包括财政部部长、美国国际开发合作署署长和军备管制与裁军署署长等就与其职责相关的事项进行磋商;②根据该命令第2节(b)和总统的指示,国务卿应考虑到美国在国外的其他活动,应负责根据该命令对销售和出口进行持续监督和总体指导,包括但不限于谈判、缔结和终止国际协定,并确定是否应向一个国家出售商品及出售数量,以及是否应继续进行交付或其他行为,促使销售、出口与美国的其他活动相结合,从而更好地服务于美国的外交政策。"①

以下《国际武器贸易条例》的类别涉及无人机系统。②

第八类——飞行器、场地和相关设备

第八类军用无人机的出口管制范围非常广泛,其中一些要点包括但不限于:

"第(a)(5)条非武装军用无人机(如果无人机的航程大于或等于300km,则为导弹技术);

第(a)(6)条武装无人机(如果无人机的航程大于或等于300km,则为导弹

---

① 《第11958号行政命令》。
② 《联邦法规》第22章第121.1部分《美国军需品清单》。

技术)";

第(a)(13)条管制可选驾驶飞行器(即有人/无人两用飞行器)(如果可选驾驶飞行器的航程大于或等于300km,则为导弹技术);

第(d)条为管制"这一类别(a)段所述的国防物品及其陆基变体而专门设计的舰载发射和回收设备(如果舰载发射和回收设备用于航程大于或等于300km的无人机或导弹,则为导弹技术)";

第(h)(12)条管制"具有集群能力的无人机飞行管制系统和飞行器管理系统(即无人机相互协作以避免碰撞并保持队形,或者在装备武器的情况下协调攻击目标)"。

如以上各节所述相关的技术数据和软件也包括在这一类别中。

第十一类——军用和航天电子设备

与无人机相关的各种电子设备和技术数据可能均属于这一类别。例如,第十一类中的(a)(3)包括某些雷达设备,(a)(4)包括电子作战零部件(如探测武器发射的传感器);(a)(5)包括指挥、管制和通信(C^3);指挥、管制、通信和计算机(C^4);指挥、管制、通信、计算机、情报、监视和侦察(C^4ISR)项目。这一复杂的部分涵盖了无人机的许多其他电子项目。

第十五类——航天器系统和相关设备飞行器

许多可能与无人机有关的物项也可以在第十五类中找到。

《美国军需品清单》的其他类别也可能包括与其管制相关的项目。

以下是《美国军需品清单》的完整列表,其中出现了几个与无人机相关的项目:

Ⅰ类(火器、近距离攻击武器和战斗猎枪)、Ⅱ类(枪支和武器)(武装车辆载有此类物品)、Ⅲ类(弹药或军械)(同样,武装车辆载有这些物品)、Ⅳ类(运载火箭、制导导弹、弹道导弹、火箭、鱼雷、炸弹和地雷)(某些武装车辆载有这些物品),Ⅴ类(爆炸物和高能材料、推进剂、燃烧剂及其成分)(部分无人机或无人机武器使用《美国军需品清单》列出的推进剂)、Ⅵ类(水面舰艇和特种海军装备)、Ⅶ类(陆上载具)、Ⅷ类(飞机及相关物品)、Ⅸ类(军事训练装备及训练)(与军用无人机有关的军事训练通常受《国际武器贸易条例》管制)、Ⅹ类(个人防护装备)、Ⅺ类(军用电子设备)、Ⅻ类(火控、测距仪、光学及导控设备)、ⅩⅢ类(材料及杂物)、ⅩⅣ类(毒理学剂)、ⅩⅤ类(航天器及相关物品)、ⅩⅥ类(核武器相关物品)、ⅩⅦ类(未另行列举的机密物品、技术数据和国防服务)、ⅩⅧ类(定向能武器)、ⅩⅨ类(燃气涡轮发动机及相关设备[某些无人机使用的燃气涡轮发动机、涡轮部件和设备以制造或维修受《国际武器贸易条例》(或在某些情况下为《出口管理条例》)管制的部件])、XX类(潜艇及相关物品)、XXI类(未另行列举的物品、技术数据和国防服务)①。

其他《美国军需品清单》类别也与无人机和任务载荷相关,但这些类别必须根据具体情况确定。《国际武器贸易条例》由国防贸易管制局通过许可证或特别协议管理。

8.8 实际中的出口管制问题是如何产生的

在这里讲一个故事。

大学本科刚毕业,帕特(Pat)就在一家小型无人机制造商X公司上班了。帕特被聘为工程总监,有很多东西要学。事实上,当老板凯利(Kelley)带着他参观了生产设施和办公室时,帕特的脑子里已经充满了新信息。凯利解释说:"公司约50%的产品要出口,其中包括全套系统、自动驾驶仪、照相机和软件。"。"除了在美国的制造业务外,我们在印度还有第二个生产和工程设施。我们正在与那里的团队合作,开发一个进行了彻底改进的设计。然而,有一件事我们还不太清楚,那就是出口管制条例,"凯利说:"我可不想坐牢,帕特,如果你明白我的意思,那就把它放在首位——别出问题,好吗?"凯利说这话时面带微笑,但帕特能看出他眼中潜在的焦虑。

很明显,这些产品不是军用物品,但它们借助摄像系统和平板电脑控制器飞出操作员的视野,并且由于电池性能优异,设计轻巧,它们在正常运行时的飞行时间可以超过90min。即使只有这些基本信息,帕特也已经很确定这些产品在《出口管理条例》的管制下可以出口,这个第一印象非常好。这意味着,要将产品运送到除加拿大以外的任一国家,都需要工业和安全局的出口许可证。但凯利表示,该公司没有获得任何出口许可证。这是一个问题,因为每次装运都违反了联邦法律。此外,如果与印度共同开发的产品在《出口管理条例》的管制下出口(事实证明确实如此),则也需要获得许可证,以便与印度方共享开发该产品的信息。这是另一个问题。

第一步是要绝对确定这些产品在工业和安全局的《贸易管制列表》下如何分类。如果出口确实需要许可证,该公司将必须从现在开始申请许可证。除非政府同意,否则之前违反法律的出口行为不会得到任何形式的支持。之后大概有30个步骤,但这些步骤可以用逻辑方式解决,不用过于恐慌……希望

---

① 《联邦法规》第22章第121.1部分《美国军需品清单》。

一切顺利吧。这份工作将比帕特早上 8 点那会儿想象得更有趣、更戏剧化、更忙碌。

8.9 出口管制产品和信息应如何保护("专有技术")

保护出口管制产品和信息或专有技术的关键是通过对其分类来了解受到管制产品的类别,同时培训员工识别受管制的专有技术并建立系统的合规程序。无论实体公司是在处理《国际武器贸易条例》或《出口管理条例》中的项目、软件还是信息,合规性都很重要。合规计划应包括以下内容:来自高管层的书面的公司承诺和政策声明;在发现问题时能够确认负责人和联系信息的明确组织管制结构;分类;标识(如标签);管制项目的接收和跟踪;处理专有技术的技术管制计划;获得出口、再出口或转让批准的许可计划;特定时期的可靠记录保存;内部监督和审计;客户筛选;以适应分配职责的定期培训;解决潜在违规和处罚问题的计划以及通过监管机构和执法人员解决接触问题的计划等[1]。

国防贸易管制局的出版物《国防贸易入门》是制定《国际武器贸易条例》特定出口合规计划的良好开端。这份出版物将有助于回答"国防出口管制是否适用于我"的问题。将通过以下步骤进行回答。

(1) 检查出口物品能否在《国际武器贸易条例》第 22 章第 121 条的《美国军需品清单》上找到。

(2) 若不确定该物品是否包括在内,则需提交一份商品管辖权申请。

(3) 如果它列在《美国军需品清单》中,那么你必须在国防贸易管制局进行注册。

(4) 注册后申请出口许可证。这一步可以通过 D – Trade 来实现。D – Trade 是国防贸易管制局开发的一种电子出口许可证系统。

(5) 关于基本问题,请致电国防贸易管制局响应小组[2]。

一旦确定某项产品受出口管制,在与潜在海外客户进行某些技术讨论之前,或在产品出口之前,可能需要获得不同类型的批准。例如,根据《国际武器贸易条例》,有基本的出口许可批准,也有营销、经纪和产品/软件/数据出口许可证。此外,某些外国制造业和技术交流也有仓储和技术数据交换协议。还有一系列复杂的出口许可例外情况,如美国国防部协助组织的对外军售批准,以及其他类型的许可证,具体取决于出口的产品及对象。美国商务部有类似的出口许可证

---

[1] 美国国务院,www.pmddtc.state.gov,合规计划。
[2] 美国国务院,www.pmddtc.state.gov,国防贸易入门。

申请和审查程序,但其许可证类型较少(图8.3)。商务部也有多种许可例外情况,但在任何一个机构使用许可例外之前,确保完全满足许可例外的所有条件(《国际武器贸易条例》或《出口管理条例》)至关重要。

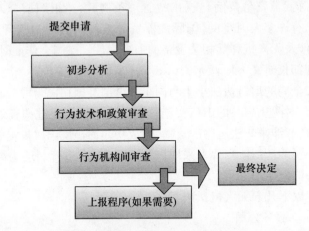

图8.3 美国商务部许可证审查程序

一旦确定该物品受出口管制,就必须保护该物品和相关的专有技术。如何最有效地做到这一点并遵守条例,常常令人感到困惑。制定一个全面的出口合规计划十分重要,但这里也有一些保证受保护材料安全性的基本技巧。禁止外国国民通过电子邮件、演示文稿、对话、查看计算机屏幕、打印材料或任何其他方式访问受控信息。以下是一些有用的案例提示,可以纳入合规计划。

(1)不要在小组会议上讨论出口管制项目,除非每个人都被允许知晓此内容。

(2)不要暴露带有出口管制数据的工作站;如果计算机无人值守,请将屏幕设置为在短时间内锁定。

(3)显示器应远离门窗。

(4)不使用时应锁定所有数据。

(5)把所有与出口管制相关的材料撕碎后再处理。

(6)只讨论保护区的出口管制项目。

(7)隔离安全媒介和服务器上的数据文件,避免非美国个人信息技术系统访问数据(尤其是管理访问)。

(8)对其他大学和分包商进行出口管制项目认证[①]。

---

① 国家合同管理协会。

8.10　什么是出口管制违例

违反《国际武器贸易条例》或《出口管理条例》会给组织或个人带来严重的刑事责任。已有许多人因违反《国际武器贸易条例》和《出口管理条例》而被监禁,还有许多涉及无人机和其相关设备的刑事案件。在国会作证时,美国商务部出口管理助理部长凯文·J. 沃尔夫(Kevin J. Wolf)声明:

工业和安全局的出口执法小组与国土安全部美国移民与海关执法局以及联邦调查局一起,对两用物品的出口实施管制。这些机构通过调查涉嫌违法违规的行为,以及拦截涉嫌非法运输的货物,为成功起诉违反出口规定的刑事和民事案件提供了必要的证据。当要求采取国际方法时,多边管制还为海外合作执法提供了强有力的框架。[①]

他强调了以下几起无人机执法案件。

1. 国际航空服务公司

2009年9月24日,荷兰一家飞机供应公司——国际航空服务公司 BV 的总监罗伯特·克拉伊波尔(Robert Kraaipoel)及销售经理尼尔斯·克拉伊波尔(Neils Kraaipoel)和达美物流公司在华盛顿特区美国地方法院认罪。他们涉嫌串谋经荷兰、阿联酋和塞浦路斯向伊朗实体非法出口飞机部件和其他美国原产商品。2005年10月至2007年10月期间,被告收到了伊朗客户对美国原产商品的订单,包括最终用于无人机的录像机,然后与美国公司联系并代表伊朗客户进行了采购谈判。被告向美国公司提供了虚假的最终用户证书,以隐瞒其最终用户来自伊朗的事实。被告要求美国公司将货物运送到荷兰的国际航空服务公司或阿联酋和塞浦路斯的其他地方,然后重新包装并转运到伊朗。在一个相关案件中,国际航空服务公司、罗伯特·克拉伊波尔和尼尔斯·克拉伊波尔向工业和安全局和解了行政指控,其中包括国际航空服务公司和罗伯特·克拉伊波尔被列入工业和安全局的"被拒人员名单"长达7年。尼尔斯·克拉伊波尔同意剥夺其出口特权3年。这项特权将被暂停,以防将来出现违反出口的情况。

2. ARC 国际公司

2010年2月3日,哈罗德·汉森(Harold Hanson)和尼娜·亚明·齐·汉森(NinaYaming Qi Hanson)在美国哥伦比亚特区地方法院被判刑。齐被判处有期

---

① 商务部,www.bis.doc.gov/index.php/forms-documents/doc_view/730-testimony-by-assistant-secretary-wolf-before-the-national-security-and-foreign-affairs-subcommittee。

徒刑 105 天,服刑期满后还有一年监外释放,处罚金 250 美元和 100 美元的特别评估费,并被勒令参加一个美国商务部赞助的出口教育培训项目。汉森被判处 24 个月的缓刑,必须支付 250 美元的罚款和 100 美元的特别评估费,勒令进行 120h 的社区服务,同样也要参加美国商务部赞助的出口培训项目。2009 年 11 月 13 日,汉森和齐承认了作虚假陈述的罪行。

3. 梅罗综合贸易公司

2008 年 9 月,佛罗里达州迈阿密的联邦大陪审团传回了一份替代起诉书,指控 8 名个人和 8 家公司参与串谋向被禁实体和伊朗出口美国制造的商品。他们被指控串谋违反《国际紧急经济权力法》和美国对伊朗的禁运令,并就向伊朗出口数千件美国商品一事向联邦机构做出虚假陈述。对被告马吉德·赛义夫(Majid Seif)(又名马克·昂(Mark Ong))和伟速达公司的指控称,赛义夫和伟速达公司从一家新加坡公司向马来西亚出口了用于无人机的无线电控制装置和配件。无线电控制装置随后被运往伊朗。

4. 陆星公司/陈宜兰

2010 年 2 月 3 日,陈宜兰(Yi-Lan Chen),又名陈凯文(Kevin Chen),因涉嫌非法出口伊朗导弹计划商品而被捕。根据支持这一刑事诉讼的书面证词,陈致使包括 P200 涡轮发动机在内的两用货物从美国出口。调查显示这些货物最终卖给了伊朗用户。"P200 涡轮发动机旨在用作模型飞机引擎,但也可用于操作无人驾驶飞行器和军事目标无人机。"①

不要因自己与这些严重的刑事案件无关而大意。还有许多其他严重的民事处罚案件,涉及各种商用或两用技术及产品出口,给公司、大学和个人造成许多麻烦和经济损失。尽管规则非常复杂,但是美国政府规定所有美国公民都有义务正确了解和运用它们。如果读者在无人机行业或学术机构中任职,需要熟悉出口管制规则,以避免自己和所在组织违反规定。

此外,如前面所述,出口管制是一种严格的责任制度。即使不知道规则,也可能受到严厉的惩罚。因此,逃避现实说这个问题太复杂或者希望别人出面解决,都是没有道理的。理解这一点至关重要,因为在处理无人机出口时,即使是最简单的商业系统、任务载荷项或数据文件都可能受到《出口管理条例》的管制,更不用说《国际武器贸易条例》了。例如,违反《出口管理条例》的民事罚款为每批货物 25 万美元或每发布一次数据 25 万美元(非法发给非美国用户),或违规物品价值的两倍,以较高者为准。

---

① 商务部,www.bis.doc.gov/index.php/forms-documents/doc_view/730-testimony-by-assistant-secretary-wolf-before-the-national-security-and-foreign-affairs-subcommittee。

8.11　美国如何履行工作

由于出口管制的复杂性,一些与无人机打交道的业内人士或学术界人士可能会只专注于国内销售或活动。即使这样,他们仍然要担心向非美国人误发国内数据。切记不要犯这样的错误:若在项目中只招聘美国员工,而不采取进一步的合规措施。这可能会导致因国籍受到歧视。必须仔细确保遵守劳动和就业规则,以及美国出口管制规则。

追求国际商务和国际学术合作并非一无所获。事实上,尽管美国联邦航空局最近开始针对这方面制定规则,但由于在美国领空飞行受到诸多限制(甚至小型商用无人机也不例外),该行业的许多公司都在寻求美国以外的销售机会。许多公司、大学和其他机构都有效处理了影响其日常活动的出口管制条例。除了对产品、软件和技术进行正确分类之外,在涉及无人机交易的所有情况下,都需要制定书面的出口管制政策和合规计划。国防贸易管制局出台了关于合规系统所需内容的简短指南,可在以下链接查阅:http://www.pmddtc.state.gov/compliance/documents/compliance_programs.pdf。

虽然需要根据组织的具体情况和产品来调整这些基础知识,但对于出口军用和商用物品的组织来说,这种方法是非常有效的。如指南所述,最佳方法是制定书面政策和指导方针,确定责任人,进行定期培训、审计、妥善保存记录,以及制定处理潜在违规行为的标准方法。这些都是国防贸易管制局指南中描述的有效步骤。另一个优秀做法是创建并使用系统程序(如核对表),帮助人们在相关情况下识别出口管制问题并做出适当反应。这样,人们就不必依赖于对这些复杂规则的记忆来处理问题。这一点至关重要,因为在出口管制方面,无知不是一个能被接受的借口。将出口管制措施纳入现有的商业或学术实践是学习合规性的明智之举。例如,在用于所有国际货运的核对表中加入确定是否已获得许可证的一行,这将是帮助防止违规的有效步骤。

从领导层那里获得正确信息也至关重要——"这些是重要的规则,我们将遵守。"关键是要有一个负责该项目的核心人物,让人们能够就问题进行交流。如果这个人需要某些帮助(这很常见,因为这个领域很复杂),他们可以使用条例,并能够不时寻求专家指导。违规行为需要进行明智处理。根据我们的经验,最好的方法是诚实,把发现的违规行为告诉出口管制官员或上级。当然,最好的选择是在一开始就避免违规,并在有问题时(当然是在相关物品出口之前)寻求帮助和指导。如有疑问请提出。

思 考 题

1. 出口管制的目的是什么？颁布出口管制条例的根本目的或理由是什么？出口管制许可证的目的是什么？谁必须获得出口管制许可证？哪个联邦机构颁发这样的许可证？概括描述《武器出口管制法》和《国际武器贸易条例》中的法规。这些条例适用于无人机及其相关技术吗？请描述《国际武器贸易条例》和《出口管理条例》之间的区别。哪个机构根据后一项法规管制出口？

2. 《出口管理条例》和《国际武器贸易条例》的术语目前统一吗？做出回答并解释。回顾并讨论 8.2 节中提供的术语和定义，并说明为何认为这些术语和定义可能适用于无人机系统及其相关组件、子系统和知识产权。

3. 美国真的是通过出口管制条例限制贸易的少数国家之一吗？做出回答并解释。

4. 描述"出口"一词在《国际武器贸易条例》中的含义。美国国务院在 2015 年 2 月略微放松出口管制的理由是什么？如果想出口一个属于国防物品的无人机或共享关于该物品开发或生产的相关信息，有哪两种选择？

5. 出口管制源自哪里？

6. 详细描述《出口管理条例》。列出并描述那些被美国国务院和商务部从《出口管理条例》和《国际武器贸易条例》管制中移除的无人机技术。为什么出口管制称为"严格责任"法？详细描述《导弹技术控制管理》和相应的附件。

7. 详细描述《国际武器贸易条例》，包括涉及无人机的类别和章节。

8. 描述合规计划的含义并说明其重要性。这样的计划应该包括什么？

9. 列举并讨论违反出口管制的例子。为了避免这些问题，可以采取什么不同的方法？

10. 在业界或学术界从事无人机工作的个人应仅专注于国内销售或活动，以避免在美国境外工作带来的复杂性。你同意这种说法吗？用令人信服的解释来支持你的回答。

第9章 无人机系统设计

Brian Argrow

9.1 引言:基于任务的设计

自20世纪初至21世纪初,无人机系统(UAS)的设计和开发主要用于军事任务。除了降低风险之外,在随后的几年中,可以预料到与执行相同或相似任务的有人驾驶飞机相比,无人驾驶会使系统成本大大降低。无人机有时候能够在成本节约方面胜过有人机,但这种情况并非总是成立,而且无人机与有人机竞争的观点通常忽略了一个事实,即无人机可能会在任务设计方面发挥更广阔的辅助和补充作用。正如2003年的无人机报告[SAB03]中所讨论的那样,成本情况往往还是比较模糊,"……因为无人机经验有限,而且采购数量太少,所以单位成本仍然很高。"无论如何,截至本书撰写之时,军事用户仍在推动无人机的发展。然而,在过去的10年里已经见证了小型无人机的民用需求的出现,创造了一个被全球监管环境压抑的市场,同时还未准备好将任何无人机,特别是小型无人机,纳入空域系统。

因为没有专门针对无人机的空域条例,无人机必须按照有人驾驶飞机的规定运行。具体地说,这意味着无人机必须具备"看见与规避"的能力,并证明其拥有与有人机相同的安全水平。这些要求严重限制了商用无人机市场,导致迄今为止,美国的大多数民用无人机的运营都是由可以获得联邦航空管理局(FAA)的授权(或豁免)证书(COA)的公共机构执行的。《2012年联邦航空局现代化和改革法案》目前允许越来越多的小型民用(商用)无人机在国家空域系统(NAS)中进行有限的行动。截至本书撰写之时,美国联邦航空局已经批准了大约450项豁免条例,以允许小型无人机在国家空域系统运行。大多数大型民用无人机(>55lb),如用于国土安全或用于大气和海洋研究,都是经过军事系统的转换或者是基于最初的军事设计而设计用于民用无人机。在接下来的简短调查中,选择了几款固定翼无人机来代表当前运行的无人机系统在尺寸、速度、续航时间和范围等方面的性能特征。除了近年来激增的多旋翼机或多用途直升机设计以外,目前越来越多的人将其用于业余爱好和职业目的。这些多用途直升机极大影响了公众对无人机的看法,以至于今天当有人提到"无人机"时,通常意味着携带相机的小型多用途直升机,而不是最初被称为无人机的大型军用无人机。

在传统的使用中,无人机经常被用于执行那些"肮脏、危险或枯燥"等不适合有人出现在飞机上的任务。然而,通信和控制系统的进步提高了操作的自主性,从而实现了更具体的任务驱动型无人机系统设计。从一开始,其目的就不是从飞机中物理意义上的撤离飞行员,而是直接设计飞机作为特定应用的平台或工具。这就解释了无人机设计的发展并非源自载人飞机也并非源于小型无人机,因为飞行员不可能出现在小型无人机上。与载人飞机相比,由于没有座舱,无人机的设计空间更大。这将会影响机身材料、建造技术、伺服系统质量、系统冗余以及回收系统(如无起落架)等的选择。

图 9.1 展示了目前运行的无人机大小和种类范围。在以下章节中,将会讨论典型的无人机子系统。考虑到无人机的尺寸、性能和应用不同,如果说大多数无人机都由相同的子系统组成,这可能会令人感到惊讶。不过这些子系统在组件的数量、大小、质量、功率要求和复杂性方面显然有很大的不同。

图 9.1 无人机机身

(a) 美国国家航空航天局"全球鹰"无人机(http://www.nasa.gov/centers/armstrong/aircraft/GlobalHawk/);(b) 美国国家航空航天局"伊哈纳"无人机(http://www.nasa.gov/centers/armstrong/multimedia/imagegallery/Ikhana/ED14-0341-09.html);(c) RECUV"暴风雨"无人机(科罗拉多大学/美国国家海洋与航空管理局);(d) 大疆"幻影 2"视觉四轴飞行器(亚马逊网站)(来源:http://ecx.images-amazon.com/images/I/61x8yJcesfL_SX425_jpg)。

9.2 设计过程

雷默(Raymer)[RAY12]提出了如图9.2所示的设计流程图,并概述了设计过程。流程图说明了过程的迭代性质。在这个过程中,需求是由前面的贸易研究设定的,概念是从需求中导出的,设计分析可能产生新的概念,而后循环往复。

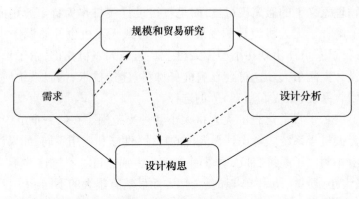

图9.2 设计流程图[14]

雷默还指出,参与设计过程的人永远无法就设计的起点达成一致。然而,大多数传统的飞行器设计,为了类似的目的通常都会以先前设计为参考来固定一个当前起点,有人可能会争辩说,无人机的设计过程有所不同。它通常会基于任务需求开始,导致任务派生的设计,这在前面的章节已作讨论。由于飞机上没有飞行员,因此开拓了设计空间,使得其比传统载人系统的设计更具有任务驱动力。目前的无人机设计范围可能从机身外观类似于同等大小的有人驾驶飞机,到近年来没有与传统飞机相对应的多用途直升机的设计。即使是按照常规载人飞机设计的无人机,除非其机身确实是经过重新设计的可载人机身,或是一个"可选择有人驾驶"的飞机,否则通常会有一些表明其无法容纳人的特征,如没有明显的驾驶舱或窗户。

9.3 无人机子系统

9.3.1 设计工具

工业中使用的飞机设计布局和设计分析方法倾向于专有且高度计算机化[RAY12]。这种方法直接适用于大型无人机的机身设计。为传统大型飞机设计而开发的许多方法和工具并不直接适用于许多小型无人机机身的设计。这对于基于载人飞机的经验关系或数据库的工具来说尤其如此,因为小型无人机通常在飞行速度和雷诺数远低于载人飞机的情况下运行。此外,许多小型无人机使用由电池、燃料电池或太阳能电池供电的电力推进系统,该系统依赖于能量存储或转换系统,这在传统的飞机设计工具中并不常见。由于非专属的常规飞机设计工具通常是良好且随时可用的,以下讨论将不再强调这些,而是将重点放在可用于小型无人机设计的工具上,这其中的许多工具都起源于模型飞机设计。

9.3.2 机身

空气动力学数据库,如伊利诺伊大学厄巴纳－香槟分校(UIUC)的翼型数据网站[UIUC15]已经扩展了风洞翼型数据,将雷诺数值归入兴趣研究范围,从而方便模型飞机爱好者和小型无人机机身设计师进行建模。高保真计算流体动力学(Computational Fluid Dynamics,CFD)工具(如包括 ANSYS Fluent[ANSYS 15]、Star－CCM+[CCM15]和 COMSOL[COM15]等商业多物理建模软件包中的工具)的出现,能够对机身组件以及整个机身进行"虚拟风洞"测试。基于面板简法的工具,如 AVL[AVL15],可计算稳定导数以及简化几何体上的气动力和力矩,对初期机身设计也非常有用。

制造有人机机身通常需要选择强度和硬度极高但重量极轻的材料。必须考虑材料的强度和刚度并知晓这两种性质在材料经历结构性承重和变形的过程中会发生的变化,使其保持所需的空气动力学最优的形状,以实现最大的设计效率,或简单预判机身的形状变化从而设计可靠的飞行控制律来保持机身的稳定。用于无人机机身结构的材料,通常是一类用于从载人航空到业余飞机的各种飞行器的材料。因此,从由包含材料专利数据的大型数据库和已经认证的载人飞机结构标准支持的航空级金属和复合材料,到轻木和 Monokote(一种用于业余飞机外壳的塑料薄膜),再到用于业余爱好飞机建造的各种材料都有所涉及。可能用于小型无人机机身的业余建造材料的数据库有时仅由用户群体的共享知识和善意,以及制造商选择公开的材料专利来支持。由业余建造材料制成的小型无人机机身缺乏材料数据和构造标准,这仍然是将其融入国家空域系统的重大障碍。

图9.3(a)显示了一系列大型到小型无人机的任务载荷负重能力,并与典型的美国传统军事系统的整体单位机身成本进行了比较(机身成本包括通信和控制系统)。对这些数据趋势线的拟合表明,每百磅任务载荷的机身成本略高于100万美元。尽管更大的任务载荷需要更大、更昂贵的机身这点不足为奇,但这

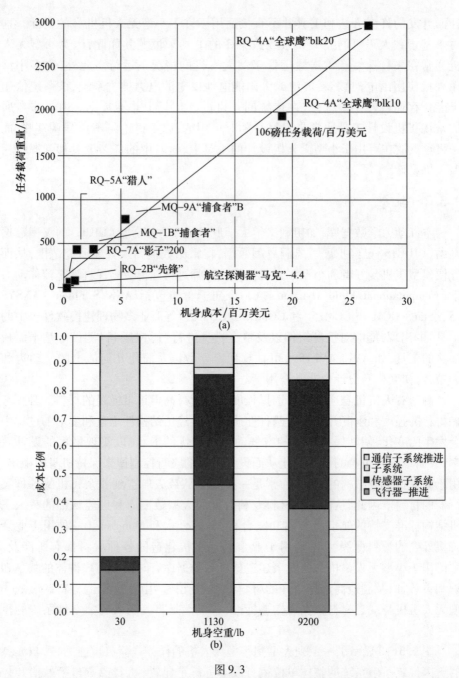

图 9.3
(a) 代表传统系统相对于任务载荷能力的机身成本趋势;
(b) 3 个典型传统系统的系统成本与机身空载重量的比例。

表明了小型无人机能够根据任务载荷持续调整机身尺寸,并且不会达到机身尺寸的下限,以满足安全搭载人类飞行员的要求。图9.3(b)显示了3种高性能传统无人机子系统的部分成本,并按机身空重进行了分类(数据来自2003年)。图9.3(b)显示,高性能小型无人机的成本主要取决于特定的推进系统,而大型无人机成本的最大部分是传感器组件。图9.3的目的是说明这个趋势与当今发展中的民用系统相比仅仅是概念性的。

9.3.3 推进系统

图9.4展示了几种现代无人机的性能范围。主要是军事系统[OSD05],其中的数据由2009年无人机系统年鉴[VBL09]和产品手册补充。

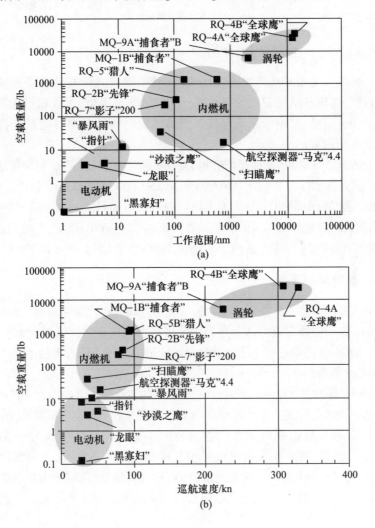

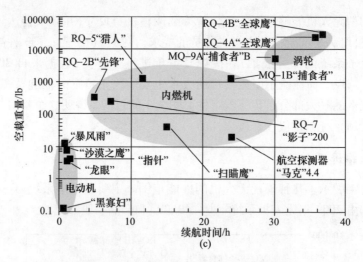

图 9.4 各种尺寸的代表性无人机性能示意图

无人机的性能很显然由推进系统决定,其中燃气涡轮发动机可提供最大动力,其次是内燃机和电池驱动的电动机。与载人飞机类似,无人机推进系统的选择是基于任务需求,其中子系统和任务载荷所需的额外功率可能是选择推进系统的重要驱动因素。

用于估算活塞驱动飞机(即内燃机、发动机或燃气涡轮)的航程和续航性能的方程式已建立得十分完善(如[AND99]、[MCC95]和[RAY12])。最近,特劳伯公司[TRA09]建立了估算电池驱动无人机的航程和续航性能的关系式,其中包括放电速率和降压对电池有效容量的影响。诸如 MotoCalc[MOTO15]之类的工具最初是为业余爱好者开发的,现今亦适用于电池驱动的小型无人机的初步推进系统设计。

9.3.4 飞行控制系统

自动驾驶仪是使飞机在无人驾驶的情况下得到可靠控制的关键。埃尔默·斯佩里(Elmer Sperry)通常被公认为是第一个将真正的自动驾驶仪用于无人机的人。基于其为潜艇开发陀螺稳定系统的经验,而后又将其应用于载人飞机,他与另一位航空先驱格伦·柯蒂斯(Glen Curtiss)合作,制造了第一架可控的无人机。1918 年 3 月 6 日,柯蒂斯-斯佩里(Curtiss-Sperry)航空鱼雷的飞行标志着动力无人机的首飞成功,也标志着无人驾驶航空技术可与 14 年前莱特兄弟的飞行技术相媲美[NEW04]。

如今,只有在近距离可视范围内运行的小型无人机才能通过全无线遥控(RC)飞行。此外,许多小型旋翼机采用某种类型的增稳装置,如陀螺仪来协助遥控飞行员控制飞行器。其他无人机,特别是当其超出可视范围时,通常具有一定程度的自动化或自主性。这其中包括大型无人机,如图 9.1 所示的通用原子公司的"捕食者"无人机系列和诺斯罗普·格鲁曼公司的"全球鹰"无人机。以"捕食者"无人机为例,飞行员用操纵杆控制飞机,直接操纵杆的控制数量是可变的,这取决于执行任务的阶段(如起飞、巡航和着陆)。"全球鹰"无人机拥有更高级别的自主性,具有自动起降功能,并且在飞行计划中自动驾驶仪系统能控制飞机在航路点之间的轨迹。在这种情况下,远程飞行员的作用主要是监控飞机,并有可能更新飞行计划或处理突发事件。

对于不在遥控模式或稳定性增强的遥控模式下飞行的无人机,采用飞行控制系统(通常称为自动驾驶仪)对其进行控制。自动驾驶系统通常由运行算法的微处理器或计算机组成。该算法的设计是用来控制飞机在预定的航线上飞行,或增强对正接收远程飞行员操作指令(如与保持稳定性无关的航向改变等命令)的无人机的控制。通常,内环控制器会接收高频传感器数据以管理飞行器姿态,而外环控制器在遵循飞行计划的同时负责管理飞行器的位置。

在某些无人机系统中,单独的飞行计算机可能独立于自动驾驶仪计算机运行,其算法会向自动驾驶仪的外环控制器发出高级指令。在没有直接人机交互的情况下,这些指令基于飞行计算机算法做出"决定"的程度,通常是衡量系统自主性的一个指标。

9.3.5 控制站

地面控制站,简称控制站(CS),是无人机系统的组成部分,其为无人机提供控制界面,飞行员或操作员通过该界面操控无人机或以其他方式管理任务。通过控制站发出的指令范围很广,从飞行员在遥控模式下发送实时操纵杆高度控制命令以手动驾驶无人机,到驾驶员通过高级指令监控高度自主的系统并与之交互。图9.5对比了美国国家航空航天局"伊哈纳"无人机控制站(图9.5(a))和黑色迅捷科技公司的最新版SwiftPilot控制站(图9.5(b)),后者的操作界面需借助平板电脑。

图9.5 (a)"伊哈纳"无人机地面控制站的飞行员(出自美国国家航空航天局,Tony Landies 拍摄);(b)用于小型无人机的 SwiftPilot 地面控制站和平板界面

控制站最重要的特征是界面,其能够使飞行员或操作员与无人机飞行控制系统交互。飞行员或操作员通过控制站界面获得的感官输入通常无法再现,以

便真实地表现飞行员在无人机上的体验。因此,基于载人飞机驾驶舱设计的控制站"驾驶舱"可能无法为远程操作无人机提供最佳界面也就不足为奇了。例如,由华莱士(Wallace)[WAL09]发布的一段采访中,一名"伊哈纳"无人机(即通用原子公司"捕食者B"无人机的民用版本)的飞行员在谈及自己的操作经历时这样说道:"我认为GA(通用原子公司)在设计这个装置的时候没有飞行员在场。"他还说:"最难的部分是学习操作键盘和菜单导航。当它们说'敌我识别',那么运气不错。好像三四次按键就能搞定了,"但另一个飞行员说:"你很快就会被这个系统弄得手忙脚乱……"。引用上述发言是为了说明无人机飞行员或操作员的体验不同于载人飞机飞行员,在控制站界面设计时考虑"人的因素"是非常重要的,因为人的因素会产生与飞机驾驶舱不同的体验。

9.3.6 任务载荷

图9.3(b)展示了3种具有代表性的高性能无人机的部分成本明细。两个较大无人机的任务载荷(传感器子系统)对总成本的贡献明显大于小型无人机。这反映了一种趋势,即小型无人机更有可能被用来运载成本较低但功能不一定较差的商业成品(如COTS)任务载荷,如照相机、气象传感器等。更大的机身设计通常是为了获得更高的可靠性,并携带更昂贵、更耗电的军民两用传感器,如光电或红外(EO/IR)传感器、激光雷达、合成孔径雷达等。

传感器组件的小型化以及小型机身和子系统可靠性的提高,使得原本只能由相对大型且昂贵的无人机执行的部分任务能够扩展到小型无人机。同样,不需要考虑载人的机身设计,其灵活性使得任务驱动设计更为具体,从而使飞行器的尺寸和性能更加优化,以满足任务要求。如图9.1(d)所示,带有集成摄像机的大疆"幻影"(Phantom)四旋翼无人机是集传感器小型化、小型机身与先进电池技术为一体的典范。因此小型无人机的设计得到普及,可供大众和专业人士使用。

9.3.7 通信、指挥与控制

在书写"C^3"时,定义中通信、指挥与控制这些词的顺序很重要。对于当前的无人机设计,国家空域系统的安全操作规范要求设计从通信系统开始,以使操作员能够作为监视方留在控制回路中,或在控制回路中执行手动任务。然后,命令可以通过上行链路发送到飞机上,而下行链路则使遥测技术能够报告无人机的健康和状态,或通过任务载荷链路发送传感器数据。操作员通过上行链路从控制站发出的命令可以直接控制飞机。这些命令的频率(需要更新的频率)决定了无线C^3链路的可用性和延迟要求。

图9.6展示了RECUV网络化的无人机通信、指挥与控制架构的示意图,该

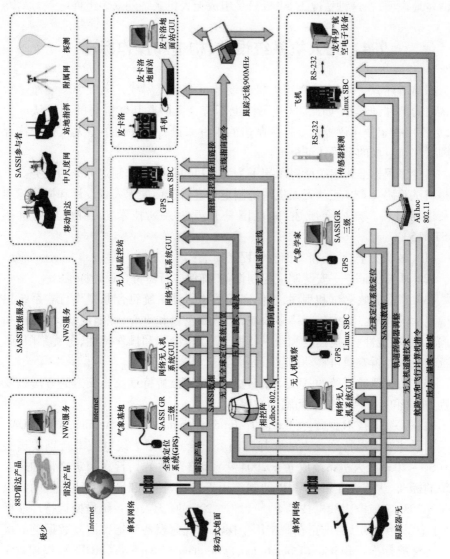

图 9.6 RECUV 网络化无人机通信、指挥与控制示意图[7]

架构是为支持"暴风雨"无人机的操作而开发的,用于二次验证龙卷风实验中的旋转起源(VORTEX-2)[ELS11]。各种箭头表示连接飞机和控制站的通信线路,同时还能使各种数据服务器和其他发送和接收数据的客户端进行通信。该图清楚地说明,在这种情况下,飞机只是组成无人机系统的众多组件之一。

9.4 无人机系统设计、构造和操作标准

如前所述,尽管许多大型无人机的设计可能会使用载人飞机中已经通过型号认证的部件,但即使如此,这些飞机也不符合美国联邦航空局的型号认证要求,更不用指望使用遥控爱好社区制造的组件来进行设计的小型无人机会符合美国联邦航空局的型号认证标准。

不少工程标准化组织已经承担了为无人机设计和操作制定标准的任务。美国材料试验协会 F38 正就无人机系统制定一套最全面的无人机设计和操作标准以及指导材料。如协会所述,其范围是开发一系列技术出版物,其中包括[ASTM15]:

(1) 最低安全、性能和飞行熟练程度要求;
(2) 质量保证——安装制造控制设备,确保飞行器符合设计标准;
(3) 产品验收测试和程序,确保完成的飞行器系统符合原型飞行器系统报告中展示的性能。其中包括诸多限制,如空载重量和重心、性能规格、可控性和可操纵性、稳定性、失速速度和操纵特性、发动机冷却和操作特性、螺旋桨限制、系统功能以及折叠或可移动的起重表面等;
(4) 持续适航系统的基线计划,包括监控和维持持续操作安全的方法以及识别、报告和补救飞行安全问题的过程。

航空无线电技术委员会(Radio Technical Commission for Aeronautics,RTCA)是美国联邦航空局特许成立的联邦咨询委员会。航空无线电技术特别委员会203(SC-203)无人机系统成立于 2004 年(2013 年失效),旨在制定感知和规避系统的标准、认证标准和程序,以及制定用于指挥、控制和通信系统认证的协议[RTCA203]。航空无线电技术委员会 SC-228 的《无人机系统最低运行性能标准》于 2013 年制定,目前正在制定用于探测和规避设备和指挥控制数据链的最低运行性能标准(Minimum Operational Performance Standards,MOPS),以建立 L 波段和 C 波段解决方案[RTCA228]。早期公布的无人机标准之一是"北约无人机互操作性的无人机控制系统标准接口第 3 版[NSA07]"。其他正在制定无人机标准的组织包括汽车工程师协会(Society of Automotive Engineers,SAE)和美国航空航天协会(American Institute of Aeronautics and Astronautics,AIAA)。

9.5 无人机系统设计验证与任务确定

数十年来,学术界和业界对建模和仿真工具的投资不仅推动了设计进程,而且还使得此类工具可用于验证无人机设计以及任务验证的准备工作。根据无人机设计的自主化程度,软件测试和验证可能成为主要的成本开支,由进度和开发成本来具体衡量。

硬件在环测试广泛应用于验证飞机控制系统、传感器或任务载荷集成以及控制系统接口。通常模拟创建一个合成飞行环境,其中模拟传感器的输入将发送到自动驾驶仪,从而将产生的遥感流传送到控制系统。这种遥感流与实际飞行中测量到的结果一样,因此控制系统接口准确地复制了无人机操作员在实际飞行中看到或体验到的情况。从观察者的角度来看,观察硬件的在环试验可能会很有趣,因为人们可能会看到控制服务在静止的飞机上进行,就像他们在实际飞行中控制飞机一样。因此,这种类型的测试不仅适用于自动驾驶仪和飞行计算机软件,还可以在实际飞行之前验证伺服系统和控制服务的功能。在某些情况下,自动驾驶仪的控制软件可能会在模拟计算机或另一台计算机上单独运行,而不是在实际的自动驾驶仪硬件上运行。在这种情况下,对任何可能与在自动驾驶仪硬件上运行算法相关的延迟也必须进行模拟,以真实复制自动驾驶仪的功能。对于小型无人机来说,大多数商用自动驾驶系统都包括一个用于硬件在环测试的飞行模拟器。在某些情况下,将与最初为视频游戏开发的高保真图形界面相结合进行设计。

系统验证后,模拟环境可以用于准备任务验证,或飞行员及操作员的培训,在其中可进行实际任务的模拟。根据远程飞行员或操作员所在的位置,也有可能无法区分模拟任务和实际任务。

思 考 题

1. 在介绍性段落中,作者做了几点陈述。根据文章回答下列问题。是什么"抑制"了全球的无人机需求?为什么无人机的单位成本仍然很高?哪些实体主要开展了民用小型无人机系统的操作?为什么?无人机上没有飞行员后带来了哪些设计机会?

2. 概括设计过程。描述目前可供小型无人机机身和动力装置设计者使用的工具,并说明这些工具如何影响设计过程。

3. 自动驾驶仪的功能是什么?自动驾驶仪的内部和外部控制回路有什么区别?作者认为谁是动力无人机首飞成功的推动者?

4. 描述地面控制站或控制站的用途。通用原子公司的"捕食者"无人机的控制站与复杂且高性能载人飞机上典型的飞行员界面(即驾驶舱控制)有何不同?

5. C^3 是什么意思?描述操作员在"循环中"和操作员在"循环上"之间的区别。

6. 什么是飞机认证标准?列出参与制定无人机标准的组织以及这些标准适用的相应领域。

7. 描述硬件在环操作。无人机设计验证和任务验证之间有什么区别?哪种情况下硬件在环最有用?为什么?

参 考 文 献

[1] [AND99] Anderson,J. D. 1999. Aircraft Performance,McGraw – Hill,New York,Chap 5.

[2] [ANS15] http://www. ansys. com/,accessed 4/1/2015.

[3] [ASTM15] ASTM International Committee F38 on Unmanned Aircraft Systems,http://www. astm. org/COMMIT/SCOPES/F38. htm,accessed 4/1/2015.

[4] [AVL15] http://web. mit. edu/drela/Public/web/avl/,accessed 4/1/15. accessed 4/1/15.

[5] [CCM15] http://www. cd – adapco. com/,accessed 4/1/15.

[6] [COM15] http://www. comsol. com/,accessed 4/1/15.

[7] [ELS11] Elston,J. ,Roadman,J. ,Stachura,M. ,Argrow,B. ,Houston,A. ,and Frew,E. 2011. The tempest unmanned aircraft system for in situ observations of Tornadic Supercells:Design and VORTEX2 flight results,Journal of Field Robotics,Vol. 28,No. 4,pp. 461 – 483.

[8] [MCC95] McCormick,B. W. 1995. Aerodynamics,Aeronautics and Flight Mechanics,Wiley,New York,pp. 378 – 385.

[9] [MOTO15] MotoCalc,http://www. motocalc. com/,accessed 4/1/15.

[10] [NEW04] Newcome,L. 2004. Unmanned Aviation:A Brief History of Unmanned Aerial Vehicles,AIAA,Chap. 3.

[11] [NGC15] Northrup Grumman Corp. ,RQ – 4 Global Hawk High Altitude,Long – Endurance Unmanned Aerial Reconnaissance System,http://www. northropgrumman. com/capabilities/rq4block10globalhawk/documents/hale _ factsheet. pdf,accessed 4/1/2015.

[12] [NSA07] NATO Standardization Agency. 2007. Standard Interfaces of UAV Control System(UCS)for NATO UAV Interoperability,STANAG 4586,Ed. 2. 5.

[13] [OSD05] 2005. Unmanned Aircraft Systems Roadmap:2005 – 2030,Office of the Secretary of Defense Memorandum for Secretaries of the Military Departments.

[14] [RAY12] Raymer,D. P. 2012. Aircraft Design:A Conceptual Approach,5th ed. ,AIAA,Chap 1 and Chap. 17.

[15] [RTCA203] SC – 203 Unmanned Aircraft Systems(UAS),http://www. rtca. org/,accessed 4/1/2015.

[16] [RTCA228] SC – 228 Minimum Operational Performance Standards for Unmanned Aircraft Systems,http://www. rtca. org/,accessed 4/1/2015.

[17] [SAB03] Unmanned Aerial Vehicles in Perspective:Effects,Capabilities,and Technologies,2003,Vol 1:Summary,SAB – TR – 03 – 01,USAF Scientific Advisory Board,AF/SB,Washington,Sep.

[18] [TRA09] Traub,L. W. 2009. Range and endurance estimates for battery – powered aircraft,Journal of Aircraft,Vol. 48,No. 2,pp. 703 – 707.

[19] [UIUC15] UIUC Airfoil Data Site, http://m-selig.ae.illinois.edu/ads.html, accessed 4/1/2015.
[20] [VBL09] van Blyenburgh, P. 2009. Unmanned Aircraft Systems: The Global Perspective 2009/2010, Blyenburgh& Co., Paris, France, May.
[21] [WAL09] Wallace, L. 2009. Remote control: Flying a predator, Flying, http://www.flyingmag.com/pilot-reports/turboprops/remote-control-flying-predator, accessed 4/1/2015.

第10章 无人机系统机身和动力装置设计

Michael T. Most

10.1 引　　言

　　由于无人机(UA)的形式取决于其功能,因此,任何给定无人机系统(UAS)的设计都必然会直接与其预期任务相关,如果违背这一基本原则,无人机将无法实现任务目标。举例来说,检查基础设施(如桥梁、纪念碑、烟气栈、风力发电机叶片和塔架等)时,可能需要稳定、低振动的无人机平台,以确保获得设施结构完整的高分辨率图像。在这种情况下,一方面,长航时或航程可能不再是主要需求,而由电机驱动的多旋翼(四旋翼、六旋翼或八旋翼)无人机可能最适合执行此类任务;另一方面,在检查管道故障、寻找废弃矿井或迷路旅客时可能不需要高清晰度的图像,而需要无人机搜寻更大范围的区域,因此就需要无人机具有更长航时或航程,所以具有高细度比的机身、高展弦比的机翼以及由汽油往复式发动机驱动的传统配置的固定翼无人机可能最适合执行此类任务。在可预见的未来,无人机及其相关系统在民用领域的主要用途主要还是以获取遥感数据作为主要应用。因此,任务的性质是目前决定无人机选择、配置和设计的一个重要因素。

　　由于无人机系统具有多方面的功能,设计时要来考虑适合相应功能的相关操作(如本书所述),其设计范围可从手掌大小的小型无人机(如以色列飞机工业公司马拉特分部(IAI Malat)研发的蚊式无人机(Mosquito)和普罗克斯动力公司(Prox Dynamic)研发的黑色大黄蜂微型无人机(Black Hornet Nano),后者重约16g(即0.5盎司左右)到大型固定翼无人机,如波音公司幻影工厂(Boeing Phantom Works)设计的"太阳鹰"(Solar Eagle)无人机,其机翼跨度超过120m,泰坦公司(Titan)研发的"Solara"无人机也属于大型固定翼无人机。这两架飞机能够在18500m(约60000ft)以上不间断飞行5年或更长时间。在这两种极限设计之间的无人机类型就是小型无人机系统(UASs或sUAS),如矢量推力无人机、管道风扇垂直起降(VTOL)飞行器、霍尼韦尔公司(Honeywell)的RQ-16"狼蛛鹰"(T-Hawk)无人机(狼蛛鹰是一种在西南沙漠发现的黄蜂类昆虫)、直升机无人机、多旋翼和固定翼无人机。固定翼无人机体型较大,与公务机甚至更大的飞机大小相当(通用原子公司(General Atomics)的"捕食者"(Predator)无人机翼展约14.5m,接近许多利尔喷气机等飞机的翼展,诺斯罗普·格鲁曼公司的"全球鹰/欧洲鹰"7(Global Hawk/Euro Hawk7)无人机的翼展就超过了波音727以及空客A320的翼展)。无人机装配的动力装置也多种多样,包括涡轮螺旋桨发动机、涡轮风扇燃气轮机、二冲程重油发动机(HFE)、电动发动机、汪克尔(转子)发动机和奥托循环往复式发动机等都在无人机设计范围之内。

鉴于这种多样性,对所有设计内容进行深入、详细的讨论远远超出了本章甚至本书的范围。作者并不打算面面俱到,而是在考虑任务目标、性能和任务载荷约束影响的情况下概括无人机系统设计的主要事项,同时对无人机通用设计作总体概述,并说明在不同备用平台中选择此类设计而非其他设计的原因。

10.2 有关无人机系统设计的一些经验

在现有平台基础上,对于一个特定的任务,什么因素最能影响无人机的设计过程呢?有效载荷、最大可持续速度、机身稳定性、自由振动,还是安全性?安全确实是一个问题,但并没有达到有人飞机所需要的程度——它不可能从飞行操作中消除所有风险,试图完全消除它往往适得其反,也会过度限制无人机的运营和研发,造成发展停滞的状态,从而抑制创新并阻碍进步。既然不是上述因素,那么是无人机系统的可靠性、可维护性、预期寿命、续航时间和航程吗(需要强调的是,续航时间和航程是密切相关的,但这两个术语严格来说不可互换。例如,如果一架飞机耗能少,飞行十分缓慢,其航程可能十分有限,但续航时间则很长。相反,如果飞机飞行速度很快,耗能也多,可能其航程很远,但续航能力有限。虽然这两个术语经常互换使用,但应注意确保互换时二者意义是否对等)?实际上,这些设计属性中的任何一个都很重要,但就其本身而言,不存在所谓"最重要的"属性。

不过,无人机设计中确实存在两个重要影响因素。如前所述,在进行基础设计或为特定应用选择现有无人机平台时,首先要考虑的因素是预期任务的性质。第二个要考虑的因素是认知,它是设计过程的核心,任何无人机平台的选择或设计都应遵循相互依存、协同作用原则。该原则确保了无人机所有子系统和组件之间以最大化系统性能的方式共同发挥作用。这些子系统和组件之间有时存在相互影响和约束,只有当整个设计被认为是单个部件的协同整体结构时,通过对各子系统的操作限制实现整体设计,从而优化任务目标。由此可见,任何无人机系统设计都是一种折中——某种程度上是一个线性规划问题,其中整个系统的优化(以实现任务目标)有时可能仅仅因为单个组件或成无人机的子系统表现不佳而受到影响。

例如,电动无人机的续航时间可能不足以完成其对指定尺寸区域进行测量的预期任务,而增加电池大小(以 $A \cdot h$ 为单位)能使飞机在空中停留更长时间,但这样做会减少有效载荷,因此可用于收集数据的有效载荷的选择范围也相应缩小。安装更小、更轻的传感器组件,其价格可能十分昂贵。安装更大、更重的电池可能会改变无人机的重心,并对其他性能和空气动力学特性产生负面影响。又如,手动发射的电动无人机在无风的日子里可能很难升空,选择功率更大的发动机并安装叶片角度更小、体型更大的螺旋桨可以提高发射效率,但除非配备容量更大(体积更大、更重)的电池,否则也会降低续航能力,而配备了更大容量的电池将再次降低有效载荷选择的灵活性,并改变其他性能特征,正如多米诺骨牌效应一般,牵一发而动全身。因此,无人机系统中飞机平台和所有子系统及其组件应作为一个系统协同工作,以优化无人机在完成任务目标时的总体运行能力,而任务能力的最大化通常以牺牲各组件的最优性能为代价。要最大限度地提高无人机系统的整体设计能力是一个极其复杂的过程,通常既需艺术也需科学。

10.2.1 形式取决于功能:开启设计过程的最佳之处

由于"形式取决于功能",因此开启设计过程的"最佳之处"就是要考虑无人机的预期任务。在这里要注意,无人机系统是由其组件和子系统组成的系统实体,对系统任一部分的任何设计更改都有可能影响整个系统。从最基本的层面上来说,无人机只是一个平台,用来承载其成功完成任务目标所需的有效载荷。该任务目标继而决定诸如有效载荷类型(传感器的数量、重量和配置)、续航时间以及可能的飞机结构和配置等因素。有效载荷反过来则会影响无人机总重量、动力装置选择、结构载荷、重心、导航或指令的选择、所需的升力以及其他因素等。续航需求将影响有关阻力、机翼、机翼设计、燃油负荷(由此产生的总重量)、动力装置等方面的选择。无人机地面支持设备(GSE)的数量、类型和成本,以及发射和回收子系统的选择与设计,也将受到无人机系统总体设计的任务类型的影响。由于任务影响到无人机机身、动力装置、系统结构和集成的各个方面,因此最基本的设计就是考虑如何对无人机进行最佳配置以达到其预期目的。

10.2.2 设计过程中的经济影响

根据经验,无人机的设计过程应首先考虑要执行的任务类型,但经济因素也不可忽视。一般来说,随着无人机平台规模的增加,与制造和运营相关的成本也会增加(如与维护、支持和运营相关的费用)。例如,运行一架不需要大量后勤支持、不需要对地面支持设备或大型移动地面控制站(GCS)投资的无人机,其成本可能只有执行类似任务的有人机所需成本的20%~40%。然而,对于需要更多端到端支持的大型无人机,其相关费用将会翻倍(Austin,2010)。事实上,尽管无人机在3-D(即重复的、脏乱的和危险的)任务中具有明显优势,但在技术上的额外投资以及大型无人机(如"收割者"或"全球鹰"无人机)额外的运行成本和人力成本可能接近有人机在相关方面的成本。

如果无人机不是一次性的、针对特定任务的设计(即大量生产,特别是用于商业销售),那么其生命周期成本就变得非常重要。生命周期成本广义上可分为两类:非经常性成本(测试、研发、加工、启动成本等),必须在无人机的预期寿命内收回;产品生命周期内的经常性成本。从制造商或运营商的角度来看,制造商的生命周期成本是指在平台生产期间产生的成本,包括非经常性成本,而运营商产生的成本与无人机在预期寿命期间要完成的任务要求有关。尽管存在差异,但这两种生命周期成本也是相关的。

和有人机一样,无人机的设计必须能达到一定的性能和可靠性门槛,同时将生命周期成本降至最低。从运营商的角度来看,生命周期成本不仅来源于运营成本,还包括无人机的初始购买价格(采购成本)。采购成本包括制造商的部分初始开发和设计成本,因此这使得制造商生命周期成本和运营商生命周期成本两者关联起来。运营成本进一步加深了二者的联系,如果无人机的可靠性低,但维护、支持和燃料成本高,那么,制造商在生产过程中可能售出的部件就更少,继而不仅会增加运营商的生命周期成本,也会增加制造商的生命周期成本。因此,效率是运营商和制造商在设计无人机时要考虑的重要因素,它会影响无人机的续航时间、航程、可靠性和可维护性。

10.2.3 影响无人机系统设计的外在因素

设计者或制造商无法控制所有影响无人机系统设计的因素。不属于设计者控制范围但必须纳入无人机系统设计的因素称为外在设计因素——这些因素不是由经济、预期任务、空气动力学、机身或推进系统等因素决定的,而是由直接设计过程之外的某些实体或功能决定的。影响无人机系统设计的外在因素包括行业标准,其影响并甚至推动美国联邦航空管理局(FAA)的法规制定。这些标准的来源多种多样,包括私人实体,如航空无线电通信公司(ARINC)、美国材料试验协会(ASTM)、航空无线电技术委员会(RTCA)、贸易组织如国际无人平台系统协会(AUVSI)、专业组织如汽车工程师协会(SAE)和相关行业领袖特设委员会,都为无人机设计、制造、运行、维护和的各个方面行提供指导。作为监管过程的一部分,FAA向这些组织的代表征求意见和建议,这些组织的代表同时也是各自规则制定委员会如航空航天研究应用中心(ARAC)的正式会员或航空研究委员会(ARC)非正式会员,因此其影响力颇为显著。正如载人航空的情况一样,加强对无人机飞行的管制是需要终身奉行的政策。

虽然无人机系统设计(和运营)对行业影响与监管程序密切相关,但如果没有联邦政府的支持,行业标准的影响可能会很大。例如,有人机领域采用航空运输协会(ATA)系统来为复杂的涡轮动力飞机收集技术和维修数据。尽管航空运输协会-100编码系统从未作为一项法规颁布,但航空公司、制造商、公司飞行部门和维修部门已经完全采用了该系统。由于向公司和运输类飞机的运营商提供零件、备件、组件和飞机主要机身与动力装置的制造商开始使用航空运输协会的系统,因此,与该行业有关的所有实体都被迫采用这一系统,并将其整合到其运营的所有相关方面。通过这种方式,行业开发的航空运输协会编码标准就在没有监管行动的情况下承担起了监管重任。随着无人机行业的发展和成熟,类似这种普遍采用某些行业标准来实现监管的形式,也有可能出现在无人机领域。

10.2.4 与无人机系统飞行动力学和物理学相关的一些基础知识

无论无人机的大小或配置如何,无论是固定翼无人机还是旋转翼无人机,其大部分设计特征都与有人机相关。这是由于无人机和有人机一样遵循相同的物理定律和飞行动力学。二者都在大气层的黏性流体中操作,地球对飞机质量(重量)的引力、空气动力阻力、推力和升力这4种力,都会影响飞行中的有人机和无人机。这些力是相互关联的,升力作用与飞机重量相反(抵消),重量的增加减少了航程和续航时间,同时增加了阻力和达到预期性能水平所需的推力(Hurt 1965),推力与阻力方向相反,升力和推力产生了部分阻力,而且推力也对总阻力产生影响(如短舱、整流罩、螺旋桨组件和动力装置冷却系统是寄生阻力的来源)。

阻力是飞机在大气黏性介质中与运动方向相反的所有力的总和。如上所述,飞机总阻力有多种来源,升力会产生阻力,这是翼尖涡流的结果。高压空气从机翼下表面下方溢出,在翼尖周围旋绕,进入上面的低压区域,形成一个空气漩涡或涡流,然后从翼尖和飞机后下方散开。这些涡流中的能量耗散是机翼升力产生的阻力来源,这就是所谓的诱导阻力。总阻力的剩余部分称为寄生阻力。寄生阻力的组成部分包括表面摩擦阻力、形状阻力、干扰阻力、冷却阻力、泄漏阻力、压缩性阻力(也称波浪阻力)。当飞机的空速马赫数约为0.75时,气流在机翼的弧面和机身的其他曲面(如座舱盖)上加速时可能会超过声速(马赫),因此极少有无人机在设计时会考虑到压缩性阻力(如洛克希德·马丁公司的QF-16无人机、洛克希德臭鼬工厂(Lockheed's Skunk Works)开发的D-21无人机和波音公司(Boeing)超燃冲压发动机驱动的高超音速X-51乘波机)(图10.1和图10.2)。

图10.1　臭鼬工厂的D-21无人机正在开发中
(来源:洛克希德·马丁公司的臭鼬工厂)

图10.2　X-51乘波机的展示图
(来源:美国宇航局)

其余寄生阻力的来源在一定程度上都会影响无人机的性能(如航程、续航时间、有效载荷、所需推力等)。表面摩擦阻力由在飞机表面上方的薄边界层中耗散能量的剪切应力产生。泄漏阻力通常与固定翼飞机有关,占总阻力的1%~2%(Sadraey 2009),是空气通过固定面和活动面(如副翼、飞翼襟副翼、升降舵、方向舵、襟翼、方向升降舵)之间的间隙时动量变化的结果。形状阻力(又称为压力阻力或平板阻力),是基于呈现给气流的前缘区域,由黏性流及其产生的湍流在投影形状区域内的不平衡压力分布造成的。推力必须克服这种压差,才能使飞机前进。干扰阻力是由各部件接合处气流相互作用造成的能量损失引起的,在稳定器连接尾翼且机翼与机身连接的地方,气流会聚并相互作用,产生湍流、剪切力和边界层分离,所有这些都消耗了能量,即产生干扰阻力。干扰阻力的存在解释了为什么总阻力实际上大于飞机所有部件上产生的阻力之和。最后,冷却阻力是由于空气中流过动力装置带走了热量,其动量和总压下降产生的(Sadraey 2009)。

  阻力的增加减少了有效载荷、航程和续航时间——这些都是设计者要考虑的重要因素。在所有无人机系统的设计中,减少阻力的特征因素都是显而易见的,但在固定翼飞机中,由于其任务目标要求飞行器能够长时间保持高空飞行,因此这些因素通常更为重要。例如,像以下情况,椭圆形翼尖和高展弦比机翼可以减少诱导阻力(在最简单的形式中,对于对称型机翼,展弦比只是机翼长度与其弦长的比较。对于非对称机翼,翼弦从机翼底部到翼尖会发生变化,展弦比表示为翼展与机翼表面积的平方比)。高展弦比的机翼又长又窄,我们可以这样考虑:无限长的机翼没有翼尖,不会产生涡流,也不会产生阻力。当机翼的跨距变为无穷大时,展弦比也变为无穷大。正如高展弦比机翼会减少诱导阻力一样,高细度比机身也会减少形状阻力。细度比是机身长度与宽度的比较,短而宽的机身细度比低,长而窄的机身细度比高。仔细研究固定翼无人机的设计时可以发现,高展弦比和高细度比的设计比比皆是(如加拿大 Aeromao 公司的 Aeromapper EV2 无人机、Hi Aero 公司的 Gabbiano 无人机和 IDETEC 公司的 Stardust 无人机)。高翼飞机比中翼飞机受到的干扰阻力小(高翼无人机包括以色列飞机工业公司(IAI)的部分设计,如"苍鹭"(Heron)、"搜寻者"(Searcher)、"猛犬"(Mastiff)和"猎人"(Hunter)无人机以及受其影响的无人机设计,如 RQ-2"先锋"无人机和 RQ-7"影子"无人机)。小型无人机的控制面铰链有时不过是机身材料(如碳纤维布)的延伸或覆盖,铰链表面附着一层薄薄的塑料膜或复合材料,并向外延伸,覆盖到整个控制面,从而完全消除了泄漏阻力。其他特性将在后续相关内容中再讨论,无论如何,将阻力最小化始终是任何无人机系统(尤其是固定翼无人机)在设计中应重点考虑的因素之一。

  重于空气的飞行器,无论是有人驾驶还是无人驾驶,无论是固定翼结构还是旋转翼结构,都必须具备升力才能飞行。升力是地球对飞机引力的反作用力,对于重于空气的飞行器,都要根据相同的物理定律获得升力。作用于机翼表面的外部空气动力有两种:空气压力(或压差)和空气摩擦力。在这两种力中,发生在机翼表面极薄流体层中的摩擦力要小得多,而且在大多数情况下可以忽略不计,从而为研究创造出了理想的条件(Hurt 1965)。因此,在这种理想的状态下,作用在翼型(无论是机翼、螺旋桨还是旋翼叶片)上的升力,都可以说是作用在相对翼型表面上压差的函数。

亚声速气流的显著特征是速度和压力的变化发生时密度变化相对较小,在大多数情况下,这些变化可以忽略不计。由此假设亚声速气流"不可压缩",也就是气流密度保持不变,那么,压力和速度的变化就成为产生升力的重要因素。伯努利方程的简化形式是总压等于动压与静压之和。根据伯努利方程,或称伯努利原理(以及牛顿物理学),由于流体质量保持不变,因此速度的变化会导致压力发生相应但相反的变化,反之亦然。因此,随着翼型曲面上方气流的速度(动压)增加,曲面上方的静压减小,而总压保持不变,将产生升力,可见升力是作用在机翼表面的压差引起的。如果我们描述的是在飞行过程中上表面弧度更大的机翼,那么,升力是机翼上表面静压降低(由于空气流速增加)和下表面压力增大(由于气流加速度减小)作用的结果(机翼角度可能会产生一定量的冲击压力)。直升机主旋翼的旋转叶片以相同方式产生升力,该升力可以控制以产生推力和反阻力,用于推进和操控直升机。同样,螺旋桨通过在空气团中旋转将无人机动力装置输出的轴马力转化为推进力,从而在螺旋桨背面(弧面)和平面(具有较高压力的表面)上产生压力差。另一种解释是:空气团通过螺旋桨(或转子)盘加速产生的推力是根据牛顿力学产生的,也就是根据动量、能量和质量守恒定律产生的(Seddon 1990)。任何螺旋桨或推进器产生的推力都用字母"F"表示,代表力,等于空气质量与空气质量加速度的乘积(即 $F=ma$)。

不过,螺旋桨在将轴马力转化为推力方面效率不高,其效率可能在 50%~87%,但 20 世纪 80 年代为有人机开发的无导管风扇(螺旋桨风扇)与美国宇航局的一些新型机翼和先进平面设计协同,能够实现大约 90% 的转化效率。几何螺距是指螺旋桨上给定的点(通常在 75% 半径处或翼展方向的叶片位置上测量)正常情况下在一次旋转中应前进的理论距离。有效螺距是指螺旋桨于特定条件下在空气中移动的实际距离。几何螺距和有效螺距之间的差值称为滑移(关于这些术语的更多内容将在无人机动力装置一节中详细介绍)。螺旋桨滑移是因效率低下造成的,表示输入功率转化为推力过程中的损失。降低螺旋桨有效推进(即"拉动"或"推动")飞机飞行能力的因素包括空气阻力、在叶片上产生失速区域的非标准迎角以及振动、噪声和叶尖颤振造成的能量损失。这些因素会导致能量损耗,从而降低性能,并导致预期行进距离(几何螺距)与实际行进距离(有效螺距)之间的差异。叶片柄是位于轮毂外侧厚且无弧度的部分,其移动速度比螺旋桨尖慢得多。因为在给定的叶片位置,机翼部分产生的升力是空速(相对风速)和迎角的函数,因此螺旋桨制造商设计螺旋桨时应使其桨叶角度从轮毂到叶尖递减,这就是螺旋桨扭转。以这种方式扭转桨叶会令压力在整个螺旋桨盘上分布得更为均匀(更均匀的升力),保持相对可接受的迎角,同时防止叶片部分失速或回转(像风车一样驱动)。扭转叶片可以提高螺旋桨效率,因为在给定的推力下,将较大质量的空气加速到较低的速度(注意:在这种情况下,推力是质量与加速度的乘积)需要指数级的能量(能量消耗随着加速度增加的平方而增加),较大的螺旋桨可以更有效地产生推力,但在设计上需要权衡增加叶尖速度带来的更高能量(功率)损耗。同样,采用3~4个叶片代替双叶片螺旋桨,可以使更多的空气通过螺旋桨盘加速,但由于增加的阻力、额外的重量以及设计的复杂性(尤其是恒速设计)而带来的损失可能会抵消潜在的效率提高。

前面重点介绍了无人机系统设计与有人机设计相似的几个方面,然而,由于其他因素之间的规模效应,也仍然存在某些差异。平均而言,无人固定翼飞机和无人旋转翼飞机的尺寸(质量)都比有人机小几个数量级(Austin 2010)。当我们把飞机"缩小"到更小的尺寸时,其相关属性都会以不同方式受到影响。例如,机翼表面积是二维的,与比例因数的平方成反比,而体积与比例因数的立方成反比。因此,所有其他因素保持不变时,机翼载荷——即机翼重量(地球引力场中的质量)除以机翼面积——往往随着无人机尺寸的减小而增加。较高的机翼载荷会影响飞机性能,降低飞机的爬升速度,增加飞机的下降速度。降低飞机的爬升速度可能会对续航时间产生负面影响,从而影响航程。增加飞机的下降速度可能会导致硬着陆,需要安装降落伞回收系统。较高的机翼载荷可能会迫使设计者使用弹射式发射系统来代替装备较少的手动发射,也会降低机动性。任何质量的减少都会影响无人机抵抗阵风干扰的能力,这是许多数据收集任务中的重要考虑因素。旋翼机也无法规避规模缩小带来的影响。较窄的叶片弦和较小的转子盘会产生较低的雷诺数值,从而降低转子系统的效率和升力(Seddon 1990),进而减少航程、续航时间和有效载荷。因此,在无人机系统的设计中,无人机的尺寸至关重要,它影响了诸多操作特性,进而影响无人机完成任务要求的能力。

因此,我们可以得出结论,即飞行任务往往决定无人机的大小。为了稳定,为了携带足够的燃料达到所需的航程和续航时间,为了安装必要的传感器组件或有效载荷,可能需要一个大的无人机平台。为了灵活性,为了适宜近距离工作或在基础设施检查时遇到的狭小空间中运作,较小无人机平台更加合适。无人机大小不得当可能会降低系统性能,通过恰当地选择组件以及仔细地考虑整个系统的性能,选择合适的设计属性、平台尺寸和配置或现有的无人机平台设计,能够有效地优化性能并高效地完成任务。在选择或设计过程中,需要保证整个无人机系统为单个组件的协同构建,各组件有时会有相互矛盾的设计,选择或设计过程就是协调这些不一致因素以将其性能最大化。通常,整个系统的优化(为实现任务目标)只能通过牺牲共同构成无人机系统的某些单个组件和子系统的性能来实现。

10.3 机身设计

无人机的设计可根据其获得升力的方式来进行分类。无论机翼是固定在机身上,并随着飞机在大气中前进,还是升降翼交替围绕固定轴旋转,以在零空速情况下为飞机提供理论上无限多个方向上的升力。每种级别都有各种各样的配置。本节主要针对无人机机身设计、相应的属性和考虑进行概述,以讨论不同类型的优缺点。

10.3.1 固定翼设计

前面已经讨论过,由于各种原因,无人机的设计多样性远大于有人机。例如,70%的有人机配有低机翼和T形尾翼或倒T形尾翼(Louge等2004),而无人机通常采用的尾翼配置包括十字型尾翼(如美国海军的"Ion Tiger"无人机)、T形尾翼(如Rustom-H无人机和Hi Aero公司的Gabbiano无人机)、倒T形尾翼(如诺斯罗普公司(Northrop)的"驯鹰者"无人机)、V形尾翼(如诺斯罗普·格鲁曼公司(Northrop Grumman)的"全球鹰"无人机)、倒V形尾翼(如通用原子公司的"捕食者"无人机)、H形尾翼(如以色列飞行器武装公司的RQ-2"先锋"无人机)和Y形尾翼(如通用原子公司的"收割者"无人机)等方式来稳定或控制无人机。每种尾翼都有各自的特性,要让它们适配于相应的设计方案。与T形尾翼或倒T形尾翼设计相比,V形尾翼可以减少尾翼表面的浸湿面积(即与气流接触的表面积)。从垂直稳定器流出的空气受到其结构的限制,采用T形尾翼或倒T形尾翼设计可能会减小诱导阻力(但代价是寄生阻力增加)。有人称十字形设计结合了T形尾翼和倒T形尾翼设计的优点(Sadraey 2009)。由于H形无人机的尾翼由垂直稳定器固定,有效消除了水平稳定器上的翼尖涡流,从而减少了诱导阻力。与V形尾翼相比,Y形尾翼的设计增加了偏航稳定性,但同时浸湿面积增加,阻力也相应增加。无人机机翼配置包括传统的高、中、低翼飞机、鸭翼和飞翼设计。某些飞翼设计具有独特的机身(如英西图公司(Insitu)的"扫描鹰"无人机和Gatewing公司的X100无人机),而另一些则采用全翼或混合翼身结构(如美国宇航局的"太阳神"无人机、波音公司的X-48和"天行者"X8无人机)(由于不载人,无人机机身可以省略,机身与机翼融合的设计正越来越多地见于小型无人机平台)。总体来说,与有人机相比,无人机尾翼形式的设计选择有了更大的自由(Gundlach 2012),无人机的"尾翼是设计师的灵感源泉。"

10.3.1.1 无人机尾翼设计中的因素

尾翼的作用是提供稳定和控制力矩,以调整和机动飞机。可控性(或机动性)和稳定性是对立的设计考虑因素——一个增加另一个则减少。例如,随着计算机辅助遥控自动驾驶仪的引入,使战斗机的不稳定设计成为可能(即给飞机引入负静态稳定性),使其更具机动性。通用动力公司的F-16是第一架有意设计成带有轻微空气动力学不稳定性的飞机,这种不稳定性被称为松弛静态稳定性(rss),如图10.3所示。

图10.3　通用动力公司的F-16是第一架采用松弛静态稳定性设计的飞机
(来源:美国宇航局)

飞机在三维空间中飞行,因此其升力面、操纵面和稳定面必须围绕3个轴提供可控性和稳定性:绕垂直方向或"z"轴提供方向稳定性或可控性(偏航);绕纵向或"x"轴提供横向稳定性或可控性(滚转);绕横向或"y"轴提供纵向稳定性或可控性(俯仰)。尾翼主要负责控制 y 轴和 z 轴的移动,在常规配置设计中,稳定尾翼面就是垂直和水平稳定器,该翼型与机翼一起统称为"升力面",以区别于飞机控制面(即副翼、方向舵和升降舵)(在非常规配置的飞机上,控制面可能是飞翼无人机上的升降副翼,或倒 V 形及 V 形尾翼飞机上带有的方向升降舵)。在常规设计的飞机中,尾翼是最尾部的蒙皮结构,与方向舵和水平尾翼相连。

为了提供俯仰(纵向)稳定性,安装在尾部的组件必须提供使尾部向下(机头向上)的力。如果设计合适,此表面会产生与机翼相反方向的升力。机翼的气动中心是机翼弦上发生俯仰力矩的位置。根据不可压缩翼型理论预测,无论机翼的外倾角、厚度和迎角如何,气动中心都将位于机翼25%的弦长处。事实上,空气流动的不可预测性和混乱性导致气动中心下移了23%~27%(Hurt

1965)。气动中心可视为是俯仰变化发生的横轴（y 轴）和使飞机保持平衡的支点。当飞机重心位于气动中心的前方时，尾翼向下的力起到了平衡作用。如果空速下降，产生的下压力就会减少，然后机头下降，空速增加，平衡就会恢复，通过这种方式，有助于飞机的纵向（静态）稳定性。气动中心和飞机尾翼产生的尾翼力之间的关系，解释了导致将飞机重心移向尾部的不利载荷为什么会产生灾难性影响：重心和尾翼向下的力协同作用，导致飞机机头向上倾斜和控制水平降低（可能是灾难性的），这样就增加了失速的可能性。此外，为了提供俯仰稳定性，尤其是在较低空速下，尾翼不得在机翼失速之前失速，否则会导致尾翼下降力减少，并在机翼继续产生升力时使机体发生严重的俯仰断裂。这种情况通常要求装配展弦比低于机翼的尾翼，这样可以增加失速发生前的迎角范围，以规避灾难性后果（Gundlach 2012）。

在常规设计中，飞机的垂直尾翼是方向控制力和稳定性的主要来源（虽然机翼，尤其是后掠翼，有助于提供静态方向稳定性，但作用相对较小）。如果飞机偏航或侧滑，垂直尾翼迎角的变化会导致侧向力（作用在垂直尾翼主要表面上的压差变化）在恢复力矩内使飞机绕重心偏航，从而使飞机的机头转向相对气流。垂直尾翼和横臂的大小（尾翼与重心或 x 轴之间的距离）将决定尾翼在机头偏转时产生恢复力的有效性。

任何尾翼设计中的权衡都是产生预期稳定性和控制力矩的有效性与其重力、寄生阻力之间的博弈。因此，作为一般经验法则，尾翼不应大于能产生所需稳定性和控制力矩的尺寸。其他一些影响关于配置选择的因素（T 形尾翼、Y 形尾翼、V 形尾翼等），将在下文进行讨论。

在本节末尾还需指出，有人机从机头到机尾、从翼尖到翼尾的所有设计都受《联邦法规》第 14 编题为《航空和航天》的指导和约束（如《联邦法规》第 14 编的第 23、25、27、33 和 35 部分）。在无人机这一新兴领域，其目前相对不受法规和其他外部力量的约束（参见前面关于外部设计影响的章节）。然而，随着无人机越来越频繁地进入国家空域，也逐渐受到严格管制，这种情况肯定会发生改变。

10.3.1.2　常规机翼、倒 T 形尾翼飞机

Gundlach（2012）给出了常规设计飞机的广义定义，将其描述为尾翼位于机翼后方的结构。为下文讨论之便，笔者仅将该定义特指倒 T 形尾翼飞机（即其垂直和水平翼连接在机尾上的飞机）。在无人机发展初期，无人机都是经过改装，舱内没有操作人员的有人驾驶飞机（即真正的"无人驾驶飞机"、遥控驾驶飞机或自主飞行"无人机"）。因此，有人驾驶飞机和无人驾驶飞机在设计上几乎相同，都是常规设计，如休伊特－斯佩里（Hewitt-Sperry）自动飞机（又称科蒂斯－斯佩里飞行炸弹）、斯佩里（Sperry）M－1 信使飞机、德哈维兰（DeHaviland）

的虎蛾飞机、阿佛洛狄忒行动(Operation Aphrodite)中的 B-17s 飞机和铁战行动(Operation Anvil)中的 B-24/PB4Ys 飞机(图 10.4)。二战期间,美国研发了专用的无人机。这些飞机采用了当时常见的前向机翼和倒 T 形尾翼,垂直尾翼/方向舵形成 T 形结构,水平尾翼/升降舵位于垂直构件底部,所有表面都会连接到锥形尾翼,从而形成了典型的倒 T 形结构,如低翼州际 TDR-1、高翼丹尼无线电飞机 OQ-1/2/TDD-1(及其后代诺斯罗普公司研发的 MQM-57"驯鹰者")以及海军飞机工厂(Naval Aircraft Factory)的高翼 TDN-1。随着时间的推移,类似于传统有人机的无人机设计越来越少见。目前生产的带有前翼和倒 T 形尾翼的无人机比类似配置的有人机要少得多,而且通常只出现在最小尺寸的小型无人机中(如航空环境公司(AeroVironment)的 RQ-11"大乌鸦"无人机、PrecisionHawk 公司的"兰开斯特"无人机和 Aeromao 公司的 Aeromapper EV2 无人机)。

图 10.4 在完成第 80 次作战任务后,B-17 飞行堡垒 The Careful Virgin 被调用到"阿佛洛狄忒行动"中,并作为遥控驾驶飞行器在法国对抗 V-1 炮台
(来源:陆军航空兵)

常规设计的主要优点是经过实践检验,它可以通过常规方式便利地将升力面连接到尾翼上。萨德雷(Sadraey 2009)认为,这种经过充分验证的构造是 60% 的有人机在制造时采用前翼和传统倒 T 形尾翼设计的原因。常规设计的另一优点是执行预测计算和性能分析时,是一种最简单、最容易的设计方法。根据 Sadraey(2009)的说法,"常规尾翼的性能分析和评估简单易懂……如果设计者经验不足,建议首先选择常规尾翼配置。"此外,常规尾翼结构比其他一些设计(如 H 形尾翼设计)更轻巧、更简单。

10.3.1.3 双尾撑推进器设计

在双尾撑飞机设计中,由复合材料(通常为碳纤维)圆筒结构或单壳结构制成的尾撑取代尾翼作为主要结构,并为稳定器提供连接点。根据冈拉克

(Grundlach)之前的广义定义,如果按照机翼载荷和控制功能来定义,则双尾撑设计(与鸭翼和飞翼设计相比)属于"常规"配置。

双尾撑无人机数量不断增加,这些无人机设计有着共同的渊源,其可以追溯到以色列开发军用无人驾驶飞机时期。以色列军方对"火蜂"无人机的性能和潜力印象深刻,向瑞安航空公司初步订购了12架,并将其作为工程设计和测试原型机,改进和提高飞机性能,以满足其军方的特定作战需求。以色列军方将改良后的"火蜂"无人机重新命名为"Mabat"(希伯来语意为"扫视"),另外还购买了诺斯罗普公司的"石鸡"诱饵无人机(重新命名为"Telem",意思是"犁沟")。这些无人机在1973年的赎罪日战争中部署使用,尽管损失惨重,但无人机成功地完成了任务,证明了自身价值。以色列飞机工业公司制造了双尾撑、PT-6A驱动的"阿拉瓦"短距起降运输机。基于制造这种飞机时获得的经验,一年后,即1974年,以色列开始研发一种双尾撑推进螺旋桨式设计(与传统的牵引式螺旋桨相反)的无人机,并命名为"侦察兵"。

以各种尾翼配置生产的双尾撑设计无人机由此激增,与"侦察兵"同时代的"猛犬"无人机就采用了双尾撑T形尾翼设计。这种直立式T形设计消除了稳定器和螺旋桨控制面产生的湍流和发动机排放的气流。以色列飞机工业公司的"侦察兵"无人机、飞行器武装公司与以色列飞机工业公司共同研发的"先锋"(RQ-2)无人机、以色列飞机工业公司"猎人"(RQ-5)、"搜寻者"和"苍鹭"等无人机都是双尾撑、H形尾翼设计。H形尾翼的优点是减少了与尾翼相关的诱导阻力,从而防止了涡流的形成,垂直稳定器也起到了与双翼机机翼相同的作用,即减少了与垂直表面相关的诱导阻力,从而可以使无人机设计得更为短小(浸湿面积更小,但展弦比增加)。两个方向舵也可以设计得更小,同时保留控制权。与单尾翼设计(倒T形尾翼和直T形尾翼)相比,H形尾翼还可以通过减少螺旋桨滑流对垂直稳定面的冲击而引起的偏航趋势,从而提高方向稳定性。这样做的代价是:两个方向舵的控制输入会使系统更加复杂,离地间隙会进一步减小,并且尾翼部件比其他配置(如倒T形和直立T形尾翼设计)稍重。

飞行器武装公司(AAI)生产的航空探测器RQ-7"影子"无人机以及无人机工厂生产的"企鹅"无人机都采用了由双尾撑结构支撑的倒V形尾翼设计(图10.5)。与V形尾翼相比,倒V形设计在协调转弯时可以产生较好的偏航特性(与非倒V形尾翼相比)。此外,在推进器动力装置的滑流中,倒V形双尾撑可以使用更小的控制面和提供更好的低速响应能力,但代价是颤振和寄生阻力增加。使用方向舵会让控制系统复杂化——利用微分控制面运动将俯仰和滚转输入结合起来,会使电气/电子/机械控制接口更加复杂,难以设计和连接。在

MQ-4C"全球鹰"无人机的早期评估中发现,舵面颤振的确是一个问题(后来通过给控制面增加平衡重量解决了这个问题)(Norrisand Butler 2013)。由于方向舵的复杂性增加,会对无人机系统的可维护性和可靠性产生负面影响——2012年6月11日,一架BAMS RQ-4A原型机在NAS Patuxent河坠毁,原因是方向舵(执行器)故障。此外,复杂性增加也会导致制造成本提高。

图10.5 无人机工厂的"企鹅"BE无人机
(注意:这种电动推进器的设计是由碳纤维尾撑支撑的倒V形尾翼构成的)
(来源:无人机工厂)

除了前文所述的各种典型尾翼结构的优缺点之外,双尾撑设计本身也具有某些优、缺点。双尾撑结构为设计者提供了设计浸湿面积和阻力较小的飞机的机会,但使用两个稳定器和额外控制面产生的阻力可能会抵消这一优势。双尾撑结构十分灵活,有助于实现设计目标。在设计过程中采用双尾撑结构可以相对容易地增加或减少尾翼臂,以平衡预期的有效载荷重量并提供必要的稳定性和控制力矩。例如,通过将整个尾翼向后移动来增加控制面力臂和稳定力矩,以提高稳定性和可控性(以降低机动性为代价)。Gundlach(2012)指出,双尾撑推进器设计产生了巨大的、紧密耦合的尾翼和细长的机头。为了抵消发动机力矩,需要最小的机头重量,这可以通过改变航空电子设备、通信系统或有效载荷重量来实现。通用原子公司的"捕食者"A、"勇士"和"收割者"无人机系统均采用了这种方法。

双尾撑结构类似于一个盒子,其环绕着推进器以提高安全性。该结构的"装箱"形式也强化了机身组装,并在V形尾翼上减少了表面侧向载荷以减少转矩(扭转)。从劣势来看,位于推进螺旋桨排放口的尾翼表面会增加干扰阻力,并最低程度地减少推力,同时使尾部组件受到更大的冲击和振动。不过,由于发动机安装在推进器的后部,可为有效载荷提供更大的机身容积,同时,传感器组件不会受到发动机排气和热量的影响,可以提供清晰的图像。

双尾撑双发动机设计也可使飞行视野不受废气影响,如"巡检"无人机,其动力装置安装在机翼上(图10.6)。尽管有此优势,多发动机固定翼设计的无人机并不常见。中心线推力(推进器/牵引器)双发动机配置是为了克服单翼发动机运行时出现的不良偏航特性的一种尝试(如发动机熄火),但是这种设计具有双尾撑推进器设计的缺点以及双发动机安装的复杂性(Gundlach 2012)。不过尽管如此,以色列飞机工业公司和美国TRW公司联合开发的RQ-5"猎人"无人机依旧是双尾撑中心线推力无人机的一个突出代表(TRW公司于2002年被诺斯罗普·格鲁曼公司收购)。

图10.6 双尾撑、双发动机的巡检无人机
(来源:巴纳德微系统公司)

10.3.1.4 飞翼布局

尽管可能存在小翼、翼尖端板和垂直稳定器等垂直部件,但飞翼的显著特点是这种设计只有单一的水平升力面。无人机上小翼(如英斯特公司"扫描鹰"无人机)的功能与有人机上的一样,是为了减少翼尖涡流和诱导阻力。翼尖端板通常被设置在小型无人机的翼尖(如Gatewing的X100和以色列飞机工业公司马拉特分部研发的"蚊子"无人机),在机翼下方延伸,以减少诱导阻力(但寄生阻力增加),并在飞机着陆时保护其底部。安装在无人机上的垂直稳定器主要是为了在某种程度上克服飞翼设计固有的方向不稳定性。尽管垂直稳定翼型在无人机上相对少见,但"黄蜂"Ⅲ微型无人机就是使用垂直稳定翼型的实例(由于存在方向不稳定性和缺乏计算机控制的增稳系统问题,早期有人飞翼设计也

采用了垂直稳定器,如诺斯罗普公司的 YB-49,如图 10.7 所示)。升降副翼(副翼和升降舵的组合体)安装在机翼后缘,其差动运动可以控制和实现可能的稳定输入。飞翼设计中机身可能清晰可辨(如英斯特公司的"扫描鹰"无人机),也可能不存在(如"天行者"X8 无人机)。根据 Gundlach(2012)的观点,当传统飞机的定义范围扩大时,双尾撑飞机和具有尾翼或尾翼组件的常规前翼飞机类别被划为一类,而飞翼是第二种最普遍的无人机配置。

图 10.7　诺斯罗普 YB-49 飞翼(1947—1948)
(注意:由于缺乏飞行动力学计算机,垂直稳定器是必需的)
(来源:美国空军)

飞翼设计相比其他设计具备一定优势,它的结构简单、零件少,易于组装和制造。飞翼对设计者具有很大吸引力,因为它理论上提供了较高的空气动力学效率(升阻比高)和更高的飞行效率,从而降低了能耗,增加了航程。这些特点也使此种设计的飞机具有极好的滑翔比。另外,飞翼坚固耐用,小型无人机通常也不带起落架,这样可以减小质量、减少寄生阻力。尽管飞机重心至关重要,有效载荷也必须合理分配,但这种设计还是为有效载荷定位提供了较大的灵活性。此外,由于无人机飞翼通常采用推进器设计,因此缺少前置动力装置,具有与双尾撑相同的优点,即机身体积更大,视野更清晰,传感器组件不会受到发动机排气和热量的影响。对于军用无人机而言,飞翼的另一个优点是雷达散射截面小(雷达散射截面简称 RCS,是衡量飞机隐身性能的一个指标)。雷达散射截面小的特性是无人作战飞机(如诺斯罗普公司的 UCAV X-47B,以及其他参与海军无人舰载机空降监视与打击竞赛的飞机)和隐身侦察无人机(如洛克希德·马丁公司的 RQ-3 "暗星"和 RQ-170 "哨兵"无人机)采用飞翼设计的重要原因。同样,在这些军用无人机应用的例子中,可以看出任务目标决定了设计特征。

当然,就像生活中的大多数事情一样,没有所谓的"免费午餐",飞翼设计也存在某些缺点。由于缺乏稳定面,飞翼表现出固有的方向不稳定性,尽管自动驾驶仪或增稳系统能够在不同程度上缓解这种不稳定性,但机翼载荷与速度、机动性和稳定性之间存在权衡。飞翼对阵风和空气湍流引起的位移非常敏感,设计飞翼需要使用"非标准"的混合翼型——航空工程师不能仅仅参考机翼设计目录(如美国国家航空咨询委员会的第 824 号报告)来选择适合目标机翼的翼型。最后,飞翼的重心范围很窄,平衡有效载荷、自动驾驶仪、接收器、航空电子设备、天线等因素间的关系可能也是一项挑战。

10.3.1.5 鸭式布局无人机

鸭式布局无人机装配有一个单一的水平翼型,比机翼小,位于主升力面之前。不同于后水平尾翼会产生一个向下的力来提升机头,前鸭翼产生的升力与主翼作用的方向相同。根据功能,鸭翼布局可分为两种:控制鸭翼和升力鸭翼。控制鸭翼作为纵向控制(俯仰)面,通常设计成迎角为零,在飞行中不用支撑飞机重量,因此其负担不重。升力鸭翼与主翼分担飞机的重量,而主翼充当水平尾翼面,这种鸭翼载荷很大,有人预计,这种由次级升力翼型分担载荷的配置,有可能让主翼的设计更小,但事实并非一定如此。前翼产生下洗气流,干扰流向主翼的气流,降低升力并增加诱导阻力,从而降低两个升力面的组合效应。鸭翼的使用允许设计者将重心移到相对较远的机尾,这有益于推进器的设计。无论前翼是控制鸭翼还是升力鸭翼,为了保持飞机的可控性,鸭翼必须在主升力面失速之前失速。这样主翼不能达到最大升力,会导致飞机性能降低,并导致重心达到或超过临界位置(即机尾重心极限的后方),产生严重且不可恢复的飞机失速。

相比传统的双尾撑或飞翼设计,装配鸭翼的无人机设计要少得多。Gundlach(2012)认为,鸭翼无人机之所以如此少,是"因为与传统配置相比,没有空气动力学优势,并且鸭翼设计的部件比飞翼更多。"笔者要补充的是,其他设计的优势(有效载荷定位更灵活、传感器视野更开阔、结构更坚固等)增强了无人机实现任务目标的能力,并吸引设计师选择其替代鸭翼设计。鸭式布局无人机虽然不常见,但仍然存在,其中包括美国宇航局(NASA)在 20 世纪 70 年代中后期开发的高机动遥控驾驶飞机,以证明无人战斗机在空中作战的可行性。阿拉伯联合酋长国(United Arab Emirates)目前正在开发的 ADCOM YABHON-R 中高度长航时无人机和 L-3 公司的"麦比乌斯"无人机也属于鸭式布局无人机。

"麦比乌斯"无人机是一种可选驾驶飞行器,能够自主飞行。尽管鸭式布局无人机的例子相对较少,但自从由动力驱动、重于空气的飞行器出现以来,这种设计就已经存在了——莱特飞机就是一种鸭式布局设计。

10.3.2 旋翼或水平螺旋桨设计

与固定翼无人机相比,旋翼飞机具有其自身的优、缺点。旋翼无人机机动性强,能够垂直起降,但任务载荷运载能力、航程和续航时间普遍较低,这主要是旋翼系统效率低下的结果(归因于旋翼空气动力学的复杂性和与规模效应相关的低雷诺数值)。与旋翼飞行相关的空气动力学内容远远超出了本章的讨论范围(例如,波音公司在美国宇航局的支持下,就此主题出版了《旋翼空气动力学》和《美国宇航局承包商报告 3082》)。尽管如此,读者依然会在接下来的每一节中看到关于旋翼飞行的一些明显的空气动力学特性及其影响。这一简要概述足以介绍旋翼无人机的飞行和设计。如果读者对详细内容感兴趣,也不难找到其他资源深入了解。

10.3.2.1 无人直升机

与直升机相关的空气动力学和飞行物理学非常复杂。直升机通过旋翼转盘加速大量空气的同时产生与飞机重力方向相反的升力和飞行方向的推力。飞行的动力由燃料或电池提供,由飞机动力装置转换为机械动力,并通过齿轮减速器(如在变速器中)传递给支撑主旋翼叶片的桅杆。直升机齿轮减速器机将发动机的高转速、低扭矩输出转化为低转速、高扭矩输出。低转速是为了提高空气动力效率(一般来说,应尽量避免超音速状态),高扭矩是为了使叶片通过大气中的黏性流体。在悬停状态下,产生升力要消耗 60%~70% 的功率(称为诱导动力),而剩余功率则用以克服寄生阻力(称为形状阻力)(Gessow、Myers 1985)。由于窄弦或短翼展叶片的雷诺数低(Schafroth 1980),并且加速空气质量所需的能量随着加速度的平方而增加,因此转子直径越大,其能够通过旋翼转盘的空气越多,从而效率越高(Gessow、Myers 1985)。另外,增加旋翼叶片的长度,从而增加展弦比,也可以减少因升力产生的阻力。这样做的缺点是增加了寄生阻力,降低了转子转速,从而降低了动压,降低了升力。这也是为什么需要保持叶尖亚声速的原因。

在无风悬停状态下,升力在旋翼转盘上对称产生。空气质量相对于旋翼转盘的任何相对运动,都会使情况发生重大变化(如遇阵风或定向飞行时)。假定在一个双叶片旋翼系统中,沿相对风向运动的叶片称为前行桨叶,它会产生更大的升力。当机翼相对空气运动时,后行桨叶就会产生更小的升力。这种不稳定状态称为升力不对称,可通过有效的旋翼系统设计得以缓解。由于前行桨叶的相对空速会产生更大的升力,因此该叶片倾向于上升,而后行桨叶产生的升力较小,故会下降。这是一种幸运的情况,因为在上升过程中,前行桨叶的迎角减小,升力减弱,而随着后行桨叶的下降,其迎角增大,升力增加。因此,旋翼系统的设计允许预订量的桨叶挥舞,以减轻升力不对称的影响。在旋翼直升机中,通过使用安装在轮毂中的挥舞铰链(全铰接式旋翼),或使用支撑双旋翼叶片(常见于贝尔直升机)的半刚性旋翼头中的摆动铰链(也称为平衡杆),或允许叶片和轮毂弯曲(载人直升机的现代旋翼轮毂或挠性轴可使用复合材料和橡胶弹性轴承,以允许叶片充分弯曲)。根据角动量守恒定律,角动量是质量、角速度和距离(重心到旋转轴的距离)的乘积,是常数(在理想条件下,即没有摩擦)。当直升机桨叶因升力不对称而扇动时,其重心会改变:前行桨叶向上拍打驱使重心向内移动,而后行桨叶向下扇动驱使重心向外移动。如果质量不变,但重心到旋转轴的距离改变,那么,速度必须反作用于角动量以使其守恒。常用的比喻是花样滑冰运动员将手臂向内缩回以增加旋转速度,也反映了该能量守恒定律。由于扇动会导致叶片加速(超前)或减速(滞后),因此要采用这种设计,必须通过轮毂弯曲和叶片弯曲或安装并入转子轮毂的超前-滞后(或阻力)铰链来实现(尾桨叶片也会遇到升力不对称的情况,也可配备铰链以适应桨叶挥舞)。尽管小型无人直升机已经安装了铰链以允许桨叶挥舞(如 Zeal 公司生产的用于高性能应用的铝制摆动铰链),但作用在较小旋翼系统上的力矩和力通常很低,以至于需要叶片或轮毂弯曲来适应大部分桨叶的运动。

大型无人直升机(如诺斯罗普·格鲁曼公司的"火力侦察兵"和波音公司的 A160"蜂鸟"无人机)采用与载人直升机相同的方式来实现升力和推力的变化,即通过保持所需转速并改变安装在轮毂上顺桨铰链的桨距。为了增加升力(和高度),总的螺距变化会导致所有叶片同时增加相同大小的迎角,因此,通过转子盘的升力就增加了。小型无人直升机(如自动直升机和雅马哈 RMAX)的旋翼头通常也装有顺桨铰链。此外,体型更小的直升机(如 ZALA 421-02 和 T-Rex)可以像双叶的"贝尔"和"希勒"载人旋翼飞机那样使用飞杆(又称桨叶或平衡杆)系统,而不是通过旋转斜盘直接将输入从伺服系统导向变桨机构。飞杆系统由单杆组成,杆的末端装有桨叶或砝码,与主旋翼桨叶成90°并垂直于主旋翼桅杆。通常来说,飞杆接受控制输入(如来自无人机的伺服系统),并通过机械连杆将其传送到旋转斜盘,进而传送到变桨机构。飞杆组件的目的是在有风和气流时提供额外的循环输入,进而提高稳定性和可控性。最小的电动无人直升机(如普罗克斯动力公司研发的黑色大黄蜂微型无人机),有时被归类为微型飞行器,通常装有固定螺距的主旋翼桨叶,并通过改变旋翼转速来增加或减少升力。

所有的直升机，无论是有人驾驶还是无人驾驶，无论是大是小，都以类似的方式进行定向飞行。为了产生定向推力，叶片的螺距必须以不同的方式改变，以使旋翼转盘朝着期望的行进方向倾斜。当叶片绕桅杆轴旋转时，通过循环输入以及以不同的方式改变叶片的螺距可实现旋翼转盘的倾斜。由于陀螺进动，这些输入必须在最大倾角90°之前改变。为了说明陀螺进动的影响，假设从圆盘上方看，桨叶旋转的方向是逆时针的（常见于美国生产的载人直升机）。如果直升机的纵轴是直升机向前延伸的0°/360°参考线，那么，要向前飞行，则必须在旋转方向上90°处增加螺距输入，同时在叶片旋转方向上270°处减少螺距输入。由于陀螺进动，最大叶片偏转将在90°后发生，旋翼转盘将向前倾斜，将推力更多地导向机尾，并使直升机向前移动。

旋翼桨叶的另一个设计特点是：其与螺旋桨一样经常加入扭曲，增加叶尖到轮毂的叶片角度（由于内侧叶片的角速度较低，如果叶片角度不增加，则轮毂附近产生的升力会比较小）。这是为了通过在整个旋翼转盘上更均匀地分配升力来减少压力、提高效率。当然，这种扭转在直升机旋翼上不太明显，主要是因为其分布的跨度范围更大。

扭矩效应在固定翼和旋转翼设计中都存在，但在后者中占主导地位。牛顿第三定律揭示了扭矩效应，"每一个作用力都有一个大小相等、方向相反的反作用力。"传递给旋翼的动力会使机身产生相反方向的旋转倾向。这种趋势呈线性变化，即功率增大，扭矩效应增加。无论是有人还是无人驾驶的单旋翼直升机上，其尾旋翼（又称反扭矩旋翼）都能抵消扭矩效应。如果尾桨产生的推力小于扭矩效应，机身将向与主旋翼桨叶旋转方向相反的方向偏航；如果尾旋翼产生的推力大于扭矩作用力，机身将向主旋翼旋转方向偏航。安装双旋翼能够抵消扭矩，即两个旋翼系统以相反的方向旋转，一个旋翼系统的扭矩抵消了另一个旋翼系统的扭矩，且不需要其他反扭矩系统（如尾旋翼）。装配双旋翼系统的无人机设计包括同轴对转和串联对转。不同的是，在前者中桨叶绕着一个公共轴旋转，而在后者中桨叶绕着两个独立的轴旋转。20世纪50年代末60年代初，吉罗丹公司为美国海军开发的第一架QH-50旋翼无人反潜直升机属于同轴对转设计，由一架300轴马力的波音涡轮轴发动机驱动。20世纪80年代末90年代初，西科尔斯基公司试验了一种称为Cipher和Cipher 2的同轴无人驾驶设计，后来演变成美国海军陆战队的"龙战士"无人机。目前装配串联对转的无人机旋翼系统的例子有卡曼公司的K-MAX无人机和以色列飞机工业公司的"幽灵"无人机。前者能够负载与其自身重量相等的外部载荷，而后者类似于一架奇努克（Chinook）有人驾驶直升机。K-

MAX旋翼系统的叶片啮合类似于传统的机械打蛋器,其也被称为同步器或啮合转子设计。

10.3.2.2 多旋翼设计

多旋翼主要是指四旋翼、六旋翼和八旋翼。注意:所有机型都有偶数个旋翼来抵消扭矩(虽然不太常见,但三旋翼和"Y形架"多旋翼设计也依然存在,这种设计必须利用尾旋翼或旋翼倾斜来抵消奇数旋翼引起的扭矩效应,这会让飞行动力学和飞机控制变得非常复杂)。目前,小型多旋翼无人机的制造商包括大疆、空中机器人(Aerobot)和艾伦(Aeryon)。多旋翼无人机几乎都是由电动机驱动的小型无人机,其优势在于能够垂直起降飞行、在空中盘旋徘徊、敏捷度高、相对无振动,但缺点是航程、飞行高度和续航时间都有限。

回看前文,关于阻力的讨论主要集中在固定翼飞机上。文中的观点与固定翼飞机相比相同之处在于其飞行阻力随着空速的增加而增加。垂直起降飞机(如直升机和多旋翼飞机)的设计任务通常不要求高空速。此外,如果为获得其他期望特性(如低振动或机动性)而要牺牲续航时间和航程,则可以选择多旋翼而不是固定翼设计。多旋翼可向任何方向飞行而不仅仅是直线飞行的能力对流线型的设计没有要求,因此多旋翼设计不包括整流罩或圆角或其他任何减少形状阻力或干扰阻力的策略。从空气动力学角度来看,多旋翼机的天线、电线、控制器和马达都浸入在气流中,所以是比较脏的。与固定翼无人机的设计相比,旋翼飞机具有低速飞行特性和更高的方向敏捷性,因此设计过程中对阻力的考虑变得不那么重要。

10.3.2.3 其他旋翼无人机

除了直升机和多旋翼机,还存在其他无人机旋翼设计的实例。第一个是"鹰眼"倾转旋翼无人机,它由加拿大普拉特·惠特尼公司生产的涡轮轴发动机驱动,可产生600多马力的动力。"鹰眼"无人机由贝尔公司设计制造,与该公司设计的大型载人倾转旋翼机十分相似。为了从直升机模式过渡到飞机模式,倾转旋翼机能够将机翼末端的短舱从垂直位置旋转到水平方向,然后再次转回垂直位置以便着陆。虽然"鹰眼"无人机能够像飞机一样飞行,但严格来说它是一架垂直起降机——旋翼支柱的桨叶太长,无法适应传统的跑道着陆。2002年,美国海岸警卫队订购了贝尔公司的"鹰眼"无人机,用于深水监控项目,但该订单随后由于资金回流问题遭到冻结。

新型无人机旋翼设计的第二个实例是霍尼韦尔RQ-16"狼蛛鹰"无人机,它采用单旋翼管道风扇设计,由一对四马力的对置双翼提供动力(图10.8),管道风扇效率极高(诱导阻力可忽略不计),能让旋翼比预期尺寸小数倍。RQ-16"狼蛛鹰"无人机克服了扭矩效应,通过固定的旋转叶片使风扇的推力偏转,并通过百叶窗将推力矢量(直接或偏转风扇的排放)定向到与预期行程相反的方向,以进行操纵。

图10.8 霍尼韦尔狼蛛鹰微型飞行器着陆
(来源:霍尼韦尔航空航天公司)

10.4 动力装置设计

与无人机机身一样,无人机推进器的可用动力装置也多种多样。有人机的动力装置通常根据其运行周期和设计进行分类,其各种类型均可见于无人机设计中。本节的主要目的是向读者介绍无人机动力装置的多样性,并简要说明某些无人机设计中没有利用这种多样性的原因。注意:下面的讨论并非包括所有类型动力装置的类型,但基本包括了最常安装在无人机上的动力装置(本节讨论不涉及安装在包括 V-1、Republic Loon、EnicsT90-11 无人机上的脉冲喷气机,也不涉及为波音 X-51 提供动力的超燃冲压发动机)。

10.4.1 四冲程发动机

四冲程发动机依据奥托循环运行。奥托循环由尼古拉斯·奥古斯特·奥托(Nikolaus August Otto)提出,是一种理想化的热力学循环。它描述了火花塞点火和包括五个步骤的往复式发动机的运行方式,需要活塞进行4个冲程方可完成。活塞通过连杆与曲轴上的一个曲柄相连。当曲柄绕曲柄轴旋转时,会将汽缸中的活塞向下拉,通过打开的进气阀吸入已与燃料按适当比例混合的空气,这就是进气冲程。在接下来180°的旋转过程中,曲柄向上驱动连杆或活塞组件,以压缩汽缸中燃料与空气的混合物。在热力发动机中压缩行为很有必要,其可在燃烧期间令空气足够膨胀,以驱动动力冲程来获取有用的动力。在压缩冲程期间,进气阀和排气阀都处于关闭状态。由于旋转或往复式发动机部件存在惯性,点火步骤通常发生在活塞于压缩冲程中达到其最大向上行程之前。这使得在压缩冲程完成且燃烧的燃料与空气混合物试图膨胀时,已储存的能量能使活塞通过上止点。压缩和燃烧的综合作用在动力冲程期间为活塞提供了最大的向下推力,在曲柄旋转180°的过程中,作用在活塞顶部的力通过连杆传递到曲柄轴,发动机仅在动力冲程期间产生推力。曲轴接下来180°的旋转推动汽缸中的活塞向上,使废气通过排气阀排出,最终通过排气系统排出飞机,这是排气冲程。因此,完成奥托循环的5个步骤需要4个冲程,同时曲轴共要旋转720°。

四冲程发动机具有一定的设计优势:振动较小(与二冲程发动机相比)、运行噪声更小、扭矩相对较高、功率范围更广。航程和续航时间是无人机的预期任务中的重要因素,而四冲程发动机的主要优势是其具有所有内燃机中最高的燃油效率。不过另一方面,四冲程发动机通常也更重、结构更复杂、价格更昂贵。与其他动力装置相比(如二冲程发动机),四冲程发动机一般较少作为无人机的动力装置。"鹰"航空侦察机安装了特利丹公司(Teledyne)生产的IO-240-B7B型号发动机,可提供120马力的动力,这是无人机安装四冲程发动机的实例。另一个例子是RQ/MQ-1"捕食者"A无人机,其安装了奥地利生产的(对置)四缸涡轮增压Rotax 914F发动机,该发动机可产生115马力的动力。以色列飞机工业公司的RQ-5"猎人"无人机也采用了摩托古兹公司的双缸四冲程动力装置。尺寸为7.5cm³及以上的小型四冲程发动机可安装在小型无人机上,巴纳德微系统公司生产的InView无人机就是例证。它由一对29.1cm³(即1.8英寸³)排量的四冲程发动机驱动,燃烧100号低铅航空燃料,这种燃料以20:1的比例添加了合成油以起到润滑作用。

10.4.2 二冲程动力装置

二冲程发动机可以完成所有实际热力发动机所需的五个相同步骤(即进气、压缩、点火、驱动和排气),但仅需两个活塞冲程和360°的曲轴旋转。尽管存在稍微复杂一些的二冲程设计(如使用旋转阀和簧片阀的设计),但最简单的二冲程发动机结构不需要阀门,所需零件也很少。当活塞在压缩冲程中开始向上运动时,其下方会形成一个低压区,该区域包含活塞连杆和曲轴,被封闭起来,称为曲轴箱。空气与燃料以适当的比例混合,并加入少量润滑油,吸入曲轴箱储存,与此同时,活塞上方是先前在压缩冲程中预先储存在曲轴箱中的空气和燃料的混合物,通过活塞的向上运动受到压缩。火花塞在活塞向上压缩到最大限度(即上止点,简称 TDC)附近时可进行点火,以使气体最大限度膨胀,提供最大向下力通过推动活塞连杆到达曲轴,这就是二冲程发动机的动力冲程。随着活塞向下移动,排气口打开,开始对汽缸进行扫气,当活塞继续向下时,进气口打开,曲轴箱容积的减少迫使储存在其中的燃料与空气的混合物通过进气口进入汽缸,新进燃料与空气的混合物迫使排气口将剩余的废气排出汽缸。当新进气受到压缩时,进气口和排气口就会被活塞堵住。只要发动机继续运转,该过程就重复进行,因此,二冲程发动机能够在一次完整的曲轴旋转中就完成 5 个步骤。

　　二冲程设计的显著优点是结构简单紧凑、运行部件少、质量较小。质量较小的优势至少在窄功率范围内有助于获得高比功率(功率重量比)。另外,与其他动力装置相比,二冲程设计的价格相对较低。二冲程设计的缺点是运行不够平稳,会造成机身振动。对于敏感的有效载荷传感器来说,一般需要无振动的无人机平台,而由二冲程动力装置引起的振动很难隔离和抑制。此外,二冲程发动机噪声大,油耗率相对较高,这对航程和续航时间有负面影响。二冲程发动机的另一个严重缺点是空载时性能差(Fahlstrom、Gleason 2012)。在低转速时,二冲程发动机中的废气不能完全排出,因此废气会稀释吸入燃烧室的燃料空气混合物,由此产生的稀薄混合气体会导致发动机间歇性燃烧、爆裂、运转失控,甚至使发动机熄火。如果这种问题出现发动机从低转速运行恢复的过程中,则会对无人机造成致命影响。

　　在无人机设计早期,大多数无人机都是由有人机改装而来的,以便使用原来的或预先编程的指令,并没有专门为无人机制造的动力装置。直到 20 世纪 60 年代,无人机二冲程发动机的选择也仅限于商用发动机,包括发电机、割草机和链锯发动机,但这些发动机很快就被证明在高输出、振动水平、燃油经济性、可靠性和使用寿命等方面都不尽如人意(Catchpole、Parmington,1990)。在军事需求和资金驱动下,研究人员研发了新型二冲程发动机并推动其进一步发展。直到今天,二冲程发动机可为各式各样的无人平台提供动力,包括考斯沃斯、萨克斯、沙漠空气、葛劳纳、富世华、赫兹、3W 模型和里卡多等在内的制造商目前都生产专门用于无人机的二冲程发动机,能够使用汽油、煤油馏分和辉光燃料(即甲醇、硝基甲烷和合成油或蓖麻油的混合物,以提供润滑)。安装了这些发动机的无人机有 RQ-2"先锋"无人机、无人机工厂的"企鹅"无人机、以色列飞机工业公司的"搜索者"无人机,通用原子公司的 Gnat 750 无人机和由美国人丹尼斯·菲特斯(Dennis Fetters)设计并用于出口中国的 SVU-200 无人驾驶直升机。

10.4.3　电动机

关于无人机系统的电机运行问题将在下一章无人机电气系统的介绍中进行更充分的讨论,因此这里只做简单介绍。无人机系统的电动装置通常是无刷直流电机(简称 BLDC 电机或 BL 电机)。无刷电机(与有刷电机相比)的优势在于其扭矩和比功率更大、每安培的扭矩更大(即更高的电气效率)、维护成本更低、使用寿命更长(无电刷、滑环或换向器凹陷、烧毁或磨损的现象)以及电磁干扰更少。电磁干扰通常是无人机系统设计中必须要考虑的因素,(电磁干扰会在自动驾驶仪、航空电子设备和通信系统中产生干扰信号,可能导致无人机无法控制,继而失联)。

无刷直流电机可采用内转子或外转子设计。内转子无刷直流电机通过在转子(连接到输出轴)上安装永磁体,这些永磁体同时受其周围固定绕组(或定子)磁场的吸引和排斥。在外转子无刷直流电机设计中,安装有永磁体的外壳绕中心定子旋转,同样永磁体也受定子绕组中磁场的吸引或排斥。螺旋桨或垂直起降转子驱动系统连接的输出轴与外壳是一体的,无刷电机通常使用钕永磁体(也称为 NdFeB 磁体、NIB 磁体或 Neo 磁体),由稀土金属钕与铁硼合金制成,是迄今为止研发出的最强永磁体。钕磁体有几种等级(强度),磁性越强,价格越高。使用强磁体会提高无刷直流电机的效率。

由于其固有优势,无人机系统的电动装置采用了最为常见(但并非唯一)的外转子式设计。外转子式设计比内转子式设计的转速慢得多,但产生的扭矩更大。这是因为外转子定子在电机内部,所以绕组和内部构件可以密封,以保护它们免受环境影响。外部绕组不受离心载荷的影响,因此会延长电机寿命。绕组无须进行空气冷却,因为热量可以通过传导消散。这一点非常重要,因为限制无刷电机最大持续功率输出的一个因素就是其产生的热量——热量过多可能会永久损坏定子绕组的绝缘性并削弱转子的磁性。

大部分小型固定翼无人机和直升机上都会安装电机,而且电机几乎只安装在多旋翼垂直起降机上,如无人机工厂的"企鹅 BE"无人机、联合技术航宇公司的 Vireo 无人机、艾伦实验室的"侦察兵"无人机和 SkyRanger 无人机(图 10.9)。尽管电机没有噪声,运行极其平稳且无振动,但其主要设计缺点是续航时间和航程减少。四旋翼无人机"侦察兵"的续航时间约为 25min,而固定翼无人机 Vireo 公布的飞行时间为 1h。尽管续航时间在很大程度上取决于风速,但经验表明,就算在大风天气,这已经是最好的结果。"企鹅"BE 无人机公布的续航时间是 110min。相比之下,采用二冲程 3W-28i 发动机提供动力的"企鹅"B 无人机公布的续航时间超过 20h。

图10.9 艾伦实验室的四旋翼无人机"侦察兵"配有外转子式无刷直流电机
（来源：艾伦实验室公司）

10.4.4 燃气涡轮

为有人机和无人机提供动力的燃气涡轮称为布雷顿循环（或焦耳循环）动力装置，是以美国工程师乔治·布雷顿（George Brayton）的名字命名的。有关布雷顿循环特征的描述有恒压（指一种理想化状态，即假定燃烧过程中燃烧室的压力不变）和开式循环，即通过动力装置处理空气（又称工作流体）时，所有过程都是连续进行的（而不是二冲程和四冲程发动机的离散循环）。飞机燃气涡轮的主要组成部件是进气口、压缩机、扩散器、燃烧室和带动压气机的那一部分涡轮，这些部件组装在一起，形成了核心机（涡轮风扇发动机）或燃气发生器（涡轮螺旋桨发动机或涡轮轴发动机）。燃气发生器或核心机是飞机燃气涡轮的基本组件，用以产生发动机作为推进器所需的气体或工作流体。我们也可对飞机燃气涡轮做如下区分：涡轮喷气发动机安装在旧式固定翼飞机上，这种飞机几乎完全依赖发动机产生的推力行进；涡轮风扇发动机是一种更高效的推进器，由核心机和风扇模块组成，常见于较新的固定翼飞机和无人机系统上；涡轮螺旋桨发动机由燃气发生器、齿轮箱和螺旋桨组成，常装配在有人和无人驾驶的固定翼飞机上；涡轮轴发动机安装在直升机和倾转旋翼机上。后面还会介绍更多细节。飞机燃气涡轮的机械结构简单，但与其相关的物理学和热力学原理却很复杂。燃气涡轮是公认的无人机上安装的动力装置中最可靠、最稳定的一类（Fahlstrom、Gleason 2012），通常燃烧重质燃料（例如煤油碳氢化合物馏分），是迄今为止最昂贵的无人机动力装置，因此，燃气涡轮通常安装在体型较大的高性能无人机上。

涡轮喷气发动机、涡轮螺旋桨发动机、涡轮轴发动机和涡轮风扇发动机都由相同的基本组件组成,同样具有内燃机运行的 5 个步骤。空气进入进气口,通过导管或管道输送到压气机,在压缩机中,空气的静压和总压都会增加。压缩机设计可以是轴流式、离心式或两者的结合。轴向压缩段包括一组安装在压缩机鼓轮周围的旋转叶片或转子,以及一组安装在压缩机壳体内的下游固定叶片或定子。压缩机鼓轮和转子由涡轮驱动,以加速空气进入定子。定子减缓气流并增加工作流体的静态压力,然后将其导入下一压缩阶段。轴流式压缩机效率极高,但每级压缩比非常低,为 1.1∶1 ~ 1.25∶1。这种高效是大多数大型飞机燃气涡轮采用轴流式压缩机设计的原因,这种压缩机的总压比可达到 40∶1 或更高。轴流式压缩机也可见于为大型无人机(如"全球鹰"无人机)和无人作战机(如 X - 47B 无人机)提供动力的燃气涡轮中。离心式压缩机的每级压力增幅更大,但效率却低得多。使用离心式压缩机可以令动力装置更为紧凑,如通用原子公司的"捕食者"无人机上安装的 TPE - 331 发动机就是这种设计。由于随着压力的增加,损耗也显著增加,因此,在飞机上安装燃气涡轮时,其离心压缩一般不超过两段。复合式压缩机是涡轮螺旋桨和涡轮轴燃气轮机(如加拿大普拉特·惠特尼公司的 PT6 和劳斯莱斯公司的 250 和 M250)必不可少的一部分,其配置有多级轴向压缩段,再将其放入单级离心压缩段。空气从压缩机的最后一级排出,进入扩散器,此时工作流体变慢,静压增加。总体来说,进气口、压缩机和扩散器等部件有时可统称为发动机的冷端部件。

  发动机的热端部件由燃烧室、涡轮段和排气管组成。扩散器管道通常会安装叶片,以减少气流湍流,并将工作流体导入燃烧段(即燃烧室),从燃料喷嘴连续喷射出来的燃料点燃之前在此处与空气混合,以便在燃烧过程中迅速氧化。工作流体的温度和能量在燃烧室中达到最大值,离开燃烧段后进入涡轮部分经过多级涡轮。与压缩段不同,涡轮段由一组上游定子(又称隔膜或喷嘴)和一组安装在转盘上的下游涡轮叶片组成,这种旋转组件或转子也称为涡轮机叶轮或 T 轮。喷嘴组件以适当的角度和速度将工作流体导入杯形涡轮叶片,从而使转子像风车一样旋转。由于每个 T 轮都会逐步消耗能量,因此,每个下游级可用的能量减少,并且每个转子的直径会依次增大,以便均匀地获取下游每一级的动力。转子盘固定在涡轮轴上,转子产生的动力用于驱动压缩机和所有螺旋桨翼型(如直升机的风扇、螺旋桨或旋翼桨叶)。最后,工作流体从涡轮段进入排气管,导向舱外。

  飞机燃气涡轮通常包括两组(少数飞机上含有三组)涡轮机、压缩机或燃气发生器式燃气轮机和动力涡轮机,有时还会包括自由式涡轮发动机,这是区别不同燃气轮机设计特点的要领之一。尽管存在不同的构造类型(如 PT6 发动机),但动力或自由式涡轮轴通常在压缩机涡轮轴内旋转。由于动力或自由式涡轮以及压缩机涡轮都拥有各自独立的轴承系统,因此能够以不同的转速旋转,位于上方的涡轮组件(压缩机涡轮)旋转得更快。燃气发生器式燃气轮机遵循着布雷顿循环模式持续运转,不断驱动着压缩机处理进入的空气。无论何种涡轮系统都不会消耗掉工作流体中所有的可用能量。对涡轮螺旋桨发动机、涡轮风扇发动机和涡轮轴发动机而言,工作流体中必须保留部分能量,以驱动飞机的螺旋桨、风扇或旋翼桨片。只有涡轮喷气发动机没有安装动力涡轮组件,尽管如此,在工作流体通过排气管道的推进喷管加速时,必须保留一些能量以提供推力。涡轮螺旋桨或涡轮轴通过其输出轴来驱动齿轮减速系统,如果螺旋桨或旋翼桨叶的转速达到跨声速,其空气动力性能将会大幅度降低,并且如果动力涡轮的输出转速太高,就无法驱动螺旋桨翼型在可接受的低转速下有效运行。因此,齿轮减速系统(如齿轮箱、齿轮减速装置或直升机上的变速器)能够将涡轮的高转速、低扭矩转换为低转速、高扭矩,以此来驱动飞机的螺旋桨或旋翼桨叶。由于安装在涡轮风扇装置上的齿轮箱要承受极高的负荷,因此很少依靠齿轮减速装置来驱动飞机风扇。

二战期间开发出的涡轮喷气发动机噪声很大,在飞机低空飞行时燃料利用率极低。但是由于其没有安装过于复杂、体积过大的整体齿轮箱、螺旋桨或风扇,因此往往能产生较高的推力。涡轮喷气发动机技术虽还未广泛应用于无人机系统,但已应用于瑞安航空公司的"萤火虫"无人机(其装有通用电气公司生产的YJ97-GE-3型号涡轮喷气发动机,可产生1814kg,即4000lb的推力)、"火蜂"无人机(装有大陆集团生产的J69-T-29A型号涡轮喷气发动机,可产生771kg,即1700lb的推力)和"火蜂"二号无人机(装有特利丹公司的CAE J69-T-6型号涡轮喷气发动机,可产生835kg,即1840lb的推力)。"火蜂"二号无人机常在越南执行侦察任务,也在2003年开始在伊拉克开展侦察工作。

如前所述,在推力一定的情况下(推力指质量与加速度的乘积),将较大质量的空气加速到较慢速度需要消耗更多的能量,达到指数级(能量消耗与加速度的平方成正比)。与旧式的涡轮喷气发动机相比,涡轮风扇发动机可为较大质量的空气提供相对较低的加速度(假设推力水平一致),因此涡轮风扇发动机的设计更省燃料。除此之外,从风扇排出的空气每单位体积内所含有的能量也更少,这也是涡轮风扇发动机比涡轮喷气发动机运转起来噪声更小的原因之一(另一个原因是风扇排气过程中,其噪声能量的频率较高)。目前,只有最先进的无人机系统才会配备涡轮风扇发动机,如诺斯罗普·格鲁曼公司的"全球鹰"无人机,由劳斯莱斯公司生产的F137涡轮风扇发动机提供动力,能够产生大约3400kg(7600lb)的推力;诺斯罗普·格鲁曼公司的X-47B UCAV无人机,由普拉特·惠特尼集团生产的F100-PW-220U涡轮风扇发动机提供动力,能够产生7257kg(16000lb)的推力;洛克希德·马丁公司的"臭鼬"无人机(图10.10),由威廉姆斯公司生产的两个FJ44-3E涡轮风扇发动机提供动力(图10.11),能够产生1365kg(3010lb)的推力。由于许多军用无人机系统的设计特点都是为了尽可能地降低被侦测到的风险(如X-47B无人机、洛克希德·马丁公司生产的"暗星"无人机和"臭鼬"无人机),所以安装在这些飞机上的风扇通常都很小,因此能产生中等或较低的涵道比(即风扇排出的空气量与进入核心机空气量的比例)。通常情况下,无人机系统涡轮风扇的涵道比都非常低,其比例一般都小于1:1。

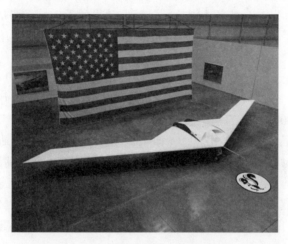

图10.10　洛克希德·马丁公司的臭鼬工厂秘密研发了产品"臭鼬"无人机
（来源:洛克希德·马丁的臭鼬工厂®）

图10.11　洛克希德·马丁公司生产的"臭鼬"无人机,由两台威廉姆斯生产的F44型涡轮风扇发动机为其提供动力。威廉姆斯国际公司生产了一系列小型、轻量级民用认证的FJ33/FJ44型涡轮风扇发动机(1000~4000lb)
（来源:威廉姆斯国际公司）

涡轮螺旋桨和涡轮轴燃气发动机非常相似，二者在本质上是一样的。两者均采用自由式涡轮或动力涡轮来驱动齿轮减速器，以降低输出转速并增加扭矩。事实上，飞机燃气涡轮发动机（如加拿大普拉特·惠特尼公司生产的 PT6 型涡轮发动机、莱康明公司生产的 T-53 型发动机和劳斯莱斯公司的 250 型发动机）经常安装在直升机和固定翼机型上。飞机类型决定了所安装的涡轮发动机的类型，一般来说，涡轮轴发动机安装在旋翼飞机上，涡轮螺旋桨发动机安装在固定翼飞机上。例如，以色列飞机工业公司生产的"埃坦"（也称"Steadfast"）无人侦察机，由两台功率分别为 900kW（即 1200 马力）的 PT6-A 型涡轮螺旋桨发动机提供核心动力。另一台装备了涡轮螺旋桨发动机的无人机系统是通用原子公司生产的"收割者"（之前称为"捕食者"B 型）无人机，该无人机使用霍尼韦尔公司生产的 TPE-33-10 型发动机，其可产生 671kW（即 900 马力）的动力。涡轮轴发动机安装在无人机系统上的例子有卡曼公司生产的（K-1200）K-MAX 无人机，采用的霍尼韦尔公司生产的 T53-17A-1 型发动机，该动力装置能够产生 1341kW（即 1800 马力）的功率，但在无人机起飞时其额定功率为 1118kW（即 1500 马力），飞行时功率为 1006kW（即 1350 马力）。无人机的动力装置可能会由于某些原因（如为了在一定气压高度下提供稳定的性能）使其保持额定功率，这样可以延长动力装置和传动装置的使用寿命。还有一个例子，贝尔公司的"鹰眼"倾转旋翼无人机，也安装了涡轮轴发动机，采用的是加拿大普拉特·惠特尼公司生产的 PW207D 型涡轮轴发动机，其可提供 478kW（即 641 马力）的动力。

10.4.5 汪克尔转子动力装置

汪克尔发动机采用其发明者德国工程师菲力斯·汪克尔（Felix Wankel）的名字命名，该设计于 1929 年获得专利。汪克尔发动机由三角转子组成，具有轻微弯曲的等边转子，在一个外摆线腔内旋转，有时也称作双凸轮定子（Falstrom、Gleason 2012）。三角转子可在燃烧室中形成 3 个气室，每个气室在每次旋转过程中会引起 5 次内燃，即 3 个完整的奥托循环。由于转子的单次旋转能产生 3 个功率脉冲，因此发动机的比功率较高。该旋转组件也是发动机中唯一运动的部件。由于汪克尔发动机将燃烧室中产生的压力转化为旋转力，以代替往复运动，所以这种发动机在运行时非常平稳——这也正是那些要求传感器安装平台稳定、无振动的无人机系统考虑采用该设计的重要因素之一。福尔斯特罗姆（Falstrom）和格里森（Gleason）特别强调了汪克尔发动机所具备的这一优势，振动是电子设备及敏感的光电有效载荷系统的致命敌人，同时也是造成无人机系统可靠性降低的主要原因。汪克尔发动机的构造非常紧凑，具有极高的比功率，如果装配有效的消声系统,转子发动机还可以更安静地运转。尽管汪克尔发动机具有很高的燃油效率,并能产生较高转速,但其缺点是输出扭矩较低,不过这一点不足可以通过齿轮减速系统来解决。许多无人机系统都安装了转子发动机。例如,RQ-7型"影子"无人机和RQ-2C型"先锋"无人机,二者均由UEL AR-741型转子发动机提供动力,其功率为28.3kW(即38马力);Schiebel公司研发的S-100型"坎姆考普特"无人机由AE公司生产的AE50R型转子发动机提供动力,其功率为41kW(即55马力)。

10.4.6 重油发动机

重油发动机燃烧重油,重油密度比汽油更大,以矿物燃料为例(即非生物燃料),重油是从煤油石油馏分中获得的。无人机系统使用的重油包括柴油、JP-5(一种专为运载体开发的具有较高闪点的煤油基燃料)、JP-8(与A-1喷气机所使用的燃油类似)以及生物柴油烃化合物。Jet B和JP-4(又名航空涡轮用汽油,其在北约代号为"F-40")两种类型的重油属于"宽馏分"(包含50%~70%的汽油馏分),因此不建议在某些无人机系统的重油发动机上使用。其他型号的重油发动机既能够燃烧汽油也能燃烧煤油分馏。尽管柴油发动机(二冲程或四冲程结构)可与其他类型的重油发动机一样燃烧相同的燃料,但二者区别在于非柴油重油发动机利用火花点火,而非通过压缩产热来点燃燃料与空气的混合物。无人机系统所配备的重油发动机可以是二冲程或四冲程结构的柴油发动机或汪克尔转子发动机,为了确保燃烧效率,二冲程重油发动机通常会在每个汽缸中安装两个火花塞。

军方和政府机构大力推进无人机系统安装重油动力装置(又名单一燃料计划),这是因为重油在燃烧时具有诸多优势。与汽油相比,重油的能量密度更大,每单位体积能提供更多能量(比汽油高出约15%),因此,使用重油更能提升无人机的续航能力。与汽油相比,重油通常能储存更长时间且不会降解。某些型号的重油发动机还能以二冲程的模式燃烧油/汽混合物(如3W公司生产的重油发动机)。因为重油的闪点更高,所以在无人机系统中安装重油发动机更为安全,而且重油在偏远地区和欠发达国家中更为常见。重油发动机的燃油率很高(与奥托循环发动机相比能节约20%的燃料),这也大大提高了无人机的续航时间。安装重油发动机的无人机包括:通用原子公司生产的"灰鹰"无人机,其安装了蒂勒特公司的Centurion1.7型涡轮柴油发动机,可提供101kW(即135马力)的功率;美国海军陆战队的"龙战士"无人机装备了汪克尔重油发动机用以驱动主旋翼(尾部旋翼则由电力驱动),能产生31kW(即42马力)的功率;以色列飞机工业公司新研制的"超级苍鹭"无人机由菲亚特柴油喷气发动机(意大利制造)提供动力,其功率为147kW(即200马力)。

10.4.7 无人机上的螺旋桨

螺旋桨通常被视为飞机动力装置的组成部分。在固定翼飞机上(有关旋翼飞机和多旋翼飞机的内容在前文已有论述),无人机的推进器主要由动力装置和螺旋桨组成,以产生推进力。除了某些由涡轮喷气发动机、涡轮轴或风扇提供动力的无人机外,其余固定翼无人机都是通过螺旋桨旋转来产生推进力的。除喷气式、风扇式和涡轮轴燃气涡轮机外,前文提到的所有无人机动力装置都能驱动螺旋桨,因此,螺旋桨对于大多数固定翼无人机来说是一个至关重要的部件。无人机的螺旋桨可采用固定螺距或可变螺距设计(如地面可调螺旋桨),或是采用恒速设计。无人机螺旋桨由木材、碳复合材料、玻璃纤维、芳纶、铝、尼龙、玻璃纤维增强尼龙、钢等多种材料制成。其主要生产制造商包括森塞尼奇公司、麦考利公司、埃尔韦特公司以及西北无人机公司等(NWUAV)。森塞尼奇公司自20世纪50年代以来一直在为靶机和侦察无人机生产螺旋桨(如雷吉纳德·丹尼研发的系列飞机和诺斯罗普公司"驯鹰者"无人机上的螺旋桨都来自该公司)。

小型无人机通常使用固定螺距螺旋桨,其直径和螺距信息通常显示在螺旋桨背面(弧面)。螺旋桨背面第一个数字表示螺旋桨盘的直径(即在双叶螺旋桨上从一个桨尖到其对角桨尖的距离,单位为英寸);第二个数字表示几何螺距,即螺旋桨理论上每转动一圈应该移动的距离(详见无人机飞行动力学和物理学一章中的论述)。固定螺距螺旋桨螺距的选择与无人机所执行的任务类型及其飞行特性相关:选择较小螺距的螺旋桨会减少阻力,而无人机的其他因素可使螺旋桨保持较高的转速,这样有利于无人机的低速运行以及顺利起飞和着陆。如果无人机需要在较高的空速运行,例如在巡航速度下高效运行,应选择较大叶片角度(或较大的螺距)的螺旋桨。

大型无人机(如安装了涡轮螺旋桨的"收割者"无人机)可配置恒速螺旋桨,让螺旋桨在保持有效的迎角(2°~4°)情况下,使升阻比最大化。这与有人机上的系统十分相似:单作用螺旋桨调速器把从动力装置润滑系统转移来的高压油输送到螺旋桨毂的活塞里,以改变螺距或是释放润滑油,从而令弹簧力、空气动力和平衡配重(如果已安装)的施力三者结合,实现相反方向的螺距变化。"单作用"一词是指调速器将引导高压油使叶片角度仅在一个方向上发生改变。单作用调速器会把油引至螺旋桨,以此来增加或减少螺距——具体是增加还是减少取决于制造商的设计。单作用调速器仅具有增加或减少螺距的功能,但无法两者兼备。双作用调速器会将高压油输送到螺旋桨活塞(螺距变化机构的一个部件)的两侧,以此来增加或减小叶片的角度。例如,"收割者"无人机装配麦考利公司生产的四叶螺旋桨,就与有人机上的配备非常相似。埃尔韦特公司以及西北无人机公司均为比"收割者"无人机更小的无人机生产过恒速螺旋桨,前者所制造的螺旋桨借由弹簧力抵消空气动力来实现螺距的变化,而后者则是用电动或液压驱动的方式来实现螺距的变化。

10.5 发射与回收系统

所有无人机都必须要进行发射,尽管部分无人机是一次性的,但大多数无人机是(期望)要回收的。正如任务的性质几乎影响了无人机设计的各个方面,而机身和动力装置的选择影响则决定了多数无人机发射和回收系统的配置方式。作者在本章中会列举几个例子进行说明。通过前文可知,设计无人机时机翼面积越小,其所受到的空气阻力就越小,但机翼载荷增加可能会迫使无人机的设计者采用弹射发射系统来代替所需设备更少的手动发射系统来发射无人机。此外,过高的机翼载荷会增加无人机的下降速度,从而造成过度的硬着陆,因此,无人机还需要安装降落伞回收系统。机身和动力装置与发射回收系统的关系也以另一种方式起作用,即无人机对发射和回收系统的特殊要求可能会预先决定其机身和推进器的相关配置,这一点也在很大程度上推进了联合技术航宇系统公司"Vireo"无人机系统的设计和研发。"Vireo"无人机为了竞争政府项目而开发,要求无人机需具有紧凑性、便携性以及无须使用捕获设备即可进行手动发射和回收(相关内容会在后文加以论述)。因此,"Vireo"小型无人驾驶飞机系统的研发是围绕安装在机身上方的机翼开展的,为了方便手动发射,装备了腹部防滑装置(其与电池组合二为一)和折叠式螺旋桨,以提高无人机在崎岖、偏远地区着陆的能力。任何无人机的发射和回收系统都是其无人机系统的子系统,该子系统以集成或离散的形式存在,构成整个无人机系统的一部分。在本章结尾,笔者将就无人机的发射和回收子系统与整个无人机系统之间的关系展开讨论。

通过弹射器瞬间释放势能,或是采用手动发射的方式为无人机提供较为缓慢和平稳的加速可能是为无人机提供起飞所需动能的最古老方法。从早期的飞行开始,这两种方法就用于发射滑翔机和动力飞机的模型,随后才应用于更为重要的载人飞行实验中。早期研发手动发射无人机的实例包括:罗蒙诺索夫(Lomonosov)(1754)、劳诺伊(Launoy)与比恩维努(Bienvenu)(1783)开发的对转旋翼无人机;杜·坦普尔兄弟(du Temple Brother)(1857—1870)设计并进行飞行实验的专利动力单翼飞机的比例模型;19世纪初左右开展飞行实验的由奥托·李林塔尔(Otto Lilienthal)、塞缪尔·皮尔庞特·兰利(Samuel Pierpont Langley)和"空气动力学之父"乔治·凯莱(George Cayley)爵士共同研制的研究模型;据称,约翰·斯特林费罗(John Stringfellow)使用弹射器发射了阿里埃勒模型,这是第一个获得专利的动力飞机设计方案(1848);1918年,斯佩里父子(Elmer Ambrose Sperry 和 Lawrence Burst Sperry)也使用了弹射器发射了休伊特-斯佩里自动飞行器(又名斯佩里飞弹)。值得一提的是,他们所使用的弹射器都是由著名的诺登投弹瞄准器的设计师设计的(Jarnot 2012)。

手动发射可能是最早且肯定是最简单的无人机发射手段之一。这一方式在今天发射无人机时仍然十分常见,其主要优势显而易见——无须使用额外的发射设备,同时,运输、安装和拆除额外设备所要消耗的时间和后勤保障也就一并省略了,因此也就降低了成本。这种类型的发射手段非常温和(除非尝试发射失败),并且也不必在加速过程中对无人机施加额外的力,但在没有风或微风的情况下,没有给飞机提供足够的升力,就会出现发射失败问题。另外,在发射过程中保持无人机的高度并为其提供正确的飞行轨道也是一项挑战。机翼载荷低、静推力高的无人机最适合以手动发射方式升空。"大多数手动发射的无人机质量低于20lb,翼展不到10ft"(Gundlach 2012)。采用手动发射的小型无人机包括航空环境公司制造的RQ-11型"大乌鸦"无人机、"黄蜂"无人机和"美洲狮"无人机,洛克希德·马丁公司制造的"潜行者"无人机以及由里奇·布朗(Rich Brown)和内森·马雷斯(Nathan Maresch)在堪萨斯州立大学萨利纳校区开发的"乌鸦"无人机。

弹射发射器(包括轨道发射器)和"张紧绳"系统(也称高速启动系统)可以使用一种方式储存初始能量,并将能量传递给无人机,以提供无人机发射时所需的升力。这种能量的释放过程也不能太快(兰利公司的Great Aerodrome无人机曾经在发射中,弹簧弹射装置在21m(即70ft)的距离内将无人机加速到27m/s(即60mile/h)时,发生了结构性的故障)。莱特兄弟在进行飞行试验时也使用了弹射发射系统,由此可见,弹射/轨道发射系统的使用要先于飞机起落架的运用。体积较小、相对轻便的无人机可由弹射器中储存能量的弹力绳索发射,发射器中的弹力绳索经过多年的改进,相比之前具有更大的弹性,因此也具有更强的能量储存能力。英国通用目标系统公司目前生产的弹力绳索可发射105kg(约231lb)的无人机,发射速度为24m/s(约54mile/h)(Novaković、Medar 2013)。体积较大的固定翼无人机可通过气动弹射升空。例如,无人机工厂和大角星无人机公司都研制出了储存压缩空气以发射无人机的气动弹射系统。与气动弹射系统相比,弹力绳索发射器通常具有体积小、质量小、复杂度低、在野外组装后占地面积小等优点。虽然弹力绳索发射器具有诸多优点,但气动发射器更为常见(Gundlach 2012),如诺斯罗普·格鲁曼公司的X-47B型无人战斗机等舰载无人机与舰载型有人机相同,都使用蒸汽动力弹射器进行发射。

其他常用的发射技术包括火箭助推起飞技术(简称 RATO,有时也称为喷气助推起飞,简称 JATO),已用于发射德国 V1 无人机、瑞安公司的"萤火虫"无人机和"火蜂"无人机以及诺斯罗普·格鲁曼公司的 BQM-74"石鸡"无人机。此外,还有空投发射装置(已用于洛克希德公司臭鼬工厂研发的 D-21 型无人机和波音公司的 X-51"乘波者"无人机)。甚至还有车顶发射系统(无人机工厂生产的"企鹅"无人机和斯佩里父子研发的"飞弹"无人机使用的就是这一系统),该系统将无人机置放在汽车顶上,通过汽车的运动为无人机提供发射的初速度,达到了起飞速度的无人机便会从支架上脱离升空。一般质量超过约 455kg 或 1000lb 的大型无人机系统(如"全球鹰"无人机、"掠夺者/收割者"无人机)只能在铺设好的(或至少经过改造的)跑道上起飞,并且通常还需要可伸缩的起落架来完成发射。当然,无人机也可有多种发射方式,如无人机工厂生产的"企鹅"无人机就装备有三轮固定起落架,可以帮助无人机从草地和人行道上起飞,但如前所述,其也可通过车顶支架或气动弹射器完成发射。

火箭助推起飞(也称为喷气助推起飞)发射系统结构较为简单,能够提供高比推力(推力与重量的比),并且系统更为模块化。火箭助推起飞技术特别适用于无人机起飞条件受限的情况,如缺少起飞跑道或弹射发射器由于过于复杂、缺乏后勤保障或空间不足而无法使用时,火箭助推起飞技术就特别有利。诺斯罗普·格鲁曼公司生产的 MQM-57"驯鹰者"无人机是较早在机身上安装了两个火箭助推起飞装置的遥控驾驶飞行器,其前身可通过二战期间生产的 15000 架 OQ-2/TDD-1 型无人机及其变体追溯到雷吉纳德·丹尼(Reginald Denny)发明的由丹尼米特发动机为其提供动力的遥控飞机 Dennyplane。装有高分辨率相机的 MQM-57"驯鹰者"无人机是早期战术侦察无人机中的成功案例,其由迈科络 O-100 型发动机提供 72 马力的动力,借由火箭助推起飞装置,"驯鹰者"无人机可从零长发射坡道快速升空(这种飞机依靠降落伞回收系统实现降落)。较重的无人机则需要相对较大的加速度才能起飞,但同样能借助火箭/喷气助推起飞发射系统起飞升空。例如,德国的 V-1 型无人机机翼短小而机翼载荷相对较高,就需要借助火箭助推起飞技术、蒸汽弹射器或空投发射装置实现起飞。近期,火箭助推起飞系统已被用于可供飞空间有限的地区,如发射飞行器武装公司的 RQ-2"先锋号"无人机和以色列飞机工业公司研制的 RQ/MQ 5A/B/C"猎人"无人机。在设计火箭助推起飞系统时,使其与飞机重心对齐对于确保发射期间更好地控制飞机至关重要。

空投发射有以下几个优点。当其与降落伞回收系统结合使用时,能有效减少起落架带来的阻力;空投发射还允许设计师进一步优化机翼以适应高速飞行(降落伞回收系统与火箭助推起飞系统结合时也具有这一优势);由于无人机的飞行高度通常高于其他发射系统所能提供的高度,因此飞机起飞质量减少而飞行里程和续航时间变长。大多数无人机都是从飞机下方进行空投的,这种方法通常要比将其从飞机上方发射安全得多。洛克希德公司生产的 D-21 无人机采用了空投发射技术,其运载母机为 M-21(由 SR-71"黑鸟"侦察机改进而来),在发射过程中,D-21 无人机本应从 M-21 上方升空,但由于 D-21 未能与载机很快分离,因此发生了事故(该事故将在下文详细描述)。自此之后,D-21 型无人机改从 B-52 型飞机翼下发射。

不管什么类型的发射机构,都具备某些所需特性为无人机升空提供动能。发射的所需的距离与无人机速度变化的平方成正比,与其加速度成反比,传递给无人机的发射能量与无人机起飞时的总重量成正比,动能与相对发射速度的平方成正比。这意味着,相比于无人机的重量,其发射速度是更重要的发射能量驱动因素(Gundlach 2012)。尽管我们有必要向无人机传递一定程度的能量,但同时也需要将无人机在发射(和回收)过程中的受力最小化,防止其结构过度受力,从而减少发射装置所受的磨损,同时也能使相关设备和支撑装置(如气动发射器的压缩机和蓄能器)的占地面积最小化,因此,无人机加速度的速率与要转换为驱动发射装置力量的能量大小是很重要的。此外,在整个发射过程中,发射装置与无人机之间需要足够的间隙,这一点是毋庸置疑的。在一次无人机空投发射中,洛克希德公司的 D-21 型超声速无人机和其运载母机 M-21 型飞机(由 SR-71"黑鸟"侦察机改进而来)之间未能留出足够的间隙,导致了致命事故,发射控制官雷·特里克(Ray Torick)在海上迫降后不幸溺水身亡(飞行员比尔·帕克(Bill Park)先前以 500ft、200 节的速度从"黑鸟"上弹射出来,得以幸存,但是 D-21 型无人机和 M-21 母机均遭坠毁)。Gundlach(2012)将回收(或捕获)操作定义为"将无人机从飞行状态转换到非飞行状态"并顺利完成的活动。回收系统包括使用捕捉网、降落伞部署、拦阻装置以及诸如英西图公司研发的"天钩"回收设备这样的专用装置(图 10.12)。无人机的回收工作要比无人机的发射更具挑战性。无人机的回收需要将飞机的空速控制在极小范围内,接近失速。此时,无人机更容易受到空气气流的影响,并且在无人机回收的过程中,回收或捕获无人机的位置要与地面轨道精准对接。此外,在回收无人机时,其必须在受控状态下耗尽自身所具有的动能,从而尽可能地减少平台和回收装置受到的应力。即使是采用腹部着陆方式降落,无人机在压缩吸收能量时,机身上也会产生很大的力,特别是在飞机下降率高时更是如此。

使用发射和回收系统的必要性,主要取决于无人机的设计和任务的需要。但使用回收系统也可能提供具有某些固有优势。无人机腹部滑行回收模式依靠

图 10.12　一架波音 RQ-21A 型"黑杰克"无人机
正由英西图公司的专利"天钩"回收设备回收
（来源：美国海军）

地面和无人机机体之间的摩擦力来让飞机着陆,消除了起落架带来的阻力,增加了无人机的航程和续航时间,并且无须考虑跑道的因素。体积较大的无人机,如战术型无人机,其机身可能无法承受腹部着陆时受到的力和磨损,因此通常要依靠撞网回收技术进行回收。撞网也可与常规的无人机着陆方式结合使用,作为拦阻屏障,以更快地降低无人机的速度,同时减少飞机的滑行距离。与撞网类似,拦阻索也有着几乎相同的使用方法。"天钩"专有的回收系统采用独特的配置,英西图公司生产的无人机(如"扫描鹰"无人机和"综合者"无人机)翼尖会装备一个抓钩,无人机降落时,这些抓钩会抓住垂直拦阻电缆,这种配置占用空间极小,因此通常安装在船的甲板或是拖车上。降落伞回收系统广泛运用于各类飞行器(如小型无人机、战术型无人机以及空射无人机),其可为飞行器提供较慢的下降率和相对平稳的着陆。降落伞也可以用以紧急终止飞行或是作为诱导阻力(阻力伞)的装置,悬挂在降落伞下的无人机也可在下降时被回收,这是越战期间回收瑞安公司"火蜂"无人机的常用方法。

大型无人机(如"全球鹰"无人机)通常采用最复杂的指挥和控制系统进行发射和回收。"全球鹰"无人机的发射和回收单元(简称 LRE,又名卫星控制站)旨在快速部署无人机,并能够在大约 370km(200n mile)的距离内实现对飞机的操控(Austin 2010)。一旦无人机顺利升空,在其执行任务的大部分时间内,无人机的控制权将"移交"给任务控制单元以进行超视距控制。行动完成后,"全球鹰"无人机会飞回发射和回收单元的操控范围内并放弃控制权,以便无人机可以降落在其出发地。最先进的发射和回收系统会与飞机的导航航空电子设备、自动驾驶仪和飞机子系统集成在一起,可令无人机实现全自动起飞和着陆。以色列飞机工业公司研发的"苍鹭"二号无人机上所使用的高级发射和回收系统(简称 ALRS)就是很好的一个例子。该系统不仅可以执行已事先录入的自动起飞和着陆程序,而且还可以将飞机的控制权"移交"给前方作战基地的地面站。根据以色列航空航天公司(出自其 2002 年对先进地面控制站的定义)的说法,高级发射和回收系统在无人机飞行的关键时刻可以最大限度地减少人为的错误,并降低操作员的培训成本。

10.6 本章结论

从机身结构、可用动力装置及其组合的巨大差异中可以看出,无人机的设计方案多种多样,这使得无人机的设计者和工程师在开发过程中有着极大的灵活性,也决定了无人机的最终配置。许多因素都会影响到无人机的最终设计方案,这其中最重要的就是无人机的任务目标。毕竟,我们之所以使用无人机就是为了高效、精准地完成某些任务,如民用无人机的大多数用途都是为了获取遥感数据。在选择机身配置、动力装置类型以及将其整合到整个无人机系统中时,都应充分考虑如何使无人机系统完成所要执行任务的最终目标。

思 考 题

1. 作者为什么说在设计无人机时,其形式取决于功能?
2. 列出影响无人机设计的因素。为什么这些因素如此重要?这些因素中哪两个可能最为重要?原因是什么?

3. 描述无人机设计的经济和外部因素,并说明这些因素是如何影响无人机设计的。

4. 在飞行过程中,作用在重飞行器上的4种主要力是什么?描述升力和推力的产生方式。产生机体整体阻力的来源是什么?对各来源展开详细叙述。阐明机身整体阻力大于作用在每个单独部件上阻力之和的原因。说明阻力的增加或减少如何影响其他无人机设计参数。

5. 定义无人机的展弦比和细度比,并说明它们是如何影响无人机的性能和设计的。

6. 描述螺旋桨是如何产生推力的。给出螺旋桨叶面、叶背、几何螺距、有效螺距和滑移的定义。造成螺旋桨效率低下的原因有哪些?分别对其进行描述。为什么螺旋桨和旋翼叶片是"扭曲"的,以至于每个叶片的角度都随叶片位置变化而变化?

7. 什么是"尺度效应"?尺度效应是如何影响无人机的,尤其是小型无人机设计?

8. 按照生产方式分类,无人机可以分为哪两大类?

9. 冈拉克(Gundlach 2012)指出,无人机尾翼的设计种类之多,堪比艺术家手中调色盘的颜色。列出并描述可供无人机设计者使用的各种尾翼类型。

10. 描述与飞机稳定性和控制性相关的 X 轴、Y 轴和 Z 轴。能让"尾翼向下"或"机头向上"的力是什么力?为什么它很重要?设计师是如何将这一因素纳入无人机的设计当中的?

11. 对比无人机设计中为提高 X 轴、Y 轴和 Z 轴的稳定性与可控性所采用的各种控制面/升力面结构,并对各种结构的优、缺点进行阐述。阐明无人机每个部件的特点及其独特性(如方向舵或是升降副翼的用处)。

12. 简要论述如今十分普及的双尾撑无人机的起源和发展。

13. 描述鸭翼的两种类型,并论述其在无人机中的应用方式。

14. 讨论选择旋翼设计和固定翼设计的优、缺点。

15. 阐释无人直升机所应用到的飞行动力学原理及其控制方法。如何实现扭矩抵消?对转螺旋桨与直升机的旋翼系统有何区别?

16. 为什么大多数多旋翼机都配置偶数个螺旋桨?什么是 Y 形多旋翼无人直升机?如何在 Y 形的小型无人机上实现扭矩抵消?

17. 霍尼韦尔航空公司的"狼蛛鹰"无人机是一种采用了新型旋翼设计方案的小型无人机。请描述"狼蛛鹰"无人机及其旋翼系统的构造。霍尼韦尔公司是如何在"狼蛛鹰"无人机上实现扭矩抵消的?

18. 描述可供无人机设计者使用的各种动力装置,说明每种动力装置设计的特点或特征以及其装备在无人机上的优、缺点。阐释每种动力装置的运行周期。列举配置不同动力装置的无人机实例。

19. 描述内转子和外转子无刷直流电机的结构,并说明二者各自的优、缺点。为什么这类电机的转子中通常使用钕磁铁?热量会对这些磁铁产生怎样的影响?

20. 阐释涡轮喷气发动机、涡轮螺旋桨发动机、涡轮轴发动机和涡扇发动机之间的区别。举出安装不同类型燃气涡轮的无人机实例。

21. 判断最有可能使用固定螺距螺旋桨的无人机类型和使用恒速螺旋桨的无人机类型。恒速系统较为笨重,结构也比较复杂,尽管如此,恒速系统依然没有遭到淘汰,请解释其原因。

阐明无人机在飞行时,其叶片角度应该调高还是调低,并给出理由。与"巡航"定距螺旋桨相比,"爬升"螺旋桨的叶片角度更大还是更小?

22. 描述无人机系统中的各种发射和回收系统,并指出每种系统的特点和优、缺点。分别列举出使用不同发射和回收系统的无人机实例。阐释缩略词"LRE""MCE"和"ALRS"的含义,并说明它们是如何在无人机指挥与控制系统中发挥作用的。

参 考 文 献

[1] Austin, R. 2010. Unmanned Aircraft Systems: UAVS Design, Development and Deployment. Chichester, UK: John Wiley and Sons.

[2] Catchpole, B. G. and B. Parmington. 1990. Design and Preliminary Development of an Engine for Small Unmanned Air Vehicles. Propulsion report 184. Melbourne: Department of Defense, Aeronautical Research Laboratory.

[3] Fahlstrom, P. G. and T. J. Gleason. 2012. Introduction to UAV Systems. Chichester, UK: John Wiley and Sons.

[4] Gessow, A. and G. C. Myers, Jr. 1985. Aerodynamics of the Helicopter. New York: Frederick UngerPublishing.

[5] Gundlach, J. 2012. Designing Unmanned Aircraft Systems: A Comprehensive Approach. Reston: American Institute of Aeronautics and Astronautics.

[6] Hurt, H. H., Jr. 1965. Aerodynamics for Naval Aviators. Washington, DC: Naval Air Systems Command.

[7] Israel Aerospace Industries. 2002. Advanced Ground Control Stations. http://www. iai. co. il/2013/34404 - 37386 - en/IAI. aspx(accessed April 12, 2015).

[8] Jarnot, C. 2012. History. In Introduction to Unmanned Aircraft Systems, eds. R. K. Barnhart, Hottman, S. B., Marshall, D. M. &Shappee, E., 1 - 16. Boca Raton, FL: CRC Press/Taylor & Francis Group.

[9] Louge, M., A. Halterman, A. Billington, E. Franjul, J. Gong, Y. Lee, J. Nersasian, C. Ozkaynak, J. Pei, and M. Ujihara. 2004. Mars unmanned aircraft 2003 - 2004. Working paper, Odysseus Team, Cornell University. http://www. southampton. ac. uk(accessed June 6, 2014).

[10] Norris, G. and A. Butler. Triton's turn. Aviation Week & Space Technology, May 27, 2013.

[11] Novaković, Z. and N. Medar. 2013. Analysis of a UAV bungee cord launching device. Scientific Technical Review 63 - 3: 41 - 47.

[12] Sadraey, M. 2009. Aircraft Performance Analysis. Saarbrücken, Germany: VDM Verlag Dr. Müller.

[13] Schafroth, D. M. 1980. Aerodynamics, Modeling and Control of an Autonomous Micro Helicopter. PhD diss., EidgenössischeTechnische Hochschule Zürich, Schweiz(Swiss Federal Institute of Technology in Zurich).

[14] Seddon, J. 1990. Basic Helicopter Aerodynamics: An Account of First Principles in Fluid Mechanics and Flight Dynamics of the Single Rotor Helicopter. Oxford, UK: BSP Professional Books.

第 11 章 无人机系统分系统连接:电气系统

Michael T. Most

11.1 引　言

电气系统对所有无人机的运行而言都发挥着至关重要的作用,即使是构造最为简单的遥控驾驶飞行器也得依靠电气系统来接收、处理和分配输入信号,以实现无人机的操纵与控制。同样,对于无人机的推进器而言,电气系统也发挥着重要的作用。目前,在市面上可购买到的小型无人机中,体积最小的是普罗克斯动力公司(Proxdynamics)生产的 PD-100 型电动微型飞行器(MAV)(又名"黑黄蜂"无人机(Black Hornet Nano)),其尺寸约为 10cm×2.5cm(即 4 英寸×1 英寸),算上能够提供至少 20min 飞行时长的电池,其质量也仅为 16g(即 2.1 盎司)。PD-100 型无人机可以像遥控飞行器一样,进行远程人工操作,也可通过机载自动驾驶仪与集成航空电子设备(包括全球定位系统接收器、惯性测量装置和三轴陀螺仪系统)实现自主飞行。微型飞行器的有效载荷由可进行电子定位的光电传感器组成,该传感器能够传输(或下载)实时视频信号或静态图像信号,因此 PD-100 型无人机非常适用于各种"3D"任务——Dull(枯燥的)、Dirty(脏乱的)以及 Dangerous(危险的)任务,如灾后近距离搜救任务、核设施或化工设施的侦测任务、人质救援任务以及其他类型的军事任务。随着无人机尺寸的不断增加,其承重能力也在逐渐提高,任务载荷也会随之增加,因此,无人机执行任务的能力也得以显著提升。理论上讲,随着无人机载重能力的提高,其机载系统的复杂程度也会相应得到提高。一些大型无人机(如诺斯罗普·格鲁曼公司的"全球鹰"无人机(Global Hawk)、洛克希德·马丁公司的"哨兵"无人机(Sentine)、美国航空航天署(NASA)通过改进原产于通用原子公司(General Atomics)的"收割者"无人机(Reapers),而研发出的"伊卡纳"(Ikhana)和"牵牛星"无人机(Altair)),这些无人机的机载系统复杂程度甚至已经达到一些由大型涡轮驱动的有人机。

所有无人机的电气系统都具有十分重要的属性,它能将无人机上所有部件和子系统相互连接起来。电气系统可为无人机的飞行控制、子系统之间的信息交换、机载智能设备的运行、遥测、导航和有效载荷提供动力,因此,电气系统是所有无人机都必不可少的子系统。

11.2　无人机系统电气系统:总体特征

从宏观层面上讲,无人机的电气系统可以用广义的术语来描述,这些术语一般可以描述大多数无人机上的电气系统。以下内容重点是对电气系统作基本介绍和概述,并为后续章节中更加详细的描述奠定基础。

为了能够确保系统的正常运转,所有的电气系统都必须配备有电源——在无人机系统中,电源可以是电池、发电机,也可以是太阳能电池板、燃料电池或是太阳能电池+燃料电池的组合。电源能够提供各种形式的能量,如电动势、电磁场或电压,以此来让大量电子通过导体移动。电子的定向流动形成了电流,电流的测量单位是安培。电子在移动时所受到的阻力就是电阻,电阻的测量单位是欧姆。电子运动的速率随所施加的电压或能量的改变而改变。欧姆定律以德国数学家和物理学家乔治·西蒙·欧姆(Georg Simon Ohm)的名字命名,他首次提出了电压变化对电流的影响,描述了电流、电压、电阻三者的关系。可以用以下公式来表示:电流(用字母 I 或 A 表示)等于外加电压(用字母 E 或 V 表示)除以电阻(用 R 表示),即 $I = E/R$ 或 $A = V/R$。电阻的单位欧姆通常用大写希腊字母 Ω 来表示,较大的电阻值以 $k\Omega$、$M\Omega$ 甚至 $G\Omega$ 欧来表示。电阻存在于所有的导体和电子元件中,甚至电源本身也存在一定的内阻(尽管在大多数情况下,如在计算电路值或是对发电机的负载进行分析时,电源内阻通常可以忽略不计,然而,随着电池放电,电池的内阻也将成为计算时重要的考虑因素。我们随后将对这一现象的特征和相应的化学反应过程展开讨论)。与电阻一样,电流以 A 或电流较小时用 mA 或 μA 作为测量单位,很少以较大的 kA 为单位。物理学以 W(国际单位制)或马力作为功率单位,表示做工效率。功率可以定义为单位时间内施加能量后物体所移动的距离。由于电能的数值是通过测量大量电子通过电路的速率获得的(该速率相当于 1C,即每秒约 6.241×1018 个电子所带的电荷数),并且电能是通过施加能量(电压或电磁场)所产生的,因此,电能和机械能的定义是相似的。电功率是外加电压和电流的乘积($P = EI$),其单位用 W、kW 或 MW 表示。

航空线材(即根据美国联邦航空局的标准和规范制造的线材)的尺寸以根据美国线材规格表要求为准,其数字越大表示线径越小。例如,美国线规数值较小的 24 号型导线,其直径要比美国线规数值为 26 号的导线大得多。虽然制造商可以订购奇数编号尺寸的线材,但是根据美国联邦航空局的规定,飞机线材通常采用偶数来表示其直径。航空线材通常是绞合而成的,这样的线材更具有柔韧性,并且这种线材只能使用铝或铜制成(由于铝的导电性低、电阻高、易腐蚀,现在已经不常使用了)。导体的电阻(以 Ω 为测量单位)表示导体的导电性能(由恒定的材料电阻率所决定,电阻率用 ρ 表示)。对于特定的导电金属(如铜或铝),电阻大小与线材长度成正比(长度越长,电阻越大),与线材横截面积成反比(直径越大,电阻越小),因此,长度越长,直径越小的线材,其电阻越大。导线的电阻以 Ω 为单位,可以用如下数学公式计算,$R = (\rho L)/A$。所有电路与无人机的零部件(如电机、自动驾驶仪、航空电子设备、伺服系统、接收器等)以及连接部件的线路中都会存在电阻,过多不必要的电阻则会消耗大量电压,这部分消耗掉的电压就被白白浪费掉。在电压消耗的过程中,电能会转换成另一种形式的能量——热能,从而产生热量。另外,在电路中,电子通过电路电阻时所消耗的能量和损失称为电压降,外部电路中过大的电压降会影响部件的性能并缩短其使用寿命,所以在设计无人机电气系统或安装新部件时,选择合适直径的电线对无人机系统的高效运行以及延长其使用寿命都是至关重要的。对于无人机系统的电路而言,在选择合适的符合美国线规导线尺寸(直径)时,预期的峰值电流、电路中可承受的最大电压降以及从总线到组件地的导体长度都是最重要的考虑因素。正确选择合适尺寸线材的指南,可通过一些途径进行查阅,如查询制造商制造细则以及美国联邦航空局出版的咨询通告第 AC43.13 – 1B 条。

  电线的另一个重要特征是绝缘体的性能。毫不夸张地说,导体周围绝缘的目的是为了让电路保持电流畅通,绝缘体绝缘能力的强弱被称为介电强度,不同书籍上可能写法不同,也可称为"相对介电常数"或"介电常数"。如果导线遭到磨损或被溶剂、燃料腐蚀或损坏,其介电强度将会减弱,从而降低其绝缘性能。如果电路的电压过高超出了电线的负荷能力,则电流会在短时间内从电路中泄漏,产生热量并损坏或中断系统运行。如果没有安装诸如熔断器或断路开关这样的电路保护装置,电线短路便可能会产生大量的热量,导致无人机在飞行中发生火灾,致使飞机损毁。在安装电路保护装置时,应将其安装在靠近电源的地方,以尽可能多的保护电路。

  由于大多数小型无人机的机体结构是由非导电复合材料(如碳纤维或玻璃纤维)制成的,而使用传统半硬壳式结构的大型、高性能无人机由短路而引发火灾的可能性更大。因为在这种飞机结构中,铝制机身/尾翼可当作单线电气系统的回路。例如,诺斯罗普·格鲁曼公司的"全球鹰"/"欧洲鹰"无人机(Global Hawk/Euro Hawk)和洛克希德公司/波音公司的"暗星"无人机(DarkStar)(图 11.1),两者都采用了铝制机身的设计。由于所有的电气系统都需要安装一个闭环电路来传导电流,因此,相比于那些负责为飞机设计金属结构的人而言,非导电结构的复合无人机系统给设计师带来了新的挑战。铝制飞机结构可以为电源提供返回路径,在这种结构中,直流(DC)电源(通常是电池或发动机)的正极与配电总线相连接,同时,各组件电路的正极也连接到配电总线上,当电源和部件的负极引线连接到机身时(接地),就形成了一个闭合的电路。流向电路的电流由半导体开关设备控制,而在较大的无人机上(其电流可能更大),则由开关控制的继电器或螺线管负责。因为只有一根导体能将电流从总线传输到组件上,而机身则充当导电回路以此组成一条回到电源的完整电路,所以这种布线方式称为单线式系统——当无人机的机身结构完全由绝缘体材料(即复合材料)构成时,这一完整通路便不可能存在。复合材料无人机的制造商必须将导电带嵌入系统结构中以用作公共配电总线或共享接地,或是将电线的数量增加一倍,但这会大大增加成本,增加机身自重,并占用安装其他组件的内部空间,使电线布线复杂化,降低了无人机的有效载荷,同时减短了航程和续航时间。

图 11.1　交付给位于加利福尼亚州爱德华兹市的德莱顿飞行研究中心后,
洛克希德·马丁公司/波音公司的"暗星"无人机正停在机坪上
(来源:美国宇航局)

　　与电路布线相关的另一个在设计时需考虑的因素是电路中所产生的电磁干扰(又称无线电磁干扰)。电磁干扰会在导体上施加电压,从而产生干扰信号,这会破坏或扰乱灵敏的自动驾驶仪,影响通信和导航电路中信息的传输,从而导致系统故障。电磁干扰甚至会导致无人机系统完全失效(联邦航空局 2012)。无屏蔽磁点火电路产生的电磁干扰会影响自动驾驶仪和航空电气系统的正常运作,曾有多架无人机因此坠毁。这种干扰信号的潜在来源有很多,包括点火系统、开关电源、电子调速器、电动机、伺服系统,甚至是导体本身。导体中电流强度的变化会导致导线周围的相关电磁场发生扩张或收缩,如果由此产生的相对运动导致正在变化的电磁场穿过相邻的导体,则承载初始变化电压电流的绝缘电线,将会被施加一个二次电压。如果该电路负责将数据传送到关键部件,干扰信号或电磁干扰就会破坏原始数据信号,从而导致潜在的危险甚至是灾难性的后果(如飞机坠毁和受损)。因为产生电磁干扰的磁场强度与其接收导体距离的平方成反比,因此将导体之间的间隔最大化将会是减少或消除电磁干扰的有效策略。

双绞线也是一种简单的应对手段,其可以消除相互作用的磁场,从而降低电磁干扰。更有效的电磁干扰抑制策略是使用屏蔽线或电缆(电缆由多根绝缘导线组成,有时会绞合在一起,并套在同一护套中)(FAA 2012)。减少或消除无人机(特别是小型无人机)电气系统中电磁干扰的另一种常用方法是使用由烧结软铁或铁氧体(由氧化铁组成的陶瓷材料)制成的扼流圈。这些扼流圈有各种大小、尺寸和形状,如珠子形或管子形。在小型无人机上安装使用时,受电磁干扰的电线通常会穿过环形软铁扼流圈的中心,并缠绕在它们的表面。扼流圈不接通电源,也不连接到电路上。这些扼流圈在吸收和耗散能量的同时,其对频率的变化也十分敏感并且可以调整频率(通过改变大小、形状和结构材料等特性)。这些扼流圈在某种程度上类似于电路中用作抑制电磁干扰的滤波器。

电子滤波器是由电抗器,即电感器和电容器组成的。尽管它们都会对交流电路中对电流产生阻碍作用,但电抗器在几个重要方面与电阻器有所不同。

(1)电抗,即电抗器的抵抗力,随着频率而变化,并且当电感和电容都存在于电路中时,电抗器的抵抗力会在谐振频率下完全消失。

(2)电抗器会在电压和电流之间产生相位差,而电阻器则不会。

(3)因为电抗器交替地吸收能量并将能量返还至电路,所以它们不能像电阻器一样将电压转换成热量。

最终,电磁干扰的抵消取决于一个(或多个电容器)与负载并联或一个电感(或多个电感)与负载串联所组成的低通电子滤波器。低通滤波器允许低频电压(和相关电流)通过,而高频电压会被过滤或阻断。因直流电的频率为零,因此可以自由通过。高通滤波器可以阻止较低的频率(较长的波长),而让较高的频率(较短的波长)通过,其可以由与负载并联的电感器或串联的电容器组合而成。因为低通滤波器和高通滤波器都对频率十分敏感,所以可以通过改变滤波器中所使用电抗器的数值来使这两种滤波器协调运作,从而实现频率或频带的通过或阻断。以电子滤波器抑制噪声为例,使用直流电的飞机,其燃油泵电机由电枢构成,电枢由多匝绝缘导线缠绕构成,并受定子产生的磁场排斥。电枢绕组在定子磁场中旋转所产生的相对运动会产生一个高频的交流电,如果不通过集成在电动机中的电容噪声滤波器将其滤除,就会产生高频电磁干扰。因此,由于电子低通滤波器所具有的这种潜在能力,可以将其应用到由汽油或重燃料发动机驱动的无人机油箱燃油泵的设计之中。

在结束本节时,需要指出的一点是,尽管飞机组件和整体系统的设计会随着无人机体积的大小和任务的不同而有所差异,但所有无人机的电气系统都具有共同的特点。从最小的遥控飞行器到最大、最复杂的高空长航时无人机、II 级以上和 III 级飞机都无一例外,因为几乎所有无人机都装备有电池。所有无人机的电气系统均由主要电源(通常为发电机或电池)供电,并通过配电系统向电子载荷提供可用电力。大多数无人机都配备有某种形式的电压调节手段,以此来为各种组件提供合适的电压,它们之间的相似和不同将在本章的后续内容进行讨论。

11.3 小型无人机系统的电气系统

几年前,小型无人机的飞行还是天方夜谭。电力存储(电池)、人工智能(发动机控制器和机载计算机)等电子设备小型化以及电动机设计在内的技术改进,使小型无人机技术得到了迅速的发展。2001 年,装配在小型无人机上用以供电的常规"有刷"电动机需要配备有变速箱,其质量约为 269g(Logan 等 2007)。随着小型电动机的改进,出现了可提供与有刷电动机功率相当的无刷内转子电动机(随后的章节将对内转子和外转子无刷直流电机展开详细叙述)。虽然无刷内转子发动机的质量约为 209g,比它所替换的有刷电机轻了约 22.3% ,但其仍需要安装齿轮减速系统(Logan 等 2007)。如今,无刷直流电机不需要安装变速箱,就能提供相同的功率输出。其质量约为 181g,与 2001 年生产的有刷电动机相比轻了 32.7%。目前,电动小型无人机使用无刷内转子或外转子电动机驱动螺旋桨或转子系统。

最小的小型无人机通常由电动机提供动力。使用电动机为无人机提供动力具有以下优势,如其能够为无人机提供安静、平稳、可靠的低振动推进力,这样一来,无人机飞行就不会产生废气和噪声。较大的小型无人机使用内燃机推进和驱动发电机作为电力的主要来源。发电机数量的增加需要更复杂的配电系统和控制系统,并且通常会使整个电气系统也变得更加复杂。因此,发电机的选择将影响整个电气系统的设计。无人机系统是各组件的整体集成,其设计旨在成功实现预定的任务目标,任务载荷、续航时间、飞行航程、飞行时的振动幅度、飞行高度和机动性等因素都可能会影响发电机的选择,从而间接影响电气系统的设计方案。

11.3.1 全电小型无人机系统

从某种意义上说,第一架全电动无人驾驶飞机发明于 1957 年(Noth 2008)。

那是一架名为射电女王（Radio Queen）的遥控飞行器，由一台带有永磁定子的有刷电机驱动，用银锌电池供电。现在，由电动推进器提供动力的全电动固定翼小型无人机包括航宇环境公司（AeroVironment）的 RQ-11 型"Raven"无人机、联合技术航空航天系统公司（UTC Aerospace Systems）的"Vireo"无人机、无人机工厂（UAV Factory）的"Penguin BE"无人机（图 11.2）和电子鹰公司（Precision-Hawk）的"Lancaster"无人机。几乎所有的多旋翼小型无人机都是全电动的，甚至有一些大型的无人旋翼飞机也是全电动的，如以色列飞机工业公司（IAI）的"美洲豹"（Panther）倾斜旋翼无人机，它的质量为 65kg（约 143.3lb），是美国联邦航空局规定的小型无人机最大质量（<55lb）的 3 倍之多，其完全依靠电能来驱动推进器和所有机载系统。装备的电力设备决定了小型无人机电气系统的设计和构造，其不仅需要控制电机的转速、调节电压，还需要为推进器提供直流电，同时也要为接收器、伺服系统、航空电子设备、机载计算机和任务载荷提供动力。在全电动小型无人机上通常很难发现机载充电系统和备用电源（即专用应急电池），它们通常用于在发电机发生故障时为无人机提供备用电源以及为电气系统供电。

图 11.2 全电动"Penguin BE"无人机任务载荷视图。在机翼的正前方，可以看到锂聚合物电池盒。在机翼的正后方，动力装置整流罩的顶上，有一个进气口，用来引导冷空气进入无刷直流电机

（来源：UAV Factory）

11.3.1.1 全电小型无人机系统的电源

全电动小型无人机中最常见的电源是由一个或多个电池组成的。全电动

大型无人机的电源有太阳能电池板(如美国国家航空航天局的"Pathfinder"无人机和"Centurion"无人机)、燃料电池(美国海军研究实验室的"Ion Tiger"无人机),或两种电池的组合(美国国家航空航天局的"太阳神HP03"无人机)(图11.3)(美国国家航空航天局的飞行器还会携带额外的电池作为主要电力来源的补充电源)。使用电池作为无人机的动力源具有以下优点,电池具有相对较高的能量密度,不像使用液体燃料的飞行器那样在飞行过程中会变得越来越轻,由电池供电的全电动无人机在电力消耗时不会造成飞机重心的转移。但是,电池往往是小型无人机上最重的部件,电池的质量可能影响着无人机的发射方法,也是影响飞机航程和续航时间的重要因素。此外,电池会占用大量空间,并且在飞机空间有限的情况下,即使是锂硫电池的体积也是化石燃料发动机的4倍,因此,除短程无人机以外,这对其他无人机来说都是一项难题(Austin 2010)。

图11.3　美国国家航空航天局的"太阳神"号无人机正在距夏威夷
考艾岛海岸10000英尺的地方以大约25mile/h的速度飞行
(来源:美国宇航局)

电池的基本单元是能发生能量转换的电化学电池。在没有外部电路连接到电池的情况下,化学反应会导致电池内部电解质和活性物质在电池的正极板(电极阴极)与负极板(电极阳极)上电离(Gundlach 2012)。在此过程中,活性物质转化为非活性物质,在电池的正极板上形成阳离子,与此同时,带有多余电子的负离子会迁移到负极板上。一旦活性物质通过电离反应而失活,它就无法产生其他自由移动的电子。活性物质的持续转化(变为非活性物质)解释了为什么所有的电池和电池组最终都会随着时间流逝而自行放电。除了参与电池内部发生的化学反应外,存在于正极板和负极板之间的液体或糊状电解质的另一功能是迁移电池内的离子,从而在电池内部传导电流。在放电(也称产生电流)的过程中,当外部负载连接到电池(或电池组)的两端时,随着电子在正极阳离子吸引下从负极流出,电离率不断增加。这样,为达到操作电路负载所需的功率,电池内发生的化学反应速率得以增加。如果活性物质在原电池放电的化学反应中被转化和消耗,则电池无法恢复到放电前的状态。不可再充电的电池和电池组是一种重要的动力来源——例如,传统的碳锌莱氏干电池,通常称为一次性电池。在可再充电电池或电池组中,活性材料不会消耗和损失,而只会被转化,而产生电流给外部电路供电的化学反应可以通过施加来自外部电源(如发电机或固态电池充电器)的电来反向发生,以将电解质和活性板材料恢复到它们的原始状态。通过施加电能产生化学反应的过程称为电解或电解作用。其中电池元件可以电解恢复的可充电电源称为二次电池或二次电池组。

电池的标称电压是电解质和活性物质化学反应的函数,它决定了电离发生的速度,从而决定了自由电子通过外部电路的速率。(更专业的描述是:可用的输出电压是正负极板或电极的净还原电势的函数)。"电池的化学成分"是指电池组件(正极板、负极板和电解液)的材料。例如,锂聚合物和锂离子聚合物电池由相似的材料构成,并使用类似的化学物质来产生电压:石墨作为阳极,锂钴或锂镁(很少)作为阴极,以及由锂盐作为电解质。在镍镉电池中,电解质是氢氧化钾,负极板是镉,正极板是含镍材料(例如,氧化镍)。作为主电源或辅助电源,无人机上装备电池的标称电压包括1.2V的氢化物电池(镍镉或镍氢电池)、4.2V的锂电池(锂离子或锂聚合物电池)和2.1V的锂硫化物电池。

与电压不同,电池的容量不是化学性质的函数,而是暴露在电解质中的活性板或电极材料的数量。容量可定义为电池(或电池组)在给定时间内(通常是1h)以恒定电压输送恒定电流的能力,额定放电率或预期放电率通常称为C-rate,即放电速率。C-rate有时也可表示为充电/放电速率(Fahlstrom、Gleason 2012)。例如,充满电的铅酸电池的标称电压约为2.0V(可能多10%或20%),若铅酸电池在1.75V的条件下放电,如果该电池每小时的安培额定值为1A,其将保持1A/h的放电速率。在60min结束后,如果电池电压为1.75V或更高,则表明电池能够提供100%的额定容量。如果一个充满电的铅酸电池在0.5h内以额定电流放电1.75V,则电池的现容量仅为其正常容量的50%。电池可以使用比其规定放电率高得多的放电率进行放电,但放电时间相对较短。在某些时候,因放电的速度太快,电池会因温度过高而造成不可逆的损坏。与容量相关的另一个常用术语是能量密度,它指的是单位重量的电池(或电池组)的容量。同样,功率密度指的是最大可输出功率,单位为 W/单位重量(Fahlstrom、Gleason 2012)。

化学性质相似的电池可以串联或并联(或两者都有)以组成电池组。串联电池会增加电池的输出电压,而并联电池则会增加电池的容量。例如,串联的两个锂聚合物电池(通常称为2S),其标称电压为 8.4V,而并联两个电池将产生一个电压为 4.2V 但容量为 2 倍的电池组。因此,电池电压既受电池化学性质的影响,也受串联电池数量的影响;在保持所有其他因素不变的情况下,电池容量是由电池尺寸(由极板尺寸确定)以及并联电池的数量决定的。电动机需要足够的电压来克服电路电阻,并提供足够的电力来运行动力装置、伺服系统和其他电路负载。必要时,电压会被调节到较低的水平,以适应仅需要较少能量运行的组件。电池容量会影响无人机的续航时间和航程,然而,由于容量也与电池尺寸直接相关,电池输送电流的能力可能会限制小型无人机的负重能力,如手动发射无人机的载荷能力便受到电池极大的限制。在"从零开始"的构建中,可以使用串联和并联配置的电池来创建电池组,以满足不同无人机的设计需求和任务目标(Gundlach 2012)。例如,无人机工厂(UAV Factory)设计的"Penguin BE"型无人机装有 48 芯 640 瓦锂电池组。该电池组是一个可快速更换的电池盒,能够提供 6V 和 12V 的稳定机载电压(图 11.4)。

图 11.4 "Penguin BE"无人机装配的 48 芯 640 瓦锂聚合物电池组是一种可快速更换的电池盒,能够提供 6V 和 12V 的稳定机载电压
(来源:UAV Factory)

11.3.1.2 电动无人机推进器

电动机是一种能量转换器,利用电能产生扭矩形式的机械输出。所有的直流电机都是通过与旋转部件(转子、轴或电枢)和恒定磁场(通常称为定子)的相互作用,在磁场的磁力吸引/排斥下来运转的。同样,转子磁场被具有相似极性的定子磁场排斥。这种相互作用使电枢(或输出轴)旋转,产生扭矩,可用于驱动推进器转子或螺旋桨(或其他电气部件,如起落架、襟翼和操纵面)。电枢和定子的磁场可以与由电流流经多匝线圈所产生的电磁体相互影响,也可以由永磁体产生。尽管定子磁场和电枢磁场可能是由永磁体或电流产生的,但在同一电动机中只能使用一个永磁体。原因是一个磁场的极性必须定向、定时和同步,这样才能吸引(铁会产生两个磁场,因而会导致转子"锁定"在中性位置,不再旋转。控制磁场的方向和时间对产生旋转以及产生的扭矩都至关重要。根据电机设计的不同(即电机是"有刷"还是"无刷"结构),实现磁场定向和定时的方法也会有所不同。

在有刷电动机设计中,可以使用永磁体或绕在磁场极或磁场片的多匝载流导线来产生定子磁场。定子磁场应保持固定,控制转子磁场方向的定时切换操作是通过称为换向器的机械装置来实现的,该换向器被分成多个离散的部分,并通过云母之类的介电材料进行电绝缘。相对的部分(即在换向器上相隔180°的部分)是一个绕组末端的端点。固定式碳刷通过接触换向片将电流从外部电源传输到电枢绕组,当电流从一端流入并从另一端流出时,会在转子(电枢)绕组中产生一个磁场,该磁场通过电枢和定子磁场间的相互吸引和排斥,产生磁力使转子产生转矩。当电枢旋转时,电刷与另一对换向片接触,给绕组通电。电流的方向以及相关磁场的极性和方向是由换向器控制的,从而产生转矩使电枢在其轴承上旋转。

有刷电机可以直接在直流电源上运行,通过使用可变电阻来改变绕组中电流的强度,提高或降低磁场强度,从而可以有效地控制电机速度。与无刷电机相比,控制有刷电机转速更为容易,但是电刷会产生摩擦受到磨损,从而增加热量并降低输出功率,需要进行定期更换。需要注意的是,电刷和换向器的接触面是潜在电弧源,其可能导致电磁干扰和腐蚀。此外,电刷由碳制成,碳是一种半导体材料,具有一定的固有电阻,会降低电动机的整体效率。相比来说,无刷电机通过电子换向来控制相关磁场的定时和方向——无电刷、无分段也无电弧。无刷电机可靠性更高,运行更安静,并能提供更大的扭矩和推力。无刷电机在消耗相同电流的前提下,能提供更大的扭矩。在19世纪,遥控无人飞机(如"Radio Queen"无人机和"Magicfly"无人机)由有刷电动机提供动力。直到2000年,晶体管和微处理器技术得以广泛应用,经济小巧的控制微型电路(以电子速度控制,电子调速器的形式)才使得无刷电机在小型无人机推进器中的应用成为可能(Büchi 2012)。尽管小型有刷电机(如 RS 540 型电机和 Speed 600 型电机)可用于民用遥控飞行器上,但无刷电机所具有的优势奠定了其在电动无人机领域中广泛应用的地位。

永磁体和电磁体的使用将无刷直流电机构造成"内转子"或"外转子"。这两种设计都用于小型无人机以产生推力。内转子和外转子无刷直流电动机的共同点是永磁体是安装在转子上的(或转子内),而定子则负责传导产生电磁场的电流。另一共同点是使用钕磁体(也称为 NdFeB 磁体、NIB 磁体或 Neo 磁体),这是迄今为止所开发出的最坚固的永磁体,可有效提高传输效率和输出功率。前面提到的电机控制器,通常也称为电子速度控制器或电子调速器,是一个微处理器,作为反向器/开关装置,是将直流电转换成双向脉冲电流(与正弦波形相反),为电机提供所需的电压频率和电压振幅。电机控制器或电子调速器能对电感应磁场的极性进行计时、排序和定向,以正确吸引/排斥与永磁体相关的磁场。磁通场的相互作用会产生转矩,该转矩使输出轴旋转,并产生扭矩来驱动转子或螺旋桨——所有这些都无须电刷。传感器(如反电动势(CEMF)或反电压传感电路,光学或霍尔效应设备)检测转子的位置和速度,通过反馈回路将转速信息发送给电子调速器,从而为控制器提供正常运转所需的输出功率(转速是用于计算发动机功率公式中的一个组成部分)。遥控小型飞行器和小型无人机装备的电子调速器通常依赖于反馈系统。反馈系统通过感应无刷直流电机定子绕组的反电动势断电(或"浮动")来控制转速,这种方法在内外转子电机的控制上都效果显著。由于无刷直流电机采用定子设计(以三角形或星形配置缠绕),不管是否能控制速度,电子调速器都无法识别飞机动力装置是一个"内转子"还是"外转子"电动机。

电子调速器会在运行过程中产生热量。许多电子调速器中晶体管的场效应管在切换操作中会消耗大量的功率控制电压脉冲,用来维持所需的发动机转速,因此,当电机以低于全转速运行时,电子调速器会产生更多的热量——因为降低电机速度需要更频繁地切换操作以控制定子磁场的电流。通常情况下,电子调速器的额定电流越高,其内阻就越小。而更大、更重、更昂贵(即具有更高的额定电流容量)的控制器具有产生热量更少的优点,这样使用寿命就会更长,并且其耐用性也会略有提高。由于电子调速器会产生热量(可能会产生大量热量),采取降温措施就十分重要,尤其是在控制器整合了电池降压电路的情况下(相关细节会在下一章中进行讲解),因此,需要专门的散热器为电机控制器或电机本身提供冷却空气(图 11.5),同时散热器还可有效降低电子调速器的温度,适当的温度可提高电子调速器运行效率,减小电阻(电阻随温度增加而增加),降低控制器的电压降(电压降随电阻增加而增加),从而为电动机提供更大的功率。此外,电子调速器本身也可能会因高温而受损。

图11.5 碳纤维前向空气进气口和碳纤维冷却导流罩
安装在"Penguin BE"无人机无刷直流电机和减速器周围
(来源:无人机工厂)

通常情况下,全电动小型无人机会装备一个电池降压电路(电池消除电路),由于仍然需要电池,因此选用"消除"一词可能略有不当。电池降压电路可以是独立的组件,也可以集成到电子调速器中,尤其对那些额定功率较低的电子调速器而言。显然,电池降压电路无法满足全电动无人机对电池的需求,然而,由于其使用与接收器、伺服系统、航空电子设备和任务载荷万向节/传感器相同的低电压(通常为5V左右)供电,而不依赖于电动机提供的电能,因此电池降压电路也无须安装额外的为非动力装置部件供电的电池(或电池组)。电流额定值较低的电池降压电路(如额定电流约为5A或更小的电池降压电路)通常使用较便宜的线性稳压器,而电流额定值较高的电池降压电路使用更高效的开关稳压器,后文将详细讨论线性稳压器和开关稳压器。无论电池降压电路是一个独立组件还是作为电子调速器的一部分,这两个元件都是并联的,从而实现单个电源电池向整个电气系统供电。

由于无刷直流电机内转子的永磁体位于电机的输出轴上,因此,与外转子设计相比,其旋转重心位于靠近旋转轴和转子的位置,并且转速更快(相关详细介绍,可查阅第10章"直升机空气动力学中关于角动量守恒定律"一节)。因此,它们可能更适合直接驱动涵道风扇推进器中的小型转子,或者通过降低它的齿轮速度,以降低其转速并增加扭矩以驱动较大的螺旋桨。与外转子相比,内转子效率更高,可以大大延长无人机的航程和续航时间。内转子设计的另一个优点是与直径较小外壳之间的更加紧凑,这可以降低机身直径并减少空气阻力。当然，在无人机的设计中，外转子同样也具有自身的优势。由于外转子电动机的永磁体位于壳体上，因此螺旋桨或转子可以直接安装在旋转的电动机壳体上，与内转子相比，该特点将会在离旋转中心更远的距离上产生更大的转矩，这意味着，外转子旋转得更慢，同时产生的扭矩更大，因此其通常不需要安装齿轮减速装置。因为外转子的定子在电机内部，所以可以采用密封绕组的内部构造，以保护它们免受环境影响。此外，外转子绕组不受离心载荷的影响，这也延长了电机的使用寿命，并且由于热量可以通过热传导来散发，所以无须为绕组注入空气进行冷却散热。内转子和外转子都能为小型无人机提供推进力，如航空环境公司（AeroVironment）的 RQ – 11 "Raven" 无人机（图 11.6）和无人机工厂的（UAV Factory）"Penguin BE" 型无人机均使用集成了整体齿轮减速系统的内转子电机，而艾伦实验室（Aeryon Lab）研发的 "Scout" 四旋翼无人机则使用四个外转子电机来产生升力和推力。

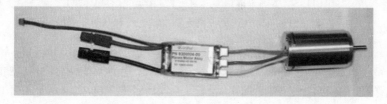

图 11.6　安装在 RQ – 11 "Raven" 无人机上的带有集成齿轮减速装置和电子调速器的 Aveox 27/26/7 – AV 内部转子无刷直流电机
（来源：Aveox 公司）

11.3.2　非电动小型无人机系统

小型无人机也可安装使用碳氢化合物或酒精液体燃料的发动机来提供动力。尽管自动驾驶仪、导航系统和任务载荷的机载电源可能还需要镍镉、锂聚合物或锂离子电池，但随着无人机体积的增大，也意味着需要更大的内燃机来为其提供动力，因此，越来越多的小型无人机正采用内燃机发动机作为其动力源，但随之而来的是无人机尺寸的增大，其电气系统的复杂性也在随之增加。

越来越多的无人机使用发电机来为飞机的电气系统供电，这样一来，内燃机的功率便足以为无人机提供最大的推进力，同时还有额外的动力来驱动发电机，而这台发电机则能够在紧急情况下提供足够的电能来为所有电子组件供电（以备用容量的形式提供安全裕度）。发电机通过在导体（由多个回路或多匝电线组成的绕组）与磁场（通常是电磁场）之间的相对运动，将发动机产生的部分马力转换为电气系统的动力。所有发电机都产生交流电,而输出端通过机械或电子方式整流为直流电。传统的直流发电机很像前面描述的有刷电机,静磁场绕组(统称为定子)由直流电驱动,以产生电枢旋转磁场,换向片上的电刷将输出的交流电转换为直流电(一般情况下,在发电机轴首次旋转时,定子绕在磁场磁极周围,因此磁极中就会存在足够的剩磁,用以激发电枢。如果磁力不足,在这里必须选择合适的直流电源,如汽车或飞机电池,以实现输出)。实际上,直流电动机和发电机的结构十分相似,以至于仅通过给励磁绕组通电,就能从电刷中获取电能,电动机就可以当作发电机。我们熟悉的交流电(AC)发电机,在转子的绕组中产生磁场(电能通过电刷和滑环传递到旋转电枢,因此流过绕组的电流方向在极性和强度上是一致的)。该磁场通常会扫过 3 个离散的定子绕组,产生一个三相交流输出,由一个耦合到低通滤波器的二极管电桥电路整流(电子换向),以输出直流电。尽管交流发电机的结构更复杂,但与老式的直流发电机相比,交流发电机的设计更轻便,效率也更高。

  无论无人机的电源是电池还是发电机,都必须对其进行电压调节。如前所述,在电流需求不大(5A 或更小)时,此类电流强度通常适用于体积很小的无人机,并且需装备线性稳压器。由于线性稳压器通常是集成电路,其功能类似于分压器,所需电压取自适当的分压器参考点,多余的电压则以热量的形式散发。因此,线性稳压器的效率极低,通常仅为 40% 左右,并且有时可能会降至 14%(Dimension Engineering 2014)。线性稳压器会产生大量热量,尤其是在电流增大的地方,此处可能需要更大的散热片,这将增加设备的整体尺寸。不过,由于线性稳压器的结构简单、费用低廉,而且当通过它的电流较低时,其效率低的缺点也是可以接受的。对于较高的电流,开关式稳压器将会是一个更好的选择,它可以通过接通或断开来保证所需电压的稳定,功率主要消耗在了开关的切换上,但是由于调节部分(如传输晶体管)主要是通电的或是断电的,所以其消耗的功率可忽略不计。与线性稳压器相比,开关式稳压器的效率高达 85%,在给定电压下,可达到线性稳压器 2 倍以上的有效功率(Dimension Engineering 2014)。对于体积稍大的小型无人机,其发电机输出功率由固态设备控制,固态设备称为发电机控制单元(GCU)或发电机功率单元(GPU),因为首字母缩写 GPU 与同样代表地面电源单元的 GPU 很容易产生混淆,所以选用 GCU 代指发电机控制单元,本章将会采用这种表示方法。发电机控制单元可以调节电压并具有其他功能,如进行反向电流保护以及防止产生过大电流。

  如果将发电机的部分输出电量用于给机载电池充电,则发电机控制单元的输出电压必须大于电池电压,以克服电池的内阻,并为电解化学反应提供能量,从而使电池的活性物质(可能是电解液)得以恢复(即给电池充电)(有关内容在本章前面已做论述)。发电机控制单元还会根据电气系统设计的不同,采用适当的电压为配电总线或单个组件供电(如航空电子设备和有效负载)。发电机控制单元的反向电流保护功能是当电池电压高于发电机输出电压时,用以保护发电机。这种情况很可能会在发动机转速较低时发生,因为电池是通过控制单元连接到发电机的,所以较高的电池电压将通过发电机的转子和定子绕组,并像电动机一样驱动电枢。这种状态称为"电动机运行"状态或"发电机电动机运行"状态,可能会导致发电机损坏。

随着小型无人机的电气系统变得越来越复杂,在无人机上使用电气总线或是使用电线与多条电路建立公共连接点,这种设计正逐渐成为重要方法。因为所有电路都必须传输电能,为元件供电,并为电源提供返回路径。从电源到元件再到电源,对于最小的小型无人机而言,这种使用电线作为整个电路的方式,称为双线系统,以与单线系统区别开来。单线系统用于节省无人机的空间和重量,并简化了传统铝制飞机上电路的安装程序。然而,由于电气系统涵盖所有无人机电子部件的连接子系统或互连子系统,因此,随着无人机体积变得越来越大,子系统的数量也越来越多,整个电气系统中便会出现一些不希望出现的属性,需要我们去解决。例如,双线系统所需的导线数量比较多,这将会增加无人机的重量,并且导线可能会缠绕在一起,使得故障的诊断更加困难,而传统的半硬壳式设计可以省去电气系统 50% 的布线,这为部分由金属制成的大型无人机的设计(如"全球鹰"无人机)(图 11.7)提供了更好的方案。电子总线的使用也可以减少所需的电线数量,同时提供更安全(减少电磁干扰,减少对接地或其他导体短路绝缘材料的磨损)更合理的布线方式。

图 11.7 诺斯罗普·格鲁曼公司的 RQ-4/MQ-4 型无人机采用半硬壳铝结构机身
(来源:美国空军)

在较小的小型无人机中,电气总线可以是简单的端子板,与小型有人机上的类似,在端子板柱上安装铜或铝母线以实现电路间的相互连接。在电流较大的地方,铜条或铝条可以提供一个公共连接点,在发生短路或接地故障时,将电路保护装置(如断路器和熔断器)连接到端子板上,能限制电流的流动。这一过程中会产生热量,并可能熔化电线的绝缘层,从而导致火灾。为了尽可能多地保护线路,这种电路保护装置应尽可能地接近电源。小型配电总线可以连接多个断路器,充当公共连接点,以减少电路中所需的导线数量。在电气系统中安装电路保护装置的目的,是为了保护安装在无人机上的电子装置受到损坏。如果只是保护电路组件免受过大电流的影响,则可使用内部保险丝或断路器来保护电路组件(如无人机工厂(UAV Factory)旗下生产的"Penguin BE"无人机上安装的内部慢熔熔断器,该熔断器与通向皮托管/静态探针加热控制器的电源线串联)。一个设计精良的电气系统,特别是对于较大型的无人机而言,会将无人机的关键电路与非关键电路相互隔开,通过主配电总线分别给两个或更多的子系统总线供电来将不同电路分隔开来,这些总线通常称为基本总线和非基本总线。大型的慢熔熔断器(称为电流限制器)可将非基本总线连接到基本总线上。这样一来,非关键电路中若出现较大的电流流动故障则会使熔断器"熔断"(即熔化),以此来断开电路。受损电路中的电流将被截断,以防止发生火灾,同时确保飞行所需的关键电路保持通畅。

11.4 大型无人机系统的电气系统

大型无人机的有效载荷、航空电子设备和通信系统会消耗大量的电力,这些无人机的电气系统与有人机有很多共同之处。例如,与许多有人机一样,通用原子公司的"捕食者"B(General Atomics Predator B)无人机(又名 MQ/RQ-9型"收割者"无人机)由霍尼韦尔 TPE-331 提供动力,该动力装置通过起动器/发电机为无人机的电气系统提供动力。启动时,作为直流电动机运行,传统启动器/发电机的电枢绕组和励磁绕组都会通电,借助附件齿轮箱的旋转来驱动压缩机。随着工作流体温度的不断升高,并且由于涡轮机提供了更大的扭矩,使发动机超过了自加速或自我维持速度,发动机逐渐空载,此时,启动器可以断电。当燃油计量系统向发热部分提供足够的燃油以使发动机加速至怠速状态时,启动发电机的励磁绕组便重新通电以产生电磁场,使不通电的电枢绕组在磁场中旋转。电枢输出的电流通过换向器和电刷进行机械整流,向主电源总线提供直流电输出。如果有效载荷、通信或航空电子设备需要交流电来运转,那么,固态逆变器则将直流电转换为交流电,并将其以所需的电压和频率输送至一条或多条交流总线上。使用启动器/发电机可以节省无人机相当大的重量（和附件变速箱所占用的空间），同时还能降低附件驱动系统的整体复杂性。

对于大型无人机而言，只有一个部件需由动力装置持续驱动（不是由启动器和发电机驱动），所以更大的功率可用于驱动无人机上的其他附件或用于无人机的推进。最近，有几家公司开发了专用于无人机的无刷直流电机和启动器/发电机，如 Northwest UAV 公司为小型无人机体研制的发动机和 Innovative Solutions 公司为大型无人机研制的发动机。根据美国空军 SBIR/STTR（小型企业创新研究/小型企业技术转让）合同，Innovative Power Solutions 公司为诺斯罗普·格鲁曼公司的 RQ-4"全球鹰"无人机/"欧洲鹰"无人机所研制的无刷启动器/发电机（BS/G），该无人机由劳斯莱斯公司生产的 AE3007 型（也称 F137 型）发动机提供动力。这些新开发的无刷起动器/发电机无须频繁地进行维护，甚至比大多数小型燃气轮发动机配备的传统启动器/发电机更加轻巧。

与小型无人机相比，影响大型无人机导线尺寸的因素有很多。与小型无人机一样，选择合适的导线直径取决于导线的长度、预期的峰值电流以及从总线到地面可承受的压降。然而，其他因素，包括无人机功能的上限、安装在线束或导管中的电线数量以及间歇性的操作方式也可能会影响大型无人机电气系统中导线的选择。一方面，选择足够直径的导线对于确保电路正常运行、延长部件的使用寿命以及防止因过热导致飞行中出现火灾隐患，都发挥着至关重要的作用；另一方面，选用满足这些要求属性的导线时，体积尽可能小的导线可以减轻无人机的重量并节省空间，同时增加无人机的飞行距离、飞行时长和有效载荷承载能力。因此，最好通过恰到好处的选择方法——金发姑娘原则（Goldilocks）来确定正确的导线尺寸——使其尺寸适中。同样，在美国联邦航空局出版物 AC43.13-1B 一条中，也提供了关于导线、电路保护和合适绝缘材料选择的参考信息、公式与指导意见，以及在考虑到上述因素的同时，有关飞机电路如何正确布线和减少电磁干扰的相关建议。尽管此书旨在用于设计和维护有人机，但其内容也同样适用于无人机。无人机的电气系统和部件甚至可以安装在压力容器中，类似于商用运输机上的压力容器设计，由燃气涡轮动力装置进行加压。这种设计不仅提供了一个更好的操作环境，而且还避免了电弧放电的风险，因为电弧放电可能会损坏电子部件，并且在某些情况下可能会造成电气火灾，从而造成财产损失。

随着无人机体积变得越来越大，其功能也越来越强大，任务执行能力增强，但复杂性也随之水涨船高，它的机载电气系统与有人机越来越相近。正如波音

787梦想客机的气动和液压/驱动系统已被电气系统所取代一样,无人机的设计也正在经历着同样的革新。雅培技术公司首席工程师拉尔夫·利文斯顿(Ralph Livingston)表示,用于故障排查的内置测试设备将很快在无人机上普及,气动和液压执行器及控制装置将成为过去式……(Livingston 2013,1)。一方面,通过更换气动/液压系统泵、管路和执行器的电气部件,可以降低热负荷、冷却要求,并增加无人机的航程和续航时间(Livingston 2013);另一方面,随着系统复杂性和任务能力的提高,相应地,也对电气系统提出了更高的要求,无人机要装配更大、更重的发电机以及更多的电路——正如古语所说,"天下没有免费的午餐"。

除了技术的进步之外,出现这种无人机与有人机同质化现象的另外两个诱因是监管和行业标准化的影响,预计这两个因素将在无人机的设计中扮演更为重要的角色(在上一章有关无人机设计的章节中,我们已经讨论了外部设计因素)。美国联邦航空局关于有人机的法规,涵盖设计、维护、运营和制造,这些规定也很可能会广泛应用于无人机系统中。作为这种可能性的一个迹象,请考虑以下几点:2009年9月,美国联邦航空局公布了《无人机系统法规审查》的结果(DOT/FAA/AR-09/7),旨在研究将无人机的飞行纳入国家空域系统的可行性。研究发现,30%的现有条例无须进行更改,可直接适用于无人机,42%可以解释为适用,而12%的条例可在修改后适用于无人机。也就是说,无人机的维护、运营、建造和设计受现有84%法规的制约。此外,民航通告中有44%可直接适用,其余56%可通过修改或解释来使其适用。换句话说,涵盖电气系统设计、建造和维护(以及无人机运营的其他所有方面)的大部分监管结构已经确立。

此外,贸易团体和行业代表也在鼓励大型和小型无人机电气系统的标准化,与有人机的系统相对应。例如,适用于有人机的《联邦法规》第14章第23部分的一个要求是:进行负载分析,以确保发电系统能够产生足够的电力来满足电力系统的需求,并有额外的设计裕量来提供扩展并确保安全性。多个组织已向美国联邦航空局的无人机航空规则制定咨询委员会提出了类似的要求,建议无人机在多个领域与有人机保持相同的标准,包括持续适航性、飞行手册内容、风险管理、合格审定、通信、重量和平衡、标记、维护和结构完整性等。对于无人机,特别是大型无人机,其相关标准也将与有人机尽可能实现一致。事实上,提出行业范围标准的团体和那些代表无人机行业向美国联邦航空管理局提供建议的团体经常提出有关法规和标准化的建议,使用诸如在工程和验证技术中"已建立""合适的"和"已接受"等术语。这种术语和措辞的使用无疑会鼓励无人机系统的设计向有人机系统的设计上靠拢。

11.5 本章结论

电气系统是无人机系统的重要纽带,它将航空电子设备、有效载荷、指挥控制系统、机载计算机、接收器以及其他组件连接成一个协同的整体,构成了无人机系统的支柱,负责无人机的自主和远程驾驶飞行、数据采集、遥测,有时还会起着控制推力的作用。小型无人机的电气系统很复杂,但其设计却相对简单。随着无人机体积正变得越来越大、结构越来越复杂,其电气系统也变得越来越接近于大型涡轮机驱动的有人机。

思 考 题

1. 为什么说电气系统是无人机系统中的纽带?

2. 列出并描述电气测量的基本单位。用这些单位写出欧姆定律和电功率的公式。简述机械动力和电力二者的定义及关系。为什么有人机和无人机都使用了航空线材?列出航空线材所具有的重要特征,并说明每个特征的重要性。对美国线规进行描述。给出确定导线电阻的公式,详细说明每个单元的定义,并解释它们在公式中的含义(即正比还是反比关系)。术语"电压降"是什么意思?外部电路中的电压降是怎样影响组件的运行及其使用寿命的?给出几个电路保护装置的例子,并说明使用这些装置的目的是什么?就安装位置而言,电路保护装置最好安装在哪里?单线电路和双线电路有什么区别?为什么复合材料机身被认为是绝缘的(即用复合材料设计的机身结构为什么是绝缘的),以及这种结构是如何影响无人机电气系统设计的?解释什么是电磁干扰或无线电电磁干扰,并说明为什么其对于无人机的安全飞行影响重大。给出降低电磁干扰的手段,并说明这些方法的工作原理。高通和低通滤波器是如何构造的?最有可能在无人机上使用的滤波器电路结构是哪种?阐述理由。

3. 在当前的技术环境下,是什么促进了无人机产业的迅速发展?给出一些相关支持技术。根据任务目标,讨论无人机动力装置和电气系统两者设计上的相互影响。

4. 简要描述1957年试飞的全电动无人机,并说明这次飞行的意义。

5. 列出为无人机地面和飞行操作提供电能的电池类型,并描述电池的化学成分及其构造。列出无人机上常用电池的标称电压。阐述电池容量含义,并说明其与"放电速率"的关系。有哪些因素决定了电池的总电压和容量?什么是2S电池?3S锂电池的标称电压是多少?"能量密度"或"功率密度"是什么意思?

6. 简述电动机的运行过程以及有刷和无刷电动机的运行过程。什么是换向?电子换向和机械换向的区别是什么?它们会被安装在什么类型的电机上?在有刷和无刷直流电动机上,如何控制转速?描述内转子和外转子无刷直流电动机,比较这两种电动机并给出二者各自的优点和缺点。无刷直流电动机、电子调速器和电池降压电路的用途是什么?给出这些装置的不同之处,并举出几个装备无刷直流电动机的小型无人机的例子。

7. 列出可供无人机设计师使用的非电动动力装置类型,给出每种选择的优、缺点(可回顾第10章),不同选择如何影响电气系统设计?描述比较和对比线性稳压器和开关式稳压器。什么是发电机控制单元?描述他的定义及功能。

8. 简述安装在RQ/MQ-9"收割者"无人机上的TPE-331型涡轮螺旋桨发动机上的启动器/发电机。最近为"全球鹰"/"欧陆鹰"研制的发动机有哪些创新之处,使其可能会取代传统的起动器/发电机?在选择导线尺寸时,"金发姑娘原则"(Goldilocks)有哪些优点?

参 考 文 献

[1] Austin, R. 2010. Unmanned Aircraft Systems: UAVS Design, Development and Deployment. Chichester, UK: John Wiley & Sons.

[2] Büchi, R. 2012. Brushless Motors and Controllers. Norderstedt, Germany: Herstellung und Verlag.

[3] Dimension Engineering. 2014. A Beginner's Guide to Switching Regulators. Under "What's wrong with a linear regulator?" Accessed July 27, 2014, https://www.dimensionengineering.com/info/switching-regulators.

[4] Fahlstrom, P. G. and T. J. Gleason. 2012. Introduction to UAV Systems. Chichester, UK: John Wiley & Sons.

[5] Federal Aviation Administration (FAA). 2012. FAA Aviation Maintenance Technician Handbook—Airframe. Newcastle, WA: Aviation Supplies and Academics.

[6] Gundlach, J. 2012. Designing Unmanned Aircraft Systems: A Comprehensive Approach. Reston: American Institute of Aeronautics and Astronautics.

[7] Livingston, R. 2013. Intelligent Aerospace. Important considerations in designing electrical power systems for unmanned aircraft. Last modified January 13, 2014. http://www.intelligent-aero-space.com/articles/2014/01/uav-electrical-power.html.

[8] Logan, M. J., J. Chu, M. A. Motter, D. L. Carter, M. Ol, C. Zeune. 2007. Small UAV research and evolu-tion in long endurance electric powered vehicles. In Proceedings of AIAA Infotech @ Aerospace 2007 Conference and Exhibit, Rohnert Park, California, AIAA Paper 2007-2730, 7-10 May, 2007.

[9] Noth, A. 2008. History of Solar Flight. Autonomous Systems Lab. Zurich: Swiss Federal Institute of Technology. Accessed July 15, 2014. http://www.asl.ethz.ch/research/asl/skysailor/History_of_Solar_Flight.pdf.

第 12 章　无人机通信系统

Saeed M. Khan

12.1　引　　言

　　向初学者介绍无人机的一个简单而有用的方法是引入数据链路的概念。在大多数情况下,数据链路以无线传输的方式在无人机(UAV)和地面控制站(GCS)之间传送重要信息。这些信息数据用于无人机的手动操控,或是用于手动操纵无人机的控制面板和油门。图 12.1 展示了小型商用遥控无人机与地面

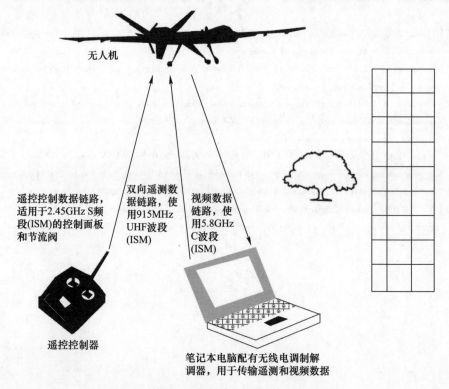

图 12.1　用于商业用途的无人机数据链路系统

控制站之间的通信链路。该链路还用于下载捕获的图像和遥测数据等。增强的商用链路系统可使用卫星链接,如国际海事卫星网络,它允许无人机和地面控制站利用全球互联网协议网络进行数据传输(Wagenen 2015)。对于军用无人机使用的链路系统,由于其需要接入万维网,因此在设计数据链路系统时需要增加其复杂性和功能性、减少无用信息的干扰、降低遭受拦截的概率、提高安全系数、增强抗欺骗抗干扰的能力(Fahlstrom、Gleason 2012)。换句话说,正是由于这些数据链路所发挥的作用,让其成为所有无人机系统都不可或缺的命脉。

常用数据链路分为视距数据链(LOS)和超视距数据链(BLOS)。在视距数据链中,无人机在地面控制站的可视范围内飞行。超视距可能会涉及其他链路,例如,通过仅一方(无人机/地面控制站)视线范围内可观测到的卫星。通信链路的连接模式也可以是点对点连接或是一点对多点连接(图 12.2)。一个有趣的现象是:链路也可以在无人机蜂群之间形成,各飞行器之间可以互相连接,同时各自也保持与地面控制站的连接。虽然链路体系的构建也可以采取更复杂的形式,但其通常都是在现有形式的基础上进行构建的。

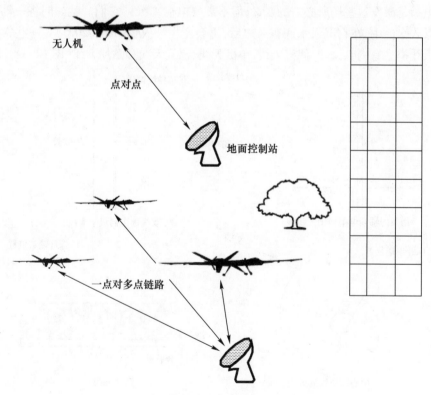

图 12.2　点对点和一点对多点的链路

12.2 自由空间中电磁波的传播

考虑到无线通信中不使用双芯线或同轴线的两种传输方式,在自由空间中无人机是如何进行无线通信呢?答案当然是通过电磁波的辐射。由时变电磁场引起的辐射可以来自多种来源。干扰辐射可能来自各种电子电路和电器,但适当设计的天线可以作为控制辐射的高效源。

当电磁波通过接通状况良好的传输线传导时,天线就会产生有效辐射(即传输线接通良好意味着大部分输入的能量都被传输到了天线,而在天线与传输线接口处几乎不发生能量的损耗)。在传输线中的电压和电流会随时间变化而产生电场和磁场。电场的方向以正电荷为起点,以负电荷为终点,并且在载流导体周围形成磁场。这些磁场并不会在天线处消失,在辐射到外面的自由空间可被观察到。

那么问题就来了,在没有电荷的情况下,电场和磁场是如何保持在适当位置,以及这些磁场是如何从天线上分离下来的呢?因此,我们可以得出这样的结论:虽然电荷是激发这些场所必需的要素,但不需要电荷来维持它们。就如同将一颗石头抛入水池中,在它沉入水底很久之后,仍会产生波纹(Balanis 2005)。一些常用的天线类型有喇叭天线、偶极天线、单极天线、螺旋天线和贴片天线(图12.3)。

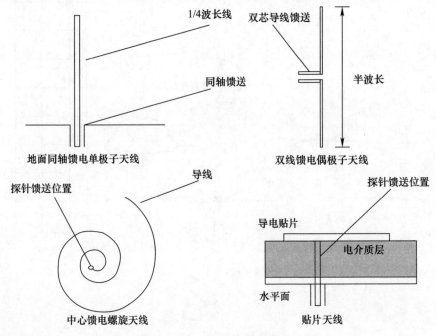

图12.3 常见的天线结构

关于辐射波的另一个要点是：由于反射、折射或是衍射，辐射波不仅可以直接到达接收器，而且可以借由其他路径（多路径）到达接收器。当信号在到达接收器之前被物体反射时，就会产生反射波；当信号在到达接收器的途中穿过不同的介质时，就会产生折射波。折射波在穿过有损介质时会导致信号幅度的减小。衍射是信号绕过拐角时产生的一种现象。图12.4展示了这些信号的不同传播方式。多径信号会对直接信号造成损失或是干扰。一般来说，与直接信号几乎同时到达的多径信号更具危害性，并且可能会导致接收到的信息出现更多差错。

要产生足够强的辐射，设备/电路/天线的有效长度应尽量与波长相当。自由空间中波长（λ）和频率（f）之间的关系很简单（$\lambda = c/f$，其中c是自由空间中的光速$3 \times 10^8 \mathrm{m/s}$），在较低的频率下，波长和辐射器的数值都会变得很大，这不适合无线通信；例如，频率为1kHz时，自由空间波长是300000m，而这样的波长，很难构造一个合适尺寸（$\lambda/4$及更大）的有效辐射器。

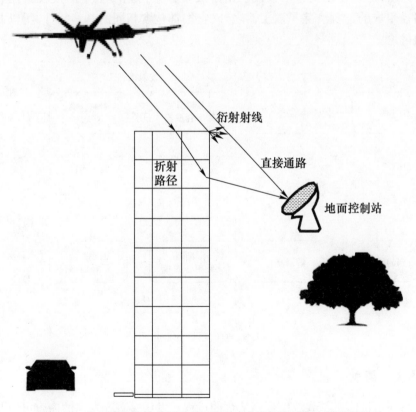

图12.4 电磁波的直接传播路径、受阻时的折射路径和边缘衍射路径

12.3 基本通信系统及其组成

虽然数据链接的类型多种多样,但它们都需要具备某些基本的组成部分。无论是民用还是军用系统,这些组成部分在系统设计中都发挥着重要的作用;无论是视距还是超视距传输;点对点传输抑或是一点对多点传输;这些组成部分都是必不可少的。我们将从了解电子通信系统的基本构成开始讲解,并就每一个组成部件以及无人机-地面控制站间通信的特殊情况来展开具体的讨论。

图 12.5 展示了一个典型的无线通信系统,其中从发射器到接收器的通信仅在一个方向上进行(也称为单工系统)。虽然在图 12.5 中发送器和接收器是独立的实体,但常见的系统是每个单元都能够同时发送和接收(也称为全双工系统),这种系统配备有一种称为双工器的设备,将接收机与发射机分隔开来,并允许二者使用同一个天线。由于收发器架构基本上是由接收路径和发送路径组成的,因此,除了双工器之外,它们都包含相同的基本元件,所以此处不做讨论。

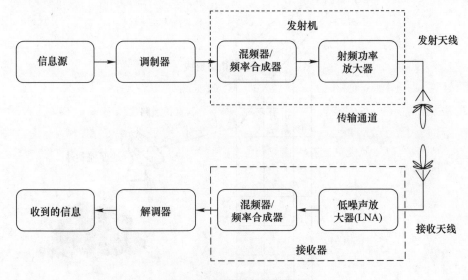

图 12.5 通信系统的简化图

12.3.1 调制

调制是将信息与载波信号相结合的过程。发送端首先发出的内容可以是模拟或数字的信息源。如果调制器需要数字数据,则模拟信号将被转换为数字数据,这是信息源处理的下一个步骤。通常,收发器使用调制解调器来标识既能用作调制器又能用作解调器的系统模块。

移频调制(FSK)是一种在无人机与地面控制站通信中所广泛使用的调制方式,所有传输的数据都需要以数字的形式来呈现。图12.6展示了如何实现这种特殊类型的调制过程。首先,数字数据被转换成两个不同的电压电平。此时,低电压电平表示数字"1",高电压电平表示数字"0"(反之亦可)。移频调制使用两种不同的频率来调制输入数字数据流,较高的频率用于调制"1",较低的频率用于调制"0"。

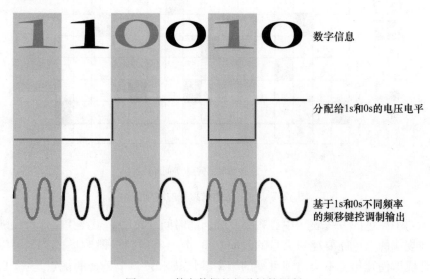

图12.6 数字数据的频移键控调制

12.3.2 发射机

发射机接收调制信号并输出放大后的射频(RF)信号,如发射机接收移频键控调制信号并输出射频波形。发射机上的射频功率放大器将信号传送到天线进行发射。使用频移键控调制的无人机-地面控制基站系统,会增加信号传输时的复杂性,因为输出频率并不是恒定不变的,而是上下波动的。在下一节中,我们会就此问题展开详细论述。

跳频技术也称为扩频技术,因为它用伪随机的方式来改变传输频率,让信息看起来就像是在更大的带宽上进行传输。开发扩频技术是为了防止其他人对传输的信息进行监听。在跳频技术中,未经授权、试图监听通话内容的人,只会看到一些没有意义的信号,因为频率变化的方式只能使窃听者得知传输频率的顺序(图12.7)。

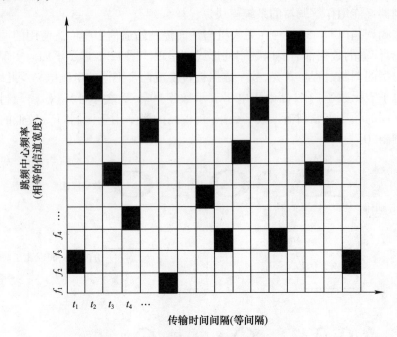

图 12.7 使用伪随机频率的跳频方案

图中黑色的方块表示中心频率是如何随时间变化的。想要找出这种伪随机模式规律的人可能要耗费大量的时间。事实上,有时这一跳频模式甚至可以被设计成即使几年也不会出现重复的频率。该技术另一个显著的优点是:来自信道(无线广播)的噪声也分散在整个频带上,这样更有利于信号和噪声的区分。通过将调制后的移频键控信号与随机变化的频率合成器混合,便可以在发射机中实现跳频。

12.3.3 信道

接收和发射天线之间的连接是通过无线链路的信道实现的。假设有良好的大气条件,使用空中视距链路传输到接收机的功率大小取决于两个天线的增益、极化以及距离。接下来,我们就将对天线的方向性、增益和极化等重要问题展开讨论。

12.3.3.1 天线方向性

在我们讨论天线的方向性之前,需要知道什么是各向同性天线。简单来说,各向同性辐射器是一个在所有方向上产生均匀辐射的辐射器。这只是一个理想状态下的概念,它在现实世界中是不可能存在的,因为构建它的点源天线根本无法搭建出来。图 12.8 所示是指向天线和假设的各向同性辐射器的辐射特性(又称为辐射模式)。

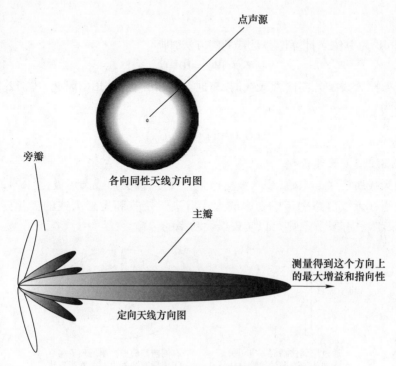

图 12.8　各向同性和定向辐射器的辐射图

同时,我们还需要了解天线辐射强度的概念来定义天线方向性。根据美国电气和电子工程师学会给出的关于"天线"的定义(美国电气和电子工程师学会 1983):在给定的方向上,天线每单位立体角所辐射的功率就是它的辐射强度,更简单地说,距离天线足够远的某个方向上辐射的功率,以免影响天线的电磁特性(远场)。在所谓的天线远场中,辐射强度与距离无关(MTI)。

所有的天线都具有方向性,并且它们在某些方向上的辐射强度要高于其他方向。假设天线和各向同性辐射器均辐射相同量的总功率,则天线的方向性就是指最大辐射强度与参照天线(如各向同性辐射器)的辐射强度之比。向前移动 D_0(无量纲)可用于表示天线的方向性。

12.3.3.2　天线增益

天线增益就是天线方向性与效率的乘积,它反映了电缆、连接器和介电损耗的程度(Sevgi 2007)。除非特别说明,天线的增益和方向性一般指的都是最大增益和最大方向性。向前移动 G_0(无量纲)将用于表示天线的最大增益。传导效率(e_c)和介电效率(e_d)这两个术语很难理解，但可以通过公式来加以解释。根据定义，方向性和增益之间存在以下关系：

$$G_0 = e_c e_d D_0 \tag{12.1}$$

以 dB 为单位来计算增益是常见的方法，即

$$G_0(\text{dB}) = 10\lg G_0 \tag{12.2}$$

当参照天线是各向同性天线时，有时会用 dBi 代替 dB。因此，式(12.2)可以改写为

$$G_0(\text{dBi}) = 10\lg G_{0i} \tag{12.3}$$

12.3.3.3 天线极化

由天线所产生的电磁(EM)波会产生直线形、椭圆形或圆形极化(图12.9)。通过信道在天线链路中传输功率的大小取决于接收和发射天线的极化匹配程度；如果二者完美匹配，则可以实现最大功率的传输。

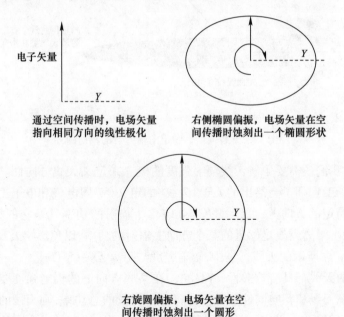

图 12.9　线形、椭圆形和圆形极化

所有电磁波都具有电场方向和磁场方向。当与电磁波相关的电场矢量(E – vector)在空间传播过程中保持相同的方向时，电场方向就可被看作是一种线性极化。无人机与地面站的通信中常用的偶极天线和单极天线便是一个线性

极化天线的例子。在线性极化的情况下,发射天线和接收天线必须在同一方向极化,以最大的功率传输。

在椭圆极化的情况下,电场矢量在垂直于传播方向平面上的投影是椭圆形状(图12.9)。这种情况下的极化要么是右旋的(顺时针方向),要么是左旋的(逆时针方向)。圆形极化天线的电场矢量在垂直于传播方向平面上的投影是右旋的或左旋的圆形状。在椭圆或圆形极化中,仅依靠发射天线和接收天线之间的极化匹配是远远不够的,必须要实现完全匹配。圆形极化贴片天线就通常用到无人机上,以此从卫星接收全球定位系统的信号。

12.3.4 接收器

电磁信号通过信道后到达接收器,在接收器天线中转换成电能。当在天线之间传播时,电磁信号会变得非常微弱,需要在非常靠近天线的低噪声放大器(LNA)中进行放大。对于要由接收机获取和解调的信号,需要达到特定的信噪比(S/N),其也称为接收器灵敏度。接下来,我们就会对这两项展开论述,同时还会涉及解扩跳频信号。

12.3.4.1 信噪比

我们将以无线通信系统中噪声源的研究为切入点,展开有关信噪比的讨论。首先,电子设备本身就是所谓的热噪声,产生这一现象的原因是电子的热振动。这种噪声有时称为白噪声,与频率大小无关。因此,在开尔文温度(T)下,电子通过赫兹(B)的电子信号系统(又称为带宽)时,噪声功率(N)可用 W 表示,关系式如下:

$$N = kTB \tag{12.4}$$

式中:k 是玻耳兹曼常数,其值为 1.38×10^{-23} J/K。注意:J 是能量单位,等于功率(W)和时间(s)的乘积。影响噪声的其他因素则是由两种不同的信号混合产生的,这两种信号在和频及差频(或其倍数)时会产生不必要的能量,称为互调噪声。

串扰是噪声的另一种形式,尽管定向性强的天线在很大程度上可以避免这种情况的发生,但是当天线接收到来自空间无用信号时,串扰也可能会影响到无线通信系统。脉冲噪声可能源于自然因素或人为因素,具有不规则脉冲和峰值。闪电和电磁脉冲(EMP)武器产生的脉冲是自然和人工脉冲噪声源的例子(Stallings 2007)。跳频系统的一个优点是它能够在接收时将脉冲噪声传播到更宽的带宽。信噪比表示信号功率与噪声功率之比,常以 dB 的形式给出,即

$$\left(\frac{S}{N}\right)_{dB} = 10\lg\frac{S}{N} \qquad (12.5)$$

如果仅考虑热噪声,则表达式为

$$\left(\frac{S}{N}\right)_{dB} = 10\lg\frac{S}{kTB}$$

$$= 10\lg S - 10\lg k - 10\lg T - 10\lg B \qquad (12.6)$$

12.3.4.2 接收机灵敏度

接收机功率是接收机检测射频信号和解调数据所需的最小功率。通常使用 dBm 来表示通信系统中的信号功率电平,如下所示。信号功率(S)(以 dBm 为单位)可通过以下公式计算:

$$(S)_{dBm} = 10\lg_{10}\left(\frac{S\text{mw}}{1\text{mw}}\right) \qquad (12.7)$$

如果与噪声相关的功率是 N,则关系式为

$$(N)_{dBm} = 10\lg\frac{N\text{mw}}{1\text{mw}} \qquad (12.8)$$

接收机的灵敏度还取决于它与噪声级的间隙。举例来说,在无线局域网中,噪声级的间隙约为 20dB。因此,如果室内噪声为 -95dBm,则信号强度应高于 -75dBm。如果已知信号和噪声水平(单位为 dBm),那么可以通过以下等式来计算信噪比(单位为 dB):

接收机的灵敏度也取决于它与噪声级的间隙。以 WiFi 局域网为例,需要清除约 20dB 的噪声。因此,如果房间的噪声等级是 95dBm,那么信号等级应该高于 75dBm。如果已知以 dBm 为单位的信号和噪声水平,那么,他也可以通过下面的公式计算以 dB 为单位的信噪比,即

$$\left(\frac{S}{N}\right)_{dB} = (S)_{dBm} - (N)_{dBm} \qquad (12.9)$$

12.3.4.3 解扩信号

跳频频移键控需要发射机发出的扩频信号在接收机处解扩。该过程通过混频器/频率合成器组合来完成,它在解调前将频率转换为与发射机相同的模式。在混频器/频率合成器组合中使用这种方法的额外优势是,通过信道(在这种情况下通常是空气)的电磁波拾取的噪声通过解扩过程(图 12.10)扩散到整个系统带宽上,从而降低接收系统的噪声水平。

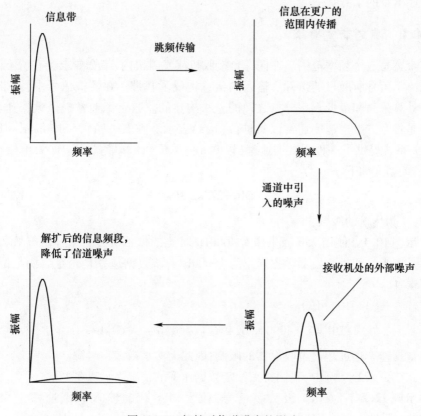

图 12.10 解扩对信道噪声的影响

12.3.5 解调

跳频频移键控信号经过解扩处理后,将信号在不同的路径中以两种不同的频率混合,并在比特间隔时间上进行积分输出来完成解调。解调产生二进制数据流。如果已经发送了模拟数据,则数字输出还需要经过另外一步加工——进行数/模转换。

12.4 系统设计

本节的目标是开发设计原则,让我们能够使用现成的零件来设计出完整的无人机-地面控制基站通信系统。这意味着,我们将按照特定的应用开发规格,指导我们购买和组装合适的接收机与发射机组件。在本章中,不会深入涉及单个部件的设计,而是将重点放在系统集成上。我们将从研究特定系统的带宽需求开始本章的学习。

12.4.1 确定带宽要求

带宽是一个频率范围。在同一台接收机或发射机内,带宽要求会有所不同,这取决于信号所通过的组件。输入的信息构成了基带。在模拟信号中,基带是通过计算最高和最低频率分量之间的差来构建的。数字源通常提供数据速率,而不是带宽。数据速率通常以每秒位(b/s)表示。香农-哈雷(Shannon-Harley)关系式提供了一种用数据速率(以 b/s 为单位)计算带宽(以 Hz 为单位)的方法,关系式如下:

$$DR = 2B\log_2 M \qquad (12.10)$$

式中:M 为传输的级数。

示例 12.1 使用 256 级采样对 4000Hz 带宽的模拟源进行采样。等效数据速率是多少?如果收发器数据速率为 10000b/s,该数据速率是否足以满足源带宽要求?

代入式(12.10)可知

$$DR = 2 \times 4000 \times \log_2 256 = 64000\text{b/s} \text{ 或 } 64\text{kb/s}$$

数据速率远远超过了收发器的限制,因此无法承载该信号源。

在接下来的示例中,我们将在给定数据速率的情况下计算带宽。

示例 12.2 对于 2 级数字信号,收发器系统的输入数据速率上限为 10000b/s。这个基带信号的等效带宽是多少赫?

$$10000 = 2 \times \log_2 2$$

$$10000 = 2B \times 1$$

$$B = 5000\text{Hz}$$

在实际情况中,只有在考虑了信噪比之后,才需要计算出通过通道可达到的数据速率。这是通过使用以下关系式计算香农极限(Shannon limit)而得出的结论:

$$DR = B\log_2\left(1 + \frac{S}{N}\right) \qquad (12.11)$$

在下一个示例中,我们将在给定信道信噪比的情况下计算 DR。这个例子还将帮助我们确定链路上天线的带宽要求。

示例 12.3 在为系统选择天线时,需要指定带宽,假设所使用的调制方案要求,数据速率为 100000b/s,则调制信号仅具有与基带信号相同的带宽。给定的$(S/N)_{dB}$为 20dB。

在这个带宽下,数字数据需要多少级?

$$20 = 10\lg\left(\frac{S}{N}\right)$$

$$\left(\frac{S}{N}\right) = 10^{(20/10)} = 100$$

因此,得出信噪比为 100,即

$$100000 = B \times \log_2(1 + 100)$$

或者

$$B = \frac{100000}{\log_2 101} = \frac{100000}{(\log_{10} 101/\log_{10} 2)} = \frac{100000}{6.658} = 15020 \text{Hz}$$

因此,所需的最小带宽为 15.02kHz。通过香农 – 哈特利关系式得出

$$100000 = 2 \times 15020 \times \log_2 M$$

或者

$$\log_2 M = \frac{100000}{2 \times 15020}$$

或者

$$M = 2^{(100000/2 \times 15020)} = 10.048$$

为了使用 15.02kHz 带宽实现 100000b/s 数据速率,需要 11 级数字信令。

在移频键控的情况中,每个通道的带宽由 $2\Delta f + 2B$ 所决定,而不是像示例 12.3 中只由 B 所决定,其中 Δf 是调制 1s 或 0s 时使用的高频和低频之间的频率差;B 是基带带宽。对于跳频频移键控调制而言,这是每个信道的带宽,而总信道带宽取决于可用信道的数量。

示例 12.4 跳频频移键控调制使用 902～928MHz 的系统带宽。如果所调制的高频和低频之间的差 Δf 为 4kHz,那么,当基带信号的带宽为 15kHz 时,可以存在的最大信道数是多少?

根据示例 12.3,可知

$$B = 15 \text{kHz}$$

$$\text{信道} = 2\Delta f + 2B = 2 \times 4000 + 2 \times 15000 = 38000 \text{Hz}$$

$$\text{信道数量} = \frac{928000000 - 902000000}{38000} = 684 \text{ 信道}$$

12.4.2 链路设计

简单来讲,我们希望从链路设计中解决的关键问题是:考虑到信号必须传输的距离,以及沿途的所有损耗后,是否有足够的传输功率到达接收机。图12.11给出了一条链路的图示和一些造成损耗的因素。

12.4.2.1 反射天线－电缆接头

如果读者不熟悉电缆的电阻抗和特性阻抗的概念,那就请阅读本书的下一章节,因为在本章节的讨论中,天线－电缆连接处的反射效应将忽略不计(假定连接状况良好)。然而,如果电缆和天线接触不良,那么,在天线－电缆连接处就会产生明显的反射现象。粗略地讲,我们可以把电阻抗看作是施加电压与电路电流相对的量度。阻抗能作为复杂参数。在已知天线阻抗(Z_{ANT})和电缆特性阻抗(Z_0)条件下,反射系数(Γ)可通过以下关系式得出:

$$\Gamma = \frac{Z_{ANT} - Z_0}{Z_{ANT} + Z_0} \tag{12.12}$$

现在,如果充分匹配天线阻抗和电缆特性阻抗,阻抗 Γ 将会非常小。如果将反射因素考虑在内,假设发射器电缆向天线传输的发射功率(P_T)受到了部分反射,如下所示。

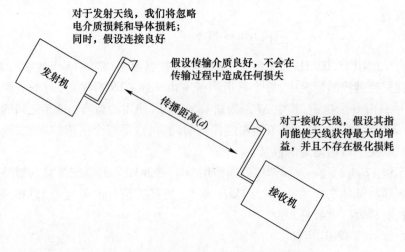

图12.11 计算接收天线接收功率的注意事项

通过发射器电缆连接到天线的电源 $= P_T(1 - |\Gamma|^2) \approx P_T$,此时,$\Gamma \approx 0$。

在对链路设计的讨论中,我们将继续假定匹配状况良好,并且所有的发射机功率(P_T)都耦合到了发射天线。但是,有一点务必牢记,如果匹配不良,就可能会造成严重的耦合问题。

12.4.2.2 发射天线的损耗

发射天线只会出现一些小的电介质和导体损耗。在许多情况下,天线的部分部件也是由电介质构成的。这些损失很难通过技术分析的方法来计算,但其可被测量出来。在我们接下来的讨论中,这些损失忽略不计。因此,在此处,我们可以说发射机功率 P_T 也是正在传输的功率。

12.4.2.3 自由空间传播的损耗

到目前为止,我们已经通过假定理想条件,忽略了匹配不良所产生的损耗和天线的损耗。但是传播损耗不能忽略不计,因为它是造成链路损耗的主要原因。

假设接收天线对准了发射天线最大增益的方向(G_T),则可以根据以下关系式计算出,d 点接收天线处的功率密度(P_D)(Blake 2002):

$$P_D = \frac{P_T G_T}{4\pi d^2} \text{W/m}^2 \tag{12.13}$$

根据式(12.13)可以发现,$P_T G_T$ 的乘积是等向天线在接收机处产生相同功率密度 P_D(由定向天线产生)时所需的功率大小。换句话说,我们可以通过简单地将辐射功率除以半径为 d 的球体表面积得出向自由空间辐射 $P_T G_T$ 功率的各向同性源的功率密度。乘积 $P_T G_T$ 有时也称为有效各向同性辐射功率(EIRP)。

示例12.5 定向天线在 900MHz 时增益为 7dBi(各向同性分贝)。如果发射功率为 0.5W,在距离天线最大增益方向 6mile 处的功率密度是多少?

首先,我们需要将增益从分贝转换成无量纲数(G_T),即

$$7 = 10 \times \log_{10}(G_T)$$

$$G_T = 10^{7/10} = 5.012$$

现在使用式(12.13),我们可以计算 6mile 外(9656m)的功率密度,即

$$P_D = \frac{0.5 \times 5.012}{4 \times \pi \times 9656^2} = 2.139 \times 10^{-9} (\text{W/m}^2 \text{ 或 } 2.139 \text{mW/m}^2)$$

12.4.2.4 接收天线的接收功率

当电磁波穿过自由空间时,它可以在接收机处产生一个由式(12.13)得出的功率密度 P_D。但问题是接收天线所能接受功率的大小。当电磁波到达接收天线时,天线可看作是一个有效的接收孔径(A_{eff})。这个有效孔径接收的功率是天线接收的功率(P_R)和功率密度(P_D)的比值,单位为 W/m²。假设接收天线的最大增益(G_R)指向发射机的最大增益,则接收天线的有效面积由下式给出:

$$A_e = \frac{\lambda^2 G_R}{4\pi} \tag{12.14}$$

$$P_R = A_e P_D \tag{12.15}$$

$$P_R = \frac{A_e P_T G_T}{4\pi d^2} \tag{12.16}$$

示例 12.6 如果接收天线从发射天线处接收功率,如示例 12.5 所示,接收天线接收的功率(P_R)是多少?

通过公式得出,900MHz 处的波长(λ)为

$$\lambda = \frac{c}{f} = \frac{3 \times 10^8}{900 \times 10^6} = 0.333\mathrm{m}$$

$$A_e = \frac{\lambda^2 G_R}{4\pi} = \frac{0.333^2 \times 5.012}{4 \times \pi} = 0.044\mathrm{m}^2$$

$$P_R = A_e P_D = 0.044 \times 2.139 \times 10^{-9} = 9.412 \times 10^{-11}\mathrm{W}(\text{或 }94\mathrm{pW})$$

式(12.16)可以进一步扩展为以下形式:

$$P_R = \frac{\lambda^2 G_R P_T G_T}{16\pi^2 d^2} = \frac{\lambda^2 P_T G_T G_R}{16\pi^2 d^2} \tag{12.17}$$

式(12.17)也可以用另一种形式重新表达,得到接收功率与发射功率之比:

$$\frac{P_R}{P_T} = \frac{\lambda^2 G_T G_R}{16\pi^2 d^2} \tag{12.18}$$

式(12.18)可重写,其中 $\lambda = c/f$,即

$$\frac{P_R}{P_T} = \frac{c^2 G_T G_R}{f^2 16\pi^2 d^2} \tag{12.19}$$

现在,如果我们想要使用 km 和 MHz 作为距离和频率的单位,需要在式(12.19)中进行以下替换:

$$d = 10^3 \times d_{\mathrm{km}}$$

$$f = 10^6 \times f_{\mathrm{MHz}}$$

$$c = 3 \times 10^8$$

因此,式(12.19)可以写成

$$\frac{P_R}{P_T} = \frac{(3 \times 10^8)^2 G_T G_R}{(10^6 \times f_{\mathrm{MHz}})^2 16\pi^2 (10^3 \cdot d_{\mathrm{km}})^2}$$

或

$$\frac{P_R}{P_T} = \frac{(3 \times 10^8)^2 G_T G_R}{(10^9)^2 16\pi^2 (f_{\mathrm{MHz}})^2 (d_{\mathrm{km}})^2} \tag{12.20}$$

$$10 \times \log_{10}\left(\frac{P_R}{P_T}\right) = 10 \times \log_{10}\left(\frac{(3 \times 10^8)^2}{(10^9)^2 16\pi^2}\right) + 10 \times \log_{10}(G_T)$$
$$+ 10 \times \log_{10}(G_R) - 20 \times \log_{10}(f_{\text{MHz}}) - 20 \times \log_{10}(d_{\text{km}})$$
$$= -32.442 + (G_T)_{\text{dBi}} + (G_R)_{\text{dBi}} - 20 \times \log_{10}(f_{\text{MHz}}) - 20 \times \log_{10}(d_{\text{km}})$$
$$(12.21)$$

路径(L_{path})损失(以 dB 为单位)可以通过以下方法计算:

$$L_{\text{path}} = 10 \times \log_{10}\left(\frac{P_T}{P_R}\right) = 32.442 - (G_T)_{\text{dBi}} - (G_R)_{\text{dBi}} +$$
$$20 \times \log_{10}(f_{\text{MHz}}) + 20 \times \log_{10}(d_{\text{km}}) \qquad (12.22)$$

一旦根据式(12.21)计算出路径损耗,并且在已知发射机输出功率的条件下,就可以计算出接收功率。注意:在这种情况下,发射天线处介质和材料损耗、大气损耗和极化损耗已被忽略不计。但是,通过调节天线结构的位置,可以让接收机的极化损耗降到最小。一般来说,这些损耗可能会使路径损耗增加 5 ~ 10dB,并且可以通过增加接收机灵敏度来弥补损耗。

示例 12.7 接收和发射天线都处于 3.5dBi 时,二者所具有的增益相同。此时,它们之间的距离是 5km。发射机的功率在 500MHz 时为 0.5W。那么,接收机能接收到多少功率呢?

首先,我们先确认路径损耗,即

$$L_{\text{path}} = 32.442 - (G_T)_{\text{dBi}} - (G_R)_{\text{dBi}} + 20 \times \log_{10}(f_{\text{MHz}}) + 20 \times \log_{10}(d_{\text{km}})$$
$$L_{\text{path}} = 32.442 - 3.5 - 3.5 + 20 \times \log_{10}500 + 20 \times \log_{10}5 = 93.401\text{dB}$$

但是

$$L_{\text{path}} = 10 \times \log_{10}\left(\frac{P_T}{P_R}\right) = 93.401$$

或者

$$\left(\frac{P_T}{P_R}\right) = 10^{93.401/10}$$

所以有

$$P_R = P_T \times 10^{-9.3401} = 0.5 \times 10^{-9.3401} = 2.285 \times 10^{-10}\text{W}(\text{或 } 22.85\text{nW})$$

12.4.2.5 分贝毫瓦功率

功率等级通常采用分贝毫瓦或 dBm 的形式表示。用 Power 表示功率,可以简单表示为

$$(\text{Power})_{\text{dBm}} = 10 \times \log_{10}\left(\frac{(\text{Power mw})}{1\text{mw}}\right)$$

示例 12.8　在例 12.6 中以 dBm 为计量单位的输入功率是多少？

$$(\text{Power})_{\text{dBm}} = 10 \times \log_{10}\left(\frac{(0.5 \times 1000)}{1}\right) = 26.99 \text{dBm}$$

12.4.2.6　接收机的信噪比

如果已知接收机的噪声系数，就可以计算出接收机的信噪比。噪声系数（NF）是输入端信噪比与输出端信噪比的比值，即

$$\text{NF} = \frac{(S/N)_i}{(S/N)_o} \tag{12.23}$$

用分贝替换如下：

$$\text{NF}_{\text{dB}} = 10 \times \log_{10}(\text{NF}) \tag{12.24}$$

若已知接收器的输入功率，并且也将热噪声（$N = kTB$）考虑在内，则可以借助噪声推算出接收器的信噪比，这意味着要知道带宽和温度，即

$$\text{NF} = \frac{(S/N)_i}{(S/N)_o} = \frac{P_r/kTB}{(S/N)_R} \tag{12.25}$$

重新排列后，有

$$\left(\frac{S}{N}\right)_R = \frac{P_r/kTB}{\text{NF}} \tag{12.26}$$

$$\left(\frac{S}{N}\right)_{\text{RdB}} = 10 \times \log_{10}(P_r) - 10 \times \log_{10}(kTB) - \text{NF}_{\text{dB}} \tag{12.27}$$

如果用 dBm 表示接收功率，则式（12.27）可改写为

$$\left(\frac{S}{N}\right)_{\text{RdB}} = (P_r)_{\text{dBm}} - 10 \times \log_{10}(1000kTB) - \text{NF}_{\text{dB}} \tag{12.28}$$

示例 12.9　如果接收器输入端接收到的功率与示例 12.6 中计算得出的功率相同，那么，在带宽为 1MHz（使用 $\text{NF}_{\text{dB}} = 10$）的情况下，接收器在 300K 时的信噪比是多少？（玻耳兹曼常数，$k = 1.38 \times 10^{-23}$ J/K）

由式（12.28）可知

$$\left(\frac{S}{N}\right)_{\text{RdB}} = 10 \times \log_{10}(P_r) - 10 \times \log_{10}(kTB) - \text{NF}_{\text{dB}}$$

$$= 10 \times \log_{10}(2.285 \times 10^{-10}) - 10 \times \log_{10}(300 \times 1.38 \times 10^{-23} \times 10^6) - 10$$

$$= 37.419 \text{dB}$$

12.4.2.7 由接收机灵敏度计算信噪比值

接收器灵敏度(RS_{dBm})是指在接收器解调信号信息时所需的最小功率。该信息由制造商提供。由于不同系统中的噪声水平可能也会有所不同,因此应留有适当的裕量(>10dBm)。在已知 RS_{dBm} 的情况下,我们可以使用以下公式计算出裕量:

$$\text{以 dBm 为单位的裕量} = (P_r)_{dBm} - RS_{dBm} \quad (12.29)$$

示例 12.10 如果接收器灵敏度为 -85dBm,则示例 12.7 中的信噪比是多少?

$$\text{以 dBm 为单位的裕量} = (P_r)_{dBm} - RS_{dBm}$$
$$= 10 \times \log_{10}(2.285 \times 10^{-10} \times 1000) - (-85)$$
$$= 18.589 \text{dBm}$$

由此可知,裕量充足。

12.5 设计原理概要

设计的第一步要确定我们所使用的应用程序要求的数据速率。如果使用已有的组件,制造商则会提供一些便于操作的数据传输速率信息。12.4.1 节规定了在只有两个级别($M=2$)的情况下,使用频移键控调制时为给定应用程序建立数据速率要求的一般规则。

对于其他调整方案,可能要使用不同的 M 值。例如,$M=2$ 用于二进制相移键控(BPSK),$M=4$ 用于四进制相移键控(QPSK)。简而言之,二进制相移键控应使用相同的频率和相反的相位进行调制,而四进制相移键控则使用相同频率的 4 个不同的相位进行调制。

目前,跳频频移键控在无人机商业领域的应用最为广泛,但未来可能会采用二进制相移键控和/或四进制相移键控。值得注意的是,损耗的计算并不受调制技术变更的影响(移频键控、二进制相移键控或四进制相移键控)。

我们还需要估算出发生最坏情况时链路的长度,因为链路损耗也会对设计产生影响。12.4.2 节涵盖了大部分的相关内容。式(12.22)不仅告诉我们如何计算路径损耗,还告诉我们如何控制变量来减少路径损耗。实际上,我们无法决定工业、科研和医学领域内频带的频率以及接收机与发射机之间的距离,但是使用更高增益的天线一定能降低路径的损耗。务必牢记,有效发射功率不得超过联邦通信委员会指定的标准。

12.6 源于电磁干扰、抑制、多通道的相关问题

12.6.1 电磁干扰

当其他信号以相同的频率被接收器接收时就会产生电磁干扰。尽管它可能通过各种途径进入接收器,如传导、辐射、串扰、接地或通过电源线(Gerke、Kimmel 2005)。但是,在某些情况下,电磁干扰(有时也称为射频干扰)可能比想要接收的信号携带更高的功率,而且能在通过接收器时覆盖想要接收的信号。虽然像跳频这样的扩频技术可以防止未经授权的接收器读取信息,但它也无法保护设备免受电磁干扰,尤其是干扰源具有更高或相同的功率水平时。

随着无人机的前景越来越光明,电磁干扰问题也将日益严峻。从目前的情况来看,商用无人机需要始终在操作员的视线范围内进行操控。在拥挤的空域中,这很容易导致无人机接收到其他无人机的视距信号(图 12.12)。因此,我们应重视起日益严重的电磁干扰问题。

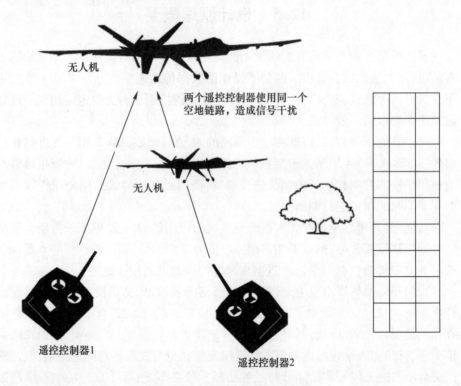

图 12.12 小型无人机的电磁干扰

12.6.2 抑制

抑制问题在某些方面与我们刚才讨论的电磁干扰问题十分类似。不管飞行空域是否拥挤,抑制信号都极具破坏性。抑制信号所携带的功率电平会使接收机不堪重负,使无人机难以完成预定的导航,同时也会影响机载设备的使用。无论是全球导航卫星系统信号受到干扰,还是无人机与全球导航卫星系统之间的链路受到干扰,都会对无人机的飞行构成安全隐患。在不久的将来,随着无人机上所搭载的应用越来越多,所涉及的有关商业利益的非法抑制问题的纠纷也会越来越严峻,其激烈程度丝毫不亚于真枪实弹的对抗。目前的相关研究重点是设计出能够减少干扰源的空间处理天线(Heng 等 2014)。

12.6.3 多通道

我们已经讨论了多通道的概念、信号到达接收器的不同路径,以及其中一些信号是如何经过反射到达接收器的(图 12.4)。多通道问题之所以产生是因为信号的两个或多个副本到达接收器,并且有时会通过抵消直接信号的相位而产生破坏性干扰;多个信号也可以通过产生相同的相位来增加信号的幅度。全球导航卫星系统接收器则能够通过信号处理技术来解决这一问题,这样一来,处理器便可以忽略在较晚时间间隔到达的信号(Kaplan、Hegarty 2006)。然而,当多通道信号与直接信号十分接近时,仍然会产生错误。无人机和地面控制站之间通信中所存在的问题,Heng 等人(2014)提出行之有效的解决方案。他们认为,可以设计经过特殊处理的天线来切断多路径信号。

思 考 题

1. 举例说明用于无人机-地面控制站通信的数据链路,它有规定的频率和调制技术吗?使用本章介绍的分类系统来描述链路的类型。
2. 查阅国际海事卫星组织网络的相关资料。尝试说明使用该系统的优势。
3. 天线是如何通过电荷将能量传输到太空中的?
4. 什么是单工连接?什么是双工连接?
5. 什么是移频键控调制?为什么我们要研究这种类型的调制?
6. 发射器中功率放大器的功能是什么?
7. 什么是扩频技术?使用扩频技术的优势是什么?
8. 什么是通信信道?举出 3 个通信信道的例子。
9. 天线的辐射模式是什么?
10. 辐射强度是什么意思?

11. 什么是远场？
12. 什么是天线方向性？
13. 什么是天线增益？
14. 天线及其天线罩存在什么样的损耗？（仅讨论天线材料中的损耗机制。）
15. 我们讨论了几种极化类型？
16. 什么是右旋圆极化？
17. 什么是线形极化？
18. 信噪比的重要性是什么？信道容量如何受信噪比的影响？
19. 什么是热噪声？如何计算热噪声？
20. 什么是脉冲噪声？脉冲噪声的来源是什么？
21. 我们什么时候需要使用模拟数字转换器？
22. 我们什么时候需要使用数模转换器？
23. 如何确定数据链路的带宽要求？
24. 什么是数据速率？
25. 在香农 – 哈特利(Shannon – Hartley)关系(式(12.10))中，M 的意义是什么？
26. 什么是香农极限？
27. 哪些假设可以忽略发射天线与电缆连接处的反射损耗？
28. 等效全向辐射功率是什么意思？
29. 什么是噪声系数(NF)？关于电子系统，我们还了解到了哪些知识？
30. 哪些假设可以忽略接收天线的极化损耗？
31. 什么是电磁干扰？这对无人机与地面控制站的通信有何威胁？
32. 电磁干扰对无人机与地面控制站通信技术的研发带来了哪些挑战？
33. 抑制是什么意思？
34. 在试图解决多通道问题时，我们会遇到什么问题？
35. 请简要描述设计数据链路的步骤。
36. 使用 16 级采样对 4000Hz 带宽的模拟源进行采样。等效数据速率是多少？如果收发器数据速率为 1000b/s，那么，此数据速率是否足以满足源带宽要求？
37. 在为系统选择天线时，如果数据速率为 10000b/s，假设所使用的调制方案要求调制信号仅具有与基带信号相同的带宽，则需要指定带宽。那么，若给定的信噪比为 20dB，在这个带宽下，数字数据需要多少级？
38. 跳频频移键控调制的工作系统带宽为 902 ~ 928MHz。如果调制高频和低频之间的差 Δf 为 4kHz，那么，当基带信号的带宽为 60kHz 时，可存在的最大信道数是多少？
39. 定向天线在 900MHz 时增益为 5dBi(各向同性分贝)。如果发射功率为 100W，在距离天线最大增益方向 6mile 处的功率密度是多少？
40. 如问题 4 所述，如果接收天线从发射天线处接收功率，接收天线接收的功率(P_R)是多少？
41. 接收天线和发射天线在 5dBi(各向同性分贝)时具有相同的增益。此时，它们之间的距离是 15km。同时，发射机的功率在 500MHz 时为 100W。那么，接收器能接收多少功率呢？

42. 如果接收器输入端接收到的功率与问题 41 中的相同，那么，在 1MHz 的带宽下，接收器在 300K 时的信噪比是多少（$NF_{dB} = 10$）？（玻耳兹曼常数，$k = 1.38 \times 10^{-23} J/K$）。

43. 如果接收器灵敏度为 $-85dBm$，则问题 42 中的信噪比是多少？

参 考 文 献

[1] Balanis, C. 2005. Radiation mechanism. In Antenna Theory Analysis and Design. 3rd ed. ,7 – 16. Hoboken, New Jersey: Wiley.

[2] Blake, R. 2002. Free – space propagation. In Electronic Communication Systems. 2nd ed. ,520 – 527. Clifton Park, New York: DELMAR.

[3] Fahlstrom, P. and J. Gleason. 2012. Data – link functions and attributes. In Introduction to UAV Systems. 4th ed. ,191 – 204.

[4] Gerke, D. and B. Kimmel. 2005. EMI, noise, and interference—A different game. In EDN Designers Guide to Electromagnetic Compatibility. 1st ed. ,3 – 8. W. St. Paul, MN: Kimmel Gerke Associates, Ltd.

[5] Heng, L. , T. Walter, and G. Gao. 2014. GNSS multipath and jamming mitigation using high – mask – angle antennas. IEEE Transactions on Intelligent Transportation Systems 16(2): 741 – 750.

[6] IEEE, Standards. 1983. IEEE standard definitions of terms for antennas. (Accessed March 29, 2015).

[7] Kaplan, E. and C. Hegarty. 2006. Understanding GPS Principles and Applications. 2nd ed. Norwood, Massachusetts: Artech House, Inc.

[8] Sevgi, L. 2007. The antenna as a transducer: Simple circuit and electromagnetic models. IEEE Antennas and Propagation Magazine 49(6): 212.

[9] Stallings, W. 2007. Transmission impairments. In Data and Computer Communications. 8th ed. ,89 – 91. New Jersey: Pearson.

[10] Wagenen, Juliet. Inmarsat parrot bebop drone takes flight for journalists. In Satellite TODAY News feed, ST Briefs, Telecom [database online]. 2015 [cited March 19 2015]. Available from http:// www.satellitetoday.com/ telecom/2015/03/11/inmarsat – parrot – bebop – drone – takes – flight – for – journalists/(accessed March 19, 2015)

第13章 无人机系统指挥与控制

Nathan Maresch

13.1 引　　言

无人机的指挥与控制功能可以使操作员了解飞行过程中飞机上正在发生的事情。通过指挥与控制链接，操作员还可以向无人机系统发送更新信息和修改后的飞行计划(Gundlach 2012)。根据当前的任务，一些无人机在整个飞行过程中会完全采用自主飞行，不需要发送或接收来自地面站的通信信息。但是，对于几乎所有应用，都需要与飞机进行双向通信。我们的重点将放在射频数据链路上，因为它们是无人系统中最常见的通信形式。其他媒介，如系绳电缆和光束有时也会用于信息的传输(Austin 2010)。对于上行链路(从操作员到无人机的指令)和下行链路(从无人机发出的状态信息)都是如此。

注意:无人机指挥与控制(command and control)子系统/功能有时可以简写为"C2"。这种缩写还会在本章中出现。

简而言之，射频频谱包括我们能听到和看到的最大范围频率，从音频开始(3kHz，波长为100km)开始，在红外光频率(300GHz，波长为1mm)的开始附近结束。在美国，该频谱的民用监管机构是联邦通信委员会(FCC)。联邦通信委员会的部分工作是有效管理无线电频谱，将特定的频率(信道)分配给用户，并调节输出功率。这种管理是为了防止来自同一个地区其他用户发射的同频干扰;每个用户都有自己的广播频道——显然，这项管理工作并不容易。如果有人未经授权就在特定频率上传输信息，特别是当他干扰了那些拥有该频率许可证的人时，那么他可能会受到巨额罚款或处罚。通常，联邦通信委员会会为特定用途分配部分频谱，如 AM/FM 音乐广播所使用的波段。迄今为止，还没有任何专供无人机使用的频段。尽管一些专门频段正考虑用于无人机上(Transportation 2013)，但是许可证的发放视情况而定。只要设备和操作符合联邦通信委员会规则中第 15 部分所规定的几项条例(某些联邦通信委员会规则可在《美国联邦法规》第 47 条中找到)，那么这些频段不需要许可证也可使用。这些未经许可的频段在小型无人机系统中的使用越来越普遍。使用这些频段时，无线电设备必须在很大的频率范围内(扩频)快速地在一个频率与另一个频率之间跳变。发射器和接收器必须同步;接收器必须使用与发射机相同的模式进行跳数才能正确接收。很多时候,使用的特定模式对外部观察者而言可能完全是随机的,但是通信设备始终与每个频率变化保持同步,该模式是伪随机模式。使用此方法的好处是:多个用户可以在同一频带内操作而不会干扰其他用户;不同的用户采用不同的跳频模式。这种通信方法也相对不受其他干扰源的影响,因为出现在一个频率上的噪声只会导致一小部分扩频传输的丢失。实际上,未经许可的频率在频谱的频段内,而该频谱以前仅供有射频噪声的工业、科学和医学(ISM)使用;微波炉的工作频段就在这些波段之中。更先进的扩频收发器能够检测现有的干扰源(例如附近正在运行的微波炉),并完全避开这些信道(Blake 2002)。无线网络是扩频技术一个现实生活中应用的例子。图13.1直接展示了跳频现象,它显示了大约60s内未经许可的命令和控制链路的频谱测量结果。射频频谱的一部分沿水平轴绘制。水平轴是一部分射频频谱。垂直轴是经过的时间。每个水平段表示在几秒的间隔内采样的平均射频能量。在每个测量间隔中,大部分射频能量都集中在不同的频率上。相比之下,均匀、一致垂直集合则表示固定不变的频率传播。

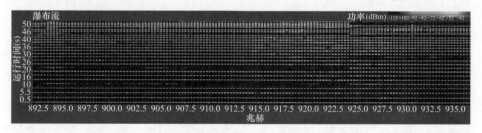

图13.1 频谱瀑布视图显示随时间的调频(见彩插)
(来源:内森·马雷斯(Nathan Maresch))

13.2 小型无人机系统的导航系统

不管控制无人机所使用的基础导航技术是什么,操作员为飞机创建导航命令的主要方法是使用带有航路点的图形地图来标记飞机的航线。每个航路点都有一个与之相关的高度。飞机从一个航路点飞到另一个航路点,或执行其他操作,如绕着一个航路点进行盘旋。图13.2显示了一个正在使用的地面控制站界面示例,其中飞机刚刚开始飞向第一个航点。航点导航所使用的自动驾驶方法因自动驾驶仪类型的不同而有所差异。只有整合和处理大量的传感器和位置数据信息,才可以对预期的飞行航线进行导航或终止。许多自动驾驶仪使用卡尔曼滤波器(或扩展卡尔曼滤波器)来处理导航信息。

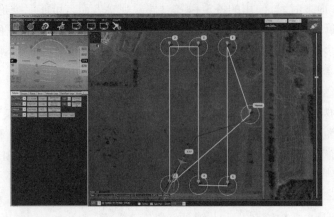

图13.2 地面控制系统与航路点时间的交互
(来源:内森·马雷斯(Nathan Maresch))

13.2.1 视距内通信

几乎所有的民用无人驾驶飞机都使用视距射频通信作为其指挥与控制的数据链路。射频信号中的视距仅指一个天线和另一个或多个其他天线之间的直线距离。在一些情况下,视距天线之间的距离可能长达数英里,这肯定超出了人眼所见的距离。这些射频频率通常称为空间波,基本上都是30MHz以上的频率。低于30MHz的信号通常要么沿着地球的地表传播,要么经地球大气层反射后在其他位置接收。按照定义,视距传播是按直线传播的,因此建筑物、山脉甚至是地球本身的曲率都可能影响信号的接收。具体细节超出了本章的范围,但信号传输取决于许多因素,如发射功率和接收器灵敏度,天线越高,信号可能传播得越远。地面站(或是某些条件允许的飞机上)安装"增益"更高的定向天线也可增加有效的操作距离。尽管对许可传输存在功率限制,而对非许可传输的限制更多,但即使不安装高增益的天线,通常也能够为大多数可视视距内的飞行提供足够的传输功率。另外,值得注意的是,可能会有法律规定限制天线的增益量。

如前所述,小型无人机普遍使用未经许可的频率。最常见的非许可频率是915MHz、2.45GHz和5.8GHz,这些都是视距频率。有时,这3种频率会同时应用在同一架无人机上。例如,操作员可用915MHz对无人机下达命令和进行操控,机外飞行员可以用2.45GHz控制无人机,而对于视频传输或其他有效载荷下行链路则会使用5.8GHz。除了前面提及的扩频技术普及的原因之外,这些特定频率(以及类似的传统许可频率)也很受欢迎,因为在发射和接收这些频率需要天线紧凑的特性。这些频率足够强,大多数小型无人机可以轻松容纳所需的天线。回想一下,随着频率增加,波长变短。随着波长变短,相应天线的尺寸也可能变短。

13.2.2 小型无人机系统自动驾驶仪

通常情况下,小型无人机系统自动驾驶仪系统是由许多集成到设备本身的核心组件以及一些外部传感器和设备组成。基于它的指令和信息,自动驾驶仪会直接对飞机飞行控制器发出指令。图 13.3 展示了自动驾驶仪与其他主要元件之间的关联。自动驾驶仪的核心组件是处理器或微控制器,它通过读取诸如传感器信息和输入命令等数值并进行计算,如确定航向校正所需的偏转量。一旦计算出来,便命令飞行控制装置使无人机舵机偏转至一个适当角度。控制器的运行通常包含内回路和外回路两个回路。内回路的运算速度更快,运算补偿风力并保持飞机在空中平稳飞行。外回路则侧重于无人机的导航,因此数据的更新可能会慢得多。令人惊讶的是,无论控制器侧重于哪个回路的运算,它一次只能进行一项基础作业。它都是按顺序完成所有的操作,并使用时钟脉冲信号作为指示,以继续进行列表中的下一项。所谓时钟脉冲,是一个频率非常快的定时脉冲信号,信号速率从每秒几百万次到高端系统超过每秒十几亿次,目的是为

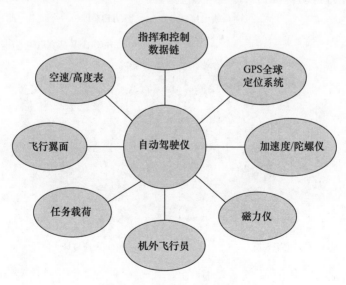

图 13.3　主要自动驾驶接口
(来源:内森·马雷斯(Nathan Maresch))

了让所有的操作保持同步。时钟脉冲的信号由施加电压的石英晶体通过规则振动产生。为了能够处理高优先级的任务或是在特定时间段内的首要任务,处理器会使用"中断"机制。这种机制在再次恢复之前,会准确中断当前处理的事物列表以执行其他操作。中断指令可以由内部定时器触发,以特定的时间间隔来执行重要任务,同样也可以由外部信号来触发。例如,当有新数据可用时,可以使用中断指令去触发从 GPS 接收器来读取飞机的当前位置。

根据自动驾驶系统的设计,与主处理器相接的各种传感器可以安装在自动驾驶电路板上,也可以作为插入系统独立存在。图 13.4 展示了开源自动驾驶系统电路板上主要部件的布局。一些自动驾驶仪将某些进程转移到次级处理器。某些情况下,次级控制器可以读取机外飞行人员输入的信息以及其他任务,例如对控制面伺服器的输出进行编码。如果主处理器出现故障,次级控制器可以充当多路复用器将机外飞行员输入的指令直接发送到伺服系统。多路复用器基本上是一个开关,允许在多组输入之间进行选择——多组数据输入、一组数据输出。这样,机外飞行员就可以通过手动驾驶让无人机安全着陆了。对于没有将此功能集成到自动驾驶仪中的系统,可以添加一个外部多路复用器,尽管自动驾驶仪系统发生故障的状况是极少出现的,以便机外飞行员将无人机的操控从自动驾驶仪切换到其控制器设备。相反地,如果无人机没有接收到外部导航信号,那么控制权将自动转接到自动驾驶仪上。

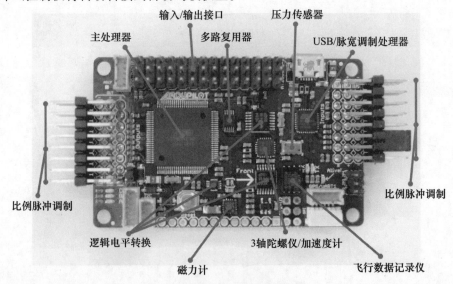

图 13.4　自动驾驶仪组件
(来源:内森·马雷斯)

小型无人机的机外飞行员控制器通常与非专业无线电控制飞机的控制器相同。飞机上的飞行控制伺服系统(以及电动飞机上的油门伺服系统或电子速度控制器(ESC))会在特定时间段内存储脉冲信号。就伺服系统而言,1.0ms 的脉冲对应于一个方向的完全偏转、1.5ms 对应中心偏转、2.0ms 对应另一个方向的完全偏转(两者之前还存在其他频率的脉冲/偏转)。根据伺服器的系统和类型,这些脉冲发送到伺服系统的速率在 50～400Hz 变化。无人机上用于机外飞行员发射机和接收机传输脉冲的技术也各不相同;这其中,脉冲编码调制(PCM)和比例脉冲调制(PPM)是比较常用的方法,较为先进的发射机也会使用扩频技术。自动驾驶仪通常提供一种由机外飞行员通过指挥与控制数据链路的方式来控制飞机。这一操控通常是由地面控制站或操作站的控制器或操纵杆实现的。由于需要对数据包进行编码和解码,以及将自动驾驶仪中的数据转换成伺服脉冲,故使用此方法通常会有较长时间的延迟。

数据链路调制解调器与自动驾驶仪相连接,将遥测数据发送到地面站,并从操作员那里接收命令和控制信息。这些收发器通常也会与一个或多个天线相连接。图 13.5 显示了 3 种不同的命令和控制收发器。在极少数情况下,接收器和发送器可能会分别使用不同的频率(Gundlach 2012)。用于数据传输的协议多种多样,而专门针对无人机设计的专用协议也越来越普遍。通常情况下,信息包发送出去,接收器确认接收后会返回确认信息。如果一旦出现错误,数据包还会重新传输。检测错误的手段多种多样,有简单的校验和循环冗余校验(CRC)。校验和是进入特定数据包的所有 0 和 1 的总和。将总和除以一个固定数,然后将余数与数据包一起发送以进行检查。如果在接收到数据包时,用加法和除法运算产生的余数相同,则证明这个数据包是有效的。校验总和这一方法也存在

图 13.5　几种小型无人机的命令和控制收发器
(来源:内森·马雷斯)

潜在的问题。例如,如果某个地方的 0 变成了 1,而另一个地方的 1 变成了 0,则这个错误序列仍然会被检测为有效。循环冗余校验法则更先进一些,它将分组数据在每一端除以一个循环多项式,然后再次使用余数。相比校验总和法,这种校验法可以检测出更多类型的错误,但是没有一种错误检查方法是没有缺陷的。一些数据链路调制解调器通过添加称为纠错码(ECC)或前向纠错(FEC)来利用额外的数据链路容量。使用纠错时,相当大比例的错误可以在接收器处被修复,因此不必再请求数据进行重新传输。还有避免冲突的规定,即不同系统同时传输数据(Blake 2002)。

即使某一侧的数据链路的活动量相对较小,仍然会有状态包来回传输。如果飞机在预设的时间内未收到地面控制站发送的信号,就会执行丢失链接程序。操作员可以在起飞前设定失联的最长时间,以及飞机此时所应采取的应急措施。一般来说,根据失联时间的长短会有多种应对措施。第一种措施是帮助重新连接通信,如取消现有的飞行计划,然后在地面控制站附近盘旋。如果一段时间过后仍没有重新建立连接,系统可能会采取进一步的措施,如执行自动着陆。某些情况下,丢失链接动作也可能会反向触发。一些系统可能在程序中被写入,如果地面站超过预设时间未接收到飞机状态信息,即使飞机仍然能够接收命令,地面站也可能会发送命令以启动丢失链接程序(更简便、更不安全的方法是故意停止传输并让飞机触发该程序)。如果在任何时候链路重新建立,操作员可以取消丢失链接的飞行计划并根据需要对其进行恢复。

无线数据链路的用户需要了解他们正在使用的链路的信号强度。在飞行前执行的一项关键操作环节是降低功率检查。降低功率有助于发现天线连接和无线电设备是否存在问题。可以将某些无线电进行配置,减少两端的发射功率然后进行检查;其他方法是在天线和收发器之间添加一个衰减器。衰减器是一个匹配电阻,可消耗一部分射频功率。有些衰减器的电阻是固定的,有些可以调节电阻以增加或减少功率;就收发器而言,衰减器会在到达天线之前降低发射功率,并在到达接收器之前降低接收功率。需要注意的是,衰减器必须在设备关闭的情况下进行安装和拆除。如果系统在相隔数米后,仍然可以通过降低的功率运行,那么也可以在更远的距离以满功率运行。根据系统的不同,信号强度会以不同的方式呈现给用户。有时强度显示为简单的 0~100% 范围。其他系统向用户提供接收功率的原始测量值。通常显示单位为 dB,以 1dBm 为参考。接收功率几乎总是小于 1mW,因此 dBm 读数为负值(相比之下,发射机输出功率几乎总是大于 1mW,因此 dBm 显示为正值)。通常情况下,-40dBm 是非常强的信号,-100dBm 则是非常弱的信号(负值越大,信号越弱)。大多数接收器无法分辨大约 -100dBm 的信号噪声与环境噪声之间的差异。不同型号的接收器

(以及相关的链路数据速率设置)的信号灵敏度有所不同,因此可接受的下限值也有所变化。此外,环境噪声会随环境不同而变化,因此,无论接收机的灵敏度如何,都需要一定的安全裕度来保持正的信噪比(SNR)。飞行前,请注意和您特定设备相关的信号强度值的可接受范围。一些数据链路调制解调器还将提供所接收数据质量的指标,通常是错误数据与无错误数据的比率。

令人惊讶的是,在撰写本文时,民用小型无人机的数据链接很少被加密或受保护。一般来说,用来判断一个人是否控制着正确的飞机的唯一依据是仅有的识别码、序列号或网络地址。有时,该识别码必须与飞机和地面站收发器之间相匹配,而其他时候则需要从操作员屏幕上的飞机列表中指定或选择该识别码。

除了通过数据链路传输遥测之外,某些自动驾驶仪可能还具有内置的飞行数据记录仪。它由板载内存组成——在某些情况下,甚至是一个可以取出,便于下载的SD卡。飞行数据的副本保存在该存储器中,并通过数据链路进行传输。如果发生链路丢失或飞机失联的情况,可以下载飞行数据来帮助分析或排除故障。某些情况下,该存储器可用于诊断和进行精确测量,因为用户可以自行选择要收集的数据类型以及收集速率。与大多数数据链路能够传输回来的信息相比,这个存储器中可储存更多的信息。例如,可以更快地保存加速度计数据用来分析振动。由于存在各种原因,保存数据需要额外的运算,因此记录附加数据可能会影响自动驾驶仪的飞行性能。

自动驾驶仪通过使用所谓的磁力计传感器来接收磁罗盘信息。由于磁力计对磁场非常敏感,尽管有时也会将它们集成在自动驾驶仪电路板上,但它们通常安装在自动驾驶仪和飞机电子设备的外部。在大多数情况下,每个飞机轴上都会安装一个带有传感器的磁力计。它们不仅可用于检测飞机的罗盘航向,而且3个轴的感应有助于确定飞机的姿态。由于不同区域的磁场差异很大,磁力计必须根据飞行区域的地球磁场进行校准。有些还会对飞机内部产生的某些局部磁场予以补偿。最简单的补偿方法称为"硬磁干扰"补偿。需要考虑到附近的固定磁场源,如磁铁或任何其他恒定磁场。应用偏移量来校正这些磁场。"软磁干扰"磁场更难补偿。在多数情况下,都会使用软磁干扰补偿,但是由于软磁干扰对技术的要求更高,所以并不总是将其作为首选。任何黑色金属都会导致软磁干扰的改变。这些(未磁化的)金属会受到地球本身磁场的影响,并且当飞机相对于地球磁场改变飞行方向时,磁力计读取也会因失真而发生变化(Cork 2014)。重要的是,对硬磁干扰和软磁干扰误差的补偿都是在假定变形源相对于磁力计是静止状态的前提下进行的;如果干扰物体相对于磁力计是运动的,那么这些补偿技术都将无法使用。

压力传感器可以接收气压测速仪和空速信息。测量静态压力的传感器可独立安装在自动驾驶仪上,无须接入与空气相连的管道上。准确地说,甚至都不需要将它与飞行器的静态压力端口用管子相连接。气压传感器精度极高,微小的气压变化也可侦测出来。事实上,仅6英寸高度改变所造成的压力变化,都可以让一些气压传感器侦测出来。因此,在飞行前校准压力高度表非常重要。来自不同制造商的压力高度表的系统在校准方式上也有所不同。有些系统与载人飞机的接口相同,并带有手动高度计设置输入。虽然手动设置需要知道输入指令,但它的优点是在飞行时可以进行数据更新,就像载人飞机上所使用的高度表一样。其他类型的系统可在通电时进行自动校准,但如果无人机长时间未进行飞行作业,则需要进行重新校准。通常,这样的系统必须在地面上才能校准,并且常常是以地面作为参照来指示飞行高度。

差压传感器通常用来测量空气流动速度。差压传感器通过测量静态端口和空速管之间空气压力的变化来计算空气的流动速度。很多时候,为了使数据更加准确,还要测量温度。皮托管在无人机飞行时产生的压力非常小,因此空速传感器的测量范围是1lb/英寸^2(PSI)的几分之一。大多数情况下,在飞行前的检查期间将这些传感器的数值"归零"。测试空速传感器时,不能向空速管内吹气或使用压缩空气。只需简单地用手指紧紧挤压空速管,就可以进行快速的漏气检查。因为留在管中的空气在手指的挤压下,很容易就能被感觉到。图13.6展示了带有压差传感器的组合空速管/静压管的末端。

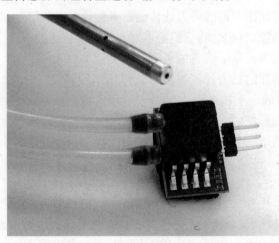

图13.6 带有传感器的空速管/静压管
(来源:内森·马雷斯)

自动驾驶仪主要通过全球定位系统(GPS)进行导航,GPS对于几乎所有无人机系统的导航都是必不可少的。大多数系统都配备一个或多个GPS接收器,每秒可以多次更新飞机位置。很难在自动驾驶仪上找到全球定位系统的天线,因为它通常是安装在边缘位置。图13.7展示了各种类型的GPS接收器。最上面的两张照片显示了GPS的正面视图和背面视图。需要注意的是,有些全球定位系统的接收机本身含有陶瓷天线,而另外的一些接收器则是通过电缆与天线相连接的。由于接收到的来自卫星的信号非常微弱,因此接收器必须锁定至少4个卫星才能获得三维位置。事实上,这些信号比环境噪声(本底噪声)还要弱;它们的信噪比的数值是负数。GPS接收器使用算法在噪声中寻找与GPS信号相一致的模式,然后将信号从噪声中分离出来。毫无疑问,全球定位系统的天线任何时候都不能受到遮挡。如果接收器处于运动状态,则可以基于先前的全球定位系统读数确定其运动的速度和方向。这就是为什么当飞机停在地面上时,全球定位系统会出现飞机航向不正确或不可用的状况。全球定位系统接收器会自行处理这一状况。

图13.7　各种类型的全球定位系统接收器
（来源:内森·马雷斯(Nathan Maresch)）

由于GPS信号失真是由各种影响(如穿过地球大气的不同层)引起的,在已知位置基站生成的校正信号,可以用来增强原始信息并提高位置精确度,失真就可解除。各种类型的缩写词与此类信号增强系统相关。你略有耳闻的缩略词,如差分全球定位系统(DGPS)、星基增强系统(SBAS)、广域增强系统(WAAS)

等。有时,地面站本身会在本地层面上发送校正信号,而卫星有时会转发该信号,如广域增强系统(WAAS)(Cork 2014)。那些基于订阅的服务(按期缴费的服务)可提供专业的更正以提高全球定位系统的定位精准度。这类系统可以将全球定位系统的精准度提高很多倍。一些无人机甚至需要更高的准确性来进行机动操作,如自动着陆作业,因此装备有实时动态(RTK)全球定位系统。和增强系统相类似,在已知位置使用一个基站,并且在全球定位系统信号载波的特定部分上建立锁定。因为信号的载波部分比内部调制代码的频率高得多,所以更快的定时可以实现更高的定位精度。同时,这些系统同样需要将数据从基站传输到无人机的接收器中,如果没有定期从基站发送信号,远程接收器将很快失去对载波的锁定,并恢复使用标准的全球定位系统。通过实时动态系统的校正,位置的误差可降至1英寸甚至更小。

为了确定飞机的基本运动和姿态,自动驾驶仪使用加速度计和陀螺仪,这些通常可以在自动驾驶仪上找到。加速度计检测沿轴向的加速度,而陀螺仪检测绕轴的角速度(Woodman 2007)。这些传感器在使用时需要进行校准或初始化。还有一点很重要,由于加速度计按照定义可以测量加速度,所以它们将指示由于重力产生的加速度。大多数自动驾驶仪上的加速度计和陀螺仪不会单独作用于长距离导航,因为这些系统中的小型加速度计和陀螺仪无法提供足够准确的精准度,无法长时间使用;若无法时刻对数据进行校正,造成的误差将会累积。这些传感器是微机电系统器件,成本相对较低,采用与集成电路相同的制作方法和制造材料(Cork 2014)。仅看外表,微机电系统器件与安装在电路板上的固态芯片别无二致,而且体积很小,甚至可以在一个组件中安装3个加速度计和3个陀螺仪的所有元件(有时甚至还能再安装3个磁力计的元件)。有一点务必牢记,微机电系统是机械设备,因此很容易受损并出现故障。虽然受损可能极其罕见,但在使用时应注意避免使其急速下降和跌落,还应定期检查它们是否能够正常运行。

自动驾驶仪通常需要校正来合理地控制和稳定特定的机体。飞行控制系统通常包括用于每组飞行表面的比例、积分、微分(PID)闭环反馈控制器。这3个组件都有数字设置,称为增益。增益是在初始试飞时设定的,一旦设定,通常不需要进一步调整。比例增益应用与系统误差大小的校正方式成正比。由于校正导致误差量减少,校正概率也会减小。随着校正的实行,性能问题可能会成为小问题,而校正则需要更长的时间才能完成。图13.8(a)模拟了比例增益响应。水平的直线表示我们试图达到的设定点,曲线表示相对于设定点的各个时间点(控制器响应时间从左下角开始)。如果不考虑性能,仅改变单一变量也是可以实现的。除速度问题之外,微小的校正也会带来另一个问题。由于校正会产生一个与其相反的非线性力,如果误差越接近于零就会导致产生的校正力也越接近于零。所以,仅比例反馈可能不能完全校正干扰,在预期的设定点附近可能存在所谓的稳态误差的盲区。如果比例增益过大,就会产生振荡(Kilian 2006)。

增加积分分量是为了减少或消除稳态误差,这增加了基于累积以前错误的修正。然而,这可能会在系统中引入不稳定性。该系统现在可以很容易地进行过度校正,并产生振荡,因为只有出现了过度调整,系统才会制动。图13.8(b)显示了积分增益过大时危险的、不稳定的响应。如果这种反应是在飞行中调整时发生的,飞机可能会晃动。

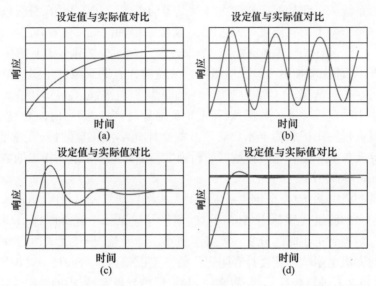

图13.8 (a)响应速度慢及稳态误差;(b)危险、不稳定振荡;(c)过度调整;(d)合适调整。(来源:内森·马雷斯)

最后,为了减少超调量,在达到预定目标之前,增加了比例、积分、微分的导数部分,以获得额外的制动效果。它还在运动开始时提供了额外的力量,试图根据当前误差的变化率来预测未来可能会出现的误差。图13.8(c)显示了增加的微分增益,但积分部分数值仍然过高,超调量仍然过大。由于阻尼效应,导数增益过多会降低性能。许多技术可以调节比例、积分、微分控制器,但通常对三者进行调节并非易事,因为更改其中一项就会影响其他两项。没有太大的超调量或不稳定的振荡,预期的响应是快速和精确的。图13.8(d)显示了一个预期的响应。一些自动驾驶仪系统会使用内置的调节手段,通过不断调整增益来自动调节系统。之所以称为自适应控制,是因为具有校正动态变化的能力(Kilian 2006)。自适应方法多种多样,小到简单易懂的算法,大到高度复杂的人工智能。在某些情况下,动态因素(如风速)的变化、自动调整(甚至是小幅度手动调节)都可能会导致系统不稳定。因此,重要的是,不要将手动增益的设置保存在那些系统不稳定的地方。

13.2.3 惯性测量单元/惯性导航稳定系统

小型无人机惯性测量元(IMU)包含了(通常是微机电系统(MEMS))陀螺仪和加速度计,感应并输入变化及循环的数据到惯性导航系统(INS),惯性导航系统(INS)随后使用该数据计算飞机的速度、姿态和位置,而无须外部实时信息源。这些系统从已知的航向和起点估计其当前位置。从这开始,惯性系统会检测飞机在每个轴上的加速度(速度上)以及绕每个轴的旋转速率(航向上)来推算航位。对于某些惯性系统,仅这3个加速度计和3个陀螺仪就足够了。但是很多情况下,都会增加磁力计来检测罗盘的航向并有助于减少陀螺仪系统的旋转误差。在某些情况下,GPS也被添加到纠正累积的错误(Cork 2014)。通过计算设备集中处理传感器的数据,以确定相关的导航信息,如当前位置、速度和航向。还可通过使用扩展的卡尔曼滤波器将立体光学传感器数据(光学测距法)与惯性导航数据相结合。所得数据的精确度与全球定位系统所得出的数据十分接近(Kelly 等 2007)。

与微型机电系统/全球定位系统小型无人机自动驾驶仪相比,精密的惯性导航设备包含的测量传感器更精确;例如,惯性导航系统中光纤陀螺(FOG)的偏转率可以精确到每小时几分之一度甚至更小。通常情况下,无人机自动驾驶系统内置的微机电系统加速度计和陀螺仪的位置误差为数米或每小时偏转30°甚至更多(如果未进行校准)。一般来说,专用惯性导航系统中所使用的加速度计和陀螺仪,与其他同样应用于无人机中的设备(即集成到自动驾驶仪中的惯性测量单元/惯性导航系统)相比,要更加精确,但是它的体积更大,消耗的电量更多,并且成本更高。因此,专用惯性导航系统很少出现在小型无人机上,它们通常使用在载人飞行器和大型无人机上。

13.3 大型无人机的导航系统

与小型无人机相比,大型无人机的操作系统包含更多的子系统,也更加的复杂。通常情况下,上面有许多载人飞行器组件,而这些组件往往并不使用于小型无人机上。这些设备包括紧急定位发射器(ELT),甚高频(VHF)和超高频(UHF)音频通信继电器(以便让操作员可以像在飞机上一样与有人机的飞行员沟通)。军事系统也配备有敌我识别(IFF)系统,以及信号情报装备。大型无人机可能使用着不同类型的导航系统,如同时使用自动驾驶系统和惯性导航系统。

通常,这些系统中的一个或多个都配备了相同或类似的冗余单元,以防止其中一个系统出现故障。光电摄像机、红外摄像机和激光测距仪/指示器的高性能万向传感器组件是大型无人机的标配,同时,也可能会装备有激光雷达和合成孔径雷达。

13.3.1 超视距通信

超视距通信(BLOS)通常是指可以在地平线上传播的无线电信号的类型。这一通信包括沿地表传播的 2MHz 以下的地波,以及从电离层反射回来的介于 2~30MHz 的天波。出于多种原因,很少会使用这些频率波段来进行无人机系统指挥与控制。例如,在如此低的频率下,通常无法获得所需的带宽。

无人机指挥与控制的超视距通信通常是通过卫星通信来进行的,因为这一操作已经超出了地面控制站的可视范围。但是,从技术角度来说,这一操作并未超出视距,是因为使用了视距微波频率的缘故。视距信号从地面站传输到太空中的卫星中继站,再由中继站发回到飞机的接收器上。由于成本高昂,卫星通信在民用领域很少使用。大型无人机通常用于执行长续航、远距离的任务。操作员甚至还可以从地球的另一端来控制这架无人机,这是很常见的操作。但这一操作模式的缺点是可能会遇到高达几秒钟的严重延迟。有时,对于风险系数较高的无人机发射和回收作业是由当地机组人员直接与无人机进行通信连线来完成的,这种情况下的操作延迟最小。当无人机在空中执行任务时,当地机组人员再将无人机控制权转交给用卫星信号操作的机组人员。在其他情况下,无人机在整个飞行过程中都可以通过卫星来进行控制。

大型无人机通常配有多个卫星收发器系统。为了实现数据的高速传输以及宽带通信,无人机上装备有可移动定向天线,用以锁定太空中的卫星。许多大型无人机前部会有一块大的突起;这个突起通常是一个天线罩,用来保护天线并为其提供一个宽敞的空间进行移动并保持锁定卫星,这些和飞机的移动无关。对于低数据速率卫星系统的指挥与控制,飞机顶部较小的固定天线足以实现有效通信(Gundlach 2012)。铱星系统和国际海事卫星网络是两个典型低数据传输速率的卫星链路。一些数据速率较低的卫星通信系统的天线和硬件足够小,可用于小型民用无人驾驶飞机。

飞机可以代替卫星,充当超视距指挥与控制通信的中继器。飞机配备了额外的无线电设备,负责无人机和地面站之间信息的传递。飞机的飞行路线,可以是任意的,也可以是经过了周密制定的,用来与无人机始终保持适当的距离和高度。该中继飞机的主要任务是确保远程无人机和地面站之间信号的强度。为了能够进一步地增加飞机的操纵视距范围,在没有物理因素限制的条件下,有时会在地面站和大型无人机上同时使用定向跟踪天线。由于天线尺寸的原因,在小型无人机上并不常见。

13.3.2 备选的导航

在全球定位系统和体积庞大、价格昂贵的惯导系统推广使用之前,其他无人机导航方式也很常见。其中一种方法是在基站上安装跟踪天线来锁定无人机的位置。可以通过对来自无人机遥测信号的锁定来确定其位置。特殊时序信息也被编码到信号中,以此确认距离。另一种方法是通过比较先前获得的地形图和飞行中拍摄的图像来识别无人机周围的地理特征。对两者进行特征比较,称为直接测算(Austin 2010)。目前,大量的研究工作作用在另一种与前者类似、更现代化,不需要预先获取图像的方法上,称为同步制图定位(SLAM)。这种方法使用摄像机(或类似的传感器)来绘制出无人机视野内的地图,并以此确定无人机在地图内的相对位置。由于这项技术需要进行大量的实时处理,因此相当具有挑战性。这项技术已被证实了室内环境中的有效性,而且最近的诸多研究也表明室外设置也很有用(Wang 等 2013)。

13.3.3 自动起降系统

对于小型无人机来说,自动起飞和着陆系统相对简单。固定翼无人机通常依靠发射器来实现自动起飞。自动驾驶仪通常会在发射前将油门调至最大,或者感知到发射的前进运动,从而将油门调高。无人机的着陆方式多种多样,但设置一个恒定的下降坡度是常见的,有各种参数可用于最终拉平和着陆。一些无人机上的实时动态系统和全球定位系统,可以有效地提高最终拉平和着陆点的精度。

除了将自动起飞和着陆系统整合到自动驾驶系统中之外,大型无人机还备有单独的专用系统来处理这个问题。这些系统通常与自动驾驶系统协同运作,我们将其称为自动启动和恢复(ALR)系统。同样,一些无人机会使用实时动态系统、全球定位系统来进行精确着陆。如果通信系统发生故障时,这些系统可以使飞机自主着陆。一个装备精良的无人机有时还会携带一个特殊的应答器,在着陆区附近的跟踪系统会锁定这个应答器。当无人机着陆的平台不稳定(如船上作业)或着陆点天气情况恶劣时,该系统尤为有效。其他自动发射回收系统的工作原理主要基于光学系统,其采用双摄像机系统对陆地点地形和精确目标物进行跟踪。

13.4 其他指挥与控制问题

在本章的结尾,还有两个关于指挥与控制的话题有待讨论。我们将在接下来的小节中对其进行论述。

13.4.1 开源系统

开源软件及其相关硬件,近年来广泛应用于小型无人机领域。例如,微型飞行器通信协议(MAVLink)这样的开源通信标准,它让那些用来开发可互操作的地面站软件和自动驾驶系统变得更加容易。使用兼容自动驾驶仪的无人机操作员可以挑选最适合他们的地面站软件,两者所使用的通信标准是相同的。由于这些协议本身是开源的,用户如果希望为其特定用途进一步定制一个协议,首先用于开发定制遥测数据,其次用于通过修改系统软件用户界面来显示这些数据。

为了定义什么是"开源",首先我们需要对软件中的两种重要代码类型进行介绍。一种称为源代码。人们可以通过阅读来理解这种类型的代码,而且源代码也是软件开发人员编写程序所使用的编程语言。开发人员可以为自己所编写代码的某一部分添加注释或注解,用来说明所编写的特定代码部分的功能。这些注释不仅可以让开发人员牢记,也可以帮助其他人理解该部分的功能。该源代码被保留并进行了调整和改进,以用于将来的版本。开发人员一旦对某个特定版本很满意,就会将这个版本的代码输入编译器中。这将丢弃所有注释,并将所有人们可读的代码转换为目标代码。通常,作为最终产物的一部分,目标代码或机器码是由机器(微控制器、计算机处理器等)能够理解的原始 0 和 1 组成的。从固件到操作系统,再到人们下载到智能手机上的应用程序,所有这一切都是由目标代码组成的。如果要以文本文档的形式打开目标代码文件,出现的就是乱码。例如,如果我们想对其进行更改用来添加某些功能,我们就不知道应该从哪里开始,用目标代码来实现这一设想几乎是不可能的。

当程序的源代码是对外公开的或可通过权限获取时,该程序就是开源的。如果用户想了解他们使用的软件是如何工作的,可以查看源代码以进行查找。根据获取特定的权限,用户可以变更或修改软件的工作方式以此改进软件或为其引入新的功能。与人们的普遍看法相反,开源的软件并不总是免费的;软件所有的附加条款可以在软件许可证里找到详细说明。只要你遵守许可条款,不论是不是自己开发的软件,通常可以对开源软件进行收费。同样地,购买了软件的人也拥有免费再将其赠送给他人的权力。有些时候,开发者会出售自己编写的软件,人们通过从他那里购买软件来支持开发者的工作。在许多情况下,开发人员社区自愿一起工作,以创建更复杂的程序,这是很难单独开发的。这类复杂程序通常都是免费的,同时还可以自由使用相关源码。大多数飞机上所使用的开源自动驾驶地面控制软件及固件驱动都属于上述这一类程序。相关的许可多次声明,如果您要自行修改程序,认证和条款内容必须保留。例如,你找到了一些开源的自动驾驶代码,在此基础上,你写入了一些自己的编码,然后将其作为一个完整的自动驾驶程序包进行商业销售(并且不向客户提及程序中所使用的源代码),而这一举动将违反大多数开源许可的条款。

开源硬件与开源软件相类似。负责开源自动驾驶仪及其相关硬件的开发人员向公众提供这种硬件的设计文件和工作原理图。用户可以使用原理图进行机器故障的排查,或根据自己的意愿进行构建。即使最初的开发人员已经在做设计,公司也可以开始设计并制造和销售硬件。有时,一个小组对机器所做出的改进,最终可能为其他小组所采用,并将其整合到硬件组件中了。这意味着,不同的制造商可能有生产出不同版本的硬件,但由于设计专业知识本身的多样性,不同硬件版本之间仍存在着很大的改进空间。

13.4.2 指挥与控制中的人为因素

无人机操作过程中最重要的一个方面就是安全因素。当前诸多小型无人机的操作都依赖于机外飞行员(EP)。机外飞行员能够接管无人机的控制权,并在无人机即将发生碰撞或紧急情况下做出迅速的反应。因此,机外飞行员与无人机自动驾驶操作员之间的交流显得尤为重要。当机外飞行员控制无人机时,自动驾驶仪操作员可能需要修改飞行计划或其他飞行参数以确保无人机的安全。除此之外,在进行飞机控制权移交时,可能需要两个操作员或是地面控制站共同协作。一般情况下,在上一个操作员断开与无人机的连接之前,新的操作员要提前与无人机建立连接;良好的沟通是实现这一步骤的关键所在(Gundlach 2012)。观察员(VO)负责观察无人机在空中的飞行状况,并与操作员和机外飞行员进行沟通交流,其职责对保障无人机的飞行安全也发挥着至关重要的作用。在多数情况下,无人机上还配备有一个独立的载荷操作员(PO)。飞行器操作员(AVO)和载荷操作员之间的交流通信同样对当前任务的完成起着至关重要的作用。载荷操作员可能需要将无人机操纵到某个区域,以便让无人机上的摄像机或传感器观测到特定的人或物。对于载荷操作员来说,弄清当前的飞行计划以知晓如何操纵摄像头是很有用的,如在转弯期间起落架可能会遮挡摄像头。

未来,防撞系统及相关技术的应用可能会降低对机外飞行员的要求。通过装备高分辨率摄像机,无人机的探测系统可以识别出在空中发生相对运动的物体,将其画面显示给操作者,并提示操作者采取进一步的行动。飞行器操作员、机外飞行员、载荷操作员和发射/回收机组人员的系统也可仅由一个人进行操作;不论怎样,其最终目标都是像飞行员驾驶飞机一样,安全操作无人驾驶系统。

用于监测和控制无人机飞行的地面控制站,其规模和复杂程度各不相同,大到地面大型控制中心,小到移动设备,有时甚至可以是小型平板电脑和移动电话。无人驾驶飞机的操作界面也在不断地完善和改进。虽然飞机之间的基本飞行数据本质上是相同的,但这些信息的显示将因系统而异。唯一在大部分无飞机操作屏幕上都能发现的显示信息是早已应用在有人驾驶飞机上的"六件套"仪表[①];然而,由于屏幕空间的限制,某些系统已将其排除。每种操作界面的风格及其设计都有其特有的优、缺点。操作界面无论能够显示多少信息,最重要的是要突显关键信息,并且信息一目了然、便于理解。关于操作界面,界面内容的显示应尽量在操作员的任务量、易用性和功能性、信息访问之间存在一个微妙的平衡。有些界面非常直观,易于使用,但功能相对较少。还有一些界面操作难度较大,这意味着操作将会更加复杂。完美的人机交互界面应该是既易于使用又功能齐全。只要信息始终显示在显示器上,操作员可以容易地找到重要的飞行信息,一个"杂乱无章"的显示界面也无可厚非。其他改善人机界面的方法还包括使用颜色编码和图形指示器。例如,界面可能只是在屏幕上以数字的形式显示系统电压(图 13.9(a))。一个改进后的界面可以对其进行颜色编码,使其在正常的操作范围内(图 13.9(b));对其进行更进一步的改进可能是让其成为一个带有彩色编码操作范围和实际读数的图形指示器(图 13.9(c))。随着信息显示的空间变得越来越小,以这种在有限的空间内显示信息可能是唯一可行的方式。其他的一些功能,如警告信号器系统(一个固定在某一特定位置上的指示器)、标签或下拉菜单,以及选择性使用"拖放"命令,也都可以提高显示器的功能性,同时也令显示器更便于使用。对任何操作界面而言,地图数据和飞行信息的直观显示都是必不可少的;三围地形指示和飞行计划也非常有用。飞行计划本身的颜色编码也可以用于确定某些信息,如无人机"实时"的状况(飞行计划是飞机当前数据)。未来的操作系统很可能会在人机交互界面上日趋标准化。人们将更容易学习和操作这些技能,并让无人机的飞行变得更加安全和高效。

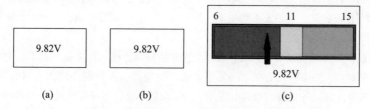

图 13.9　电压状态指示器的变化(见彩插)
(a) 黑色字体;(b) 红色低压字体;(c) 彩色编码的红、黄、绿指示标志。
(来源:内森·马雷斯)

---

① 在玻璃面板驾驶舱前端,有一个圆形的"蒸汽表",即"六件套",这是无人机的主要飞行仪表,仪表显示内容包括飞行速度指示器、飞行姿态指示器、高度计、垂直速度指示器(VSI)、航向指示器和转弯协调器。这里所提到的地面控制计算机,其屏幕上显示的虚拟仪表与前者排列顺序类似。

13.5 本章结论

指挥与控制子系统或功能对于任何无人机的运行都是至关重要的。通过指挥控制的子系统，可以实现无人机的手动控制和自主飞行，并在无人机和地面控制中心之间交换遥测数据，以此监控操作系统的运行状况和无人机的飞行性能。通过指挥与控制链路，操作员可以更新飞机系统并修改飞行计划（Gundlach 2012）。一般来说，随着无人机变得越来越大，指挥与控制系统的功能也随之变得更强大和更复杂；无人机也会变得更大、更重、更贵。尽管目前指挥与控制系统的功能已经很强大了，但为了安全起见，一些人为的监督和干预仍然是必不可少的。根据任务的不同，这些大大小小的无人机组人员会有4个人，甚至更多。随着指挥与控制系统的日益发展完善，其结构变得越来越紧凑、价格越来越便宜、功能越来越强大，人类干预的程度可能也会相应降低。正如载人飞行中发生的情况一样，由于技术不断改进，飞机机组人员已从5人（飞行员、副驾驶员、导航员、无线电操作员和飞行工程师）减少到了2人。

思 考 题

1. 术语"上行链路""下行链路"和"射频"的含义。给出电磁波频谱的射频部分在频率和波长方面的极值。频率和波长有什么关系？什么是扩频传输？伪随机频率产生如何提高这种技术？举例说明扩频技术的应用。什么是工业、科研和医学频率？

2. 什么是航路点？它们在无人机系统导航中扮演什么角色？

3. 什么是视距传输？地球的曲率如何干扰视距通信？可以做什么来克服这个限制？描述"空间波"射频频率。小型无人驾驶飞机系统最常用的频率是什么？哪些是视距频率？波长和天线尺寸之间有什么关系？

4. 描述小型无人驾驶飞机系统自动驾驶仪的结构和操作。什么是"中断"？为什么多路复用器很重要？机外飞行人员与多路复用器联合使用什么来控制小型无人驾驶飞机系统？描述自动驾驶仪调制解调器的结构和操作。确保设备不会被损坏的情况下，说出测试调制解调器信息设备的各种方法。什么是"丢失链路"？什么会触发该事件发生？在失去联系的情况下，小型无人驾驶飞机系统会出现什么情况？衰减器的作用是什么？什么是磁力计？它可以向自动驾驶仪提供什么信息？描述"硬磁"和"软磁"干扰，并说明为什么要关注这些干扰。什么是"压力传感器"？说明它向自动驾驶仪输送了哪些信息。描述全球定位系统信号的使用和自动驾驶仪的处理。三维解决方案必须接收的全球定位系统卫星的最小数量是多少？描述差分全球定位系统、星基增强系统、广域增强系统和实时动态全球定位系统。描述微机电系统传感器，并说明这些传感器提供给自动驾驶仪的信息。什么是自动驾驶仪调整？描述比例、积分、微分控制器的操作。什么是收益？什么是比例增益？如果比例收益过大会发生什么？什么是自适应控制？

5. 描述机载惯性测量单元和惯性导航系统及其关系。什么样的机载惯性测量单元或惯性导航系统组件是微机电系统设备？它们能感知什么？为什么磁力计和全球定位系统输入有时用于惯性导航系统？卡尔曼滤波器的目的及功能是什么？将集成在小型无人机自动驾驶仪中的机载惯性测量单元和惯性导航系统与大型无人机上的离散惯性导航系统进行比较和对比。

6. 指挥与控制小型无人机系统与大型无人机系统有何不同？

7. 描述超视距链路通信。卫星通信的使用在技术上是超视距吗？给出答案并做出解释。将超视距卫星通信应用于小型无人机的缺点是什么？应用大型无人机的优点是什么？为什么不让地球另一端的地面站控制人员使用具有超视距的无人机降落是很常见的？描述高数据速率和低数据速率超视距链路系统之间的差异。为什么小型无人机一般不使用跟踪天线？

8. 描述可备用的导航系统。

9. 什么是自动起降和自动启动和恢复系统？请做出描述。

10. 什么是微型飞行器通信协议？什么是开源自动驾驶仪/地面站硬件、软件和固件？描述源代码、目标代码和机器代码的区别。编译器的作用是什么？描述开源许可和分发实践。

11. 什么是飞行器操作员、机外飞行人员、载荷操作员和集成光路？描述指挥与控制小型无人驾驶飞机系统子系统中的人为因素。讨论操作员界面系统。讨论在地面站显示/人机界面中被认为是理想的和不理想的品质、属性和特征。

参 考 文 献

［1］ Austin, R. 2010. Unmanned Aircraft Systems：UAVs Design, Development and Deployment. West Sussex：John Wiley & Sons Ltd.

［2］ Blake, R. 2002. Electronic Communication Systems, 2nd Ed. Albany：Delmar.

［3］ Cork, L. 2014. Aircraft Dynamic Navigation for Unmanned Aerial Vehicles. PhD diss. , Queensland University of Technology. http：//eprints. qut. edu. au/71396/1/Lennon_Cork_Thesis. pdf.

［4］ Gundlach, J. 2012. Designing Unmanned Aircraft Systems：A Comprehensive Approach. Reston：American Institute of Aeronautics and Astronautics, Inc.

［5］ Kelly, J. , S. Saripalli and G. S. Sukhatme. 2007. Combined Visual and Inertial Navigation for an Unmanned Aerial Vehicle. http：//www. robotics. usc. edu/publications/media/uploads/pubs/540. pdf.

［6］ Kilian, C. 2006. Modern Control Technology, 3rd Ed. Clifton Park：Delmar Learning.

［7］ Transportation, United States Department of. 2013. Unmanned Aircraft System(UAS)Service Demand 2015 – 2035：Literature Review & Projections of Future Usage. Technical Report, Ver. 0. 1. http：//www. ntl. bts. gov/lib/48000/48200/48226/UAS_Service_Demand. pdf.

［8］ Wang, C. – L. , T. M. Wang, J. H. Liang, Y. C. Zhang and Y. Zhou. 2013. Bearing – only visual SLAM for small unmanned vehicles in GPS – denied environments. International Journal of Automation and Computing 10(5),387 – 396.

[9] Woodman, O. 2007. An Introduction to Inertial Navigation. Technical Report, No. 696. University of Cambridge Computer Laboratory. http://www.cl.cam.ac.uk/techreports/UCAM – CL – TR – 696.pdf.

第 14 章 无人机分系统集成

William H. Semke

将子系统集成到无人机上,从而使飞机能够完成预定的任务。在大多数情况下,无人机是一个人们可以收集数据、进行观测或者发送到地面站或其他目标点的平台。无人机在可能有用的情况下、危险的环境中快速部署或者在持续时间较长的任务中,提供了一个理想的平台。无人机的任务包括搜索和救援行动、长时间监视、军事行动、精确农业、感知和规避技术以及利用无人机系统(UAS)独特能力的许多其他应用。

有关无人机子系统,特别是载荷的讨论结合了北达科他州大学(University of North Dakota)无人机系统工程(UASE)实验室的开发过程和相关实验。目的是向读者提供该过程的概述,以及与无人机系统特定集成相关的挑战和要求的实用信息。图 14.1 显示了无人机系统工程小组的一部分和飞行的 3 架飞机:左边是能够手抛发射的 Air Robotics AV-7;中间是能够快速长航时飞行的无人机 Factory Penguin B;右边是具有稳定的重型升降平台的 BTE Super Hauler。

图 14.1 在任务载荷飞行测试活动中,无人机系统工程小组与多个无人机平台合作

任务载荷子系统的尺寸和配置各不相同,从复杂庞大、计算力强到设计相对简单,每个系统都试图满足操作员的目标。图 14.2 显示了 MQ-1B 捕食者多光谱瞄准系统,或多光谱瞄准系统-A 传感器球。这种任务载荷将红外传感器、光学相机、激光指示器和激光照明灯集成到一个单一的组件中,为军事行动提供多

种有利条件。无人机系统任务载荷系统的另一面复杂程度的一个案例,一种利用安装在机翼上的可展开网捕获飞虫的系统,如图 14.3 所示。该系统是为了支持一项关于蚊子传播和扩散疾病的研究而开发的。这两个及其他成千上万的例子,说明了无人机系统任务载荷系统的广阔应用前景。

图 14.2 多光谱瞄准系统,或称为多光谱瞄准系统 – A 传感器球,
集成在 MQ – 1B 捕食者无人机系统上,用于军事监视行动
(来源:http://duncandavidson.com)

图 14.3 安装在无人机系统机翼上的飞行昆虫捕捉载荷

无人机的众多应用及其各自的任务载荷为许多领域的研究人员实现和利用无人机系统的功能提供了巨大的机会。这种能力是机身特有的,在将任务载荷集成到飞机上时会出现许多技术问题。本章为任务载荷开发人员提供指导方针,以确保安全有效的有效负载设计和集成。

14.1 设 计 过 程

理想情况下,子系统到无人机系统的集成采用系统工程方法进行设计。任务载荷通常包括许多组件,这些组件必须集成在一起才能完成预期的任务。这种方法在设计完整的无人机系统子系统的过程中需要多个步骤。任务载荷设计的6个主要步骤如下。

（1）概念设计和行业研究。

（2）初步设计评估。

（3）关键设计评估。

（4）装配。

（5）系统测试。

（6）飞行测试。

本章将对这些步骤和无人机系统的重点内容进行回顾。设计过程是一个复杂且反复的过程，多篇文章介绍了可以实现的有价值的设计方法。本章概述了已在无人机系统工程实验室中成功进行无人机系统任务载荷开发的过程，重点介绍无人机系统子系统开发中特有的几个问题。

14.1.1 概念设计和行业研究

概念发展和行业研究是无人机设计过程中的第一步，通常也是成功完成任务的最关键步骤。这是定义系统使用对象的地方，应该包括数据和/或系统的终端用户。设计师和工程师充分了解所需的技术数据或能力是至关重要的。这一阶段，通过初步工程分析开发并评估了一些概念设计。此步骤通常需要进行"粗略"计算，以确保没有不合理或"阻碍因素"的重大挑战。在开展这些活动的同时，通常会开展行业研究以发掘潜在的系统组成部分。在寻找解决方案的过程中，经常会发现一些可以整合到系统中的创新技术。概念设计和行业研究涉及以下领域。

（1）开发几种概念设计。

（2）产生设计草图。

（3）确定零件和供应商。

（4）将新的零件/想法纳入提议的"最终设计"。

（5）启动工程分析。

这一阶段，无人机系统的具体行动包括确定所需的飞机类型。飞机的类型主要基于航程、机动性、承载能力和成本。有成百上千的机型可供选择，但很多时候只有几种可供选择，而最合适的通常取决于成本与效益的比较。一般来说，固定翼飞机飞行时间较长，可飞行更远的距离，但缺乏旋翼飞机的机动性。然而，旋翼飞机允许定点悬停和状态保持，但缺乏固定翼机的飞行效率。

在所有航空技术中，都必须尽可能地减小子系统尺寸、质量和功率。尺寸、质量和功率的要求决定了机身及其在执行任务期间的性能。这个领域的一种主要产品是诺斯罗普·格鲁曼公司的"全球鹰"无人机，它能够携带超过3000lb的任务载荷,如图14.4所示。另一种主要产品是一个微型无人机系统,它只能承载几克质量的特殊任务载荷,如图14.5所示。

图14.4 "全球鹰"无人机执行重载和远距离高空任务
(来源:美国维基百科 http://www.af.mil/shared/media/photodb/photos/070301-F-9126Z-229.jpg)

图14.5 黑色"大黄蜂"纳米直升机无人行可携带几克质量载荷
(来源:http://www.defenceimagery.mod.uk/fotoweb/fwbin/download.dll/45153802.jpg)

　　一旦产生了一些概念,并对性能与成本效益进行了研究,这时是与终端用户进一步讨论的最佳时机。通常,终端用户的需求可能与项目的技术能力或预算不一致,此时适合讨论做一些适当的修改。例如,终端用户可能需要安装一个远程雷达系统,但目前由于技术有限,唯一能够达到要求的雷达系统体积巨大且十分笨重。因此,要么必须在需求和可能性之间找到折中点,要么项目停滞,直到技术进步或者找到了创新解决方案为止。重要的是,在努力满足要求的同时,有关各方必须保持可接受的变化并适应技术的进步。不幸的是,有时技术障碍是机载技术无法克服的,只能选择备用系统。在这些情况下,机载系统的选择过程到此结束。但是,只需稍作修改或进行其他技术开发,机载系统的功能将会非常强大,并且大多数时候都可以满足终端用户的真正需求。

14.1.2 初步设计评估

初步设计评估(PDR)是设计阶段的下一个里程碑。这是对设计的正式评估,所有各方都有机会审查进展情况并提出建议。审查各方包括工程师和其他技术专家,以及正在寻找数据或有用工具的科学家和其他终端用户。设计概念应该有适当的工程分析和严格的工程实践。此外,还应绘制系统设计图来描绘系统布局。这是进行系统重大设计变更的最后机会。初步设计评估的可交付成果清单如下。

(1)用工程分析结果验证设计概念。
(2)初步设计图纸。
(3)初步零件清单。
(4)初步供应商名单。
(5)成本预算估计。
(6)设计简化和成本节约。
(7)完成时间表。

在设计的整个阶段,飞机接口控制文件(ICD)都非常有用。一些商业级无人机系统具有优秀的、现成的文档,而其他飞机则仅提供非常有限的资源。资料的完整度可能会对使用什么样的机身或选择什么类型的集成产生重大影响。有用信息包括接线示意图以及容量、安装位置和类型、物理尺寸、质量和平衡信息以及许多其他有用的设计参数。

这一阶段,无人机系统的具体行动包括功率和重量预算、数据存储和机身飞行价值。通常情况下,无人机系统的动力和重量资源都很稀缺,所以准确计算每种资源至关重要。因此,应注意选择最有效、最轻便的组件。

估计每个组件的功率与效率并制成表格。估值将有助于确定系统是可以自行供电还是需要使用飞机资源。通常,具有自身电池的自供电系统可简化集成并有助于测试和评估阶段的工作。然而,使用飞机自身资源可以减轻任务载荷的质量,并延长任务时间。使用飞机自身资源的缺点是它们需要详细的机身接口信息。这一信息包含在飞机详细的飞机接口控制文件中。出于安全和所有权方面的考虑,许多飞机开发商和运营商不愿意提供这些信息,他们倾向于使用独立系统。使用飞机自身资源会减少飞行操作所需的资源,而且任何无法预见的问题都可能导致飞机失灵。当使用独立系统时,大多数故障只会导致数据丢失,而不会导致飞机损失。

考虑到全部的组成部件,还应该准确建立质量预算。飞机的任务载荷承载能力必须足以承载负荷,但必须保持适当的平衡以确保飞行安全。飞机的总质量不得超过飞机品牌和型号所规定的最大质量,并且质心必须在飞机允许的操作范围内。飞机的平衡通常是一个限制因素,具体取决于飞机的型号。布线和安装硬件是常被忽视的重要质量组成,它们占总质量的比例相对较大。在此阶段还引入了传感器封装和任务载荷布局。使用的方法和选择的安装位置对保持飞机的安全质量和平衡有重要影响。

另一个与无人机系统有关的问题是在飞行过程中可能会收集大量数据。在此阶段要做出关于机载数据存储与地面遥测的决策。飞机与地面之间的数据链路有限,这限制了可以传输的数据量。许多类型的压缩方案可以帮助减少可能产生的令人难以置信的容量。尽管这些方法有助于在更大程度上减少数据量,但这些技术通常会降低所获得数据的质量,尤其是高清图像。如果没有数据链路,另一种选择是将数据存储在飞机上等飞机着陆后读取。这个方法通常最容易实现,并且减少了飞行所需的硬件数量。但是缺点是数据不是实时数据,因此不适用于即时信息需求情况。在许多情况下,机载数据存储确实能满足终端用户的需求,并因其简便和轻巧成为数据采集的首选方法。

在设计过程的这一阶段,另一个需要考虑的因素是评估任务载荷,以确保飞机的飞行价值。除了满足质量和平衡要求外,还必须评估对飞机的任何增加或修改,以及评估这些修改对飞行操作造成的影响。图14.6和图14.7展示了在飞

图14.6 安装在无人机机翼上的外挂导弹系统
(来源:http://www.dodmedia.osd.mil/;VIRIN:DF-SD-06-14785)

行过程中改变气流或者可能导致颤振情况的机翼吊舱或其他装置。一般情况下,建议不要对主飞机进行结构或空气动力方面的改动。如果必须改动,一定要对其影响进行分析以确保飞行安全。这种分析通常很复杂,需要进行全面的建模和测试。因此,如果不是绝对必要,不建议这么做。

图14.7 一种外部机翼吊舱(用于加载雷达设备,提供清晰的视野,不受机身和发动机的干扰)

14.1.3 关键设计评估

关键设计评估(CDR)是设计过程的第二阶段。关键设计评估要在订购或购买无人机组件之前完成,它需要设计者进行最终的方案设计并进行方案分析。设计完成后,在制造之前所有利益相关方都要进行最终审查。提供设计规范和功能的完整说明以供最终评估。还需提供一个完成时间表,该时间表将指导工作计划,并预留足够的时间给终端用户来为产品做准备。这通常是在分配资金以支持系统制造之前必须完成的阶段。关键设计评估中包含项目的详细列表如下。

(1)用完整的工程分析来验证设计概念。
(2)最终设计图纸。
(3)最终零件清单。
(4)最终供应商名单。
(5)最终成本预算。
(6)最终完成时间表。
(7)支持设计假设的初步测试。

在这一阶段,无人机特定操作包括最终的动力要求以及质量和平衡计算。这段时间也可确定提供无人机系统应用所需质量和可追溯性零件以及供应商。虽然美国联邦航空管理局(FAA)目前没有对零件和材料制定确切的标准,但载人航空开发的许多最佳实践都是无人机系统应用上的良好指南。一些更相关的要求包括锁定连接器、飞机或同等级的硬件、可追溯材料、紧固件回退保护和适当的电路保护。

电气连接对于操作至关重要,并且需要某种锁定机制来确保连接器在飞行期间保持连接状态。在飞行操作过程中会发生剧烈振动,任何松动的连接都会导致灾难性的后果。因此,多年来在我们的设计中采用了几种类型的 LEMO 式推挽式连接器以及 Powerpole 式连接器。这些类型的连接器在飞行操作中已经证明是可靠且有效的。其他类型的连接器也可以正常工作,但用户需要确认它们在飞行过程中不易松动或断开。

任务载荷制造中应使用最高等级的硬件和材料,以确保零缺陷结构和零问题操作。所有硬件应为航空(AN)级别或同等级别。航空级别硬件满足高水平的性能,并且可以追溯到原产地和日期。这些紧固件没有缺陷,缺陷可能发生在低级紧固件中,并且具有极高的可靠性。这使得它们成为紧固件的理想选择,尤其是在飞行关键组件中。它们也经常附带回退预防方法。同时,建议使用可追溯材料,以确保制造零部件所需的原材料高质量、零缺陷。这就实现了符合设计规范的可靠部件,并且在任务载荷的整个使用周期内性能良好。

所有要使用的电子元件都应进行额定温度评估。据观察,温度升高是小型无人机任务载荷系统中的常见现象,这些系统没有任何内置的主动或被动冷却装置。小型飞机通常有一个封闭的区域来容纳任务载荷,随着时间的推移,经常会遇到温度升高的情况,这会导致电子故障、异常操作或停机状况。相反,冬季运行期间遇到的低温以及可能出现的高海拔也会导致故障和停机。在这两种情况下,都需要在操作前谨慎选择组件并进行适当的测试程序。本章的 14.1 节"系统测试"中概述了正确的测试协议。

电磁干扰(EMI)是无人机系统任务载荷开发的另一个需要关注的重要因素。不正确的布线或意外的电磁干扰会导致对无人机系统指挥和控制电信链路的干扰,并且对全球定位系统信号也会造成干扰。对任务载荷系统中敏感电子设备的适当屏蔽有助于降低干扰飞机系统的风险,或减少飞机电磁干扰对任务载荷操作可能造成的阻碍。在实践中,使用导电外壳、电磁干扰垫圈和铜带有助于有效控制电磁干扰。同轴电缆和其他类型的带接地的屏蔽电缆也减少了不必要的广播天线和杂散电磁辐射的接收。

需要适当的电路保护以降低电气过热和潜在的火灾风险。通过在电池上安装一个熔断器连接,可以将短路和其他电气故障与无人机系统的其余部分隔离开。此外,设置一个允许打开和关闭有效负载电源的外部访问装置会大有益处。传统飞机的"起飞前移除"开关可以很好地实现此功能。使用外部开关打开任务载荷的能力很重要,因为飞行前的测试和其他飞机准备工作可能需要花费很长时间。在此期间,任务载荷的可用功率会不断下降。因此,在起飞时间附近容易打开任务载荷的能力增加了任务载荷系统的运行时间。

14.1.4 装配

在任务载荷系统的整个制造过程中,必须保持高质量的制造和工艺。制造应遵循规定的设计规格,并按照绘制的零件图纸制造零件。所有接线都应该适当固定,可以通过系紧或固定电线来完成,以免它们自由移动。这样可以防止可能导致连接松动或断续的振荡,从而导致有效负载无法有效运行。所有螺纹紧固件上也应使用防脱装置,以防止松动和可能发生的分离。这可以通过几种方法来实现,如使用金属丝绑扎、锁紧垫圈、可变形螺纹、尼龙螺纹嵌件或液体螺纹锁固剂。无人机系统运行的环境通常是动态的,这些振动会导致组件松动,进而导致任务载荷故障和数据收集失败。

只有制造过程规范,最终产品才能达标。因此,需要注意细节并利用合适的制造程序和设备。在使用严密的工程原理进行质量设计之后,制造出来的成品应该是可以按预期运行的高质量系统。不良的制造方法可能会导致系统性能不佳,造成很多集成问题。工艺也反映了系统的整体感观,粗劣的外观可能会给人造成劣质的印象。因此,建议经验丰富的技术人员执行或监督任务载荷系统的制造。

14.1.5 系统测试

系统测试是准备用于飞行的无人机系统任务载荷的下一步。实验室测试大大提高了任务载荷系统的性能,并有助于确保其实地运行的安全和有效。在实验室环境中,更容易被发现并且纠正潜在的问题。在这种环境下,也更容易进行任务载荷和分析设备,并且不会影响有限的实地飞行机会。

电磁干扰测试是需要了解并且知悉的最关键的方面之一。首先,飞机和无人机系统指挥与控制链路不能被破坏。许多商用自动驾驶仪系统使用900MHz或2.4GHz的传输频率作为命令和控制链路。飞机还必须不断与全球定位系统(GPS)进行通信,以掌握自身位置。因此,任务载荷要避免干扰全球定位系统的频率。在最初的全球定位系统设计中,使用了两个频率:1575.42MHz的L1信道和1227.60MHz的L2信道。如图14.8所示,在使用频谱分析仪、接收天线和"嗅探器"探头进行的实验室初步测试中,评估了任务载荷通电和运行时产生的辐射。如果在无人机指挥和控制的频段或是全球定位系统频率的周围,任务载荷发射出较大幅度的信号,则建议进行额外的屏蔽或抑制。如果在所关注的频率附近没有显著的电磁辐射,那么,电磁干扰测试可以进入下一个级别。下一级别涉及将任务载荷安装到飞机上,并在全工作模式下供电,以评估任务载荷对机身或机身对任务载荷的任何潜在干扰。这两种干扰情况都需要格外注意。任务载荷不得干扰飞机运行,但是如果飞机干扰任务载荷,可能会导致该任务失败,并且不会返回任何有用的数据。

图14.8　进行中的电磁场测试(测量任务载荷的辐射,以检查对无人机系统指挥与控制链路的潜在干扰)

还应在已完成的任务载荷系统上进行振动测试。振动测试通常是为了评估任务载荷在恶劣振动环境中的生存能力。该测试旨在发现飞行中动态环境而导致的潜在故障。常见的故障包括电气连接不完整或连接器移位、结构部件未牢固连接的紧固件松动以及系统中不耐振动组件的故障或损坏。这当中的任何一种故障或其他任何故障都可能在操作期间导致任务载荷的灾难性故障。由于各种原因,不同类型的飞机遇到的振动水平有很大差异,包括固定翼机或旋翼机、飞机的尺寸和质量、电动机或燃气发动机、传统起落架或机腹着陆结构以及许多其他因素。因此,在可获得的情况下,应始终使用飞机接口控制文件中有关振动环境的信息。

可使用的基线振动激发测试是由美国国家航空航天局任务载荷飞行设备要求和安全关键结构指南规定的原型机最低验收振动试验级别(MAVTL)。MAVTL值如图14.9所示。该测试级别将设备激发到暴露系统动态故障的水平。随机分布法要优于扫频正弦法,因为它能在相对较宽的频率范围内更均匀地测试结构,并且不会过度激发结构的单个潜在谐振频率。这种宽频的激发频率包含了许多类型的无人机系统中所出现的大多数激发频率。

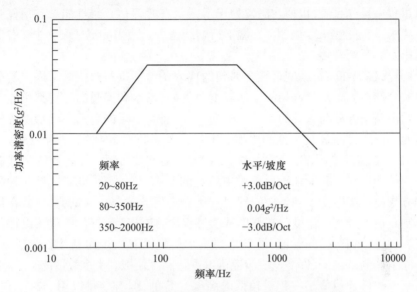

图 14.9　美国国家航空航天局关于任务载荷飞行设备要求和安全关键结构指南规定的最低验收振动试验等级

将任务载荷系统装备到飞机配置中,将其放置在机械振动器上,并在最低验收振动试验级别(MAVTL)程序中显示的随机激发水平下激发 1min。振动测试系统如图 14.10 所示,显示了环境振动测试所需的振动器、放大器和控制器。

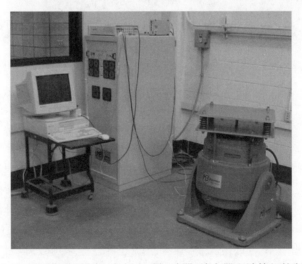

图 14.10　振动测试设备(包括电动振动器、放大器和计算机控制器)

系统经过振动激发后，通电并对其性能进行全面测试。出现的任何问题都应记录在案并进行调查，直到找到合理的解决方案。在某些情况下，可能需要在测试过程中操作系统，以便在激发处于活跃状态时评估系统性能。其他任务载荷仅要求系统能够承受振动并在激活后继续运行。适当的测试取决于任务载荷的需求及其运行环境。

同样，建议在飞行期间可能会遇到的环境条件下进行热试验。许多电子组件的安全储存温度高于确切的工作温度。例如，高温和温暖的环境都可能在飞行期间中断任务载荷系统的运行。根据以往经验，温暖的晴天飞机封闭的任务载荷舱内温度升高是最常见的原因。电子设备运行时，内部温度可能超过40°C，导致任务运行受限。在冬季或在某些高空任务载荷中，可能会遇到低温问题。为了评估任务载荷在预期环境中运行的能力，热舱（图14.11）是一种利用控制方式使系统经受不利条件的理想方法。将任务载荷放入试验舱，并在运行时控制其达到适当的温度。在整个试验过程中，应持续运行任务载荷以评估其性能。一旦达到所需的温度，设备达到热平衡且没有出现问题，测试就可以终止。除了热测试之外，许多试验舱还可以进行高度模拟。大多数情况下，小型无人机系统的任务载荷是在相对较低的高度运行的，但有些可以用于高空任务。在这些情况下，还应进行适当的海拔测试。

图14.11　热海拔测试舱（用于模拟无人机系统任务载荷可能遇到的热海拔）

移动卡车测试是无人机系统测试所独有的终极测试程序。该测试通过为移动平台提供真实的全球定位系统数据流以及在自供电模式下的振动环境来测试设备。这个程序是一个在飞行操作消耗之前使用的良好工具。通常，由于相关的成本、物流和可用性，飞行测试很受限制，卡车测试有助于在飞行前识别全运行模式中的所有问题。图14.12显示了一个测试架，该测试架将任务载荷固定在一辆皮卡后部。任务载荷系统应与飞行中的电源相同，并带有电池组或来自车辆的模拟电源。在这种情况下，托架系统允许任务载荷在旋转位置操作，以便捕获场景的图像集合。该测试通常会暴露其他台架测试无法发现的任务载荷问题。将一辆移动的车辆与全球定位系统设备相结合,在一个移动的、动态的环境中运行整套系统。这种测试方法与实际的飞行测试很接近,相对容易实现,并且不受飞行限制。强烈建议在飞行测试前对每个任务载荷系统进行移动卡车测试。飞行机会来之不易,因此应该利用现有的飞行对任务载荷进行充分测试。

图 14.12　为移动卡车测试而安装的任务载荷系统
(该测试平台以相对便捷和经济的方式近似模拟飞行环境)

14.1.6　飞行测试

任务载荷开发的最后阶段是飞行测试,这也是最令人愉快的阶段。虽然令人愉快,但这一阶段必须完成几个方面的准备工作,这将有助于确保飞行试验的成功和有效。在此阶段应解决的 3 个可交付成果如下。

(1) 详细的测试计划。
(2) 飞行计划。
(3) 设备清单。

需要详细的测试计划来正确评估任务载荷的性能。在飞行机会和飞行时间有限的情况下,有效和高效的测试计划至关重要。测试计划中需要包括设置设备以及合适的电池和数据存储能力。此外,应计算所需的高度和飞行路线,以保证正确的数据收集。还应为飞行试验准备专门的支持设备。如果需要与飞机对接,必须完整描述接口并确认其与机身兼容。有了详细的测试计划和适当的预先测试,集成的整个过程就很容易完成了。图 14.13 显示了将任务载荷实地集成到无人机系统中进行飞行测试的过程。

图 14.13　将无人机任务载荷实地集成到机身中进行飞行试验

　　与飞机操作人员一起执行正确的飞行计划意味着将会获得所需的数据。操作人员将在最接近期望值的规定范围内建立安全飞行操作。有时,在监管限制或飞机性能的情况下,任务载荷研发者的期望可能无法达到。例如,最大高度限制可能适用于正在使用的这片飞行区域,或者所需空速小于飞机的失速速度。因此,重要的是与飞机操作人员一起设定最能满足任务载荷开发者对飞机规则和能力要求的可接受参数。该计划可以进行更有效的飞行测试,因为正确的飞行计划可以在运行前完成。

　　飞行试验的最后准备工作是编制一份完整的设备清单,列出飞行操作所需的所有必要装备和用品,应包括所有飞行硬件、备件、测试和评估工具以及操作和维修所需的任何其他物资,还应包括有助于使飞行操作更有乐趣的个人物品,如太阳镜、合适的衣服、防晒霜、驱虫剂、野营椅、零食和水等物品。如图 14.14 所示,一份详细的清单将有助于保证你在实地拥有所有必要物资,并且飞行作业将以安全的方式满足任务目标。

图 14.14　在利用任务载荷开发的"最佳实践"后,无人机系统开始安全飞行

14.2 本章结论

本章旨在提供已被证明可成功用于无人机系统任务载荷开发的指南。随着法规和空域运行在这一快速壮大的行业中不断发展,越来越专业的法规和要求将会出台。这些新规则可能成为合法运行和研发的标准。因此,请慎重使用此处提供的信息,遵守所有可能适用的州、地方和联邦法规。

思 考 题

1. 预期的子系统如何影响飞机设计?将子系统与平台配对时,需要考虑哪些重要因素?
2. 总结概念构思、初步设计评估和关键设计评估之间的关系。
3. 描述一个完整的设计评估是如何帮助或阻碍运行测试和评估过程的。
4. 特定的任务载荷子系统设计飞机的市场风险是什么?
5. 说出成功研发无人机系统任务载荷设计过程的6个步骤。
6. 利用网络查找两个相同翼展的不同固定翼无人机,一个使用内燃机,一个使用电动机,比较二者的飞行时间和任务载荷能力。
7. 利用网络查找两个旋翼数量不同的多旋翼机,并对每个系统的性能进行评价。
8. 列出6种使用无人机收集数据优于载人平台的任务类型。
9. 说出一个需要实时数据流的任务。
10 在无人机系统的任务载荷中应该使用什么类型的硬件(螺钉、螺母和螺栓)?
11. 列举两种可能在无人机系统任务载荷中使用的紧固件回退预防方法。
12. 说出用于多数无人机系统指挥与控制的两个频段。
13. 美国国家航空航天局微型飞机测试中使用的最高振动激发频率是多少?
14. 说出无人机系统任务载荷飞行测试的3个可交付成果。

参 考 文 献

[1] Lendway,M.,Berseth,B.,Trandem,S.,Schultz,R.,and Semke,W.,Integration and flight of a university – designed UAV payload in an industry – designed airframe,Proceedings of the Association Unmanned Vehicle Systems International(AUVSI),Washington D. C.,February 7 – 9,2007.

[2] Semke,W.,Schultz,R.,Dvorak,D.,Trandem,S.,Berseth,B.,and Lendway,M.,Utilizing UAV payload design by undergraduate researchers for educational and research development,Proceedings of the 2007 ASME International Mechanical Engineering Congress and Exposition,IMECE2007 – 43620,Seattle,WA,November 11 – 15,2007.

[3] Wehner,P.,Schwartz,J.,Hashemi,D.,Stock,T.,Howell,C.,Verstynen,H.,Buttrill,C.,Askelson,M.,and Semke,W.,Evaluating Prototype Sense and Avoid Alternatives in Simulation and Flight,AUVSI's Un-

manned Systems North America 2013, Washington, DC, August 12 – 15, 2013.

[4] Lemler, K. and Semke, W., Delivery and Communication Payloads for UAS Search and Rescue Operations, AUVSI's Unmanned Systems North America 2012, Las Vegas, NV, August 5 – 9, 2012.

[5] Dvorak, D., Alme, J., Hajicek, D., and Semke, W., Technical and Commercial Considerations of Using Small Unmanned Aircraft Systems in Agriculture Remote Sensing Applications, AUVSI's Unmanned Systems North America 2012, Las Vegas, NV, August 5 – 9, 2012.

[6] Larson, W. and Wertz, J., Space Mission Analysis and Design, Third Ed., Microcosm Press, El Segundo, CA, 1999.

[7] Ullman, D., The Mechanical Design Process, Fourth Ed., McGraw – Hill, New York, NY, 2010.

[8] Dieter, G., Engineering Design, Third Ed., McGraw – Hill, New York, NY, 2000.

[9] Aircraft Weight and Balance Handbook FAA – H – 8083 – 1A, U. S. Department of Transportation, Federal Aviation Administration, Flight Standards Service, Oklahoma City, OK, 2007.

[10] Semke, W., Lemler, K., and Thapa, M., An experimental modal channel reduction procedure using a Pareto chart, Proceedings of the International Modal Analysis Conference (IMAC) XXXII: A Conference and Exposition on Structural Dynamics, Orlando, FL, February 3 – 6, 2014.

[11] Semke, W., Stuckel, K., Anderson, K., Spitsberg, R., Kubat, B., Mkrtchyan, A., and Schultz, R., Dynamic flight characteristic data capture for small unmanned aircraft, Proceedings of the International Modal Analysis Conference (IMAC) XXVII: A Conference and Exposition on Structural Dynamics, Orlando, FL, February 9 – 12, 2009.

[12] Payload Flight Equipment Requirements and Guidelines for Safety – Critical Structures (March 29, 2002). NASA Doc. SSP 52005, sect. 7, p. 7.

第 15 章 感知与规避

Dallas Brooks,Stephen P. Cook

米特雷公司(The MITRE Corporation)

"当天气条件允许时,无论是根据仪表飞行规则还是目视飞行规则进行操作,飞行员都应保持警惕,以便看见与规避其他飞行器。"

《联邦法规》第 14 卷第 91.113 节,《通行权规则》(水上作业除外)(b)小节。

15.1 引　　言

　　飞行的基本原则之一是飞行员有责任看到并安全避开其他飞机。从载人飞行开始,飞行员就必须保持警惕,以便与其他飞机保持"安全距离"。

　　到 20 世纪中叶,飞机探测技术(如空中交通管制雷达和飞机应答器)的进步使空中交通管制系统能够通过专用技术提供更有效、更安全的飞行间距——其中大部分技术能为飞行员提供更多、更准确的信息。尽管这些技术已取得很大进步,保持飞行间距仍是飞行员的基本责任——他们必须对其他飞机时刻保持警惕。几十年来,飞行员基本责任的概念一直是我国航空监管体系的核心原则。

　　除了监管条例,这一责任也在我国的司法体系中得到了确立和维护。已有数十起法庭案件得到裁决,以评估飞行员是否履行了"看见与规避"的基本职责,从而与其他飞机保持"安全距离"。虽然我们一直在强调"看见与规避"和"安全距离"这两个相互关联的责任,但这两个概念还没有准确的定义。相反,这两个概念都是主观判断,没有具体的衡量标准或安全水平,有待监管机构和法院进行解释。尽管航空安全技术不断进步,在飞机探测、冲突识别和防撞能力方面取得了极大提高,但一个多世纪以来,这一原则一直保持不变。

15.1.1 作为转换技术的无人机系统

　　无人机系统的出现改变了我们在技术支持、替代方面的职能,以前这些职能由飞行员来实现。在极其危险的操作中(如作战、火灾救援和放射性泄漏/溢油评估),飞行员不在驾驶舱具有明显的好处,即装备和配置得当的无人机可以在更长时间内执行相同的任务,并且不置飞行员于危险中。但是,无人机系统的基本差异并不仅仅影响其局部飞行操作,而是关系到整个空域系统。机上无人意味着他们不能再通过目视及主观判断来"看见与规避"其他飞机,从而保持"安全距离"。相比其他因素,这一因素严重推迟了无人机与有人机在所有空域的整合。

然而,机上无人作为无人机的强制因素也有明显好处,因为只有无人机安全并完全融入我们的空域系统,其拯救生命和造福社会的巨大好处才能被充分利用。如今,检测其他飞机并确定潜在飞行路径冲突的技术已经出现,这些技术远远超过了飞行员的操作能力。它们可能会显著提高飞行的安全性,因为这些技术能够向飞行员提供范围更大、更准确、更可靠的信息,并且能够使飞行员避免压力和疲劳等负面影响。在流量密集、环境复杂的空域更是如此,如繁忙的机场周围。

15.1.2 作为驱动器的无人机系统集成标准

符合"看见与规避"且能保持"安全距离"的系统称为感知与规避(DAA)系统。国际民航组织将DAA定义为"能够看到、感知或察觉到交通事故及其他危险并采取适当行动的能力"(国际民航组织附件2——空中规则)。为了安全有效地利用感知与规避系统,必须将其与性能标准相关联——性能标准是衡量DAA系统补充或替代飞行员眼睛行使职能时的工作表现和可靠性。这些标准还必须说明此系统将如何与其他装备精良的飞机协同工作。我们要确保这样的系统不会因运作失调而使两架飞机面临更大的碰撞风险,这一点至关重要。如果没有这样的标准,我们就无法安全使用有效的感知与规避系统。

注:"DAA"和"SAA"在本文中可互换使用,因为二者实际上指的是相同的概念与能力。

本章顶部《联邦法规》第14卷第91.113节的摘录为实现技术所需的主要监管措施奠定了基础,这些技术是安全、可靠和经济的,并且能取代飞行员的主观判断。其中最重要的是对"安全距离"的量化合规定义,它是感知与规避系统性能标准的基础。这一定义——飞机分开的时间、距离或两者的量化规格——为无人机系统提供了一种方法,使其不仅能够满足,而且有可能超过有人机避开潜在碰撞的能力。同样的定义也支持将类似系统引入有人机中,使飞行员能够提高对环境的认知,并对可能出现的撞机危险发出可靠警报。本章后面将详细介绍无人机系统量化合规标准的进展。

第二个变化属于语义范畴,即对术语"看见与规避"做出修改,改变或删除了"看见"一词,该词仅仅局限于人的肉眼可见范围。在无人机系统中使用更准确的术语"感知与规避",或在《联邦法规》第14卷第91.113节中增加一个附带条件,即允许用电子设备代替人类视觉,这将满足监管方面的需要,从而为无人机系统提供电子合规手段。

15.2 管理基础

如本章开头所述,《联邦法规》第 14 卷第 91.113 节中的(b)小节规定:"当天气状况良好时,……每个飞行员都应保持警惕,以便看见与规避其他飞机。"

重要的是必须注意,无论飞机的运行规则如何,本节要求所有飞行员都能"看见与规避"。

(b)小节还进一步规定,"当本节的一项规则给予另一架飞机通行权时,飞行员则要避开该飞机,不得超过、越下或越上。"除非保持安全距离。[重点添加]

此外,《联邦法规》第 14 条第 91.111 款规定:"(a)飞行员不得在距另一架飞机太近的地方驾驶,以免造成碰撞危险。"该法规主要针对飞行员在距其他飞机太近的地方有意驾驶的不安全行为。

无人机系统的挑战在于证明其遵守了航空规则——即使没有飞行员直接控制,也要确保飞机能正常运行,以避免潜在的碰撞危险。这种挑战包括两项主要任务:避免碰撞;保持"安全距离"。从系统工程角度来看,这些任务可被视为功能需求,可以被分解成独立、连续的子功能。

15.3 感知与规避系统的功能

根据感知与规避系统的任务描述,我们得出结论,它包括两个主要功能:自主分离,保持与其他飞机"安全距离"的能力;空中防撞,防止与另一架飞机碰撞的能力。

15.3.1 自主分离

自主分离是指一架飞机与其他飞机保持可接受性间隔(即保持"安全距离")的能力,而不需要外部(如空中交通管制)引导。与空中防撞机动相比,自主分离机动发生的时间更长、距离更远,并且是正常的、非侵扰性的机动,不会与公认的空中交通分离标准相冲突。自主分离的目的是确保无人机保持"安全距离",并通过无干扰机动来排除执行空中防撞机动的必要性。15.8 节讨论了无人机系统保持"安全距离"所需时间和距离的最小值。

15.3.2 空中防撞

空中防撞,如图 15.1 所示,是一种感知与规避的系统功能,该功能会启动机动以防止另一架飞机穿过碰撞区(即另一架飞机在水平方向上的距离不超过500ft或在垂直方向上的距离不超过100ft)。此功能预计会在两架飞机相距的距离较近或起飞的时间间隔较短时被激活。

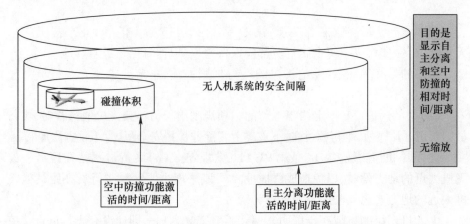

图 15.1 "安全距离"和空中防撞子功能的相对空域体积

空中防撞功能是"最后一搏"的机动,当所有其他分离都以失败告终时,该机动将启动。空中防撞演习本质上可能很严重,并对其他空中交通管制任务造成干扰。自20世纪90年代开始启用的空中交通警戒与避撞系统(TCAS),允许在其他分离方法不成功时,可借助装备合格飞机之间的垂直机动来避免碰撞。

注:《美国联邦法规》第14章第125.224节中的"空中防撞系统"具有特殊的监管含义,指的是空中交通警戒与避撞系统。在本章中,空中防撞泛指感知与规避系统在自主分离失效后为避免碰撞而采取的任何行动。

15.3.3 感知与规避:子功能

为支持自主分离和空中防撞的核心功能,有必要对组件的子功能进行识别和排序,组件的子功能用以支持安全可靠的自主分离和空中防撞机动。在2009年的报告中,美国联邦航空管理局(FAA)感知与规避研讨会为"感知与规避"确定了8个子功能。2011年,美国国防部感知与规避科学研究小组(SARP)提供了自己的划分方法,其中包括三项新增的子功能。对其详细分析请参见表15.1。

注:在表15.1中列出的两种方法中,所有子功能都可用于自主分离和空中防撞。在执行"返航"这一子功能时,进行空中防撞的飞机必须等到恢复"安全距离"后才能返回航线。

这两种功能分解之间存在差异的主要原因是:科学研究小组定义的子功能必须与国防部正在开发中的感知与规避系统的要求一致。虽然这两种方法的分解和命名各不相同,但其基本过程是一致的。

美国联邦航空管理局感知与规避研讨会和科学研究小组的方法均可使用博伊德(Boyd)循环任务的观察、判断、决策和行动过程来表示。图15.2描述了博伊德(Boyd)循环中的子功能组,美国联邦航空局感知与规避研讨会的功能名称用斜体表示。

表15.1 感知与规避过程的子功能

美国联邦航空管理局感知与规避研讨会	国防部感知与规避科学研究小组
感知	目标感知
跟踪	目标跟踪
(未提及)	目标融合
(未提及)	对象识别
评估	威胁评估
优先级	威胁评估
声明	警戒
决定(行动)	机动选择
命令	机动通知
执行	机动执行
(未提及)	返航

(来源:改编自美国联邦航空管理局,《无人机系统感知与规避》,2009年10月9日和2013年1月18日;国防部长办公室,《感知与规避蓝本》,2010年10月26日)

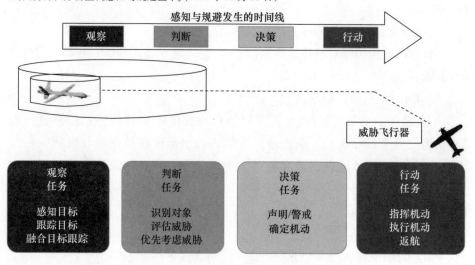

图15.2 执行感知与规避的时间线和任务分解

15.4 一个感知与规避系统的过程和功能

本节详细介绍了图 15.2 所示的感知与规避过程的 11 个子功能,并根据其各自的博伊德(Boyd)循环任务进行分类。入口和出口准则用以描述每个子功能在执行感知与规避任务的开始和结束时间。

15.4.1 "观察"任务

15.4.1.1 探测目标

在遇到另一空中物体时,要想保持"安全距离"或避免碰撞,第一步需感知到可引起危险的目标。对于无人机系统来说,感知功能是通过传感器去探测其他空中物体的存在和位置来实现的。这些传感器可能在机身内,也可能在机身外,或兼而有之。15.7.1 节描述了具有感知功能的传感器类型。

入口准则:无人机在飞行途中遇到一个空中物体。

出口准则:一个或多个传感器感知到空中物体。

15.4.1.2 跟踪目标

一旦物体被感知到,感知与规避系统的传感器应持续感知它,这称为"建立轨迹"。该传感器的多次感知可提供空中物体的位置、速度、航向和/或高度。传感器系统将使用几种算法来区分相关目标(如其他飞行器)和无关目标(如鸟类)。

入口准则:对于空中物体的传感器感知。

出口准则:传感器对物体进行多次感知,足以建立速度、航向和/或高度信息的轨迹。

15.4.1.3 引信目标跟踪

一旦建立了一条轨迹,就必须将该信息与其他可用的传感器信息进行引信,从而为每个目标生成一条轨迹。未能正确引信这些数据会导致同一目标出现多条轨迹,这可能会混淆飞行员或空中防撞算法。如果一个传感器建立了一条轨迹,但未与另一个传感器建立关联(或确认),则引信算法必须确定目标实际存在的可能性。飞行员或飞行系统将使用引信信息来评估感知与规避风险。

入口准则:处理传感器信息建立的单条或多条轨迹。

出口准则:提供给飞行员或感知与规避系统的单条轨迹。

15.4.2 "判断"任务

15.4.2.1 识别对象

引信轨迹的出现意味着空中物体确实存在并沿轨迹方向移动。为了验证该物体是否存在潜在威胁,需要评估该物体的特征以便分类。物体的大小、速度、应答机的存在以及其他因素都会影响其作为威胁飞行器的分类,因此,也会影响分离策略。

与飞行器特征无关的物体(如鸟类和天气)将调用91.113范围之外的其他规避程序。

入口准则:给定空中物体的引信轨迹。

出口准则:飞机特征的识别。

15.4.2.2 评估威胁

一旦目标被识别为飞行器,飞行员或感知与规避程序必须评估此飞行器与无人机发生碰撞或潜在碰撞的风险。这种风险通常通过确定飞机是否会违反预定的接近阈值来衡量。这些阈值可由距离(如将短于指定的英尺数视为违规)或时间(如违规将在一定的秒数内发生)来测量。

入口准则:一架已识别的飞机。

出口准则:违反"安全距离"或碰撞体积的风险评估。

15.4.2.3 按重要性排列威胁

在追踪多架飞机的情况下,无人机飞行员或感知与规避程序必须优先考虑哪架飞机的威胁最大,由此选择最佳行动方案(机动)来减少威胁。

入口准则:评估一架或多架飞行器的潜在风险。

出口准则:优先考虑哪架飞行器对违反"安全远离"或发生碰撞构成最大风险。

15.4.3 "决策"任务

15.4.3.1 声明/警戒

一旦达到预定的接近阈值(时间或距离),无人机程序必须向飞行员或飞行控制系统发出指令,即采取行动以保持"安全距离"或避免碰撞。指示飞行员通常包括在显示器上显示的决策辅助(如闪烁的图标或建议的航线和/或高度信息)。有关概念性无人机显示器上决策辅助工具的图示示例,请参见15.7.3节。

入口准则:确定危险性最大的飞行器。

出口准则:评估需要采取的规避行动。

15.4.3.2 支配机动

一旦告知飞行员或感知与规避系统需要采取行动,下一步就需确定应该采取什么行动。改变飞机的航向、高度和速度可由飞行员或飞行系统做出选择,以确保其保持"安全距离"或避免碰撞。某些感知与规避系统需要飞行员进行适当决策。另一些感知与规避系统可能需要飞行程序做出建议,或在某些情况下执行一个特定的机动或机动范围,以尽量减少风险。在某些情况下,操纵无人机系统之前,可能需要协调空中交通管制。关于空中交通管制作用的进一步讨论,参见 15.6 节。

入口准则:声明需要采取的规避行动。

出口准则:决定所需的具体规避行动

15.4.4 "行动"任务

15.4.4.1 指挥机动

一旦确定了适当的行动方案,就必须传达给无人机系统来执行。这可以通过远程飞行员对无人机系统进行控制输入来实现,也可以由飞行控制系统直接指挥。

入口准则:选择的规避策略。

出口准则:传达给无人机的规避行动指令。

15.4.4.2 实施机动

一旦发出了机动实施指令,无人机控制系统必须执行。执行的时机至关重要——本来正确的机动命令,执行得太早或太晚,都可能无法有效解决冲突。飞行员的决策时间、无人机控制链路的通信延迟以及飞机的飞行性能动态都在确定可接受机动的过程中发挥着作用。

需要注意的是,机动情况一直处于动态。在某些情况下,另一架飞机也可能改变航向或突然发生机动,从而减少或抵消了分离机动的有效性。当这种情况出现时,必须把选定的机动转换成更突然的防撞机动。

入口准则:发送的防撞机动指令。

出口准则:执行的防撞机动。

15.4.4.3 返航

一旦无人机执行了自主分离或空中防撞机动来解决预期的冲突,此时,其必须回到预定航线。该航线可能:

(1) 在飞机的飞行计划中;

(2) 由之前的空中交通管制来指示;

(3) 要遵守适当的空域限制要求。

返航行动可以由飞行员或感知与规避系统来完成。确定该子功能完成的标准,类似于美国联邦航空局制定的交通防撞系统(TCAS)中使用的"清除冲突"指南。在某些情况下,飞行员可能需要联系空中交通管制人员,以获取新的批准航线或回到现有航线的许可。

入口准则:完成的规避机动。

出口准则:无人机在其最初或修正的航线上飞行。

15.5 飞行员的作用

如今的无人机系统实际上根本不是"无人的"。对于当前运行的绝大多数无人机系统而言,飞行员均可以手动控制或主动监视飞机的飞行,并在需要时完全有能力进行干预。因此,解决潜在交通冲突时,用于试验系统的感知与规避程序必须考虑无人机飞行员的角色和职责。感知与规避系统的结构决定了飞行员在此过程中的直接控制或干预程度。感知与规避系统的3种一般类型如下。

(1) 环内的飞行员。

(2) 环上的飞行员。

(3) 独立的飞行员。

每种结构都以不同方式将感知与规避的子功能分配给飞行员。表15.2总结了各类子功能在每个类别下的分配情况。

表15.2 感知与规避子功能的分配

感知与规避子功能的分配(P = Pilot, U = UAS)			
子功能	人机闭环	飞行员-回路上	自动
检测目标	U[①]	U[①]	U
跟踪目标	U	U	U
引信目标跟踪	U	U	U
识别对象	U	U	U
评估威胁	P	U	U
确定威胁的优先级	P	U	U
声明/警戒	P	U	U
支配机动	P[①]	U/P[①]	U
指挥机动	P	U/P	U
实施机动	P	U/P	U
返航	P[①]	U/P[①]	U
① 空中交通管制可能会参与其中,具体取决于空域等级,适用的飞行规则,决策时间和其他因素			

15.5.1 环内的飞行员

根据美国联邦航空管理局感知与规避研讨会的报告,"(主动)控制无人机飞行路线的飞行员被称为'环内的飞行员'。环内的飞行员能够直接控制无人机,或者迅速影响由机载计算机控制的无人机轨迹。"

在环内的飞行员操作期间,无人机飞行员负责评估、优先级排序、声明、支配、命令、执行和返航等子功能。这种方法的优点是利用飞行员的能力,将人为的判断和通行权规则应用于机动。然而,该系统的显著缺点是过于依赖地面站和无人机之间的连续指令和控制链路。当该链路受损或丢失时,飞机就失去了自主分离或执行防撞机动的能力。

15.5.2 环上的飞行员

为控制飞机飞行路径的机载计算机提供指导的无人机飞行员称为"环上的飞行员"。若有必要,环上的飞行员能够迅速影响无人机的飞行轨迹。

在环上的飞行员操作期间,电子系统负责对功能进行评估、优先级排序和声明。根据飞行员的操作,支配、命令、执行和返航等子功能可用以下两种方式处理。

(1) 如果飞行员介入,感知和规避系统将转为次要角色——通过警报通知飞行员并为其操作提供建议。感知与规避系统将通过跟踪、评估、优先级排序、声明和评估等子功能进行持续监控。

(2) 如果飞行员不介入(如机动失败),则由系统来执行自主分离或空中防撞机动。在试图通知飞行员"需要采取行动"但无回应时,系统会提供一个实用的"最后手段"。

环上飞行员感知与规避系统的优点是保留了人为判断,同时减轻了飞行员的一些负担。另一个优点是,即使无人机系统的指挥与控制链路受损或丢失,系统也能够执行规避机动。

15.5.3 独立的飞行员

独立于飞行员的感知与规避系统可在无任何通知或干预的情况下管理无人机系统的飞行路径。电子感知与规避系统负责评估、优先级排序、声明、支配、命令、执行和返航等子功能。该系统执行整个感知与规避的循环,无需飞行员通知或干预。

与环上飞行员的操作相同,即使无人机系统的指挥与控制链路受损或丢失,该系统也能够执行规避机动。独立飞行员系统的一个缺点是:可能无法正确地对快速变化和/或未预料到的情况做出反应,而在此类情况下,人为判断则极为有用。

15.6　空中交通管制的作用

对于根据仪表飞行规则(IFR)操作的飞机,空中交通管制系统通常要确保在此规则下运行的飞机之间有适当的间隔。尽管在时间允许的基础上,仪表飞行规则和目视飞行规则均可提供交通咨询及适当的机动建议,但空中交通管制并不负责把两类规则中的飞机分开。

如15.2节所述,飞行员的基本责任是"看见与规避"其他飞机。然而,如《美国联邦法规》第14卷第91.123节所述:

在获得空中交通管制放行许可后,飞行员不得违背该许可,除非获得修正许可、存在紧急情况,或响应空中交通警戒和防撞系统解决建议。

该节进一步指出,在紧急情况下,或在响应空中交通警戒和防撞系统解决建议时,偏离空中交通管制放行许可或指令的飞行员应尽快通知空中交通管制人员。

尽管目前还没有涵盖感知与规避机动的监管语言,但空中交通警戒和防撞系统(TCAS)提及的先例很明确:为防止碰撞,允许飞行员偏离空中交通管制放行许可(或指令)。如果飞行员或系统执行了感知与规避机动,他同样有责任尽快通知空中交通管制人员。

对于自主分离机动(碰撞并非迫在眉睫,但为了保持"安全距离",需要执行机动),相关内容详见《美国联邦法规》第14卷第91.181节。该节要求仪表飞行规则下的飞机保持其指定航线,但提供了一个例外情况("不禁止"),使飞机可以"远离"其他空中交通管制。

随着感知与规避系统的采纳和认证,有必要澄清此类及其他潜在的航空法规,以确保人们清晰理解合规性的期望和程序。

15.7　感知与规避系统组成

15.7.1　传感器

在感知与规避系统中,传感器取代人眼成为感知其他空中物体的主要手段。高效的专用传感器可感知物体的存在及其与无人机的相对位置。当传感器与适当的计算机系统相结合时,所获信息可用于计算物体的速度和方向(轨迹)。该轨迹信息为评估威胁、确定威胁优先级、声明/警戒和支配机动功能提供了基础。

了解各种传感器的功能和限制对于执行安全可靠的感知与规避机动至关重

要。感知与规避系统必须考虑到传感器系统中的潜在误差,以便为感知与规避的决策和机动计算一个适当的安全裕度。在某些情况下,使用多个传感器或传感器类型可提供额外的精确度和/或可靠性。

在感知与规避系统中,传感器通常以能量(有源或无源/主动型被动型)或模态(协同模态或非协同模态)为特征。

主动型传感器将能量(如无线电、声波或光波)导向目标,以确定其存在和位置。主动型传感器有雷达和激光雷达。由于定向能量的大小被严格控制,主动型传感器在确定另一个空中物体的相对位置时可达到很高的精准度。为产生这种能量,主动型传感器通常需要更多的动力,并且可能比被动型系统更大和更重。

被动型传感器可检测目标的属性,如声音、热量或反射光。被动型传感器有声、热学和光电传感器。被动型传感器无需用能量去检测,因此可能比主动型传感器的体积更小且所需动力更少。由于目标源属性的可变性,如可用光或声的传播,被动型传感器没有主动型传感器精确。

协同型传感器依靠每架参与的飞机来播送其位置。这通常借助传输(询问)和响应的交互过程来实现,这种响应被称为转轨。这也可以通过飞机连续广播其位置来实现,并且无须询问。协同型传感器系统包括 C 模式和 S 模式的转发器及广播式自动相关监视(ADS-B)。

非协同型传感器可感知未配备转发器或类似系统的飞机。这可以通过使用主动检测系统(如雷达)或被动检测系统(如光学相机)来实现。表 15.3 总结了常见的传感器属性。

注:传感器可在飞机上,或作为外部系统(如空中交通管制雷达)的一部分。

表 15.3 选定传感器的属性

传感器	模态
C/S 模式的转发器	协同
广播式自动相关监视	协同
光学	非协同、被动
热学	非协同、被动
激光/激光雷达	非协同、主动
雷达	非协同、主动
声音	非协同、主动或被动

(来源:改编自拉歇尔(Lacher)、安德鲁(Andrew)、马罗尼(Maroney)、大卫(David)和蔡特林(Zeitlin)、安德鲁(Andrew)(米特公司)。无人机空中防撞——技术评估和评估方法,2007)

15.7.2 规避算法

在自动的感知与规避系统中,计算机逻辑会增强或取代人类飞行员的认知过程,以确定最佳行动,避免潜在的分离或碰撞损失。该系统会计算具有潜在威胁飞机的相对位置和接近率,并通过数学方法确定安全解决冲突的策略。此信息可作为建议的行动方案提供给飞行员,由感知与规避系统自动执行,或由两者同时执行。

要确保规避算法的安全性和可靠性,需要对潜在的数百万个模拟遭遇场景进行广泛的测试,然后才能被安全使用。规避算法推荐的机动措施,应尽可能符合相应的航空法规,这类法规与航线变化和通行权规则相关。根据现有法规,当碰撞迫在眉睫时,飞行员可按需采取机动措施。

15.7.3 显示

总体来说,感知与规避的显示分为信息型、提示型和指令型三类。

信息型显示(如图 15.3 的概念示例)是最简单的感知与规避显示。信息型显示仅向飞行员提供周边交通位置的实时信息(在某些情况下,还可提供高度信息)。它们不提供关于潜在规避机动的信息,也不提供对所显示飞机可能去向的预测。信息型显示用于帮助"环内的"飞行员。

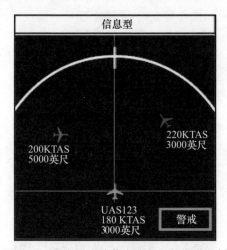

图 15.3 无人机系统信息型显示的概念示例

提示型显示可提供与信息型显示相同的位置信息。提示性显示还可提供机动选择或建议,以帮助飞行员保持"安全距离"或避免碰撞。

提示型显示也许会使用各种图形决策辅助工具帮助飞行员进行理解和决

策。决策辅助工具包括对无人机"安全区"或"远离区"的描述,以便与干扰机保持可接受的距离。图15.4展示了一个概念性的提示型显示,阴影区域展示了飞行员水平机动的适当范围,以便与所显示的飞机保持安全距离。

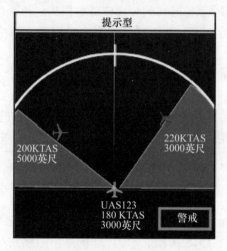

图15.4　无人机系统提示型显示的概念示例

指令型显示可为飞行员或无人机控制系统提供明确和具体的机动指导。在图15.5的概念性示例中,显示器上有一条特定的水平飞行路线,并附有文字说明,向飞行员提供了机动操作建议(即右转)。

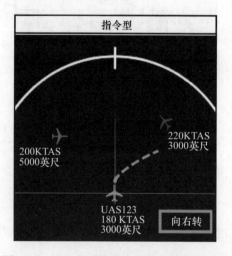

图15.5　无人机系统指令型显示的概念示例

这种显示类型需使用经过测试和验证的规避算法来计算无人机的最佳飞行

路径,以便与其他飞机保持安全距离。

15.8 无人机系统操作中带有"清晰"的规定承诺

无人机一体化的决定性时刻之一是2009年无人机系统执行委员会(EXCOM)的成立。在国会指导下发起的无人机系统执行委员会包括来自美国联邦航空管理局、国防部、美国国家航空航天局和国土安全部的高级管理人员,并"负责为无人机一体化过程中的技术、程序和政策问题确定解决方案。"

2013年6月,科学研究小组(前国防部)在无人机系统执行委员会的领导下进行了重组,他们将注意力转向跨机构问题,即为无人机系统的"安全距离"做出合规性定义。执行委员会指示科学研究小组研究这一问题,并在一年内为无人机系统提供"安全距离"的合规性定义。

科学研究小组达成了5项指导原则作为其方法基础,以使无人机保持"安全距离"。

(1)"安全距离"是无人机的一个分离标准。

(2)感知与规避系统需要一个量化标准,而飞行员可以主观地判断"安全距离"。

(3)"安全距离"的定义基于最小化的碰撞风险,但要考虑到操作因素及与现有有人机避撞系统的兼容性。

(4)"安全距离"在水平维度的定义是基于时间和距离的。

(5)"安全距离"在垂直维度的定义是基于距离的。

根据这些原则,科学研究小组评估了由国防部、美国国家航空航天局和学术界在多个建模与仿真环境中开发的多种模型,以确定能在碰撞风险与操作参数之间达到最佳平衡的模型。这种评估确定的模型说明了与其他飞机的时间及距离,并提供了充足的垂直(高度)间隔,以支持适当的规避机动。

科学研究小组的建议包括到最接近点的最短时间为35s,最小水平距离为4000ft,与其他飞机的最小垂直距离为700ft。航空无线电技术特别委员会(SC-228)的议后审查结果将700ft的垂直距离重新归类为"飞行员警报阈值",并将"安全距离"的垂直距离阈值减少到450ft。这一更改是为了提供更大的操作可接受度,并与现有的空域条例保持一致。科学研究小组的建议是持续评估和测试的基础,以支持美国联邦航空管理局进行验证并最终采用。

15.9 本章结论

几十年来,无人机系统一直致力于借助快速、低廉的空基能力,改善甚至在很多情况下挽救人类生命,且不置飞行员于危险之中。为充分实现这一愿景,无人机系统必须能够在空中交通内安全无误地行驶。

感知与规避技术代表着无人机一体化的下一个重大飞跃。使用强大的感知与规避系统,可使无人机几乎能够在所有等级的空域飞行,与许多类型的有人机相比,具有同等的甚至更高的安全水平。

事实证明,定义感知与规避的组成部分是集中研究、开发和测试活动的关键步骤,这将为无人机系统的设计、制造和运行建立公认的标准。由此产生的新一代无人机将继续体现无人驾驶技术的巨大优势——即确保大家有一个更安全、更得力的未来。

致 谢

作者衷心感谢:

美国联邦航空管理局无人机一体化办公室的斯蒂芬·乔治(Stephen George)。乔治创建并领导着美国联邦航空管理局的无人机系统感知与规避研讨会,如果没有他的领导,"感知与规避"方面就不会取得当前这么大的进展。

来自美国联邦航空管理局、国防部、学术界、联邦资助的研发中心和工业界的美国联邦航空管理局无人机系统感知与规避研讨会的参与组织和个人。

无人机系统科学研究小组曾经的和现在的成员,该小组起源于国防部且现由国防部、美国联邦航空管理局、美国国家航空航天局和国土安全部共同赞助。

思 考 题

1. 感知与规避系统的两个功能是什么?
2. 如何将这些功能分解成子功能?
3. 环内飞行员感知与规避系统的优点和缺点是什么?感知与规避系统的3个组成部分是什么?
4. 为什么感知与规避系统需要一个定量的方法来保持"安全距离"?

参 考 文 献

[1] Annex 2 to the Convention on International Civil Aviation: Rules of the Air. International Civil Aviation Or-

ganization, 10th Edition, July 2005 (Amendment 44: November 13, 2014), pp. 1 - 5.
[2] DO - 185A with Attachment A—Minimum Operational Performance Standards for Traffic Alert and Collision Avoidance System II(TCAS II) Airborne Equipment. RTCA Special Committee 147, December 1997.
[3] Cook, S., Brooks, D., Cole, R., Hackenburg, D., and Raska, V. Defining well clear for unmanned aircraft systems. Paper presented to the American Institute of Aeronautics and Astronautics, November 14, 2014.

第16章 政策与公众认知

Ben Miller

16.1 引　言

  2008年的一个下午，本·米勒（Ben Miller）向梅萨县警长斯坦·希尔基（Stan Hilkey）和梅萨县警长办公室（MCSO）的最高领导提出了一个疯狂的想法，即放飞一架玩具大小的无人机。令他惊讶的是，那次会晤的结果是他获准了进行下一步的研究，其余的，正如他们所说，就是历史了。接下来的几年里，梅萨县警长办公室创建并管理着美国公共安全领域最早的小型无人机系统项目之一。梅萨县在使用无人机维护公共安全方面取得了许多首创。在此过程中，梅萨县通过反复试验，充分了解了小型无人机在公共安全领域的应用。

  2008年，小型无人机系统（美国联邦航空管理局在大量指导文件和政策声明中定义其最大起飞质量不超过55lb）是该技术从军用向民用过渡的关键因素。小型计算机的大小相当于一部手机，可以完成平稳飞行和导航的所有必要步骤，直到最近才被美国国防部以外的人使用。军方提出了小型、便携式和易于飞行的无人侦察机概念，由数百名企业家、开发商和制造商推动的史无前例的技术革命中，类似的小型无人机系统正迅速进入民用世界。梅萨县警长办公室的无人机系统计划将开始定义这些系统在公共安全领域的应用。该应用等同于军事应用的假设将被证明是错误的，在今后几年里，他们将在公共安全领域开发许多通用的小型无人机应用程序。

  现在7年过去了，无人机运行理念趋于稳定，程序也日益完善。他们最初的意图与今天面对的现实情况有些相似。过去6年的运行中所收集到的统计信息表明，从长远来看，小型无人机系统不会产生新的能力，但将创造一个负担得起的空间，执行以前通过其他方式完成的许多任务，但花费要少得多。这些数据支持了航空"民主化"的观念，即通常使用小型无人机系统来执行以前在经济上不可行的任务。这样一来，运营商就能在以往无法通行的空域环境中，用仅占有人机成本的一小部分，进行经测试的航空活动。航空业的民主化使梅萨县警长办公室能够收集有关公共安全事件的有用数据，从而能够更快、更准确地做出战术和战略决策。到2012年,梅萨县警长办公室的直接运营成本定为每小时25美元。虽然执法部门强调数据和无人机的使用一直是国内和国际媒体的敏感话题,但现实情况是,在公共安全领域使用小型无人机系统并不能获取这些数据,而只是提高了访问效率。为此,解决隐私问题至关重要,因为这涉及当地执法部门对小型无人机的使用。

16.2 隐私

那么名字到底包含什么呢?你可能已经注意到"无人机"这个词没有出现在引言中。虽然"无人机"这个术语能更快地识别主题,但它对公众了解实际系统却没有什么帮助。除了使用"无人机"一词,公共安全组织有责任提供更多信息。军方部署了MQ-9捕食者-B等系统,并将其称为"无人机",以对境外目标实施致命打击。这一术语的广泛使用不但不能解释具体情况,还会引起当地公共安全机构的恐惧和不信任。在美国,信任是执法的基础。

多年来,执法部门一直从空中观察公众生活,并在美国各地的许多案件中得到了法院认可。例如,在佛罗里达州诉莱利案中,见《美国最高法院判例汇编》第488卷第445页(1989年),执法人员从空中观察到非法药物的种植情况,并成功利用这些信息获得搜查令及起诉罪犯。可以肯定的是,有朝一日,利用小型无人机收集证据的做法将被法院系统质疑,到那一天,法院根本不会重视由一架无人机搜集到的证据。"空中之眼"是天空中的眼睛,有没有飞行员无关紧要。根本问题是,这种监视或观察及其后续的逮捕行为是否符合美国宪法第四修正案的规定。

此外,公共安全领域的小型无人机上不太可能携带潜在致命武器。依作者之见,美国民事执法机构绝不允许这种情况出现。然而,非致命武器(如橡胶弹、胡椒喷雾等)也无法登上小型无人机这一说法可能缺乏远见。事实上,梅萨县警长办公室的项目很早就考虑到了这一点。自梅萨县警长办公室的项目开始以来,关于使用小型无人机的法律含义讨论就从未停歇,并将一直持续。然而,关于公共安全机构在美国境内使用军事装备和执行军用无人机任务的推断显然是错误的,尽管大众媒体和博客圈内的一些人提出了相反建议。

真正的隐私争议在于执法部门收集和保留的数据或信息。应该要问的是,谁收集或接收了数据?他们可以将其保留多久?他们能把数据给谁?他们会如何使用数据?这是解决隐私问题的更全面方法。小型无人机的使用并没有产生这种讨论,而是被用来恢复这种讨论。其他形式的数据收集,如车牌阅读器、安全摄像头、交通监视器等,由于尚未解决数据保留和使用方面的问题,也同样存在争议。使用各种形式的监控技术,包括携带摄像头的无人机系统,它们所面临的法律挑战,最终限制了公共部门对数据和元数据的收集和处理。

16.3 法　　规

　　梅萨县警长办公室项目的早期,美国联邦航空管理局有一个非常简易的程序,能使他们合法进入国家空域系统。基本前提是该项目应与无人机公共飞行器运营部门接洽,以确定其在《联邦航空条例》的规定范围内可能存在的违规行为,并要求梅萨县警长办公室获得相关规定的豁免权。因此,梅萨县警长办公室要求豁免《美国联邦航空条例》的第91.113(b)条,该条要求所有飞行员"看见与规避其他飞机。"①最初,豁免基于梅萨县警长办公室无法遵守《美国联邦航空条例》第91.113(b)条的规定,因为无人机上没有飞行员。为了得到豁免,或者更正式的授权或豁免证书,美国联邦航空管理局要求他们的项目展示一种可替代的合规方法。梅萨县警长办公室请求在小型无人机的视线范围内飞行,以遵守《美国联邦航空条例》第91.113(b)条中关于看见与规避其他飞机的要求。让所有相关人员感兴趣的是,梅萨县警长办公室发现,通过保持小型无人机的可视视线,操作员不仅能够保持视觉分离,而且能够比在有人机驾驶舱中做得更好。小型无人机操作员对空域有四维感知能力,因为他/她能看到自己飞机周围的三维空间,也能听到其他飞机接近临界空域的声音。随着梅萨县警长办公室对《美国联邦航空条例》的了解越来越深入,他们随后开始质疑豁免是否真的有必要。

　　梅萨县警长办公室最初为一架名为龙翔者X6(Draganflyer X6)的小型"四驱"无人机申请授权证书,该机由一家名为龙翔者创新(Draganfly Innovations)的加拿大公司制造。大约花了8个月的时间从美国联邦航空管理局获得飞行许可。即便如此,它也只能在梅萨县垃圾填埋场的一个小区域飞行。这种许可被称为"训练授权证书",操作员只能在白天飞行到离地高度为400ft的距离,并且要在操作员的视线内。Draganflyer X6的飞行高度约为400m。

　　美国联邦航空管理局要求梅萨县警长办公室提供一封信,说明他们已经评估了Draganflyer X6的适航性,并将承担与机身适航性相关的所有责任。适航性是确保设备适于飞行并能安全飞行的过程。此外,飞行员执照是操作人员证明

---

① http://www.ecfr.gov/cgi-bin/text-idx?c=ecfr&sid=3efaad1b0a259d4e48f1150a34d1aa77&rgn=div5&view=text&node=14;2.0.1.3.10&idno=14#se14.2.91_1113

他们已准备好在给定环境中驾驶设备的过程。根据美国联邦航空管理局的说法,这两个源自载人航空的过程均不适用于国家空域系统中的小型无人机。在授权证书的申请过程中,梅萨县警长办公室确保所有问题都得到了解决。他们解释了如何训练操作人员,以及如何确保每次飞行时都能做好准备。如果他们的设备没有按照计划或预期运行,他们还将确保应急措施到位。在填写原始授权证书之前,他们已经提交了 30 多页文件,8 个月后,他们收到了美国警察机构使用无人机的第一批授权证书之一。即便如此,他们也只能在当地垃圾填埋场的一小块区域内飞行。这显然是行不通的。他们开始培训操作员,并学习如何在日常任务中实际地使用小型无人机。训练授权证书达不到全面作战能力的目标。

在与美国联邦航空管理局进行了一些针对性的交谈后,该局用紧急授权证书解决了这些问题,因为梅萨县警长办公室可以在有飞行任务需要时随时给他们打电话。这一过程要求梅萨县警长办公室打电话给美国联邦航空管理局,通过一份两页的文件提出请求,说明当下的情况。美国联邦航空管理局对签发紧急授权证书做出了 3 项规定:请求的任务无法由有人机执行(梅萨县警长办公室没有有人机),请求者必须持有有效授权证书,该任务是濒临伤亡的危险。有人认为,通过给梅萨县警长办公室强加这些要求,美国联邦航空管理局承担了执法者的角色,在航空使用和执法反应两方面均保留了确定紧急风险的特权。在满足公共安全机构的需要和任务方面,人们认为早期获得小型无人机飞行许可的过程并不理想。

随后,梅萨县警长斯坦·希尔基(Stan Hilkey)命令团队保持现状,"走到前门"并遵守规则。一旦这样做,他们就可以有力地指出该过程的缺点。他们按要求做了,可能会改变历史进程。梅萨县警长办公室后来通过其替代航空计划与美国司法部建立了牢固的联系。在迈克·奥谢(Mike O'Shea)先生的帮助下,梅萨县警长办公室帮助公共安全机构创建了一套全新的、经修订的授权证书流程,该流程将在他们使用小型无人机之后推出。美国联邦航空管理局和司法部称这一新流程为"共同战略"。这一共同战略永远不会被广泛接受,因为美国联邦航空管理局已经向执法部门透露了驾驶小型无人机的严格要求。梅萨县的项目经过了 8 个月才获准试飞,大多数人把这个小无人机当作玩具,它只有几磅重,小到可以放在警车的后备箱里。此外,达成共同战略后的新要求将进一步模糊联邦航空管理局对地方执法的意图。例如,在共同战略被接受后,美国联邦航空管理局提出了一项新的要求,即让每个申请授权证书的执法机构提交一封来自其州检察总长的信,声明该机构确实是政府的一个分支机构。尽管许多相关人员并不认可,但美国联邦航空管理局坚持认为这一要求符合联邦法律规定,这使此类机构别无选择,只能被迫执行似乎毫无意义的程序(美国联邦航空管理局对《美国法典》第49编第40102(a)(41)(C)和(D)条的解释对此类信函生效,见2014年2月12日发布的咨询通告00-1.1A(10)(b))。

梅萨县想得到进一步行动的豁免权,就必须满足一定要求,这些要求包含许多看似不合理的条件。但当无人机符合公共飞行器的飞行准则时,那些无理要求都将被这一事实所掩盖。根据美国联邦航空管理局发布的政策,公共飞机运营可免除获取授权证书过程中的许多要求,包括培训、机身认证、飞行员资格等,但是必须遵守《美国联邦航空条例》第91部分中的操作规定。

16.4 公用飞行器

《美国法典》第49章第40125节规定了公共飞行器的资格。美国联邦航空管理局对该法规的解释载于前面引用的咨询通告00-1.1A。公共飞行器无须持有适航证书,其操作人员也无须具备与民用和/或商用飞行器相同的资质。本质上,在飞机起飞之前,联邦航空管理局对公共飞机运营商几乎没有管辖权。一旦起飞,所有飞机都必须遵守《美国联邦航空条例》第91条的规定,即通常所说的"航路规则"。将无人机比作汽车是最好的描述。如果无人机是在国道上行驶的汽车,政府不能要求公共驾驶员持有医疗证明,也不能制定其保养标准,即更换机油、更换轮胎等。但是,一旦汽车驶入高速公路,公共操作员就必须遵守限速规定,不得在双黄线区域通行等。

现在,航空执法部门采用的飞机维护需求标准和飞行员认证标准,是否与美国联邦航空管理局对民用/商用飞机操作员的要求相同?确实是一样的。为什么要拾人牙慧呢?航空执法部门的自发性要求,与载人航空操作有何不同?不久的将来,美国联邦航空管理局将在《美国联邦航空条例》中制定规则,指导无人机在国家空域系统的安全运行。可以预见,公共安全领域的用户将在自己的运营中采用这些规则。然而,早期的采用可能是一种混合模式,因为美国联邦航空管理局(本书撰写时正处于《规则制定倡议通知》的议定过程中)最初制定的小型无人机规则极大地限制了执法目的,即不允许夜间飞行。

16.5 公众认知与教育

在梅萨县警长办公室项目的早期,人们把更多的时间花在教育公众如何使用小型无人机上,而不是花在实际的日常无人机系统操作上。如前所述,"无人机"引起了公众的广泛关注。这在很大程度上基于对某种模糊术语的误解。公众通常认为,无人机是战争工具,潜伏在地球上空数英里处,监视并等待着发动攻击。如果主题是无人机军事行动,那么这种看法在许多方面是准确的。军事系统的设计是为了改善人类在战场上执行任务时的缺点。例如,飞行员无法长时间保持专注,这对作战人员来说是一个重大挑战。据诺斯罗普·格鲁曼公司(Northrop Grumman)称①,其"全球鹰"高空长航时(HALE)无人机单次可飞行超过10000n mile,续航时间超过24h。其大小和波音737飞机一样。虽然它不携带武器,但它装备了绝密的高性能传感器,使它能够详细观察下方的地球。其他无人机则携带了武器,如MQ-9捕食者B(MQ-9 Predator B)。据其制造商通用原子公司(General Atomics)的说法②,这架飞机可承载3000lb的重量,续航时间为27h。这些系统不仅克服了人类的局限性,也使飞行员脱离了危险。在许多方面,这些系统为决策者提供了更多的数据,使军方能够更精确地在战场上使用致命弹药。人们普遍认为,这些特征提高了发动战争能力,并减少了意外伤亡。

然而,这些无人机系统和MCSO项目所采用系统的唯一相似之处,就是没有机载飞行员。我们不仅要维护公众的信任,还要将无人机系统的使用纳入日常公共安全行动之中,因此向他们解释这一点至关重要。民众对国家和地方警察使用这些战争武器的想法感到震惊,这会影响到地方执法部门。MCSO项目的无人机系统很小,与"全球鹰"无人机相比,其携带的小型摄像机无法提供同等程度的细节;然而,使用它们是因为其具有很高的性价比。MCSO项目的长期运营成本仅为每小时25美元。美国司法统计局2007年的一项研究显示③,虽然大型军用无人机的运营成本难以确定,但MCSO项目每小时25美元的飞行成本仅为执法部门载人航空平均运营成本的2%。

保持绝对的透明度,并向公众解释使用这种技术的合理原因,对于执法部门在早期使用无人机系统至关重要。MCSO花了大量时间向媒体通报情况,以便向公众传达这一信息。警长办公室主持了与相关公民的会议,并创建了一个网站④来解释小型无人机的用途和好处。在许多方面,MCSO成功地让公众了解到无人机的实际运行情况,领导层坚信,警长办公室的公信度与项目实施前一样。

---

① http://www.northropgrumman.com/Capabilities/GlobalHawk/Pages/default.aspx?utm_source=PrintAd&utm_medium=Redirect&utm_campaign=GlobalHawk+Redirect.

② http://www.ga-asi.com/products/aircraft/predator_b.php.

③ http://www.bjs.gov/content/pub/pdf/aullea07.pdf.

④ www.mesauas.com.

16.6 历史应用和研究情况

有了设备,得到许可,还有了公众的信任,我们随时准备好开始这段新的征程。以下是该项目中的一些关键部署和有趣的经验教训。

我们的第一次任务恰好在获批的训练区域内进行,当时我们还在训练和评估 Draganflyer X6,因此不需要美国联邦航空管理局的进一步批准。2009 年 10 月,梅萨县警长办公室正在调查一起儿童性侵案,调查人员发现,案件发生的地点和我们最初进行授权训练飞行的地方,可能是同一个地区。调查员问我们是否可以飞越该地区,收集一些照片,并确定这里是否有可能是犯罪地点。我们驾驶 Draganflyer X6 飞行了几次。该系统配置了松下公司生产的高质量手持式点击相机。我们在沙漠地区飞行了几次,并拍摄了照片(图 16.1)。我们查看那些照片,发现有一把躺椅被扔在沙漠里(图 16.2)。对躺椅的进一步调查证明它与案件无关,但使用小型无人机找到它是有用的。那天,Draganflyer X6 在着陆时出现了一些问题,不得不将其返厂维修。我们非常熟悉这个系统,知道它能做什么,不能做什么。那天的风可能有点大。

图 16.1 2009 年 10 月 2 日,MCSO 的警员凯西·多德森(Casey Dodson)用 Draganflyer X6 无人机拍摄的照片(一)

第二年的春天,即 2010 年 4 月,我们部署了第一次搜救任务。我们的搜救

图 16.2　2009 年 10 月 2 日，MCSO 的警员凯西·多德森（Casey Dodson）用 Draganflyer X6 无人机拍摄的照片（二）

协调员打来电话，说一名男子自杀了，他从前天起就没再露面，他的家人称他的 .357 口径手枪不见了。

我们被指派到一个植被茂密的地区，这里可能是失踪者的潜在位置。这个地区长约 1mile。无人机能够从多个起飞位置飞行，并通过向操作员两侧飞行 400m 来覆盖整个区域。飞行时，Draganflyer X6 会将录制的视频发送到我们的控制系统。根据实时信息，以及之后回放录制视频，我们可以自信地告知搜救协调员，目标不在指定给我们的区域内。为了获得飞行许可，我们必须向美国联邦航空管理局申请紧急授权证书，这项申请大约在 5h 后获得批准。事实上，那天的天气状况不适合飞行，但是美国联邦航空管理局批准了之后 3 天的紧急授权证书，在此期间，飞机最终有机会飞行。Draganflyer X6 每次的飞行时间大约为 10min，均按照预定计划起飞、飞行并着陆。我们向龙翔者创新公司（Draganfly Innovations）反馈过，希望 X6 的飞行时间可以更久，传输的视频范围可以更广。

2011 年 5 月，我们进行了第一次建筑消防部署，协助当地消防部门扑灭了一座老教堂的大火，并协助他们进行后续的纵火调查（图 16.3）。消防部门曾试图灭火，但在一名消防员受伤后，他们发现火势已经蔓延开来，便任其继续燃烧。当太阳升起时，我赶到了现场，那里的清理工作已经开始，我找到了事故指挥官。我介绍了自己，告诉他我有一架带红外摄像头的小型直升机，可以帮助他找到建筑物里的着火点，并航拍一些现场的照片。我记得他看起来很困惑，环顾四周，然后问我直升机要在哪里着陆？我笑着解释说，"这是一架小型无人机，我可以在接下来的几分钟内,让它带着一个前视红外摄像头飞起来。"他笑着说,"我们知道那里很热。"我问他是否想知道哪里很热,他很高兴我能提供这样的细节。在第一次飞越燃烧着的大楼上空后,我们用红外摄像机向地面传送了现场视频,然后发现了一个被火势遮挡的着火点(图 16.4)。消防部门的应对措施是对那个着火点喷洒更多的水来灭火,这增加了他们的信心,认为火灾已经得到控制,不会再次起火。在使用红外照相机后,我们又将静态照相机安装到 Draganflyer X6 上,并拍摄了航空照片,以帮助纵火调查人员进行重建工作。我们回到办公室,利用软件将所有单张照片合并成整个大厅的马赛克图像(图 16.5)。我还记得纵火调查人员都被震惊了,因为他们根据我们提供的图像确定了工作推进的方向和其他关键证据。

图 16.3　2011 年 5 月,梅萨县警员拍摄的照片(一)

图 16.4　2011 年 5 月,梅萨县警员拍摄的照片(二)

图 16.5　2011 年 5 月，梅萨县警员拍摄的照片（三）

另一项难忘的任务发生于一个冬天的深夜，当时电话响了。我们无人机团队的一名警员打来电话，请求寻找一名失踪的 12 岁男孩。男孩的母亲拨打了 911，说他们搬到新家只有 3 天，她 12 岁的儿子有发育障碍，从那天一早起就再没见过他了。当时室外的温度非常低，梅萨县警长办公室调动了所有可用资源展开搜救行动，包括使用前视红外摄像机，它无论在白天或晚上都可以感知温度。我赶到现场，和我们的警员一起用 FLIR Tau 640 红外探测器飞行了几次，观看了下行链路的实时视频，寻找那个男孩。在我们工作时，其他警员继续和男孩的母亲交谈，因为事情似乎不太对劲。很快我们就得知男孩的爸爸也住在镇上，但和妻子已不再联系。一名警员去了男孩的父亲家，发现男孩安然无恙。那天晚上我们学到：我们要完成的任务比我们与美国联邦航空管理局的关系更重要，我们的小型无人机是夜间搜索的重要工具。虽然我们要找的男孩并不在我们的搜索区域内，但我们可以轻易看到大量的搜索志愿者和 MCSO 工作人员。鉴于红外摄像机能够感知热量，并在屏幕上显示相对对比度，因此在寒冷的夜晚，特别是环境温度低于零点的情况下，人体特征是非常明显的。我们注意到的另一个事实是，一切都很安静；在那个夜晚，没有其他飞机飞行，我们的小型无人机有着明亮的 LED 导航灯，因此在夜空中很显眼。

我们突然想到，如果美国联邦航空管理局当时能更好地了解小型无人机，他们可能会要求我们在夜间开展飞行测试，因为夜间的空中飞机较少，而且夜空中无人机的灯光对比非常明显，地面上的人大部分都在室内。至少在我们看来，夜间驾驶小型无人机的飞行风险会大大降低。

使用无人机的另一个案例发生于2013年12月。那天早些时候,一名假释官联系了一名可能被撤销假释的假释犯。假释官敲门时,该假释犯拿着一支大口径步枪,从住宅后面跑到一片田野中,藏到了一棵树下。警员们接近假释犯时,这个位置难以让他们进行安全掩护,因此他们设立了周界并制定了围堵计划。MCSO特种武器作战部队和无人机团队被召集到现场。无人机团队使用了"猎鹰"无人机(Falcon Unmanned)公司的一架固定翼无人机,让其在离地300英尺的高空绕树飞行。该团队的成员在距目标600m处操作着无人机,将其控制在视线范围内。在其飞行过程中,无人机上的日光摄像机和前视红外摄像机都对准了这棵树。虽然在无人机拍摄的下行视频(标准清晰度)中无法立即找到目标,但装甲救援车上的队员通过无人机确认了目标的位置。我们利用"猎鹰"无人机来保持警戒。如果目标再次徒步逃到附近的树丛中,无人机团队就能指挥特警队员前往新的围堵地点。电池耗尽后,我们使用无人机上的降落伞让"猎鹰"无人机着陆。当它降落到地面时,风把它吹到了周界内,我们决定在情况安全时再把它找回来,因为它离持枪的目标太近了。回头来看,无人机团队应该在更远的地方部署。该系统能够进行长达7km的超视距操作。这样一来,整个团队便可以从持械对象的外围撤离了。

无人机用途的最后一个案例可能让人难以想到,但却为我们的行动提供了迄今为止最有用的数据。2014年5月,梅萨县发生大规模山体滑坡,形成了3mile长的泥石流带,致当地3名牧场主丧生。MCSO无人机团队在现场部署了固定翼和旋转翼无人机。利用"猎鹰"固定翼无人机,对碎片带的下1/3区进行了摄影测量。在40min的飞行里,我们收集了700多张照片,然后将这些照片分组,由一组志愿搜救人员(SAR)进行观察。这些志愿搜救人员会查看分给他们的高分辨率照片,寻找失踪牧场主的踪迹,然后将这些照片存储在特定位置,以备日后审查。一轮步骤结束后,整个搜救小组将与无人机小组成员一起查看所选照片并做进一步处理。这一过程并未发现失踪牧场主的任何生命迹象或位置,后来证明确实没有。然后,同样的数据集被处理成一幅经过地理校正的正射影像,可将其放入地理信息系统(GIS)软件,如谷歌地球(Google Earth)。这些照片还被用来创建三维点云和数字表面模型,使救援人员能够确定整个泥石流区的体积。随后,梅萨县公共工程部将继续使用Trimble UX5固定翼无人机进行勘测飞行,以收集后续数据集,观察泥石流区的相对运动情况。MCSO无人机团队协助公共工程团队获得授权证书,并开始他们自己的项目。

与调查过程类似,MCSO无人机团队现在能够用无人机系统调查犯罪现场,在这些情况下,照片要么以最低视角拍摄(垂直向下),要么以倾斜视角拍摄(与目标成一定角度）。利用这项技术，MCSO无人机团队拍摄了大量的凶杀现场照片，并制作了高度精确的正射影像和三维模型。这些模型以动画方式再现案件的过程，并将其作为证据提交。在未来，这一过程可能成为无人机系统在公共安全领域的主要应用。

16.7　策略和程序

　　自成立以来，MCSO无人机团队已经创建、删除并重新创建了许多用于公共安全领域的无人机策略。他们积攒了许多经验教训。以下是团队采用的一些操作程序。

　　标准的人员配置是一名主管操作员（OIC）和一名观察员。然而，这并非总是可行的或必需的。MCSO无人机团队选拔并培训员工成为无人机操作员，而不是飞行员。考虑到拟议的《美国联邦航空条例》第107部分中的内容（前文提到的拟议规则制定通知），这样的表述似乎最为合适。这也与项目启动以来团队所创造的文化相符。在公共安全领域，无人机的用途与其他特定任务的工具一样。要对警员进行培训，以便其操作无误。MCSO无人机团队的操作员无须成为有人机的持证飞行员，也不期望他们达到这样的熟练程度和专业水平。在未来，公共安全领域的无人机操作也不可能成为全职工作。

　　在搜救任务中，有两种操作模式是最有效的。这些模式与系统无关。通常很难知道搜救任务从哪里开始。一般来说，应从一人或多人的最后已知位置展开搜救工作。然而，从这一点出发的飞行方向并不明显，这一变化因素将决定操作无人机的模式。

　　当飞行方向已知时，无人机团队可以部署无人机，让其在目标行进方向上以网格模式飞行。这种网格模式的创建要考虑到摄像机的视野和高度。建议视野重叠20%。这样做可以在保证搜索效率的同时确定搜索区域的覆盖范围。飞行期间，需要实时查看图像，以获取行动信息；然而，根据MCSO无人机团队的经验，图片太多可能会使观察员应接不暇，因此建议对数据流进行某种形式的图像处理，以此来辅助观察员。

　　当飞行方向未知时，围绕最后一个已知位置不断以扩大的同心圆方式飞行会更有效。后续飞行路径的半径由摄像机的视野和所需的重叠部分来决定。此模式中的数据观察结果与之前的结果相比没有变化。当观察员看到一圈飞行结束后，半径就向前移动到下一个同心圆，依此类推，直到飞行结束，或者直到发现了行进方向。然后任务模式变为网格搜索。

　　在犯罪现场测绘中，我们的程序还发现了两种通用的任务模式，它们在大多数(如果不是全部)犯罪现场任务中都非常有用。第一种是最低点图像采集,把相机放置在90°方向,相机中的传感器与地表平行。考虑到图像之间期望的重叠,无人机以网格模式在目标区域上空飞行并以预定的时间间隔拍摄照片。

第二种模式是倾斜的摄像机方向,即摄像机指向目标,无人机被偏移。考虑到图像之间的期望重叠,无人机在目标区域上空盘旋并以预定的时间间隔拍摄照片。建议无人机系统至少以两个不同的高度绕目标飞行多个轨道。

主动云台增稳功能有助于保持最低点,并且通过抵消飞机的运动来使相机方向倾斜。在不稳定情况下收集的数据,可能无法被后期处理软件使用。相机的快门速度应比普通相机更快,而云台还应提供隔振和减震功能。目前,在照片处理选择方面,业界已提供了大量产品,但用户应该选择至少能同时提供正射影像和密集点云的软件。

16.8 无人机系统在公共安全应用方面的局限性

虽然无人机可以进入很少使用的空域(离地高度为500英尺),但其仍有许多功能无法实现,而且可能永远不会实现。例如,无人机可能永远也不会像吊车末端的警员那样营救被困人员。有些公共安全任务只能由人来执行,并且需要我们的工作人员付出巨大热忱和努力。当任务需要可载人的大型飞机时,完全自主的控制系统极易被飞行员取代或加强。事实上,对于这种规模的飞机来说,提高自主性是否会比降低风险带来更大的改善,还有待商榷。

无人机在公共安全领域的价值永远不会超过载人航空的成本。考虑到具体任务,如果使用无人机的成本超过了有人机,国家和地方政府可能会选择更高性价比的有人机。他们为什么要花高于有人机两倍的费用来实现人力所能提供的同样能力?毕竟公共安全组织受到其服务人群的预算限制。

所有新技术似乎都被期望是万能的,但无人机并非如此。美国的公共安全永远需要人类的决策能力,同时要具有服务意识和英雄主义。我们今天的行动计划与刚开始时大为不同,那时我们只需记录下自己的想法。

16.9 本章结论

如今,无人机是公共安全领域的宝贵资产。它们的采用速度非常缓慢,但随着美国联邦航空管理局制定出明确且适用于无人机的法规,其采用速度只会加快,"飞行授权"将被取消。随着无人机采用率的提高,其使用和应用程序相应增加,但不幸的是,事故也会增加。公共安全建立在公众信任之上。因此,在涉及无人机系统和公共安全的所有方面都必须考虑信任因素。在无人机的应用、标准和使用中,公共安全组织应该以扎实的研究、专业精神和务实态度对待无人机系统。人类有一种惊人的能力,可以创造出超越我们生理限制的工具。无人机系统可以帮助全人类进一步超越身体上的限制。

思 考 题

1. 你认为将这项技术纳入国家空域系统(NAS)所面临的最大公共政策挑战是什么?
2. 概述问题1的解决途径。
3. 社会是否应该以个人隐私为代价去保证更大范围的公众安全?写下你的答案。你的答案有哪些风险?
4. 谁应该负责教育公众去了解将无人机纳入国家空域系统的情况?这样做可能会出现什么问题?

第17章 无人机系统的未来

Richard Kurt Barnhart

17.1 引 言

古希腊哲学家,爱菲斯学派的赫拉克利特(公元前535—475年)因奉行宇宙永恒变化而闻名。这种永恒变化在无人机系统(UAS)这项高新技术中最为明显,向来是一些领域讨论的话题。例如,许多媒体将无人机系统称为"drone"而不是"UAS"。在其他领域中,又称为"遥控驾驶飞行器"(Remotely Piloted Aircraft)。对于支持最后一种术语的人而言,当他们尝试公开解释无人机系统的用途时,有义务强调无人操作这一特点。就永恒变化这点而论,书写无人机系统的未来便不好把握。因此,这一章将主要讨论无人机系统更广泛、更持久的行业趋势,而不是对这个快速变化的领域做出具体的预测。

17.2 预期市场增长

不审视历史和探讨未来趋势的行业分析一定是不完整的。仅仅在过去的15~20年,无人机系统已经发展成为一个重要的行业领域,无论以何种标准衡量,它都是新兴的行业。无人机系统的制造和支持服务市场起初是一个很小的、毫不起眼的行业细分,但随着强大技术的进步,其很快发展成为航空企业的重要组成部分。其市场发展一直保持稳定增长,并预计发展范围将继续扩张。通常情况下,新兴产业与更为成熟的行业不同,几乎不受经济周期的影响,因而会经历快速的增长期。这正是无人机系统市场的特点,并会一直持续下去。

据"市场调研媒介"网站(marketresearchmedia.com),无人机系统的市场费用可以分为9个基本部分。

(1) 调研、研发、测试与评价(RDT&E)。

(2) 平台或飞行器。

(3) 地面控制系统。

(4) 有效载荷和传感器。

(5) 服务和支持。
(6) 传感器数据处理与分发。
(7) 培训与教育。
(8) 数据管理。
(9) 无人机群组收益。

从各方面来看,全球无人机系统市场在可预见的未来将继续显示强劲的增长势头。几个主要的无人机市场调研公司一致认为,该行业将在未来5~10年内迅猛发展。蒂尔集团公司(Teal Group Corporation)的综合市场研究分析员在他们2014年的预测报告中评估指出,未来10年,全球范围内,无人机系统费用的年复合增长率将从5%的军用转变到20%的民用,超过900亿美元。其中美国将支付研发费用的65%,总采购额的41%(以美元计算)。尽管2014年全球市场的总体预测高于2010年的预测,但美国市场的总体预测比例下降了10%~15%。美国市场预测值的下降表明,无人机系统在美国境外的增长。值得注意的是,在全球范围内,军用无人机系统的费用继续主导整体产业经济预测,约占全部市场的85%以上。随着美国和其他地方民用空域持续开放,市场上整个国防用途部分所占的比重无疑会下降。(图17.1)

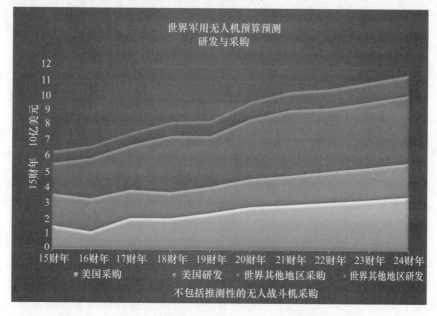

图17.1 蒂尔集团(Teal Group)的预测值
(来源:无人机一体化市场分析,蒂尔集团,2014年7月17日。http://www.tealgroup.com/index/php/about-teal-group-corporation/press-releases/118-2014-uav-press-release)

弗若斯特沙利文公司(2014)预测无人机系统市场将会有巨大的增长。他们的预测数据表明,在未来5年内,到2018年,全球军用无人机系统市场总额将达到近870亿美元,这比他们2010年的6年预测值高出近250亿美元,显示出可观的预期增长。他们也预测这一市场的年复合增长率为12%。(图17.2)

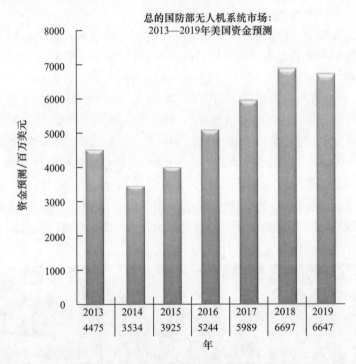

图 17.2 弗若斯特沙利文咨询公司预测
(来源:弗若斯特沙利文咨询公司。全球军用无人机市场评估市场研究媒体。市场调查媒体溢价市场分析网络。2014年1月9日。http://www.marketresearchmedia.com/?p=509)

17.3 无人机系统市场的未来

长期以来,美国联邦航空管理局按照责任实体属于公用或私用将飞行操作分为两大类。根据《美国联邦法规》第14条第1.1款规定,"公用(公共用途)飞机是指由州政府、哥伦比亚特区、美国领土、属地或其中任何一个地区的政治分区持有(或租赁至少90天),并由他们运营的飞机",或者归属于美国军方的任何一个分支机构。相同条款规定私人飞机是指"非公共飞机",即私人拥有或商业运营的飞机。美国联邦航空管理局已经将这些定义扩展到无人机系统。考虑到美国联邦航空管理局(2013)将首先把小型无人机(sUAS,即质量小于55lb的无人机)纳入国家空域系统。这些飞机最有可能属于私用,也是最早用于商业的飞机。

17.3.1 私用/商用无人机系统市场

2010 年出版的本书第 1 版中将私用/商用无人机系统市场描述为"即将决堤的大坝"。尽管"决堤"比人们预期的来得要晚,但用这句话来描述当前的状况是再贴切不过的了。目前,美国联邦航空管理局对试图在国家空域系统内运营无人机系统的私营公司(和其他公司)重重设限。但即使如此,近日美国联邦航空管理局根据国会在 2012 年《美国联邦航空管理局再授权法案》中的指示,为私营公司进入国家空域系统开辟了一条可实现的道路,提供短期内通过豁免程序进行商业运作的无人机机制,以及一套拟议的联邦规定作为长期解决方案。虽等待已久,但目前业内普遍预计商用无人机行业将最晚在 2017 年出台一项授权条例。该条例只适用于小型无人机系统,目前建议只能在白天飞行,并且飞机只能在飞行员的视线内飞行(其他限制除外)。然而,由于联邦航空管理局收到了来自公众的意见,要求他们在一定条件下修改或取消这些限制,因此"小型无人机系统的飞行规则"仍处于商榷之中。直至当前,对大多数在国家空域系统内运营的无人机系统,其主要的监管机制是向美国航空管理局申请替代类型的适航证书或授权证书,这一监管机制为特定无人机系统的运营设置了一系列的管控和限制。通常,授权证书只为公共机构提供,因此不包括商业运营。在运营需求被法规取消之前,根据《美国联邦法规》第 14 条规定定义无人机系统作为公共飞机,在空域准入中授权证书将继续发挥作用。如果计划的操作超出了条例的允许范围,那么有必要再次执行授权证书流程。因此,在可预见的未来,授权证书流程有望在无人机系统运营中发挥作用。

商用无人机系统应用的潜力似乎没有限制,而且与日俱增。随着越来越多的人和行业意识到这项颠覆性技术的巨大潜力,新的潜在应用出现了,而这些全都是得益于技术的支持和监管的推动。正如北卡罗来纳州立大学的凯尔·斯奈德(Kyle Snyder)所说,"给我一个行业领域,我就会向你展示(一个或多个)在此行业内应用无人机系统的技术。"全国各地高校都看到围绕这项技术的商业潜力所发展起来的外部相关行业的巨大增长。这些行业包括能源、房地产、公共安全、交通、公共资源管理、动物健康、新闻、电视/电影等。

17.3.2 公用无人机系统市场

军事、急救人员以及与高等教育相关的研究/培训活动将继续主导无人机系统这部分市场。独立大学也好,与其他行业合作的大学也罢,都将继续引领和推动技术的进步和创新,而这些会驱动并创造商业机遇。军方将继续通过推动技术攻关来引领局势,满足态势感知和反应的需求,并将在相当长的一段时间内负责大多数无人机行业的开支。急救人员将继续领导公共部门,激发他们使用无人机系统拯救生命的需求和能力,以此来提高无人机系统的公众接受度。除了这些潜在的应用之外,各州和联邦机构/办事处还可以利用无人机系统来提高工作效率和服务质量。

17.3.3 未来市场准入预期

上文所提到的无人机系统的市场扩展取决于能否进入国家空域系统,以及能否建立培训和认证标准,这些标准与已纳入国家空域系统的有人机的运营规则类似。

17.3.3.1 常规空域准入

"空域"这一术语是指从地面到大气稀薄、太空开始的可用空间。美国拥有世界上最繁忙、最复杂的国家空域系统,但它也是世界上最安全的系统之一。因为该系统主要由一个无形的空中高速公路网络、首选路线、城市过渡区和禁飞区组成,所有这些都是由严格的法规和政策所决定的,所以大多数人对此视为当然,从不多加考虑。这个繁忙、高度复杂的系统之所以如此安全,是因为美国联邦航空管理局通过认证程序,对空域准入进行了严格的控制和加强,包括对各级操作人员(飞行员、空中交通管制员等)、飞机、着陆/导航设施等的政策和程序管制。没有这个认证系统,我们头顶上的这片天空将会是一片混乱且非常危险的地方。因此,将一种全新的技术整合到该系统中通常是一个复杂且缓慢的任务,一旦无人机系统被整合到国家空域系统,那么最大限度地减小干扰,并确保我们曾习以为常的安全水平能够继续就是不可避免的。

前文已经指出,从小型无人机开始的常规空域准入途径已经被提出,允许商用的小型无人机系统活动机制目前也是可用的,尽管现在是个案处理。未来,我们期待小型无人机法规最终颁布,希望2年之内,允许对大型无人机进行常规操作。因为在国家空域系统中操作大型无人机系统的复杂性大幅增加,所以关于大型无人机的活动法规将更复杂,需要几年的时间才能成型。这些操作需要更广阔的空域,因为飞机将会飞得更高,远远超出目前拟议的小型无人机的视线范围。此外,还可能需要取消对夜间作业的限制,以便这些飞行器充分发挥潜力。按照美国联邦航空管理局的模式,随着操作记录的建立,限制条件很可能随着时间的推移而逐渐被放宽,现有的禁令要么被证明太局限,要么自证其必需性。

17.3.3.2 培训和认证

如前文所述,多年来,从操作员培训和认证要求到飞机材料认证,再到航空相关制造和飞机维护标准,航空发展的各个方面一直由联邦标准所控制。随着无人机系统标准的发展,已经建立并被验证的有人机标准在适用和实际的情况下经常被采纳或修订。无人机的尺寸和性能以及预定任务的复杂性将推动无人机系统的相关认证。例如,对于计划在视距内飞行的最小无人机,目前期望是不需要适航认证,只有最低限度的操作人员培训是强制的。对于较大、较复杂的飞机,可能会规定执行适航标准以及较严格的操作人员要求,包括一定级别的飞机驾驶员证书。至少对有些飞机而言,适航标准也有可能由行业共识标准构成,该标准遵循的模式类似于大约10年前美国联邦航空管理局实施的轻型运动飞机认证程序。目前,堪萨斯州立大学正在与美国联邦航空管理局合作,一组行业代表,他们作为美国测试与材料协会(ASTM)F-38的一部分,通过应用适航标准来验证为小型无人机系统开发的共识标准。在这项分析里,他们选择了一架小型无人机系统作为商业运营的飞机代表进行评估。为了评估F-38标准的相关性,堪萨斯州立大学的研究人员进行了一系列的测试,这些测试模拟了所有潜在的操作条件,并在每个评估阶段确定美国材料试验协会的准则是否适用于确保飞机及相关系统的安全运行及其完整性。其他小组目前正在通过类似的验证程序,开发和评估包括无人机系统电子和操作人员认证在内的适航标准。

17.4 就业机会潜力

随着无人机及其应用的增多,以及空域对常规运营的开放,无人机系统在未来将会提供越来越多的就业机会。无人机系统操作员、传感器操作员和技术人员(飞机维护、电子和信息技术)将会得到更多机遇。需要更多后勤支援的较大型无人机系统将催生更多工种,而小型飞行器则倾向于要求操作员执行多种飞行功能,如发射/回收、飞行、维护和数据收集/发布。许多人认为,可由小型无人机系统完成的操作,主要的职业技能将在基本的技术领域,而不是与无人机操作技能相关(像土木工程、基础设施维修等)的飞机附加组件。还有人认为,小型无人机系统运营商需要能够跨行业操作,将图像发送给具备相应技能的人进行分析。未来的现实情况很可能是中和这两种看法。那些有意愿在无人机系统工作的人员,最好选择参加针对多种平台和自动控制软件的职业培训,此外,还要接受能力教育,以应对该行业在政治、经济领域的更大挑战。

许多大学正在创建以无人机系统为中心的学位项目,主要是无人机操作、系统集成和数据收集,如堪萨斯州立大学、北达科他州大学、安博瑞德航空航天大学、中田纳西州立大学、普渡大学,以及多个两年制学院,如俄亥俄州的辛克莱社区学院、亚利桑那州的科齐斯学院等。

17.5 技术方面的新趋势

在未来几年中,我们要探索与无人机系统相关的许多技术趋势。接下来的章节将简要讨论其中一些显著趋势。

17.5.1 小型化

随着材料和处理技术的进步,很多平台变得越来越小,而电子技术的每次发展都能让设计者在更小的空间内置入更多种能力,但如何解决在小空间内完成更多处理工作所释放出能量的热耗散问题,往往是制约小型化实现的因素。未来,一旦该问题被解决,国家空域系统内的无人机系统所需要的所有部件(导航、通信、位置报告等等)很可能都集成在一块小小的印制电路板上,极易拆装在另一架无人机上。随着小型化技术的实现,微型无人机(微型无人机翼展小于6ft)和纳米无人机(纳米无人机翼展小于3ft)将引领潮流(图17.3和图17.4)。

图17.3 微型芯片
(来源:维基百科对微型芯片的解释)

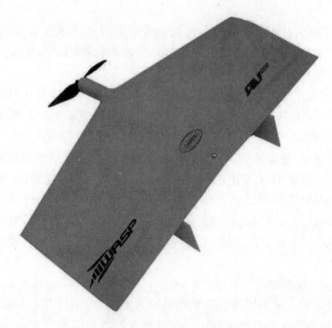

图 17.4 微型飞行器
(来源:http://www.darpa.mil/)

17.5.2 动力解决方案

未来,无人机系统的动力和能源将继续是许多研究领域的主题,随着对生态友好性、经济性和性能要求的不断提高,将要继续寻求解决目前动力和能源问题的方法。

17.5.2.1 替代能源

无人机系统毫无例外会摆脱石化燃料,并且目前该领域有了很大进步。氢燃料在排放方面对环境的影响最小,因此它目前是无人机最理想的燃料来源之一。历史表明,在飞机上使用这种燃料的挑战是携带压缩液体形式的氢所必需的设备质量太大;然而,有一家公司正在寻求通过将颗粒形式的氢与其他化学物质结合使用来解决该问题,这些化学物质在轻微加热时会转化为氢气,从而不必携带笨重的储罐。

生物燃料技术通常是指将生物量转化为可用的液体燃料。一些生物燃料已经在无人机系统上进行了测试,但这种技术在满足我们未来能源需求方面将发挥什么作用,以及哪些燃料会发挥作用,还有待观察。关于生物燃料技术的确切碳足迹仍在讨论。但未来的技术进步可能会降低碳排的影响,使这种类型的能源更受欢迎。

往复式发动机技术的发展包括最新的数字发动机控制技术,该技术使发动机改变点火正时和压缩比,使得其燃烧各种生物和化石燃料时具有高度的灵活性,并能适应各种运行环境和条件。

太阳能技术作为无人机系统的可再生燃料来源,一直以来有很大的发展前景。目前的局限性在于有效载荷有限、产生足够能量所需太阳能电池阵列的数量和电池质量等问题。高效性要求研究人员用尽可能少的表面积转化出更多的太阳能,并以更轻、更高效的方式储存这些能量。对太阳能的希望依然寄托于材料技术的进步,该技术可以用更轻的重量提取/储存更多的能量,还依赖于电子技术的进步,即只需很小的动力便可运行,从而增加太阳能飞行器的效用。例如,谷歌的泰坦项目,泰坦飞机的翼展为15.5m,可以承载32kg(70lb)的有效载荷。它由3000块太阳能电池供电,可提供储存在锂离子电池和锂硫电池中的高达7kW的电力。

17.5.2.2 电气选择

目前,电动无人机系统能够搭载小的有效载荷,续航时间也仅限于 1～2h,其电池的质量是最大的限制因素。锂聚合物电池技术的进步为电池延寿、最大程度的减重和塑形带来了希望,而塑形又使电池更符合飞机的设计。未来,电动无人机系统的发展将涉及利用电力线进行电力补给能力的开发,探索一种电"加油机"的概念,随着天线和激光技术的发展,开发通过空气进行电力传输并对机上的电池进行充电的能力(图17.5)。

图17.5 锂电池
(来源:维基百科搜索锂电池或锂聚合物电池)

17.5.3 材料改进

在飞机设计领域有一点是不言而喻的,即飞机结构的质量越小,其可搭载的有效载荷越大。材料结构的进步将在很大程度上集中在复合材料技术上。毫无疑问,它会使材料变得更轻、更耐用,并且更容易制造、维护和修理。这些先进材料的成本肯定也会相应地增加。但目前复合材料的价格可能会相应地下降。当前,飞机结构采用复合材料还存在一定的局限性,尤其是当飞机暴露在污染或腐蚀性环境等异常条件下时,其长期完整性将受到损害。采用无损检测技术能够消除这些局限。复合材料技术的一个最新进展是树脂灌注成型(RIM)技术,它将继续提高制造商以更复杂、经济的方式使用这种复合材料的能力。这种技术可以在不使用高压灭菌器的情况下制造零件,该技术对于小型制造车间来说是非常昂贵的。此外,薄层胶带技术现在可以方便地制造具有复杂形状和曲线的零件(图17.6)。

图17.6 复合材料-碳纤维
(来源:维基百科对碳纤维的搜索)

现在以及未来的其他材料进步将会使飞行器结构本身的形状根据现有飞行条件的需要而灵活改变。空气动力学原理表明,在高速飞行和低速飞行条件下,飞机的结构布局是不同的。通常,改变机翼的形状(最典型的是修改结构构件)需要使用复杂且沉重的变后掠角机构来完成。例如,为高速飞行配置的机翼非常平滑(层流),具有较小的上反角,并且通常是后掠角。低速飞行的机翼则与之相反,具有较大的上反角、较小的后掠角,并且经常采用干扰层流的技术来增加升力,如涡流发生器、襟翼和前缘缝翼。过去的军用飞机也使用复杂的可变机翼上反角技术来从高速飞行过渡到低速飞行。未来的材料将允许结构的形状根据任务需求进行修改,而不需要使用笨重、复杂的基础结构,甚至还可以弯曲,不再使用传统的操纵面,如襟翼和副翼。

可回收的热固性塑料正在成为现实,这使一些结构塑料能被回收,传统上,一旦形状通过加热超过某一点而"定型"后就被丢弃了。而能被回收的结构塑料更适用于某些飞机,并有助于减少永久性浪费。

材料科学的其他进展使无人机系统的结构和部件在受损时能自我修复,或者使用与背景颜色和纹理相同的材料使飞机突然对观察者"隐身"。尽管自适应飞行控制技术本身不是一种材料,但它的进步将与这些新材料相互作用,当飞机在飞行中受损时,它能够立即重新配置到最佳的"飞离"状态。

17.5.4 创新制造

3D打印技术的变革使得更多复杂的部件可以"按需"使用各种材料来生产,包括聚合物和金属。这实现了"分布式制造"的概念,即产品和零件可以同时在多个地点生产和组装(包括由客户组装),而不是集中生产和组装,然后通过传统的供应链进行分销。这预计会对传统制造业产生巨大影响,并且会使许多行业发生革命性的变化。随着3D打印机的成本不断下降,在任何地方(如家中)生产和组装无人机的主要部件都可能成为常规操作。这与制造业的另一种趋势密切相关,这种趋势被称为"增材制造",即零件或部件不是以较大的一块材料开始,去掉零件不需要的材料,而是用产生很少(如果有)废料的原材料生产。

17.5.5 计算和人工智能

不断进步的强大微处理能力使未来的空域系统不仅能让先进的飞机自动飞行,而且能使飞机间相互通信和协调以避免碰撞,并且可以让飞机在这个繁忙的环境中有序出入,除了监控之外,几乎没有人员直接参与。广域通信系统和实时操作系统都在不断发展中,以支持这一未来空域系统。通过使用人工智能和神经形态技术,多输入感知和避障飞机将有可能通过网络连接从他们所处的环境和其他"机器"中学习,并具有智能和自主决策的能力。这种技术的伦理不论是现在还是未来都将被激烈讨论,因为未来的机器能够在某些维度上超越人类,甚至能够自我复制,这一未来的现实现在变得更加清晰。

17.6 未来应用

前文讨论的技术进步既推动了无人机的发展,也提高了无人机系统的任务能力,即无人机能够完成什么任务以及如何利用无人机完成这些任务。在接下来的章节中,将简要讨论一些新兴的且不断发展的未来应用。

17.6.1 气象卫星

无人机系统的一项潜在应用就是:尽管受到海拔较低、服务于更有限地理区域的限制,它依然能通过使用超长续航的太阳能无人机系统,以较低的成本达到与天基卫星阵列相似的功能,该无人机系统搭载一系列传感器,包括摄像机和通信中继器。目前正处于开发阶段的这类技术项目有谷歌"泰坦"项目,该项目旨在为地球上服务水平低的地区提供无线互联网连接。"泰坦"的翼展为15.5m,可携带重达32kg的有效载荷。它由32个太阳能电池供电,可提供高达7kW的功率,用于负载和推进,并将多余的能量存储在锂聚合物和锂离子电池中。该飞机在20000m的高空巡航,白天飞行高度较高,夜里飞行高度稍低,直到太阳能足以使飞机回到最佳高度。

17.6.2 空中运输

众所周知,亚马逊公司计划将来在监管和技术框架允许的情况下,在某些市场进行当日小包裹派送。虽然这还需要一段时间,但一些航空公司已经公开调查无人机系统进行长距离水上运输的可能性。当空中交通管制结构适应这项技术时,这些航线将无疑可以证明大规模商用无人机系统应用的可行性,因为它们将主要在无人的开阔的水面上运行。同样地,尽管目前许多人不会在"无人驾驶"情况下登上飞机,但未来的人绝对有可能(如果不太可能)在那种情况下完全不用担心。

要做到这一点,安全案例需要经过多年考验被证明是毫无疑问的,并在类似的飞机上通过货运业务得以验证。虽然这一概念还需要多年才能实现,但我们可以通过一系列更小的步骤来实现,如从2名飞行员减少到1名飞行员,同时在更加现代化的空中交通管制系统中运行。为了让一名飞行员就能满足飞行需求,需要通过技术将单一飞行员变成自动化管理员/监控员,只在紧急情况下才进行人工干预。20世纪40年代,最大的客机由5名机组人员(不包括乘务员)运行:机长、副驾驶、飞行工程师、无线电操作员和导航员。技术的进步使得机组人数在过去的几年里逐渐减少到了两个人。机长和副驾驶是目前仅有的2名飞行员,而安全性比以往任何时候都好。考虑这样一个事实,即双涡轮喷气飞机现在(并且已经有很多年)通常在国家空域系统的公务机上搭载乘客,该公务机被批准用于单飞行员操作。因此,在这种情况下,飞行员必须掌握一定的自动化技术,以便在需要时减少他们的工作量。对于运载较多人员的大规模操作,监控单个飞行员的健康状况是很重要的,以便在机载自动化出现故障的情况下,从地面提供后备飞行员。

17.6.3 无人作战飞机

无人作战飞机(UCAV)背后所体现的理念就是设计一款攻击性无人空中武器发射平台,而不是将武器安装在另有他用的平台上。目前,诺斯罗普公司(Northrop)和海军正在进行航母运行试验,并取得成功。许多人认为,这种飞机将成为未来的标准。人很可能待在地面,从地面观察无人作战飞机的性能并监控系统。"机上无人"的做法还是有些争议,支持者认为,人类能承受的加速度有限,并且机上的生命维持系统会使飞机的质量增加,因此,飞机的性能无法达到最佳状态。反对者则辩称,计算机逻辑永远无法取代人类的决策过程,尤其是在进行瞬间、高风险决策方面。然而,这场辩论没有实际意义,因为在该方向已经投资;不是说自动化将来不会有错误,很可能会有;但是,自动化故障/错误率应该远低于人操作的故障/错误率,这一点需要通过量化的数据来证明(图17.7)。

图 17.7 无人作战飞机 X-45A
(来源:维基百科搜索 UCAV 或无人战斗机)

17.6.4 通用性和可扩展性

鉴于由多家制造商提供的无人机系统技术的涌现,军方公开表达了向技术通用性发展的愿望。这将提高采购、辅助设备、培训、服务和支援的效率。例如,一些有人机用户选择使用同一种飞机模块的不同改型,以提高飞机操作员、服务人员和维护人员对设备的熟悉程度,并且多培训内容和飞机特征在很大程度上是相似的,这就使得飞机工作人员能更高效地工作。同样,出于相同的原因,军方也在寻求相似系统的通用性。毕竟使用大量不相关的飞机很可能导致效率低下。可扩展性是指飞机根据任务需求"增加尺寸"或"缩减尺寸"的特征,它与通用性的概念密切相关。前文中讨论的技术进步使无人机系统具有更广泛的通用性,这使无人机在短时间内以较低的成本更容易、有效地规模化。

17.6.5 集群无人机系统

"集群"的概念主要是一个军事导向的概念(源于自然),它正在向潜在的民用市场进军。用军事术语来说,集群的概念是指同时使用多架飞机通过多种手段,实现一个目标(即攻击或观察目标)。这是一种用来快速制胜并征服目标,获得战术或战略优势的技术。这一概念已经在军事研究中得到验证,它包含了多个独立系统在相对较小空域内的紧密协同。换言之,这些系统需要展示出高度的相互操作性,很可能在未来还要具备高度的自主性。指挥和控制的基础设施还有待发展,但一旦朝着这个概念迈进,必然会推动相关技术的进步(Flaherty 2014)。

17.7 5年后及更远的未来

由于许多关于未来的概念都是基于尚未问世的技术而提出,因此讨论关于未来的概念会变得更加困难并且缺乏细节。众所周知,科学和技术的进步确实令人难以置信,巨大挑战的出现一定伴随着巨大的需求和机遇,人类的智慧将持续不断地超越任何极限。如前文所述,目前人们正在设计和部署能够独立完成复杂任务并相互学习的机器。未来,这些复杂任务包括与人类互动、学习说话和生成想法。在机械、结构/材料和动力传输领域的综合影响下,未来的自主系统一定会超乎大家预料。如前文所述,我们可能真的会看到这样一个未来,在那里,人工智能机器可以修复或复制自己,寻找自己的燃料来源,并做出可能与它们最初的设计背道而驰的决定。

另一个肯定会延续到未来的概念是无人航天飞行。当然,过去40多年里许多无人驾驶的太空任务已经证明了在无须考虑人类生理极限的条件下探索太空和其他星球的优势。火星漫游者项目的成功证明了通常情况下,无人驾驶是完成危险任务的最佳方式。

关于这一主题,我们可以进行讨论的内容有很多,当然每个主题都有待深入探讨,但是由于本文篇幅有限,我们将深入探索的任务交给读者。可以肯定的一点是,正如前文所说,未来的世界一定是无限的,是无人的。

思 考 题

1. 列出术语"无人机系统"的优点和缺点。替代术语有哪些?

2. 请参阅 17.2 节无人机系统市场的 9 个基本部分,利用互联网,列出每个领域的最新动态(90 天内)。

3. 列出将地面基础设施(即机场)转换为有人/无人联合使用的 3 个挑战。

4. 许多无人机系统在设计时都以执行监视任务为导向;随着无人机系统被广泛用于执行监视任务,可能会出现哪些挑战?

5. 人工智能在无人机系统自主决策方面的局限性是什么?

推荐阅读资料

1. Singer, P. W. Wired for War: The Robotics Revolution and Conflict in the 21st Century. New York: Penguin Press HC, The, 2009. Print.

参 考 文 献

[1] Federal Aviation Administration(FAA). Integration of Civil Unmanned Aircraft Systems(UAS) in the National Airspace System(NAS). November 2013. Washington, DC: FAA Communications. www.faa.gov.

[2] Flaherty, N. Aiming for the high life. Unmanned Systems Technology. November 2014. High Power Media.

[3] Frost and Sullivan. Global military unmanned aerial vehicles market assessment market research media. Market Research Media Premium Market Analysis. Web. 9 January 2014. <http://www.marketresearchmedia.com/?p=509>.

[4] The Teal Group 2014. UAV Integrated Market Analysis. Web. 17 July 2014. <http://www.tealgroup.com/index/php/about-teal-group-corporation/press-releases/118-2014-uav-press-release>.

后记：各章观点总结

Richard Kurt Barnhart，Douglas M. Marshall，
Michael T. Most 和 Eric J. Shappee

从本书第 1 版出版至今，无人机系统技术及其应用已经发生了显著变化。可以说，这一进展中最具开拓性的进步是相对廉价的多旋翼垂直起降飞行器进入了世界市场，这些飞行器装载了万向架高分辨率或多光谱相机，实现了从稳定平台上传送高质量的图像和视频。随之而来的是制造商的"寒武纪大爆发"，这些制造商提供各种各样的系统和组件，催生了无数的企业家和新型的无人机系统运营商，以至于令监管机构不知所措。截至本文撰写时为止，美国联邦航空管理局（FAA）已经授予了超过 2500 项操作许可豁免，这一数字每天以 10 个或更多的速度增长，而且无法预见何时结束。即使在本书第 2 版编写过程中，仍在以指数式增长。虽然前 17 章旨在根据过去的历史为读者描述和总结无人机系统的技术发展水平，但是，即使在此版交付印刷之时，作者分享的某些信息也可能会被新的进步和发展所取代。

因此，总结每一章的要点是很有必要的，可以为这个充满活力、令人振奋的混乱行业带来一些秩序。以下所述内容反映了编辑们对每一章的理解和思考。

第 1 章

本章阐述了无人机系统的发展简史，从中国的风筝到早期的无人驾驶飞机，再到莱特兄弟试飞，无人飞行的历史在一战和二战的军事应用中得到了进一步的推广。

正是在这种以结束所有战争为目的的严峻战争考验中，航空技术才走向成熟，并且伴随着这一技术进步使人们逐渐认识到实现有效飞行控制这一关键技术的必要性。

历史上无人飞行器（如中国风筝和热气球）为有人驾驶航空器的发展奠定了基础，但是，随着有人驾驶航空技术的进步，有人驾驶技术与无人驾驶系统相结合，使得这一过程发生了逆转。

有人驾驶航空器与无人机的发展历程相同，并且在诸多方面都具有相似之处，如结构、推进系统、飞行控制系统、稳定系统、导航系统。将上述系统集成到

自动飞行系统中,将促进有人驾驶航空器和无人飞行器的同步发展。

接下来向读者介绍 3D 任务,即危险、恶劣、枯燥的任务(Dangerous, Dirty, Dull)。"危险"是指有人试图击落飞行器,或者飞行员在操作上可能面临过度的生命风险。"恶劣"是指任务环境可能受到化学、生物或放射性物质的污染,使人体不能暴露于其中。"枯燥"是指需长时间在空中飞行的任务,飞行员易产生疲劳、紧张。

尼古拉·特斯拉(Nicola Tesla)发明了无线电控制,提出了无线电(在马可尼(Marconi)之前)制导鱼雷的概念。与此同时,劳伦斯·斯佩里(Lawrence Sperry)研发了第一个实用陀螺控制系统,至此第一个实用机械自动驾驶仪问世。1918 年,斯佩里与格伦·柯蒂斯(Glenn Curtiss)共同研制了第一架实用型无人机——柯蒂斯 N-9 型航空鱼雷(Curtiss N-9 Aerial Torpedo)(第一架"无人驾驶飞机"未投入生产)。美国陆军设计了凯特林航空炸弹(Kettering Aerial Bomb),又称为"臭虫"(Bug),这是第一种大规模投产的无人机。

在两次世界大战之间的和平期(1919—1939)促进了对无人靶机的需求,在美国和英国海军的测试中,靶机能有效对抗高射炮,由此出现了支持航空母舰保卫舰队的空中力量学说。

英国著名演员莱吉纳德·丹尼(Reginald Denny)是一名飞机模型爱好者,他为美国陆军制造了一架无人靶机并最终生产了超过 15000 架 OQ-1 无线电飞机(TDD-1 靶机),这是二战中最受欢迎的无人靶机。美国和皇家海军继续研发更大、更重的新型靶机,以在射击试验中训练防空兵,并取得了巨大成功。

无人驾驶飞行器领域的第一个探测装置是安装在 TDN-1 无人攻击机(从另一架有人驾驶的飞机上起飞)机头上的一个重 75lb 的原始 RCA 电视摄像机。更先进的无人攻击机在二战期间成功地部署在太平洋战区。而后,海军、陆军和空军为四引擎轰炸机加装了斯佩里设计的三轴自动驾驶仪、无线电控制链接和驾驶舱内的 RCA 电视摄像机。轰炸机内装载了炸药,计划机组人员在起飞时对其进行控制,设置自动功能、瞄准目标以及跳伞。在第一次任务中,飞机起飞后不久载荷提前引爆,导致机上两名飞行员死亡,其中一名是约翰·肯尼迪总统(President John F. Kennedy)的哥哥约瑟夫·P. 肯尼迪(Joseph P. Kennedy)。这些试验和早期的任务基本上都没有成功,迫使该计划取消。

德国人制造了当时最先进的无人机,配备了 V-1"蜂鸣"飞弹(V-1 Buzz Bomb),这种炸弹在战争期间一直震慑着英国。该无人机是第一架成功且批量生产的巡航导弹型无人驾驶飞机,其构型对战后许多后续无人机的设计产生了深远影响。它是除现代手动发射的小型无人驾驶飞行器以外,历史上产量最高的无人驾驶战斗机,生产数量超过 25000 架。其中大多数采用地面发射方式,但也有一些采用空中发射方式,这也使它们成为首架空中发射的无人机。尽管V-1在准确性和导航方面相对落后,但曾被投入批量生产,创造了自主飞行器许多第一的纪录,它影响了未来无人机的设计,并为冷战期间许多更复杂的无人机项目的投资提供了历史借鉴。美国海军采用逆向工程的思路研制了一种投入到对日作战的无人机,后来对其进行了改进,发展成为第一枚海上发射型的喷气式"无人巡航导弹"。

二战期间,德国人还研发了其他武器系统。导弹和无人机之间的界限并不十分明确,V-1无人攻击机、装有炸药并受无线电控制的轰炸机和背负式"槲寄生"制导炸弹(Mistel)构型都具有某些飞机的形式,这使它们被归入无人机的范畴。

在冷战时期,无人机的发展从靶机和武器投射平台转向了侦察机,这一趋势一直持续至今,现在90%的无人飞行器都用于数据收集、执法和环境监测。

越南战争见证了雷达诱饵无人机的发展,这种诱饵无人机旨在通过模仿大型飞机如B-52的电子信号,利用雷达反射器和无线电装置,诱骗地对空导弹雷达使其锁定诱饵无人机,而不是有人机。

在20世纪60年代和70年代,高性能雷恩AQM-34"萤火虫"(Ryan AQM-34"Lightning Bug")侦察机主要用于情报收集和雷达诱饵任务,执行了许多事关事国家重大利益的高优先级任务,后来用作战斗机空空导弹的靶机。第一架无人驾驶直升机也是在同一时期研制的,最著名的是海军"先锋"QH-50 DASH(无人驾驶反潜直升机),这是一种在海上从舰艇起降的无人机。共制造了700余架,法国和日本等其他国家也曾使用过这种无人机。

在整个发展历史中,人们的目标是尽可能从有人地面控制中获得更多的自主权。直到小巧的数字计算机、惯性导航技术以及全球定位系统卫星网络的出现,无人机才得以实现了与有人机同等的自主飞行。个人计算机在全球出现爆炸性增长,从智能手表到厨房电器等日常用品实现数字化,对无人机的自主飞行发挥了重要的作用。

近代,中东冲突导致双尾撑推进器无人机的出现,如RQ-7"影子"无人机(RQ-7 Shadow)和以色列航空航天工业的"侦察兵"无人机(Scout),这两种无人机都用于战术战场监视,并配备有先进的影像功能。该无人机与以色列飞机工业公司诱饵无人机和特里达因·瑞安公司制造的"观察"无人机结合使用,主要用于探测和摧毁地空导弹,并为地面指挥官提供高质量的战场视觉图像。从1982年以色列和叙利亚之间的贝卡谷地冲突中吸取的教训,开启了一场风靡全球的近距作战无人机研发竞赛,在那里"侦察兵"无人机被证明是非常有效的。

无人机在1991年沙漠风暴冲突(海湾战争)中继续发展,并在美国"911"恐怖袭击后加速发展,军方对侦察和武器投射平台的需求克服了对飞行员固有的偏见。军方领导人公开接受了这项技术,并投入大量资金用于无人机的采购和部署,使飞行器数量从 2001 年的 30 架增加到 2010 年的 2000 多架。美国业余爱好者和商用无人机运营商利用军事经验和能力优势,通过微机电系统、微型发电厂和先进的无线电系统,将这一模型转化为一种可行的工具。这场变革发生得如此之快,以至于美国联邦航空管理局很难控制商用无人机制造商和运营商的激增。

无人机是否会取代有人机,这一问题尚未得到解答,这一问题面临的挑战一方面是全自主系统容易受到敌对势力或因素的干扰或抑制,另一方面,由于军事武器交付领域责任链的缺失,全自主系统极有可能无法列装致命性武器。

第 2 章

通常情况下,无人机飞行过程中通过遥感来收集数据或信息。关于遥感的定义很多,利勒桑和基弗(Lillesand and Kiefer)提出了一种更加明确的表述,可对大多数情况进行概述:"遥感是一种在不接触调查对象、区域或现象的条件下,通过设备采集其相关数据,并通过分析相关数据来获取信息的科学和技术(2000 年,第 1 页)"。大多数情况下,电磁频谱的特定频率是能被遥感的,频率的获取取决于研究或任务的性质、所需的遥感数据类型,即该信息的用途。

通常无人机执行的任务多种多样且数量不断增加,包括摄影测量分析(如测量和体积评估)、基础设施检查、精准农业、自然资源管理、航空摄影和电影摄影、环境监测和修复(如监测危险和放射性物质)、新闻业和新闻采集以及搜救行动。对于急救人员和应急管理人员,无人机变成了服务于公众利益的工具。

2004 年,在伊斯坦布尔举行了国际摄影测量与遥感学会(ISPRS)大会,该会议通过了一项决议,其中 UAS 被认为是一种新兴的、具有成本效益的、独特的、适合快速获取遥感数据的新型平台(Everaerts 2008),大会还提到无人机具有远距离、长航时的优势且能够在危险情况执行任务(诸如枯燥、恶劣、危险的任务也称为 3D 任务)。因此,国际摄影测量与遥感学会预计无人机系统的应用将会迅速增长,并提到"……目前技术上可行的微型传感器……未来可能的民用应用……(并将这些发现报告给)国际社会"(Everaerts 2008)。4 年后,Everaerts(2008)在国际摄影测量与遥感学会出版的一份同行评审期刊中提到"大多数情况下,为便于机组人员在不利或危险的环境中进行监测,同时考虑到任务成本、快速响应的需求,无人机的使用将推动遥感应用的发展。"他进一步指出,功能强大且成本效益高的商用平台的增加,在短时期内促进了无人机的快速发展,并预测无人机系统将成为遥感应用的首选平台,10 年之后,这个预测并不乐观。

第 3 章

本章向读者介绍了"无人机系统"的组成部分。无论是军用还是民用,该系统通常由人的因素、指挥与控制单元、飞行器、通信数据链、有效载荷以及发射和回收单元组成。

除了"无人机系统"之外,还有诸如"遥控驾驶飞行器""遥控驾驶平台"等命名方式。无论如何命名,它们都可以根据质量进行分类,将来还可能会按照风险标准分类。本章还介绍了固定翼和垂直起降无人机系统平台的物理和操作特性。

无人机系统的指挥与控制单元由自动驾驶仪、可编程的失联程序和一定程度的导航自主性构成。地面控制站可以是陆基或海基的,其大小不等,从手持式发射器到可容纳多名人员(如飞行员和传感器操作员)的工作站。

通信数据链将地面控制站和飞行器自动驾驶仪连接起来,分为视距或超视距。根据联邦通信委员会的规定,可以选择不同的工作频率。超视距通信需要卫星链路,这会导致信号传输延迟。

有效载荷通常包括飞行器上提供成像、视频、通信、传感设备、雷达或其他仪器,这些仪器向操作员提供需要观察的特定目标或现象的信息。光电、红外、多光谱和高光谱照相机以及激光测距仪能够记录和保存图像和数据,因此,不仅在民用和科学领域有着广泛应用,而且还有多种军事用途。

发射和回收单元不仅包括小型无人机系统的手动发射单元和大型无人机系统的弹射起飞装置,还包括许多传统的起降装置。

人的因素是最重要的,包括飞行员、传感器操作员和辅助地勤人员。飞行操作员仍然负责飞行器的安全运行。第 11 章详细介绍了人的因素中的人 – 机交互部分。

第 4 章

这一章带领读者全面回顾了不同尺寸和升力的无人机系统中常见的有效载荷及其主要特征。运行无人机系统主要是为了收集某种形式的数据。数据既可以在原位(原地)生成,也可以通过传感器远程生成,本章介绍的重点是能够完成此任务的传感器类型。

遥感传感器有两种类型:点传感器和成像传感器。前者测量单个位置,如识别海冰上的表面融冰,而后者则使用多种不同的方法记录多个数据点。

最常见的遥感传感器是相机,如可见光谱相机、近红外相机、长波红外相机和高光谱相机。每一种都有自己独特的收集和存储数据的能力,因此,用户需要选择与任务和承载平台相匹配的相机或成像仪。

其他用于数据收集的设备包括激光雷达(光探测与测距)和合成孔径雷达。

激光雷达可用于测量飞行器到地面的距离,而合成孔径雷达通常用于测绘,其优势是能够"看穿"云层、烟雾和灰尘。合成孔径雷达还能够提取表面特征,并且具有高空间分辨率。

遥感技术在学术研究和科学领域有着广泛应用,并且在应急响应和搜救行动中也具有很大的潜力。该技术的其他用途包括为测绘创建背景图像、3D 点云/建模和植被健康监测,并且已被证明是精细化农业、热制图、林业和植被管理的重要工具。自本世纪初以来,使用遥感工具的行业见证了数字技术的爆炸式发展,这为整个无人机市场,尤其是遥感传感器的发展奠定了基础。然而,无人机系统遥感领域尚不成熟,开发人员仍在探索其可能性。

第 5 章

第 5 章概述了复杂的航空监管系统。在航空监管系统中,无人机系统的制造商、开发商、用户和操作员必须遵守相关法律。本章向读者介绍了美国监管体系的简史、美国联邦航空管理局的"工具箱",以及联邦航空局执行这些法规、政策、指令和指导文件的方法。

剖析无人机系统的法规时不能脱离国际法规和标准,因此,应特别关注国际民航组织,其他欧洲政府航空组织和委员会,这些组织和委员会为主权和国际空域中的无人机已经制定或正在制定相关完善的法规。

本章简要阐述了法规和基于共识的行业标准之间的异同,并进一步探讨了技术标准规范过程如何影响美国和全球无人机系统/遥控驾驶飞行器的运行以及适航要求。

此外,本章还概述了美国监管流程的运作方式,从提案、拟定条例到实施再到合规与执行政策,以告知读者和企业家如何理解并遵守相关的法规和政策,以避免流程的执行阶段。

最后,提出了未来的发展方向,并向用户和监管机构在制定合理且可执行性的无人机规则和法规过程中提出了建议,以降低制定过程中的难度。在本书出版期间,规则的制定过程仍在进行,相关行业和用户群体始终会参与进来并发表意见,在最终的无人机系统规则发布前,可能会对各方的建议予以回应并进行处理,以实现美国国家航空系统长期的较高水平的安全。

第 6 章

尽管遥控驾驶飞行器通常称为无人机,但显然,相关人员及其行为是开展安全操作的关键因素。人的因素这一章旨在为操作员和保障人员提供必要的知识、技能和能力,从而实现无人机安全、有效、高效运行的总体目标。

本章就"人的因素"这一概念及其在无人机领域的应用开展广泛讨论。本章全面概述了无人系统开发和发展领域的从业者或爱好者所面临的核心挑战,深入分析了如何将众多操作员及其经验与不同类型设备结合起来,并在不可预测的条件下执行不同的任务。

"人的因素"的内涵十分广泛,本章所讨论的许多概念对于有人和无人系统都是通用的;在一些具有复杂、动态环境的其他行业中,"人的因素"的概念也经常出现。

本章阐释了后见之明偏差陷阱(即"认为事件在已知后比已知前更具可预测性"),以解决从有人驾驶飞机转变为遥控驾驶飞行器所引起的问题。这种转变面临着许多挑战,如用于探测和避免危险的成像技术;相比人类视觉,无人机视觉显示的局限性将影响飞行机动;操作员感知、周边视觉和相对运动的差异。

查尔斯·威肯斯(Charles Wickens)提出多元资源理论,用以解释人类在同时执行多项任务或困难任务时所面临的认知挑战。"注意能力"定义为通过多种方式对大脑资源进行管理。这些方式被称为注意类型,包括"选择性注意"(利用信息源的系统视觉扫描,包括操作员选择和处理这些信息源的技能)、"集中性注意"(将大脑资源用于单一任务,导致注意力分散管理不善和态势感知丧失)、"分割性注意"(同时执行两项任务,如无人机操作员在控制飞行器的同时观察屏幕上的光学图像,当任务共享资源时,这种操作变得更加困难)和"持久性注意"(监控环境可预见或不可预见的变化过程,如无人机操作员在监控自动系统故障、飞行性能和导航时,注意力随着时间的推移而下降)。

即使按照规定程序操作无人机,人为误差也会导致出现意想不到的结果。很显然,哪怕是训练有素的在岗操作员也会出现误差。人为误差的本质涉及诸多行为,从总体战略/规划失误,到对信息系统的监控不力,再到技术技能的执行不力,都可视为人为误差。有些误差无关紧要,即便没有被发现和纠正,也不会导致事故。通过监控操作员或其他成员的个人行为,可以辨别和纠正许多误差。预测、监控、辨别和纠正误差是航空工业中的常见任务。当训练有素且能力合格的人员出现误差时,会被视为是意外事件。现实情况中,误差很常见并且是可以预料的。无人机操作中专业人员的培训应包括主动监控和误差预判。

在过渡到具有类似布局的新系统时,负迁移是一种常见错误。负迁移是指在新环境中使用先前已建立的技能,但此时这种操作是错误的。

威胁和错误管理战略始于20世纪70年代,航空安全部门采用"机组资源管理"协助机组人员在沟通、组织协调、团队建设和决策等方面开展互动。詹姆斯·里森(James Reason)、道格拉斯·维格曼(Douglas Wiegmann)、托马斯·沙佩尔(Thomas Shappell)等人的工作进一步发展了误差及其成因的分类方法,旨在识别趋势和制定有效的对策。沙佩尔和维格曼出版的《人为因素分析与分类系统》建立了一个用于识别、分类错误及影响因素的框架。

机组资源管理可以定义为"利用所有可用的资源——信息、设备和人员——来实现安全有效的飞行操作",这一概念源于20世纪70年代的一系列由于机组协调问题引发的事故。团队概念原则源于载人航空操作,其目标是训练飞行员和其他机组人员协调工作、共享信息、共同决策和行动。在操作无人机时,可能会有团队之外的其他人员提供意见或直接操作。机组资源管理培训的初衷增加团队成员的管理参与性和自信心。尽管清晰的命令链对于操作遥控无人机十分重要,但参与式管理要求领导者允许其他组员参与团队决策,成为行动的领导者。这些讨论包括对于权力距离、有效沟通、歧义解决、注意力分散管理和负迁移的使用。这不仅是高级机组人员协调课程中的几个主题,更是无人系统安全操作的核心问题。

态势感知对于无人机操作至关重要。尽管态势感知训练涉及的职业多种多样,但还是使用了常见的认知过程。米卡·安德斯雷(Mica Endsley)将态势感知定义为"飞行环境当前状态的内在心理模型"。达美航空公司的培训项目指出,这是"能识别自身和周围发生的事件,然后对这些事件做出正确反应的能力"。警戒任务要求个人将注意力集中在对安全有最直接影响的信息上(如飞行器位置、仪器读数、空域冲突和结构)。警戒不仅要管理适当类型的注意事项,而且需要具备操作知识,以便识别和正确评估所涉及的风险。注意力分散通常会降低警戒性。当注意力集中在控制系统上时,即便是短暂分散注意力也会导致严重的问题。分散注意力管理策略旨在提高对任务的警戒性。在复杂系统中工作时,正确识别和理解发展状况("判断")具有挑战性。正确判断问题需要很多技巧。加里·克莱因(Gary Klein)把该过程描述为创造故事来解释发现,用经验来形成解释。做出正确判断的一个挑战在于提供给操作员的信息是否清晰。不完整、不准确、误导或相互冲突的信息会妨碍正确判断。培训专业人员时强调需要考虑到无法解释的异常读数。

风险分析会提出这样的问题:"所考虑的每个选项失败的可能性和后果是什么?""替代学习"是指个人先前的错误选择和安全风险没有导致负面结果,因此,个体没有对他们所承担的风险进行现实的评估。

个人表现出适当的警惕性、准确地识别出所发生的问题,并开展正确的风险评估,但由于没有采取适当的行动来纠正问题,错误仍会发生。个人犯错误也可能不愿意承认和纠正错误,因为这将引起关注,并可能招致责备或承担责任。

工作面板(控制模块、信息显示等)的设计目标是创建一个操作员可以高效使用的系统(人机界面)。通常,控制系统会与先前的设计十分类似,如视频游戏、飞机控制或计算机键盘。

在人机交互中,兼容性是指信息、控制系统与操作员期望的一致性。当过渡到新工作站时,操作员需要关注系统的兼容性,确定需要修改或进行额外培训的内容,从而实现适应新工作站。概念上的兼容性是指有效地使用符号、颜色、声音或其他指示符来传达信息。空间兼容性是指包含信息和控制的系统组织。信息系统是否位于操作员期望的位置?运动兼容性是指运动的方向和灵敏度。控件的方向和灵敏度也会导致操作员出错。通过目视观察操纵小型无线电控制的无人机能很好的检验运动兼容性。兼容性差的系统会增加对用户的需求。人机交互具有挑战性。需要熟悉所使用的系统并了解其时效性,培养正确的思维模式也同样重要。

第7章

本章向读者介绍了旨在促进无人驾驶航空器系统安全融入国家空域系统的系统安全工具。为了确保组织安全措施和程序实施,在"系统"或管理层面的优先级逐渐提高。本章将安全管理系统理论的一些久经考验的原则应用于无人驾驶航空器系统设置中,并为读者提供了可作为系统安全增强应用于任何无人驾驶航空器系统操作的实用工具。

尽管本章不是安全管理系统实施的详细操作指南,但检验了危害分析过程,这是任何安全管理系统程序中的关键基础步骤,通过这一步骤可以识别和量化潜在的操作危险。与此密切相关的是"变更分析"过程,该过程研究了组织变更对安全的影响,并为危险分析过程提供信息。在此基础上,读者可以使用风险评估工具来评估其组织中存在的风险。本章还介绍了飞行测试卡及其在安全过程中的作用,以及这些工具如何增强适航性。最后,本章总结了调查无人驾驶航空器系统事故需要考虑的因素。

第8章

本章全面论述了美国无人机系统的出口管制条例。首先,介绍了与出口管制有关的重要术语。其次,概述了美国出口管制的来源,并详细阐述美国出口管制条例所依据的政策。最后,介绍了构成美国出口管制体系的众多法规、行政命令和条例,列举了许多出口管理制度所涵盖的产品,这些产品可能需要出口许可证才能在美国境外转让、运输或移动,并提供了《国际武器贸易条例》定义的"出口"完整清单。

《出口管理条例》和《国际武器贸易条例》非常复杂,稍不注意将面临严重的违规制裁。本章探讨了出口管制的目的、制定出口管制条例的根本目的或理由、出口管制许可证的目的、必须获得出口管制许可证的产品以及签发此类许可证的联邦机构,并介绍了《武器出口管制法》和《国际武器贸易条例》。本章还介绍了这些法规如何适用于无人机系统及其相关技术,并阐释了《国际武器贸易条例》和《欧洲原子能机构条例》之间的差异(后者规定了出口管制的相关机构),

以及国际武器贸易条例中术语"出口"的含义。

本章详细介绍了《出口管理条例》，列出并阐述了被国家和商务部从出口管制条例和《国际武器贸易条例》中删除的无人机系统技术，解释了为什么出口管制被描述为"严格责任"法律，并对导弹技术控制制度（MTCR）及其附件进行了详细说明。

本章还介绍了《国际武器贸易条例》类别，包括涉及无人机系统的类别和章节；阐述了合规计划的含义，如果出口产品的应用涉及《出口管理条例》和《国际武器贸易条例》，制定合规计划至关重要。

第9章

本章向读者介绍了选择和执行无人驾驶航空器系统设计的假设条件和相关过程。简述了设计过程，强调了这样一种理念：设计应由飞行器和系统要完成的任务来驱动。无人驾驶航空器系统的发展简史（从军事到公共领域，再到美国的商业运作，从20世纪初开始，一直延续到现在）推动了任务驱动的无人驾驶航空器系统设计演变。雷默（Raymer）的"设计轮"阐述了该过程的迭代性质：先前的贸易研究设定了需求，概念从需求中衍生出来的，而设计分析可能会形成新的概念，因此循环可能会重复。

本章涵盖设计工具、机身材料和部件、推进系统（电池供电的电动机、燃气轮机和内燃机）、飞行控制系统（自动驾驶仪、无线遥控、增稳、自动起飞和着陆）、控制站（地面控制站、手持控制器、计算机控制系统接口）、有效载荷（相机、气象传感器、光电/红外传感器、激光雷达、合成孔径雷达）以及通信、指挥和控制（C3、无线数据链路）。

美国材料试验协会国际F38无人系统委员会正在开发支持无人驾驶航空器系统的工程标准。成立航空无线电技术委员会203特别委员会是为了制定感知和规避标准以及C3标准，而SC228正在制定探测和规避设备以及C2指挥和控制数据链的最低运行性能标准。

硬件在环（HIL）测试广泛用于飞机控制系统、传感器/有效载荷集成和控制系统接口的无人驾驶航空器系统设计验证。在系统验证之后，可以使用模拟环境为任务验证或飞行员/操作员培训做好准备，进而模拟实际任务。

第10章

与有人机的设计和制造相比，无人机的设计方案可选性更加丰富，尤其是对于小型无人机系统（sUAS）。在进行机身设计时，应该选择单旋翼还是多旋翼还是固定翼？如果是固定翼设计，应该是飞翼、常规机翼还是鸭翼？尾翼应该是十字形、T形、倒T形、Y形、V形还是倒V形？结构应该是传统的硬壳式还是复合式？动力装置是电机还是液体燃料发动机？如果是后者，那么选择可能包括二冲程、四冲程、重油发动机(HFE)、汪克尔转子发动机和燃气涡轮。各种各样的因素、实际因素、经济影响和外在因素等都影响着无人机的最终形式,但是最重要的决定性设计因素是任务的性质,而任务的性质又常常取决于要收集的数据类型和数量。事实上,可以毫不夸张地说,任何任务的成功都将通过一架针对特定任务而设计优化的无人机系统来实现。

不管是现在还是将来,无人机系统的设计和使用环境都是千变万化的,但两者之间的一个共同点是,两者不断变化和不断发展的特点将继续推动无人机的机身和动力装置设计。随着越来越大的无人机系统被纳入国家空域体系中,一系列新的任务将成为无人机系统设计的驱动因素。随着探测和规避系统的发展、法规的变化以及超视距控制技术的完善,将进一步促进无人机系统在管道和电路巡检、铁路监控、无人货运飞机的国际运输以及国内快递包裹递送方面的运营。有人推测,无人驾驶交通工具必然会将乘客运送到目的地,这些新的任务应用将使无人机发展成为更大、更快、更安全和更有能力的飞行器。

第 11 章

电气系统对所有无人机而言都是至关重要的,即使是构造最简单的遥控飞行器,也需要通过电气系统对输入信号进行接收、处理和分配,以完成对飞行器的操纵、控制与推进。大型无人机机载系统的复杂程度甚至能够与大型涡轮机驱动的有人飞机相媲美——有些人认为,出于对无人机任务载荷和指挥控制系统的要求,大型无人机的系统甚至会比同等体积的有人飞机更为复杂。电气系统连接着无人机上所有的子系统,因此是无人机系统之间的重要纽带。

无人机系统性能的不断发展完善也扩大了它执行任务的范围,这也将进一步促使无人机的体积变得更大、系统更为先进,进而也会影响到无人机组件和子系统的设计,使得电气系统和相关组件朝着更大、更复杂的方向发展。无刷直流电机和起动器\发电机已被开发并应用于无人机之上,这一趋势将会持续发展,使得无人机上的液压系统部件和流体管路逐渐被电动机和电线所取代。这意味着无人机需要安装更高效且更大容量的发电机,以及更庞大的配电系统组件(用以承载更大的电流),同时也意味着整个子系统内,彼此间的连接将会更加复杂。

第 12 章

第 12 章介绍了无人机的通信系统。开篇结合实例,向初学者解释了什么是无人机的通信系统,并对其展开了详细论述。本章的内容涉及电磁波在自由空间中的传播,以及包括调制和跳频在内的基本通信系统及其组成部分。

基本通信系统及其相关组成要素的概述如下。包括调制设备、发射机、无线链路信道(天线的方向性、天线增益和天线极化问题)、接收机(信噪比、接收机灵敏度、信号解扩）和解调设计策略。设计通信系统需要建立带宽要求并设计有效的链路。本章还对设计原则进行了总结，并讨论了带宽要求、电磁干扰（EMI）、内部干扰、抑制和多通道（信号到达接收器的不同路径以及这些信号经过来回反射后是如何到达接收器的）等问题。

第13章

指挥和控制（C^2）部件组成了无人机系统的子系统，用以实现无人机的操控和自主飞行。组成指挥和控制系统的一个基本要素便是操作员，"内回路"操作员指飞行员通过干预，对无人机进行直接控制，"外回路"操作员指操作员只负责监控无人机自主飞行状态。构成指挥和控制系统的其他因素还包括地面站（GS）和相关的软件及电子设备、天线、地基和机载收发器、实现自主飞行的自动驾驶仪、航空数据和全球定位系统、微机电陀螺仪、用于导航和飞机控制的加速度计和磁力计、互连电路和数据总线以及用于计算和数据处理的机载智能设备。大型无人机还可能会配备有自主起飞和自主着陆系统。尽管还有许多其他的方法可以实现无人机的指挥与控制（如光电传输或是系在飞行器上的脐带缆），但指挥和控制的操作通常是要通过双向传输来实现的，该双向传输通过上行链路将指令传送到无人机上，并通过下行链路将遥测数据从无人机传送到地面站。这种通信的媒介则是电磁波谱中的无线电射频部分。

无人机系统的发展史与二进制计算设备和相关电子设备的推陈出新是相契合的。材料科学、量子物理/固态理论和半导体制造技术的发展，使这些器件的小型化以及与微电路的结合变得不再异想天开。不断完善并日趋成熟的指挥和控制系统让无人机变得更为紧凑、制造成本更低、功能更强大，所需的人工干预程度更少，与载人飞行中的情况相同，由于技术的改进，机载成员从五人（飞行员、副驾驶员、导航员、无线电操作员和飞行工程师）减少到了两人。如果无人驾驶交通工具有一天能够运载乘客到达目的地，那么，这一目标的实现将不仅取决于指挥和控制系统，使其变得100%安全可靠的，还有集成在指挥和控制子系统中的感知与规避组件。

第14章

将子系统集成到无人机上，使其能够完成预定的任务目标。任务载荷子系统有多种尺寸和配置可供选择，从复杂度高、计算能力强的到相对简单的，应有尽有。每种系统配置都试图尽可能地满足操作员的需求。无人机系统中搭载的各种应用及其各自的任务载荷为诸多领域的研究人员创造了无人机系统能力开发的巨大潜力。

在理想状态下，可通过使用系统工程的方法，将子系统集成到无人机系统上。任务载荷通常涉及许多必须集成在一起才能执行预期任务的组件。因此，在设计完整的无人机子系统时,需要多个步骤来实现各组件的集成。这些设计步骤通常包括概念开发、行业研究、初步设计评估、关键设计评估、装配、系统测试和飞行测试。

本章提供的理论指导在许多实践中已被证明,其对于无人机任务载荷的研究是成功的。在这个飞速发展的行业中,随着飞行条例和空域运行规则的不断改进,未来会有越来越专业化的条例和要求应用到现实之中,而这些新的规则很可能会成为无人机操作和研发的准则。

第 15 章

飞行的基本原则之一是飞行员有责任看到并安全避让其他飞机。从有人机开始,便要求飞行员时刻保持警惕,与其他飞机保持"安全距离"。无人机系统的出现,让人们对那些曾经只能由飞行员单独操作的飞机功能有了新的看法,即这些功能可以被无人机系统支持或取代。

那些"看见并规避"和保持"安全距离"的系统统称为感知与规避(DAA)系统。"安全距离"的官方定义是——对两架飞机相距飞行时间、距离或二者兼之的一种量化规范——这为无人机系统提供了一种方法,不仅能够满足,而且有可能超过有人机避开潜在的碰撞的能力。同样的定义也可应用在有人机上,有人机同样也可采用类似的系统,增强飞行员对周围飞行环境的感知并对可能出现碰撞危险做出可靠预警。

对无人机系统而言,它面临的挑战在于证明无人驾驶的飞机也遵守了该航空准则——确保飞机在即使没有飞行员直接操控的情况下,也能保持足够的机动性,避免潜在的碰撞。这便要求无人机系统完成两个重要任务:避免碰撞;保持"安全距离"。

感知与规避由两个主要功能组成:自主分离(SS),与其他飞行器保持"安全距离",以及空中防撞(CA),防止与另一架飞机碰撞。

为了实现自主分离和空中防撞的核心功能,需要对支持自主分离和防撞的组件子功能进行识别和排序。美国联邦航空局感知与规避研讨会为感知与规避确定了 8 个功能。美国国防部感知与规避科学研究小组(SARP)也提出了他们的观点,并增添了 3 个新的子功能。这 11 个子功能,按时间先后顺序分为:"观察"任务,探测目标,跟踪目标,引信目标跟踪,"判断"任务,识别对象,评估威胁,按重要性排列威胁,"决策"任务,声明/警戒,支配机动,"行动"任务,指挥机动,实施机动,返航。

飞行员(包括环内的飞行员、环上的飞行员、独立的飞行员)与空中交通管制同样也是感知与规避系统(包括传感器、规避算法和数据显示)的基础。

2013 年,国防部 SARP 为无人机系统制定了一个保持"安全距离"的规定。

SARP 提出了 5 项指导原则作为该方法的基础,要求无人机系统保持以下"安全距离"规定。

(1)"安全距离"是无人机系统之间的一个分离标准。

(2)感知与规避系统需要一个量化标准,但人们也可以主观地判断"安全间隔"。

(3)"安全距离"的定义是基于规避最小化的碰撞风险,但也要考虑到操作因素以及与现有有人机避撞系统的兼容性。

(4)"安全距离"在水平维度的定义是基于时间和距离的。

(5)"安全距离"在垂直维度的定义是基于距离的。

通过这 5 项指导原则可建立一个模型,该模型考虑了各飞机之间相距的飞行时间与距离,并为无人机提供了足够的垂直(高度)间隔,用以完成规避机动(包括与其他飞机的到最接近点的最短时间为 35s,最小水平距离为 4000ft,最小垂直距离为 700ft)。

第 16 章

本章向读者介绍了科罗拉多州梅萨县警长办公室(MCSO)实施的无人机系统项目的历史。梅萨县是美国首批获准购置并在各种任务中部署无人机的州或地方公共安全机构之一。航空业的"民主化"使 MCSO 获得了原本无法负担的航空资产(购买并操作有人机比购买并操作小型无人机更为昂贵)。MCSO 通过绝对透明的做法向公众解释了使用这一技术的合理性,成功缓解了公众对无人机侵犯隐私和武器化的担忧。这一系列透明的举措包括举办公开会议、媒体发布会以及信息网站的创建。

在本章中,作者详细介绍了 MCSO 获取评估、培训和使用小型无人机进行事故重建、搜救,支援消防人员对建筑物火灾进行监控以及数据收集和保存的过程。通过叙述案例(结合彩色图像),对无人机的任务场景进行了说明。

MCSO 的经验表明,小型无人机系统是公共安全组织目前可负担得起的有效工具,其使用方式也并不会侵犯公众的隐私或出现未经授权的搜索以及其他技术的滥用。同时,作者也提出了该技术目前的局限性,例如,它不能像体积更大的有人机那样,可提供更好的服务。但小型无人机的明显优势在于节省成本和部署迅速,并且能在人无法到达、极度危险或"肮脏"的环境中执行任务。

在无人机系统的应用标准和使用中,公共安全组织应以扎实的研究、专业的精神和务实的态度对待无人机系统。人类有着惊人的能力,可以创造出超越我们生理极限的工具。无人机系统可以帮助人类进一步超越身体上的限制,造福全人类。

第17章

当前无人机系统行业、社会和文化背景以及运营环境都是不断发展的,具体的情况有时很难预测。可是,某些既定趋势可能会延续,与行业中更不稳定、投机和不确定的方面相比,这样的延续是对无人机企业未来更可靠的预测。在强劲的技术进步的推动下,在短短15~20年里,无人机系统的制造业和支持服务业由起初一个很小的行业细分,已经发展成为全球商业的重要组成部分。所有的预测都证实这种强劲增长的势头将会持续。正如技术推动市场一样,经济反过来也会促进技术不断改进,包括更好的制造技术、更坚固、更轻便、更合适、更容易应用的材料以及更小、更快、功能更强、价格更便宜的微处理器、航空电子设备、自动驾驶仪和相关的无人机系统电子设备。随着规则的持续完善以及技术的不断发展,更大、任务更复杂、配置更严格的无人机将会出现,这些领域的融合将会使航空航天业中无人机领域从业者的就业市场不断扩大。

长远来看,包括燃料电池和氢燃料颗粒在内的替代能源的发展,将为无人机系统性能的提高提供另一种方式。一些公司,包括空客、波音(幻影工厂)和航空环境公司(Aero Vironment)(与美国航天局合作)正在开发太阳能无人机系统,预计任务期限为5年或更久。这些无人机系统平台有时被称为大气卫星,目前正被开发成为气象和地球观测站以及通信中继站。电池化学和构造技术的进步将提高电力能源无人机系统的续航性,以及此类平台的有效载荷。关于电能无人机系统电池充电的空中加油也正在研发中,这种研发将作为扩展飞行参数的一种手段。

当我们展望未来时,很难做出准确预测。无人机系统领域的技术进步持续加快也不足为奇。无人机的任务会越来越多样化,技术普及度也会越来越高。正如我们常说的,未来是无限的,无人的。

参 考 文 献

[1] Everaerts, J. The use of unmanned aerial vehicles (UAVs) for remote sensing and mapping. The International Archives of the Photogrammetry, Remote Sensing and Spatial Information Sciences, Vol. XXXVII. Part B1, 1187 – 1192, 2008.

[2] Lillesand, T. and R. Kiefer. Remote Sensing and Image Interpretation. New York: John Wiley & Sons, 2000.

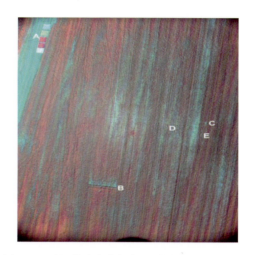

图 4.8　近红外波段内绿色、蓝色构成的红外图像

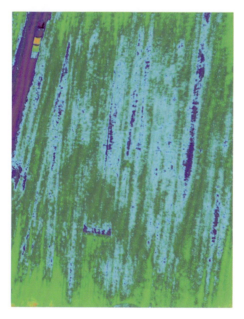

图 4.9　近红外波段内绿色、蓝色构成的绿色归一化差异植被指数图像

彩 1

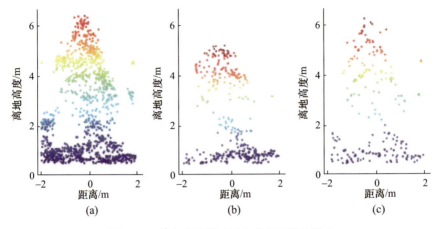

图 4.10 点密度降低对树木高度测量的影响

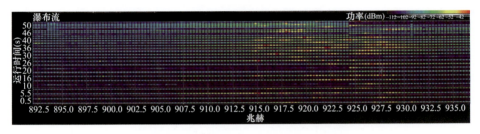

图 13.1 频谱瀑布视图显示随时间的调频
（来源：内森·马雷斯（Nathan Maresch））

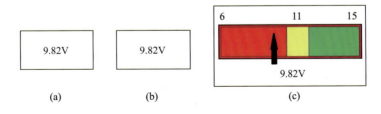

图 13.9 电压状态指示器的变化
（a）黑色字体；（b）红色低压字体；（c）彩色编码的红、黄、绿指示标志。
（图片由内森·马雷斯提供）